物 理 化 學

杜 逸 虹 著

三 民 書 局 印 行

國家圖書館出版品預行編目資料

物理化學／杜逸虹著.－－初版十一刷.－－臺北市；
三民，2003
　　面；　公分
　　ISBN 957－14－0888－3　（平裝）

340

網路書店位址　http：//www.sanmin.com.tw

ⓒ　物　理　化　學

著作人　杜逸虹
發行人　劉振強
著作財
產權人　三民書局股份有限公司
　　　　臺北市復興北路386號
發行所　三民書局股份有限公司
　　　　地址／臺北市復興北路386號
　　　　電話／(02)25006600
　　　　郵撥／0009998－5
印刷所　三民書局股份有限公司
門市部　復北店／臺北市復興北路386號
　　　　重南店／臺北市重慶南路一段61號
初版一刷　1973年3月
初版十一刷　2003年9月
編　號　S 340140
基本定價　柒元陸角
行政院新聞局登記證局版臺業字第〇二〇〇號

ISBN　957-14-0888-3　（平裝）

序

　　若干物理化學學者認爲所有重要科學論題均包容於物理化學範圍之內。　此種狂熱似乎過份。　然則許多科學領域確實包括若干物理化學。凡修習化學與化學工程學者均須熟悉物理化學，藉以了解其主修科目。化學問題之研究與分析須應用物理化學原理。化學工程學常被喻爲「應用物理化學」，蓋化工原理或單元操作係以物理化學爲基礎。其他科學領域，如物理學、冶金學、藥劑學、分子生物學、地質化學等均涉及物理化學。我們可對物理化學下一簡短的定義：物理化學卽物理定律之應用於化學問題。

　　本書之編輯，旨在介紹基本物理化學原理及其在各有關科學領域的應用。其題材內容適足大專一學年課程之用。若干不易了解而無直接應用價值的論題不予攷慮，以避免時間的浪費。全書內容保持一貫性，循序漸進，前後互相呼應。對各種現象與原理的論述力求層次分明、深入淺出，並注重舉例說明，以期讀者獲得明確而具體的物理化學概念，奠定修習及研究有關科目的穩固基礎。

　　本書除作爲大專或五專物理化學課程的教科書之外，亦極適於供各研究機關及工業界有關技術人員自習或參攷之用。

　　感謝臺大准以減輕授課負擔，以便撰寫本書。臺大同仁李樹久、胡芷江、陳佐、劉廣定四博士的鼓勵與建議，以及三民書局編輯部諸同仁的協助均十分感激，在此深致謝意。

　　編者的能力與經驗均屬有限，力有不逮之處自所難免。尚希各方專家暨諸位讀者隨時賜教，以供修正爲感。

杜逸虹　　謹識

物理化學　　目錄

序

第一章　原子量與分子量

第二章　物質狀態

第三章　氣　　體

第七章　熱　化　學

第八章　熱力學第二定律與第三定律

第九章　相律及單成分物系

第十章 溶 液

第十一章 多成分物系之相平衡

第十二章　化　學　平　衡

第十三章　化　學　動　力　學

第十四章　電解質溶液之電導與離子之遷移率

第十五章　離子活性與離子平衡

第十六章　化學電池與電動勢

第十七章　表面化學與膠體

第十八章　物理性質與分子構造

國際原子量表〔以 C¹² 同位素爲基礎〕

* 本表係1965年由國際純粹及應用化學聯合會 (International Union of Pure and Applied Chemistry, IUPAC) 所推薦的最新數值。
* 原子量有括號者係放射性元素；其數值通常皆用具有最長半衰期之同位素的質量數（並非原子量）。

元 素 名 稱	符號	原子序	原子量	元 素 名 稱	符號	原子序	原子量
錒 Actinium	Ac	89	(227)	氟 Fluorine	F	9	18.9984
鋁 Aluminum	Al	13	26.9815	鍅 Francium	Fr	87	(223)
鋂 Americium	Am	95	(243)	釓 Gadolinium	Gd	64	157.25
銻 Antimony	Sb	51	121.75	鎵 Gallium	Ga	31	69.72
氬 Argon	Ar	18	39.948	鍺 Germanium	Ge	32	72.59
砷 Arsenic	As	33	74.9216	金 Gold	Au	79	196.967
砈 Astatine	At	85	(210)	鉿 Hafnium	Hf	72	178.49
鋇 Barium	Ba	56	137.34	氦 Helium	He	2	4.0026
鉳 Berkelium	Bk	97	(249)	鈥 Holmium	Ho	67	164.930
鈹 Beryllium	Be	4	9.0122	氫 Hydrogen	H	1	1.00797
鉍 Bismuth	Bi	83	208.980	銦 Indium	In	49	114.82
硼 Boron	B	5	10.811	碘 Iodine	I	53	126.9044
溴 Bromine	Br	35	79.904	銥 Iridium	Ir	77	192.2
鎘 Cadmium	Cd	48	112.40	鐵 Iron	Fe	26	55.847
鈣 Calcium	Ca	20	40.08	氪 Krypton	Kr	36	83.80
鉲 Californium	Cf	98	(251)	鑭 Lanthanum	La	57	138.91
碳 Carbon	C	6	12.01115	鐒 Lawrencium	Lr	103	(257)
鈰 Cerium	Ce	58	140.12	鉛 Lead	Pb	82	207.19
銫 Cesium	Cs	55	132.905	鋰 Lithium	Li	3	6.939
氯 Chlorine	Cl	17	35.453	鎦 Lutetium	Lu	71	174.97
鉻 Chromium	Cr	24	51.996	鎂 Magnesium	Mg	12	24.312
鈷 Cobalt	Co	27	58.9332	錳 Manganese	Mn	25	54.9380
銅 Copper	Cu	29	63.546	鍆 Mendelevium	Md	101	(256)
鋦 Curium	Cm	96	(247)	汞 Mercury	Hg	80	200.59
鏑 Dysprosium	Dy	66	162.50	鉬 Molybdenum	Mo	42	95.94
鑀 Einsteinium	Es	99	(254)	釹 Neodymium	Nd	60	144.24
鉺 Erbium	Er	68	167.26	氖 Neon	Ne	10	20.183
銪 Europium	Eu	63	151.96	錼 Neptunium	Np	93	(237)
鐨 Fermium	Fm	100	(253)	鎳 Nickel	Ni	28	58.71

元素 名 稱	符號	原子序	原子量	元素 名 稱	符號	原子序	原子量
鈮 Niobium	Nb	41	92.906	矽 Silicon	Si	14	28.086
氮 Nitrogen	N	7	14.0067	銀 Silver	Ag	47	107.868
鍩 Nobelium	No	102	(253)	鈉 Sodium	Na	11	22.9898
鋨 Osmium	Os	76	190.2	鍶 Strontium	Sr	38	87.62
氧 Oxygen	O	8	15.9994	硫 Sulfur	S	16	32.064
鈀 Palladium	Pd	46	106.4	鉭 Tantalum	Ta	73	180.948
磷 Phosphorus	P	15	30.9738	鎝 Technetium	Tc	43	(99)
鉑 Platinum	Pt	78	195.09	碲 Tellurium	Te	52	127.60
鈽 Plutonium	Pu	94	(242)	鋱 Terbium	Tb	65	158.924
釙 Polonium	Po	84	(210)	鉈 Thallium	Tl	81	204.37
鉀 Potassium	K	19	39.102	釷 Thorium	Th	90	232.038
鐠 Praseodym	Pr	59	140.907	銩 Thulium	Tm	69	168.934
鉅 Promethium	Pm	61	(147)	錫 Tin	Sn	50	118.69
鏷 Protactinium	Pa	91	(231)	鈦 Titanium	Ti	22	47.90
鐳 Radium	Ra	88	(226)	鎢 Tungsten	W	74	183.85
氡 Radon	Rn	86	(222)	鈾 Uranium	U	92	238.03
錸 Rhenium	Re	75	186.2	釩 Vanadium	V	23	50.942
銠 Rhodium	Rh	45	102.905	氙 Xenon	Xe	54	131.30
銣 Rubidium	Rb	37	84.57	鐿 Ytterbium	Yb	70	173.04
釕 Ruthenium	Ru	44	101.07	釔 Yttrium	Y	39	88.905
釤 Samarium	Sm	62	150.35	鋅 Zinc	Zn	30	65.37
鈧 Scandium	Sc	21	44.956	鋯 Zirconium	Zr	40	91.22
硒 Selenium	Se	34	78.96				

第一章　原子量與分子量

1-1　原子說 (*The Atomic Theory*)

早在十七世紀中葉，波義耳 (*Robert Boyle*) 已認識若干物質易於分解，而其他物質則不分解。後者稱爲**元素** (*elements*)。然而，遠在數百年之後，可用以證明此等元素能互相結合成新物質的實驗技術才發展出來。例如，氫與氧能結合成水。在人類能够測量反應物質的重量之後，定量關係隨卽建立。第一關係爲**質量不滅定律** (*law of conservation of mass*)。第二關係爲**定比定律** (*law of constant proportions*)。

道爾敦 (*John Dalton*) 於 1803 年與 1808 年之間就以上由實驗建立的兩定律提出理論上的解釋。他首創**原子說** (*the atomic theory*)，認爲凡是化學元素皆由微小而不可再分的粒子所構成，此種粒子稱爲**原子** (*atoms*)，且同一元素之原子皆具相同之重量與大小，但不同元素的原子在這方面則不相同。基於已知的化學反應，道爾敦並建立一相對的原子量系統，亦卽原子量 (*atomic weights*)，以氫的原子量等於 1 爲標準。他本人又推論出**倍比定律** (*law of multiple proportions*)，以氮和碳的氧化物爲例加以解釋。在此時原子量的應用發生問題。原先原子量的決定乃基於由實驗決定的**化合重量** (*combining weight*)。因 8 克氧與 1 克氫化合成水，若依化合重量，則氧的原子量爲 8，而水的化學式爲 HO。但給呂薩克 (*Gay-Lussac*) 於 1808 年提出由實驗證實的**化合體積定律** (*law of combining volumes*)，此一定律直

接導致發表於1811年的阿佛加得羅假說（Avogadro's hypothesis），亦卽，在同溫同壓下，等體積的氣體含有等數的分子（molecules）。由實驗發現二體積氫與一體積氧反應而形成二體積水蒸汽。因此，該二體積水蒸汽所含分子數與原來二體積氫所含分子數相同，且等於原來一體積氧所含分子數的兩倍。因由化學分析可證明水的氧原子數與氫原子數比爲 1:2，一分子水至少含有一氧原子和二氫原子。此一數據並不能排除一水分子含二原子氧和四原子氫（或依此類推）的可能性，果若如此，氧氣與氫氣分子應各含四原子。但到目前爲止，仍未發現由一體積氧或氫生成多於二體積其他種氣體的反應，因此可得一結論：氧與氫均屬雙原子氣體（diatomic gases）。則水的分子式爲 H_2O，氧的原子量爲 16。原子化合能力或價（valence）的概念也由此產生。

以上所提及的各種定律和若干近代所拓展的方法可用來決定原子量和分子量。這些方法將於以下諸節一一加以討論。

1-2　原子量、分子量、莫耳、當量及原子價
(Atomic Weight, Molecular Weight, Mole, Equivalent Weight, and Valence)

(1) 原子量 (Atomic weight)

元素的原子量以一相對標準表示。此標準有一任意參攷點（reference point）。直到近代，化學家才定出自然界的氧原子量爲16.0000，而採用以此爲參攷點的標準，這個標準稱爲化學標準（chemical scale）。依此化學標準，16.0000 克氧含有阿佛加得羅數（Avogadro's number, 0.6023×10^{24}）氧原子,而阿佛加得羅數氫原子重1.0080克。實際上，發生於自然界的氧爲三同位素 O-16、O-17、和 O-18 的混合物。再者，因氧的來源不同，各同位素的存量百分率

（原子百分率）也有變化。氧的同位素百分率有變化在化學標準中導入不準確性 *(uncertainty)*。因此而有第二原子量標準的採用。第二標準稱爲**物理標準** *(physical scale)*，定氧的同位素 O-16 的原子量爲 16.0000。依此標準，一原子氧-16 的相對質量爲 16.0000 原子質量單位 *(atomic mass unit*，簡寫爲 *amu)*。1960 年，化學家採用基於同位素碳-12 的新標準，定碳-12 的原子質量爲 12.0000 *amu*。目前所採用的原子量乃以碳-12 新標準爲基礎。自諸同位素質量計算一元素的原子量，只須將諸同位素原子質量與其存量百分率之積相加卽得。例如，碳的同位素原子量及其相對存量如下：

同位素	原子質量 *(amu)*	存量百分率
C-12	12.000000	98.893
C-13	13.003354	1.107
C-14	14.003242	微量

則

$$碳的原子量 = 12.000000 \times 0.98893 + 13.003354 \times 0.01107$$
$$= 12.01115$$

以 C-12 爲基礎的元素原子量列於國際原子量表中。

原子量加以克質量單位稱爲 1 **克原子** *(1 gram atom)*。例如，氧的原子量（基於 C-12 標準）爲 15.9994，而 1 克原子氧等於 15.9994 克氧。1 克原子質量中含有 6.023×10^{23}（阿佛加得羅數）個原子。

(2) 分子量 *(Molecular weight)*

與原子量同樣，分子量 *(molecular weight)* 亦以分子的相對質量定義之。分子量等於組成該分子的原子的原子量與該分子所含各該原子數目之積的總和。例如氧（分子式爲 O_2）的分子量等於 $(15.9994 \times 2) = 31.9988$；水（分子式爲 H_2O）的分子量等於 $(1.0080 \times 2 + 15.9994) = 18.0154$，等等。

　　分子量與原子量皆爲無因次 (*dimensionless*) 的數量，分子量加以克質量單位稱爲 1 **克分子** (1 *gram molecule*)，又稱爲**莫耳** (*mole*)。依阿佛加得羅假說， 1 莫耳物質所含分子數一定，此一定分子數稱爲阿佛加得羅數 (*Avogadro number*)，通常以 N 表示。

$$N = 6.023 \times 10^{23} / mole$$

假設 1 個分子的質量爲 m， 1 個原子的質量爲 a，分子量爲 M，原子量爲 A，則

$$mN = M$$

$$aN = A$$

(3) **當量** (*Equivalent*)

　　一分子所含諸原子的質量比未必等於諸原子量比。例如， 在 HCl 的場合，原子質量比， H:Cl=1:35.5，亦即 H 與 Cl 的原子量比，但在 H_2O 的場合，原子的質量比， H:O=2:16=1:8， 不等於原子量比。這是因爲 1 個原子可能與 2 個以上的他種原子結合成一化合物。因此， 在討論原子間的結合問題時常使用**當量** (*equivalent*) 的觀念。一元素的當量等於化合或置換 1.008 克氫或 35.46 克氯或 8 克氧所需該元素的質量 。 一元素的原子量除以當量卽得該元素的**原子價** (*valence*)：

$$\frac{原子量}{當量} = 原子價$$

　　在本章以下各節的計算中所用的原子量與分子量爲約略值，其準確度僅及一般計算尺 (*slide rule*) 所能獲得者。

1-3　定比定律 (*Law of Constant Proportions*)

　　定比定律意謂: 在一特定化合物的試樣 (*sample*) 中， 該化合物

諸組成元素依一固定的重量比率出現。

　　分析二氯化鉻醯（*chromyl chloride*, CrO_2Cl_2）的試樣，發現該試料以重量計含 33.6% 鉻、20.6% 氧和 45.8% 氯。依定比定律知任何二氯化鉻醯試料中，鉻與氧的含量比為0.336/0.206。若有一試樣含氧 6.83*g*，則其內所含鉻的重量（x）和氯的重量（y）可算出。如此

$$x = \frac{0.336}{0.206} \times 6.83g = 11.13g \text{（鉻）}$$

同理

$$y = \frac{0.458}{0.206} \times 6.83g = 15.18g \text{（氯）}$$

1-4　倍比定律 (*Law of Multiple Proportions*)

　　假若元素A與元素B結合而形成二種或更多種化合物，則對相同重量的元素B而言，元素A在不同種化合物中的重量比恆為小整數比。

　　若有三種或更多種元素能結合成若干不同種化合物，此一定律仍可適用。例如，碳、氫、氧三元素能形成下列四種化合物，其重量百分組成示於其右：

化合物	碳	氫	氧
甲醛 (*Formaldehyde*)	40.0%	6.7%	53.3%
甲醇 (*Methanol*)	37.5%	12.5%	50.0%
甲酸 (*Formic acid*)	26.1%	4.3%	69.6%
草酸 (*Oxaalic acid*)	26.7%	2.2%	71.1%

若以 1 克氫為基礎，與其化合而形成以上四種化合物的碳和氧的重量可用簡單算術求得，如下所示：

化 合 物	氫的重量 (*g*)	與 1 克氫化合的元素重量	
		碳 (*g*)	氧 (*g*)
甲醛	1.00	5.97(2)	7.96(2)
甲醇	1.00	3.00(1)	4.00(1)
甲酸	1.00	6.07(2)	16.2(4)
草酸	1.00	12.1 (4)	32.3(8)

由上表可見，在各化合物中與 1 克氫結合的碳或氧的重量比爲小整數比（示於括弧內）。

1-5 化合重量定律 (*Law of Combining Weight*)

在一指定元素的所有化合物中， 該元素的相對重量可以一數目或此數目的簡單倍數表示之， 此一數目稱爲**化合重量** (*combining weight*)。

若以今日的知識來講，一元素的化合重量等於該元素的原子量或其整數分之一。早期所用的元素化合重量常對應於今日所定義的當量 (*equivalent weight*)。茲舉二例於下：

化合物	重量組成	
水	氫: 1.008	氧: 8.000
氨	氫: 3×1.008	氮: 14.008

其中氫和氮的化合重量（1.008 和 14.008）分別爲其原子量，**而氧的**化合重量（8.00）爲其當量。

1-6　化合體積定律 (*Law of Combining Volume*)

在涉及氣體的反應中，氣體反應物與氣體生成物在同溫同壓下的體積成一小整數的比例。例如：

$$氮 + 氫 \longrightarrow 氨$$

其中相對體積如下：

除非假設氮和氫的分子粒子可分成多於 1 個的更小的粒子，而且更小的粒子結合成氨分子，無法解釋以上的體積變化。依阿佛加得羅假說，在同溫同壓下，等體積氣體含有等數分子。在此場合，最簡單的假設是，氮和氫分子可再細分為二更小粒子，而且氮的更小粒子與氫的更小粒子依 1:3 的比例結合成氨，則氨分子數等於氮分子數的兩倍。當然，此亦可能意謂每個氮分子至少含有二個更小的粒子（原子）。

1-7　利用原子量表之計算
(*Calculations Utilizing Atomic Weight Table*)

利用原子量表可作許多種計算。茲展示數種計算於下：

已知乙醇 (*ethanol*) 的化學式為 C_2H_5OH，碳、氫、氧的百分組成可使用原子量表而求得。

2 C	$2 \times 12.01 =$	24.02
6 H	$6 \times 1.008 =$	6.05
1 O	$1 \times 16.00 =$	16.00
化學式量		46.07

故得百分組成如下:

$$\% C = \frac{24.02}{46.07} \times 100\% = 52.2\%$$

$$\% H = \frac{6.05}{46.07} \times 100\% = 13.1\%$$

$$\% O = \frac{16.00}{46.07} \times 100\% = 34.7\%$$

反之，若知一化合物的組成，則其組成原子的數目比可求得。例如， 有一化合物， 其組成爲: 80%碳和20%氫， 則 100 克此種化合物含

$$\frac{80}{12.01} = 6.66 \text{ 克原子碳}$$

和 $$\frac{20}{1} = 20 \text{ 克原子氫}$$

氫與碳的原子數比爲 $\dfrac{20 \text{ 克原子氫}}{6.66 \text{ 克原子碳}} = 3$

此化合物之最簡單化學式爲 CH_3。若無其他資料，其化學式亦可能爲 C_2H_6, C_3H_9, ……C_nH_{3n}，何者爲正確分子式則不得而知。

若知約略分子量， 則可選擇一正確分子式， 蓋其分子量可能爲 15，或 30，或 45,……，或 $15n$。例如，此化合物爲一氣體，已知一莫耳任何氣體在標準狀況（$0°C$，一大氣壓）下約佔體積 22.4 升，又測得 100 ml 標準狀況下之此種氣體重 0.13 克， 則一莫耳此種氣體之重量應爲 $\dfrac{22,400}{100} \times 1.13$ 克 $= 29.2$ 克，因此該化合物的分子量應爲30，而非 15, 45，或其他 15 的倍數。正式分子式爲 C_2H_6。

1-8　杜龍-白蒂定律（原子熱）

(*Law of Dulong and Petit, Atomic Heats*)

若比熱 (*specific heat*) 以卡/克－°C計，則對若干元素而言，原子量乘比熱約等於 6.3 卡/莫耳－°C。此一乘積稱為**原子熱** (*atomic heat*)。

茲舉一例。鉛的比熱為 0.0214 卡/克－°C，由此比熱估計所得的約略原子量為 6.3/0.0214＝29.4（實際原子量為 27.0）。此定律在過去極具價值，但顯著的例外亦有之，除非有其他證據，此定律之應用並不安全。

1-9　化學方法之使用 (*Use of Chemical Methods*)

如前所述，已知組成，即可算出原子數比。化學分析方法也可用來決定當量 (*equivalent weights*)，再加上已知的原子價 (*valence*) 或約略原子量，即可獲得準確原子量。前已提及，一元素之當量等於化合或取代 1.008 克氫，35.46克氯，或 8 克氧所需該元素的質量（以克計）。

燃燒 5.394 克鋁，形成 10.194 克氧化物。由此可知 5.394 克鋁與 4.800 克氧化合，而 (5.394/4.800)×8＝8.99 克鋁與 8.00 克氧化合。所以鋁的當量等於 8.99，其原子量必為 8.99 的若干整數倍。

由杜龍一白蒂定律求得鋁的約略原子量為 29.4（見 1-8 節），顯然，鋁的準確原子量為 3×8.99＝26.97，因為這是最靠近約略原子量的當量整數倍值。則鋁在此化合物中的原子價為 3。

1-10 類質同型定律 (*Law of Isomorphism*)

若有兩種化合物的晶型 (*crystalline form*) 相同, 則它們是同晶型 (*isomorphous*) 化合物。一般言之, 化學性質類似的同晶型化合物具有相似的分子式 (*formular*)。 因此, 若知一系列同晶型化合物之一的化學式和其他化合物的組成, 則在其他化合物中, 取代元素的原子量可算出。

舉例言之, 硫酸鉀與硫酸銣為同晶型化合物。 前者的分子式為 K_2SO_4; 後者含 64.0%銣(Rb), 試求銣的原子量。因兩者為同晶型化合物, 可假設硫酸銣的分子式為 Rb_2SO_4。設 x 為銣的原子量, 則

$$\frac{2x}{2x+96}=0.640$$

其中 96 為硫酸根的式量 (*formular weight*)。 解之, 得銣的原子量為 $x=85.48$。

1-11 其他決定原子量與分子量之法
(*Other Methods for The Determination of Atomic and Molecular Weights*)

除上述數法之外, 尚有許多決定原子量與分子量的方法。較粗略的方法包括氣體密度法、 沸點上升法、 凝固點下降法、 及滲透壓法等, 較準確的方法包括電解法, X射線繞射法、 及質譜法等。這些方法將分述於以後各章。

習 題

1-1 一結晶物質含銫 (*cesium*) 23.41%與鋁 4.75%, 此結晶物質與明礬(*alum*)

$K_2SO_4Al_2(SO_4)_3 \cdot 24H_2O$ 是同晶型化合物。試計算鈰 (Ce) 的原子量，假設鋁的原子量為 26.97。

1-2　硒酸鉀 (*potassium selenate*) 含 35.77% 硒 (*selenium*)，且與 K_2SO_4 為同晶型化合物。試計算硒 (Se) 的原子量。

1-3　氧化鉻 (*chromic oxide*) 含 68.4% 鉻。求該化合物之原子數比。

1-4　假若 14.18 克氯與 11.00 克鐵化合，又鐵的比熱為 $0.115 cal/g-°C$，求鐵的準確原子量。

1-5　分析氣態碳氧化物得 72.7% 氧與 27.3% 碳。(a) 該化合物的最簡單化學式（實驗式）為何？(b) 若 $210mg$ 此種氧化物在標準狀況下佔體積 $105ml$，求此氧化物的分子式。

1-6　丁酮 (*methyl ethyl ketone*) $CH_3COCH_2CH_3$ 的百分組成為何？

1-7　1 克鈉在空氣中燃燒產生 1.7 克氧化鈉。(a) 該氧化物的最簡單化學式為何？(b) 該氧化物的百分組成為何？

1-8　試藉下表所列各化合物的組成展示有一化合重量定律存生。

化合物	元素在化合物中之重量百分率	
	氧	氮
硝酐	74.1	25.9
四氧化二氮	69.6	30.4
亞硝酐	63.2	36.8
氧化氮	53.4	46.6
氧化亞氮	36.4	63.6

1-9　$500\ ml$ 一氧化二氯 (*chlorine monoxide*) 氣體分解而產生同溫同壓下的 $500\ ml$ 氯氣和 $250\ ml$ 氧氣。(a) 證明此一事實符合化合體積定律。(b) 試以原子和分子的觀點解釋此等數據。

1-10　三氯甲基矽甲烷 (*trichloromethyl silane*) 由 8.09% 碳，2.04% 氫，18.9% 矽，和 71.0% 氯所組成；二氯二甲基矽甲烷 (*dichlorodimethyl silane*) 由 18.6% 碳，4.65% 氫，21.8% 矽，和 54.9% 氯所組成。試藉此等數值展示倍比定律。

1-11 下列四化合物由碳與氫依所示百分率組成:

化 合 物	%碳	%氫
甲烷 (*methane*)	75.0	25.0
乙炔 (*acetylene*)	92.3	7.7
乙烯 (*Ethylene*)	85.7	14.3
乙烷 (*Ethane*)	80.0	20.0

試展示此等數據合乎倍比定律。

1-12 鎢 (*tungsten*) 的同位素及各同位素的相對存量與原子質量如下所示。求鎢的原子量,並與原子量表所示者作一比較。

同位素	相對存量 (%)	原子質量 (*amu*)
W^{180}	0.14	179.947
W^{182}	26.29	181.948
W^{183}	14.31	182.950
W^{184}	30.66	183.951
W^{186}	28.60	185.954

1-13 試由下列數據計算氧的原子量。

同位素	相對存量 (%)	原子質量 (*amu*)
O^{16}	99.7587	15.9949
O^{17}	0.0374	16.9991
O^{18}	0.2039	17.9992

1-14 令空氣通過紅熱之銅以除去氧氣, 其餘氣體的密度比純氮大0.5%。此一差別於 19 世紀爲藍姆西 (*Ramsey*) 首次發現,並導致氬 (*Argon*) 之發現。假設此一差別完全由氬所引起 (殘餘氣體含氮與氬), 又氬之原子量爲 39.9, 求氬在空氣中所佔的體積百分率。

1-15 一未知物質試樣重 0.2200g, 在一密閉彈式容器 (*bomb*) 中以過剩的氧燃燒之, 產生 0.6179g CO_2 和 0.1264g 水。求該物質的實驗式 (最簡單的化學式), 假設該物質僅含碳、氫、氧。

第二章　物質狀態

2-1　物質三態 (*The Three States of Matter*)

　　研究環繞吾人之物質世界，可簡便地以物質的物理狀態分類物質。所謂物理狀態係指成分原子、離子、或分子的聚集狀態 (*states of aggregation*)。基於一般目的，將物質狀態分爲固、液、氣三類甚爲恰當。**固體** (*solid*) 可定義爲在一指定溫度及壓力下具有一定體積及一定形狀的物體。此外，嚴格言之，一物體必須是結晶物體才能被分類爲固體；換言之，組成該物體的原子、離子、或分子必須照所論及物質特有的固定幾何組態 (*geometric configuration*) 排列。另一方面，**一液體** (*liquid*) 具有一定體積，但無固定形狀，而**一氣體** (*gas*) 既無一定形狀，又無一定體積。因液體與氣體均具流動性，故合稱爲**流體** (*fluids*)。若一液體充滿一容器，則該液體恆取該容器的形狀，但保持一定的體積。若將一氣體置於任一密閉容器中，則該氣體永遠完全充滿此容器。此外，**蒸汽** (*vapor*) 亦是一種氣體。依據一般慣例，與同物質的液體或固體接觸的氣體稱爲蒸汽。

　　一指定物質的穩定狀態（無自然轉變成另一狀態之趨勢者）視該物質的溫度及其所受壓力而定。而且一物質在一指定狀態的性質隨溫度與壓力而異。因此，溫度與壓力爲二狀態變數 (*state variables*)。吾人對此二狀態變數甚爲熟悉，但它們在本書以後各課題的討論中極其重要，故將加以簡短的討論。

2-2 壓力 (*Pressure*)

壓力是垂直作用於每單位面積之力，其單位爲力每單位面積 (*force/area*)。壓力可用各種不同的單位表示之，包括達因/平方厘米 (*dynes/cm²*)、磅/平方吋 (*lb/in²*，或 *psi*)、大氣壓 (*atm*)、毫米水銀柱 (*mm Hg*) 等。

大氣瀰漫整個地球表面，且對地球表面施一壓力，因此以大氣壓力作爲一壓力單位乃是自然之事。不幸大氣壓力並不固定，故須定一**標準大氣壓力** (*standard atmosphere*)。一標準大氣壓力等於在 $0°C$ 之下支持760*mm*高水銀柱所須的壓力，亦等於14.696 *psi* 或 1.013×10^6 *dynes/cm²*。測量壓力所用的壓力計 (或壓力表)(*pressure gauge*) 分爲絕對壓力計 (如水銀壓力計) 與相對壓力計 (如波頓式壓力計，*Bourdon gauge*) 兩類。前者所測壓力爲絕對壓力 (*absolute pressure*)，後者所測壓力爲與周遭大氣 (*ambient atmosphere*) 相對之壓力，稱爲相對壓力 (*relative pressure*) 或表壓 (*gauge pressure*)。表壓加上周遭大氣壓力卽得絕對壓力。周遭大氣壓力隨時間及地點而改變，惟改變幅度不大，在一般實用上，若不指明準確的周遭大氣壓力，可假定周遭大氣壓力等於一標準大氣壓力，亦卽所謂「一大氣壓」。本書所用壓力單位將以大氣壓 (*atm*) 及毫米水銀柱 (*mm Hg*) 爲主。

在大氣中的物體表面所受壓力均等於大氣壓力。大氣壓力與物質的性質無關。但在某種情況下，物質所受的壓力可能是該物質的蒸汽壓。舉例言之，若將足量的水在 $25°C$ 之下置入事先抽空的密閉容器中，若干水將汽化，而其餘水的表面將受容器中氣態水的壓力。若溫度不變，則蒸汽的壓力將達到一常數值(不隨時間而改變)，稱爲**蒸汽壓** (*vapor pressure*)。蒸汽壓爲一平衡壓力 (*equilibrium pressure*)；

換言之，固體或液體汽化的速率等於蒸汽凝結的速率。平衡的蒸汽常稱爲飽和蒸汽 (*saturated vapor*)。各種純質 (*pure substance*) 的固體與液體皆有其獨特的蒸汽，且其蒸汽壓僅視溫度而定，恆隨溫度之增加而增加。例如，水在 $25°C$ 的蒸汽壓爲 $23.756mm\ Hg$，冰在 $-10°C$ 的蒸汽壓爲 $1.95mm\ Hg$，而熔融銅在 $1879°C$ 的蒸汽壓爲 $10mm\ Hg$。

最後應注意固體或液體可能受到其蒸汽及外來氣體的聯合壓力。

2-3 溫度 (*Temperature*)

一物體的溫度乃是該物體冷熱程度的數值指標。溫度直接與熱能 (*thermal energy*) 有關，一定量物質所含熱能愈大，其溫度愈高。若溫度不等之二物體互相接觸，能量將以熱的形式自發地自較熱者流至較冷者，直至兩者溫度相等爲止。然後兩物體卽互呈**熱平衡**(*thermal equilibrium*)，且當任一溫度計與此二物體中之任一物體接觸時均將顯示相同的讀數。

水的冰點 (*ice point*) 與蒸汽點 (*steam point*) 常被當作溫標 (*temperature scale*) 的兩個固定點。前者是平衡於一大氣壓下冰與水的混合物的溫度，後者是純水在一大氣壓下沸騰的溫度。攝氏溫標 (*Centigrade* 或 *Celsius scale*) 分別定此兩點爲 $0°C$ 與 $100°C$；華氏溫標 (*Fahrenheit scale*) 分別定此兩點爲 $32°F$ 與 $212°F$。在絕對溫標 (*absolute temperature scale*) 或凱氏溫標 (*Kelvin scale*) 中，1 度 ($°K$) 的大小與攝氏一度同，惟冰點爲 $273.16°K$。凱氏溫標的零點 (等於 $-273.16°C$)，不像攝氏或華氏溫標的零點，不可隨意規定，乃基於理想氣體在壓力趨近於零時所表現的行爲，因此，凱氏溫標又稱理想氣體溫標。本書所用溫標將僅限於攝氏與凱氏溫標，前者

以 t 表示，而後者以 T 表示。

2-4 體積與密度 (*Volume and Density*)

一物質的體積即其所佔有的空間。本書將採用的體積單位包括
升 (*liter*, 簡寫爲 l)、毫升 (*milliliter*, 簡寫爲 *ml*)、及立方厘米
(*cubic centimeter*, 簡寫爲 *cc* 或 cm^3)。須知一升卽一千克水在 $4°C$
及一大氣壓下的體積，等於 $1000.027cm^3$。又 1 升等於 $1000ml$。如
此，$1cm^3$ 甚接近 $1ml$，但兩者不完全相同。

一物質的總體積 V 直接隨所論及的物質量〔克 (g)、莫耳 (*mole*)、
磅 (*lb*) 等〕而異，屬於物質的一種**示量性質** (*extensive property*)。
示量性質視物質的量而定。比容 (*specific volume*) (每單位重量之**體
積**，例如 cm^3/g) 及莫耳體積 (*molar volume*) (每莫耳之體積，例
如 $l/mole$) 則不視所論及物質之量而定，屬於**示強性質** (*intensive
properties*)。同理，密度 (*density*) (每單位體積之重量，例如 g/cm^3)
ρ 爲一示強性質。此外，應注意壓力與溫度爲二著名的示強性質。

2-5 狀態方程式 (*Equation of State*)

壓力 (P)、體積 (V)、及溫度 (T) 同爲物質的狀態性質 (*state
properties*)，也是物質的狀態變數 (*state variable*)。討論此三狀態變
數之一的改變對物質性質的影響時必須提及其他狀態變數。茲考慮如
次陳述：「一克水在 $25°C$ 及 1 大氣壓的體積爲 $1.00294cm^3$」。一克水
在 $30°C$ 及 1 大氣壓的體積大於它在 $25°C$ 及 100 大氣壓的體積，但
一克水在 1 大氣壓及不定溫度下的體積不定。在 $25°C$ 及 $1atm$ 下，
一莫耳水的體積等於 $18.02 \times 1.00294 = 18.07298cm^3$。如此，任一物質

試樣（*sample*）的體積決定於溫度、壓力、及該試樣的量。在數學上可作如次陳述:「一物質試樣的體積爲溫度、壓力、及莫耳數（n）的函數」，亦卽

$$V = f(T, P, n) \tag{2-1}$$

上式中，T, P, n 爲自變數（*independent variables*），而V爲因變數（*dependent variable*）。若已知適當的特定數學函數（方程式），定出 T, P, n 之值，卽可計算V之值。此一方程式稱爲狀態方程式（*equation of state*）。當然，狀態方程式可重新整理（雖則未必簡單），且四變數中之任一變數皆可寫成因變數，亦卽寫成

$$P = f(V, T, n), \quad T = f(P, V, n),$$

或 $\qquad n = f(T, P, V) \tag{2-2}$

的形式。討論物質性質時，務須牢記整個物質試樣中的溫度與壓力須均勻一律。T, P二變數爲二示強變數，蓋對一指定試樣而言，其值不受試樣大小的影響。狀態方程式常一律以示強變數書寫之，例如

$$\overline{V} = f(T, P) \tag{2-3}$$

其中 $\overline{V}$ 爲莫耳體積。

　　有一粗略的一般性狀態方程式能適用於物質三態，卽

$$V = V_0[1 + \alpha(T - T_0) - \beta(P - P_0)] \tag{2-4}$$

此處 V_0 爲物質在基準溫度 T_0 與壓力 P_0 的體積。在氣體的場合，T_0 與 P_0 常取爲標準狀況（*standard conditions*）的溫度和壓力（$273.16°K$ 和 $1atm$）。α 稱爲體積膨脹係數（*coefficient of volume expansion*），而 β 稱爲壓縮性係數（*coefficient of compressibility*）。

　　〔例 2-1〕就一莫耳理想氣體而論，其狀態方程式爲 $PV = RT$，其中R爲氣體常數。求理想氣體在一大氣壓下的體積膨脹係數α。

　　〔解〕因 $P = 1\,atm$,

$$V = RT$$

在標準狀況下，

$$V_0 = RT_0 = 273.16R$$

$$V - V_0 = R(T - 273.16)$$

$$V = V_0 + R(T - 273.16)$$

$$= V_0 \left[1 + \frac{R}{V_0} (T - 273.16) \right]$$

但 $\qquad R/V_0 = 1/273.16$

故 $\qquad V = V_0 \left[1 + \frac{1}{273.16} (T - 273.16) \right]$

因 $P = P_0 = 1 \, atm$，（2-4）式可簡化爲

$$V = V_0 [1 + \alpha (T - 273.16)]$$

比較最後二式得

$$\alpha = 1/273.16。$$

2-6 熱容量與比熱 *(Heat Capacity And Specific Heat)*

　　一物質試樣之溫度升高一度所需之熱稱爲該物質的**熱容量** *(heat capacity)*。一單位重量物質的熱容量，或一單重量的物質溫度升高一度所需之熱特稱爲該物質的**比熱** *(specific heat)*。化學上所用熱單位爲**克卡** *(gram calorie)*，簡稱爲**卡** *(calorie*，簡寫爲 *cal)*，等於一克水溫度升高 $1°C$ 所需之熱。因此，水的比熱爲 1 *(cal/°C-g)*。

　　因物質的比熱隨溫度而異，故有必要嚴格地對卡下一定義。一克水溫度自 $14.5°C$ 升至 $15.5°C$ 所需之熱爲一卡，此種卡特稱爲 15° 卡。一卡等於 4.184 焦耳 *(joules)*。

　　化學計算常以莫耳 *(mole)* 爲基礎，在此場合使用莫耳熱容量 *(molar heat capacity)* 較爲簡便。**莫耳熱容量**即一莫耳物質之溫度升高 $1°C$ 所需之熱，其單位爲 *(cal/mole - °C)*，其值等於比熱乘物

質的分子量。比熱的常用符號爲 c ，而熱容量的常用符號爲 C 。

　　依加熱程序的不同而有兩種熱容量。若物質在恆容（體積保持不變）下加熱，則所論及的熱容量爲**恆容熱容量** (*heat capacity at constant volume*)，以 C_V 表示之。若物質在恆壓（壓力保持不變）下加熱，則所論及的熱容量爲**恆壓熱容量** (*heat capacity at constant pressure*)，以 C_P 表示之。當物質在恆容下加熱時，所吸收的熱能全部用來提高物質的內能 (*internal energy*)。但當物質在恆壓下加熱時，所吸收的熱能除用於提高內能之外又用於對外膨脹。因此 C_P 必大於 C_V。在固體與液體的場合，體積因加熱而起的變化小，C_P 與 C_V 的差別亦小。但在氣體的場合，體積隨溫度的變化大，C_P 與 C_V 的差別亦大。

　　一般言之，一物質的熱容量或比熱隨溫度而異，惟實用上常可取其平均值。例如水與冰的平均比熱分別爲 1 與 0.49 卡/克－°C 。

2-7　物態之轉變與轉變熱
(*Transition of States and Heat of Transition*)

　　若在加熱過程中，物質的聚積狀態不變，則物質之溫度隨熱量之加入而上昇。在此情況下，物質之吸熱或放熱可由其溫度之升降顯示出，此時物質所吸收或放出之熱稱爲**顯熱** (*sensible heat*)。另一方面，若在加熱過程中，物質進行聚集狀態的轉變，例如自固態變爲液態或自液態變爲氣態，則物質溫度將保持於一固定點，直至全部物質的狀態轉變完成爲止。此時所吸收或放出之熱用以改變聚集狀態。物質改變其聚集狀態所需之熱稱爲**潛熱** (*latent heat*) 或**轉變熱** (*heat of transition*)。物態的三種轉變摘述於表 2-1。在各種場合列有能變化及分子秩序變化的方向。物態轉變在一固定壓力下發生。對反方向的

轉變而言，變化的方向相反。**莫耳潛熱** (*molar latent heat*) 以 λ 表示之。

表 2-1 物質聚積狀態之轉變

轉變種類	能之變化	分子秩序	莫耳潛熱符號
1. 熔解 ($s{\to}l$)	增加	降低	λ_f
2. 汽化 ($l{\to}g$)	增加	降低	λ_v
3. 昇華 ($s{\to}g$)	增加	降低	λ_s

註：s, l, g, 分別代表固態、液態、及氣態。

因物態在轉變溫度突然改變，物質的熱容量亦在轉變溫度突然改變。故熱容量有不連續之處 (*discontinuities*)。

(1) 熔解 (*Fusion*)

當一般固體熔解成液體時，其體積稍微增加。分子間的距離增加，但分子並不變成完全自由。冰與鉍熔解時有一反常現象發生，卽體積縮小。在熔點使一莫耳物質的有規則晶體列陣破壞而熔解所需之熱稱爲莫耳熔解潛熱 λ_f, 簡稱爲**莫耳熔解熱**。熔解的逆程序 (*reverse process*) 稱爲固化 (有時稱爲凝固、冷凍或結晶)。物質固化時放出熔解熱。

(2) 汽化 (*Vaporization*)。

一液體的蒸汽壓隨溫度之增加而增加。一液體的蒸汽壓等於一大氣壓的溫度稱爲**正常沸點** (*normal boiling point*)。在沸點的溫度下，物質在液體各處同時汽化而有沸騰的現象發生。液體分子必須獲得充分的動能才能擺脫其他液體的吸引力而汽化。一莫耳物質汽化所需之熱稱爲**莫耳汽化熱** (*molar heat of vaporizaton*) λ_v。汽化的逆程序稱爲冷凝 (*condensation*)。氣體冷凝時放出汽化熱。

(3) 昇華 (*Sublimation*)

由固體直接汽化的程序稱爲昇華。一物質的固體在一定溫度下有一定的蒸汽壓，證明物質亦可自固態直接變成氣態，而無須經過液態。

事實上固態二氧化碳（乾冰）在室溫下的蒸汽壓甚高（高於 1atm），以致於乾冰直接汽化而不能變成液體。 莫耳昇華熱以 λ_s 表示之。在同一溫度下，昇華熱等於熔解熱與汽化熱之和， 亦卽， $\lambda_s = \lambda_v + \lambda_f$。

自一定量某狀態的物質依一定速率移去熱量（例如每分一卡），則該物質的溫度將隨時間變化。對時間所作該物質的溫度曲線稱爲**冷卻曲線** (cooling curve)。一典型的冷卻曲線如圖 2-1 所示。一定量的氣體自初溫 t_0（ a 點）開始冷卻，溫度隨時間之增加而降低。當沸點

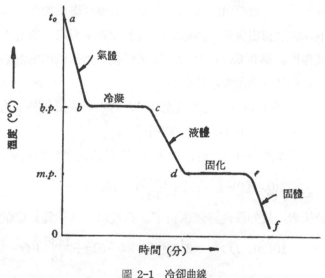

圖 2-1　冷卻曲線

（b 點）達到時，溫度暫時保持不變，此時氣體冷凝成液體。當所有氣體全部冷凝成液體時 （c 點）， 溫度又開始隨時間的增加而降低，至熔點（d 點），溫度又暫時保持不變。待全部液體固化後（e 點），溫度又開始降低。因熱容量在沸點與熔點突然改變，此一冷卻曲線的斜率有 4 不連續點 b, c, d, e。若氣體、液體、及固體的熱容量不隨溫度而改變，則線段 ab, cd, ef 應爲直線。bc 所對應的時間間隔乘加熱速率等於該物質試樣的總汽化熱。 同理， de 所對應的時間間隔

乘加熱速率得該物質試樣的總熔解熱。若對一物質試樣以一定速率加熱，所獲得的溫度對時間曲線稱爲加熱曲線 (*heating curve*)。

水的莫耳汽化熱與莫耳熔解熱分別爲

$$\lambda_v = 9717 cal/mole \quad 與 \quad \lambda_f = 1436 cal/mole。$$

〔例 2-2〕一保溫瓶內原有 30°C 的水10克，若將 −5°C 的冰 2 克投入此保溫瓶中，問最後保溫瓶內的溫度爲若干 °C？設水與冰的比熱分別爲1與 0.49*cal*/°C-*g*。

〔解〕最後保溫瓶內將達溫度平衡，而溫度變爲均勻一律。是否有冰留下，視最初出現的水與冰的溫度及相對量而定。若有水與冰留下，則其溫度必爲 0°C。最初的水變至最後狀態所放出的熱必等於最初的冰變至最後狀態所吸收的熱。

10克 30°C 的水變至 0°C 的水所放出的熱量爲

$$10 \times (30-0) \times 1 = 300 卡$$

2 克 −5°C 的冰變至 0°C 的水所吸收的熱量爲

$$2\left\{0.49[0-(-5)] + \frac{1436}{18}\right\} = 164.46 \ 卡$$

前者大於後者，故知最後將無冰留下。假設最後狀態爲 *t*°C 的水，則

$$10(30-t) \times 1 = 2\left\{0.49[0-(-5)] + \frac{1436}{18} + (t-0) \times 1\right\}$$

$$300 - 10t = 164.46 + 2t$$

$$12t = 153.54$$

$$t = 12.8°C$$

在以上的計算中假設保溫瓶無熱損失，且保熱瓶的內壁熱容量可忽略。在實際的實驗中應計及內壁的熱容量。

習 題

2-1 已知理想氣體的狀態方程式爲

$$PV = nRT$$

試改寫此一方程式，分別令 P, V, T, n 為因變數，亦卽分別將上式寫成（2-1）及（2-2）式的形式。

2-2　設冰、水、及水蒸汽的比熱分別為 0.49，1，及 $0.45 cal/°C\text{-}g$，今欲使 18 克 $-50°C$ 的冰變成 $150°C$ 的水蒸汽。問需加熱若干卡。

2-3　今欲以每分 $100 cal$ 的加熱速率使一莫耳 H_2O 在一大氣壓下的溫度自 $-50°C$ 升至 $150°C$，試利用習題 2-2 的數據作一加熱曲線圖。

2-4　80克 $-10°C$ 的雪與 120 克 $40°C$ 的水混合於一完全熱絕緣的容器中，試求平衡溫度。〔答：$0°C$〕

2-5　一保溫瓶中含有 100 克 $15°C$ 的油，此油的比熱為 $0.8\ cal/°C\text{-}g$，沸點為 $120°C$。今將 10 克 $100°C$ 的金屬投入此瓶中，此金屬的比熱為 $0.2\ cal/°C\text{-}g$。試求油的最後溫度。

第三章　氣　　體

基於若干原因，氣體性質的研究在化學上極其重要。低壓或低濃度氣體在許多方面是原子或分子的最簡單集合形式，其性質較爲簡單。氣體的性質可分爲兩類。第一類性質爲**依數性質** (*colligative propeties*)，僅與分子的數目、濃度、及能有關。第二類性質爲**化學性質** (*chemical properties*)，與分子的特殊種類〔化學物種 (*chemical species*)〕有關。氣態反應的本身日趨重要；而與此同等重要的是，由溶液蒸汽的研究可間接獲得有關溶液性質與溶液反應的有用資料。

氣體可簡便地分爲兩類：(1) 理想氣體 (*ideal gases*)，(2) 非理想或眞實氣體 (*nonideal or real gases*)。理想氣體與非理想氣體之行爲 (*behavior*) 可藉實驗加以觀察。另一方面，理想氣體的行爲可依氣體動力論加以推測。本章首先討論理想氣體與非理想氣體的狀態方程式，然後介紹氣體動力論。

3-1　理想氣體 (*Ideal Gas*)

在理想氣體中，分子所佔體積與氣體總體積比較之下顯得很小而可忽視，且分子際作用力在所有情況下均甚小。在眞實氣體中，以上兩個因數均不可忽視，而其大小視氣體的性質、溫度、及壓力而定。顯然，理想氣體是一種假想的氣體，蓋所有氣體必含分子，而分子佔有一定體積，且分子間有作用力之存在。惟此兩因數的影響常甚小，而氣體可視爲理想氣體，尤其是在低壓及高溫下，氣體內的自由空間 (*free space*) 大，分子際作用力小。

氣體之研究導致理想氣體行爲的若干通則 (*generalizations*)，包括波義耳定律 (*Boyle's Law*)、 查理或給呂薩克定律 (*Charles or Gay-Lussac law*)、 道爾敦分壓定律 (*Dalton's law of partial pressure*)、 亞馬加特分容定律 (*Amagat's law of partial volumes*)、阿佛加得羅假說或原理、及格廉擴散定律 (*Graham's law of diffusion*)。

3-2 波義耳定律 (*Boyle's law*)

波義耳 (*Robert Boyle*) 於 1662 年報告一氣體在恆溫下之體積隨壓力之增加而減小， 由此導致**波義耳定律**。 此定律意謂:「**一定量任何氣體在恆溫下之體積與該氣體之壓力成反比。**」 以數學式表示，得

$$V \propto \frac{1}{P} \quad 或 \quad V = \frac{K_1}{P} \qquad (定溫)$$

其中 V 爲體積， P 爲壓力， 而 K_1 爲一比例常數， K_1 之值視氣體之溫度、重量、性質、及 P 與 V 的單位而定。 上式可改寫成如下形式:

$$PV = K_1 \tag{3-1}$$

(3-1) 式適用於任何壓力與體積狀態， 故

$$P_1 V_1 = K_1 = P_2 V_2$$

且

$$\frac{P_1}{P_2} = \frac{V_2}{V_1} \tag{3-2}$$

若依 (3-1) 式對體積畫壓力曲線， 可得一組如圖 3-1 所示之曲線， 各曲線爲一不同 K_1 值的雙曲線 (*hyperbola*)。 因對一定量氣體而言， K_1 值僅隨溫度變化， 而各曲線對應於一固定溫度， 故稱爲**等溫線** (*isotherm*)。

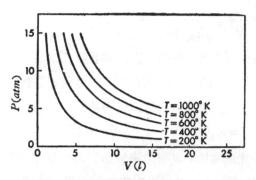

圖 3-1　基於波義耳定律所作 P 對 V 等溫線 （1莫耳氣體）

3-3　查理或給呂薩克定律

(The Charles or Gay-Lussac Law)

　　查理 (Charles) 於 1787 年察識當氣體氫、空氣、二氧化碳及氧在恆壓下自 $0°C$ 熱至 $80°C$ 時行等量的膨脹。給呂薩克 (Gay-Lussac) 於 1802 年發現所有氣體當溫度昇高 $1°C$ 時，　其體積增加量約等於其在 $0°C$ 之體積之　$\frac{1}{273}$。此一分數的較準確值為 $\frac{1}{273.16}$。設氣體在 $0°C$ 與 $t°C$ 之體積分別為 V_0 與 V，則給呂薩克之發現可書為

$$V = V_0 + \frac{t}{273.16} V_0$$

$$= V_0 \left(\frac{273.16 + t}{273.16} \right) \qquad \text{（定壓）} \qquad (3\text{-}3)$$

若採用一新溫標，令 $T = 273.16 + t$ （在 $0°C$ 時，$T_0 = 273.16$），則上式可簡化為

$$\frac{V}{V_0} = \frac{T}{T_0}$$

或一般言之，

$$\frac{V_2}{V_1} = \frac{T_2}{T_1} \qquad \text{(定壓)} \qquad (3\text{-}4)$$

以上所用新溫標稱爲理想氣體溫標，亦卽第二章所述之凱氏溫標，所用溫度單位爲 $^\circ K$。(3-4) 式意謂： 一定量氣體**在恆壓下之體積與絕對溫度成正比**，此卽**查理或給呂薩克體積定律**。若以數學表示，則

$$V = K_2 T \qquad \text{(定壓)} \qquad (3\text{-}5)$$

其中 K_2 爲一比例常數，其值取決於氣體之重量、性質、壓力、及 V 之單位。依 (3-5) 式，若以 V 對 T 作圖可得一直線（圖 3-2）。因對一定量氣體而言，K_2 隨壓力而異，故可得一系列直線，每一直線表示一定壓下之 PV 關係，稱爲**等壓線** (*isobar*)。

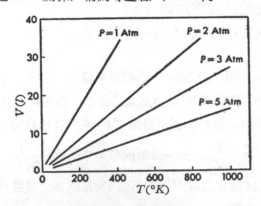

圖 3-2 基於查理定律所作 V 對 T 等壓線（1 莫耳氣體）

3-4 聯合氣體定律 (*The Combined Gas Law*)

以上兩定律分別敍述氣體體積隨壓力改變的情形和氣體體積隨溫度改變的情形。欲求 P, V, T 三者之間的關係，須考慮 P, T 兩者同時變化對 V 的效應。設有一定量的氣體，其在 P_1, T_1 的體積爲 V_1，問其在 P_2, T_2 的體積 V_2 爲何？首先令此氣體在定溫 T_1 下自 P_1 壓

縮或膨脹至 P_2。設其體積變爲 V_x，則依波義耳定律，

$$\frac{V_x}{V_1} = \frac{P_1}{P_2}, \quad V_x = \frac{V_1 P_1}{P_2} \quad (固定 \ T_1) \quad\quad (3\text{-}6)$$

此時，此氣體的體積、壓力、溫度分別爲 V_x, P_2, T_1。再令此氣體之溫度在恆壓 P_2 下自 T_1 昇（或降）至 T_2，則氣體體積將變成 V_2。依查理定律，

$$\frac{V_2}{V_x} = \frac{T_2}{T_1}, \quad V_2 = \frac{V_x T_2}{T_1} \quad (固定 \ T_2) \quad\quad (3\text{-}7)$$

將 (3-6) 式之 V_x 值代入 (3-7) 式，得

$$\frac{P_1 V_1}{T_1} = \frac{P_2 V_2}{T_2} = 常數 = K \quad\quad (3\text{-}8)$$

亦卽，對任何狀態之氣體而言，比值 PV/T 爲一常數，或

$$PV = KT \quad\quad (3\text{-}9)$$

此式符合波義耳及查理定律，稱爲**聯合氣體定律**。

3-5 理想氣體狀態方程式 (*State Equation of Ideal Gases*)

(3-8) 與 (3-9) 兩式中之 K 視所論及氣體之莫耳數而定，且其值與 P 及 V 之單位有關。因 P 與 T 爲示强性質 (*intensive properties*)，與氣體重量無關，而 V 爲一示量性質 (*extensive properties*)，與氣體重量成正比，故 K 亦與氣體重量成正比。若以 n 指示氣體之莫耳數，則可將 K 表示爲

$$K = nR \quad\quad (3\text{-}10)$$

R 爲一常數，在任何氣體之場合均同，特稱爲**普用氣體常數** (*universal gas constant*)，或簡稱爲**氣體常數**。將 (2-10) 式代入 (2-9) 式，得

$$PV = nRT \quad\quad (3\text{-}11)$$

或 $$V = \frac{nRT}{P} \qquad\qquad (3\text{-}12)$$

(3-11) 或 (3-12) 式稱爲**理想氣體**（狀態）**方程式**，或**理想氣體
定律** (*ideal gas law*)，適用於任何理想氣體。應注意 (3-12) 式與
(2-1) 式具有同一形式，均將 V 表示爲 n, T, P 之函數。

　　1 莫耳任何理想氣體在標準狀況（$0°C$ 與 $1atm$）下之體積等於
22.414 升。利用此一事實可求得 R 之值如下：

$$R = \frac{PV}{nT} = \frac{1atm \times 22.414l}{1mole \times 273.16°K}$$

$$= 0.08205 \ l\text{-}atm/°K\text{-}mole$$

故知 R 之值隨所用 P, V, T，及質量之單位而異。

　　〔**例 3-1**〕試求 R 以 $cal/°K\text{-}mole$ 計之值。

　　〔**解**〕已知 $R = 0.08205 \ l\text{-}atm/°K\text{-}mole$

$\qquad\qquad 1atm = 1.013 \times 10^6 \ dyne/cm^2$

$\qquad\qquad 1l = 1000cm^3$

$\qquad\qquad 1l\text{-}atm = 1.013 \times 10^9 dyne\text{-}cm = 1.013 \times 10^9 erg$

$\qquad\qquad 1$ 焦耳 (*joule*) $= 10^7$ 耳格 (*erg*)

$\qquad\qquad 1l\text{-}atm = 1.013 \times 10^2 joules$

$\qquad \therefore \quad R = 0.08205 \times 1.013 \times 10^2 = 8.314 \ joules/°K\text{-}mole$

$\qquad$ 又 $\quad 1cal = 4.184 \ joules$

$\qquad \therefore \quad R = \frac{8.314}{4.184} = 1.987 \ cal/°K\text{-}mole$

茲列各種單位之 R 值於次：

$\qquad\qquad R = 0.08205 \qquad l\text{-}atm/°K\text{-}mole$

$\qquad\qquad\quad = 82.05 \qquad cc\text{-}atm/°K\text{-}mole$

$\qquad\qquad\quad = 8.314 \times 10^7 \quad ergs/°K\text{-}mole$

$\qquad\qquad\quad = 62{,}360 \qquad cc\text{-}mm \ Hg/°K\text{-}mole$

$$\fallingdotseq 8.314 \qquad joule/°K\text{-}mole$$

$$=1.987 \qquad cal/°K\text{-}mole$$

本書所用 R 之單位將以第一及最後兩單位爲主。讀者應牢記此二單位之 R 值，以備應用。

已知 P, V, T, n 四變數中之任三變數，卽可利用理想氣體定律求未知之第四變數。

〔例 3-2〕求 10 克氧氣在 $25°C$ 及 $650mm\,Hg$ 所佔之體積。

〔解〕由已知數據 (data) 得

$$n = \frac{10.0}{32.0} = 0.312 \; mole$$

$$T = 273.2 + 25.0 = 298.2°K$$

$$P = \frac{650}{760} = 0.855 \; atm$$

$$R = 0.0821 \; l\text{-}atm/°K\text{-}mole$$

可假設氧在此情況下遵循理想氣體定律，將此組數值代入 (3-12) 式，得

$$V = \frac{nRT}{P} = \frac{0.312 \times 0.0821 \times 298.2}{0.855} = 8.94l$$

3-6　理想氣體之密度 (*The Density of An Ideal Gas*)

若以一氣體試樣之重量 W（以克計）及其分子量 M 表示莫耳數 n，則 (3-11) 式可改寫爲

$$PV = \left(\frac{W}{M}\right) RT \qquad\qquad (3\text{-}13)$$

由上式可得氣體密度 (*density*) ρ 如下：

$$\rho = \frac{W}{V} = \frac{PM}{RT} \qquad\qquad (3\text{-}14)$$

氣體密度 ρ 常以 g/l 計。

〔例 3-3〕一氣體化合物在700$mm\,Hg$及100°C之密度約2.8g/l。

分析結果知其組成爲 24.5%C, 4.1%H, 71.4%Cl。

試求其分子式。

〔解〕C, H 及 Cl 之原子量分別爲 12.01, 1.008, 及 35.45。故 C,

H, 及 Cl 之原子數比爲

$$\frac{24.5}{12.01} : \frac{4.1}{1.008} : \frac{71.4}{35.45} = 2:4:2 = 1:2:1$$

該化合物之可能分子式爲 $C_nH_{2n}Cl_n$。又由已知數據,

$$\rho = 2.8 g/l$$

$$P = 700\,mm\,Hg = \frac{700}{760}\,atm$$

$$T = 100 + 273.2 = 373.2°K$$

$$R = 0.08205\ l\text{-}atm/K°\text{-}mole$$

代入 (3-14) 式, 得該化合物之約略分子量

$$M = \frac{\rho RT}{P} = \frac{2.8 \times 0.08205 \times 373.2}{700/760} = 93\ g/mole$$

$n=2$ 時, 該化合物之分子量$=2 \times 12.01 + 2 \times 2 \times 1.008 + 2 \times 35.45$

$$= 98.95$$

此值最接近約略之 M 值, 故該氣體之分子式爲 $C_2H_4Cl_2$。

3-7 道爾敦分壓定律 (*Dalton's Law of Partial Pressure*)

將不同種氣體置於同一容器中, 則各氣體迅速互相擴散(*diffuse*)

或混合。一成分氣體獨佔該容器時所呈現之壓力稱爲該成分氣體之分

壓(*partial pressure*)。**道爾敦分壓定律意謂: 一氣體混合物之總壓**

等於諸成分氣體分壓之總和, 換言之:

$$P = p_1 + p_2 + p_3 + \cdots\cdots \tag{3-15}$$

其中 P 爲總壓，$p_1, p_2, p_3 \cdots\cdots$ 爲諸成分氣體之分壓。設該氣體混合物含有 n_1 莫耳氣體 1、n_2 莫耳氣體 2、n_3 莫耳氣體 3、$\cdots\cdots$，而該混合氣體（或容器）之體積爲 V，則

$$p_1 = \frac{n_1RT}{V}, \quad p_2 = \frac{n_2RT}{V}, \quad p_3 = \frac{n_3RT}{V} \cdots\cdots \quad (3\text{-}16)$$

依道爾敦分壓定律，

$$P = \frac{(n_1+n_2+n_3+\cdots\cdots)}{V}RT = \frac{n_tRT}{V} \quad (3\text{-}17)$$

其中 n_t 爲總莫耳數，等於 $n_1+n_2+n_3+\cdots\cdots$。一成分氣體之莫耳數與總莫耳數之比值 n_i/n_t 稱爲該成分氣體之莫耳分率 (*mole fraction*) X_i。比較 (3-16) 與 (3-17) 兩式，得

$$p_1 = \frac{n_1}{n_t}P = X_1P; \quad p_2 = \frac{n_2}{n_t}P = X_2P;$$

$$p_3 = \frac{n_3}{n_t}P = X_3P; \cdots\cdots \quad (3\text{-}18)$$

亦卽，諸成分氣體之分壓等於其莫耳分率乘總壓。須知諸莫耳分率之總和必等於 1。

$$X_1+X_2+X_3+\cdots\cdots = 1$$

〔例 3-4〕設有甲烷 (CH_4, $M=16$) 及乙烷 (C_2H_6, $M=30$) 之氣體混合物，其在 $1atm$ 及 $0°C$ 之密度爲 $1.00g/l$。求每升此混合氣體中甲烷及乙烷之重量。

〔解〕由 (3-17) 式得

$$PV/RT = n_t = n_{CH_4} + n_{C_2H_6}$$

$$PV/RT = W_{CH_4}/M_{CH_4} + W_{C_2H_6}/M_{C_2H_6}$$

又每升氣體中

$$W_{CH_4} + W_{C_2H_6} = 1.00g, \quad W_{C_2H_6} = 1 - W_{CH_4}$$

代入上式，得

$$\frac{1atm}{0.082(l\text{-}atm/°K\text{-}mole)\times273°K}=\frac{W_{CH_4}}{16g/mole}$$
$$+\frac{1-W_{CH_4}}{30g/mole}$$

$$\therefore\quad W_{CH_4}=0.39g,\quad W=0.61g$$

3-8 亞馬加特分容定律

(*Amagat's Law of Partial Volume*)

亞馬加特分容定律類似道爾敦分壓定律。依亞馬加特分容定律，**任一氣體混合物之總體積等於該氣體混合物諸成分氣體分容之總和，**亦卽

$$V=V_1+V_2+V_3+\cdots\cdots \tag{3-19}$$

此處V為總體積，而 $V_1, V_2, V_3, \cdots\cdots$ 為諸成分氣體之分容（或部份體積）。所謂分容（*partial volume*）卽，在該混合氣體之溫度及總壓下，一成分氣體單獨呈現時所佔之體積。若理想氣體定律可適用，則可證明

$$V_1=X_1V;\ V_2=X_2V;\ V_3=X_3V;\cdots\cdots$$

3-9 眞實氣體 (*Real Gases*)

實際上無理想氣體之存在，惟一般氣體在低壓及高溫下甚接近理想氣體。在高壓或低溫下，眞實氣體的行為與理想氣體定律所描述者有顯著的偏差。若干眞實氣體狀態方程式已導出，各方程式皆含有由實驗決定的常數，以修飾理想氣體狀態方程式，使之適用於若干眞實氣體。眞實氣體的 *PVT* 關係式中最常用者有壓縮性因數方程式（*com-*

pressibility factor equation)、凡德瓦爾方程式 (*van der Waals equation*)、維里方程式 (*virial equation*) 及伯舍樂方程式 (*Berthelot equation*) 等。茲將各方程式分述於次。

3-10　壓縮性因數 (*Compressibility Factors*)

修改理想氣體定律最簡單的方法是在理想氣體狀態方程式右端乘一校正因數 (*correction factor*) z，亦卽

$$PV = znRT \qquad (3\text{-}20)$$

校正因數

$$z = \frac{PV}{nRT} \qquad (3\text{-}21)$$

通稱為**壓縮性因數** (*compressibility factor*)，表示眞實氣體行為偏離理想氣體行為的程度。對一理想氣體而言，壓縮性因數當然等於1。H_2 與 O_2 在 $0°C$ 之 z 示於圖 3-3。理想氣體行為以一水平虛線表示

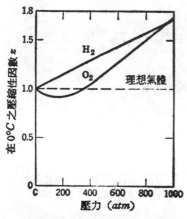

圖 3-3　壓力對壓縮性因數之影響

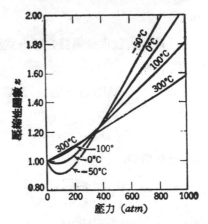

圖 3-4　壓力對 N_2 在各種溫度下之壓
縮性因數之影響

之。觀圖知甚至在 $1atm$ 之下，此二氣體的行為與理想氣體行為之間

已有小偏差。當壓力趨近於 0 時, z 趨近於 1, 亦卽 H_2 與 O_2 變成理想氣體。

z 小於 1 指示氣體較一理想氣體更易於壓縮。若溫度充分低, 所有氣體之 z 對 P 曲線均有一極小 (*minimum*)。溫度對 N_2 之壓縮性因數之效應示於圖 3-4。在 $0°C$ 及低壓下, N_2 較理想氣體更易於壓縮, 但在高壓下, 較理想氣體難於壓縮。

〔**例 3-5**〕在 $0°C$ 及 $100atm$ 下, 甲烷之 $z = 0.783$, 問 10 莫耳甲烷在此情況下所佔體積爲若干升?

〔解〕 $V = \dfrac{znRT}{P}$

$\qquad = \dfrac{0.783 \times 10 \times 0.08205 \times 273.2}{100} = 1.754 l$

此值甚接近實驗值 1.756 升。

〔**例 3-6**〕設一定量甲烷在 $300atm$ 及 $200°C$ 下 ($z = 1.067$) 佔體積 0.138 升。求該定量氣體在 $600atm$ 及 $0°C$ 下 ($z = 1.367$) 之體積。

〔**解**〕設該定量氣體之第一狀態爲 P_1, V_1, T_1, 第二狀態爲 P_2, V_2, T_2, 則

$$P_1 V_1 = z_1 nRT_1 ; \quad P_2 V_2 = z_2 nRT_2$$

$$\frac{P_1 V_1}{P_2 V_2} = \frac{z_1 nRT}{z_2 nRT} = \frac{z_1 T_1}{z_2 T_2}$$

代入已知數值, 得

$$V_2 = \frac{z_2 T_2}{z_1 T_1} \left(\frac{P_1 V_1}{P_2} \right) = \left(\frac{1.367 \times 273.2}{1.067 \times 473.2} \right) \left(\frac{300 \times 0.138}{600} \right)$$

$$= 0.051 l$$

3-11 凡德瓦爾方程式 (*Van der Waals Equation*)

凡德瓦爾在理想氣體狀態方程式中加入二項，使之適用於眞實氣體。此二校正項 (*correction terms*) 乃針對引起偏差之原因而加入者。所得結果稱爲**凡德瓦爾方程式:**

$$\left(P+\frac{an^2}{V^2}\right)(V-nb)=nRT \qquad (3\text{-}22)$$

考慮氣體在高壓（或小莫耳體積）之行爲卽可了解何以加入二校正項。nb 項之加入是因爲眞實氣體分子佔有一定體積，並非可無限壓縮。爲校正其影響起見，自觀察體積 V 減去一比例於莫耳數之數量 nb。常數 b 有時稱爲每莫耳分子之體積 (*molecular volume per mole*)，其值主要決定於氣體性質。又加入 an^2/V^2 項之目的在於校正分子間吸引力。此種吸引力與蒸汽之凝結成液體有關。其效應約與氣體密度的平方（或 n^2/V^2）成正比，且與氣體性質有關。吸引力之作用方式與外壓（P）相似；氣體之有效壓力等於內在吸引力與外加壓力之總和。

表 3-1 氣體之凡德瓦爾常數

氣體	a $l^2\text{-}atm/mole^2$	b $l/mole$	氣體	a $l^2\text{-}atm/mole^2$	b $l/mole$
H_2	0.2444	0.02661	CH_4	2.253	0.04278
He	0.03412	0.02370	C_2H_6	5.489	0.06380
N_2	1.390	0.03913	C_3H_8	8.664	0.08445
O_2	1.360	0.03183	$C_4H_{10}(n)$	14.47	0.1226
Cl_2	6.493	0.05622	$C_4H_{10}(iso)$	12.87	0.1142
NH_3	4.170	0.0371	$C_5H_{12}(n)$	19.01	0.1460
NO_2	5.284	0.04424	CO	1.485	0.03985
H_2O	5.464	0.03049	CO_2	3.592	0.04267

凡德瓦爾常數 (*van der Waals constants*) *a* 與 *b* 爲可調節之二
參數 (*parameters*)， 各氣體有其獨特之 *a* 與 *b* 值， 此二值亦多少受
氣體溫度之影響， 惟通常將其視爲常數。 若干氣體之 *a* 與 *b* 值列於表
3-1。

由凡德瓦爾方程式可獲得一氣體在一指定體積及溫度下之壓力。
重新整理 (3-22) 式， 可得

$$P = \frac{nRT}{V - nb} - \frac{an^2}{V^2} \tag{3-23}$$

〔例3-7〕 2 莫耳 NH_3 在 $27°C$ 佔體積 5 升， 求其壓力。

〔解〕 由表 3-1 查得 NH_3 之凡德瓦爾常數爲

$$a = 4.17 \; atm\text{-}l^2/mole^2, \quad b = 0.0371 \; l/mole$$

代入 (2-23) 式得

$$P = \frac{nRT}{V - nb} - \frac{n^2 a}{V^2}$$

$$= \frac{2 \times 0.08205 \times 300.2}{5 - 2(0.0371)} - \frac{(2)^2 \times 4.17}{(5)^2}$$

$$= 9.33 atm$$

(2-22) 式亦可展開成如下形式:

$$P\bar{V}^3 - \bar{V}^2(RT + bP) + a\bar{V} - ab = 0 \tag{3-24}$$

其中 $\bar{V} = V/n$， 爲莫耳體積。 (3-24) 式爲 $\bar{V}$ 之三次方程式， 由已知
T 與 P 可解 $\bar{V}$ 以求得氣體密度， 惟解 $\bar{V}$ 須應用試差法 (*trial-and-
error method*) 或數值方法 (*numeric method*)， 頗爲不便。 故通常
不應用凡德瓦爾方程式求 V。

3-12 伯舍樂方程式 (*The Berthelot Equation*)

如前所述， 應用凡德瓦爾方程式由已知 P 及 T 計算 V 的手續頗爲

繁煩。在這方面，伯舍樂方程式可代替凡德瓦爾方程式。

$$PV = nRT\left[1 + \frac{9PT_c}{128P_cT}\left(1 - \frac{6T_c{}^2}{T^2}\right)\right] \qquad (3\text{-}25)$$

其中 P, V, n, R, T 之意義與其在理想氣體定律中所代表者同，P_c 與 T_c 分別爲氣體的臨界壓力與臨界溫度（見 3-14 節）。此方程式適用於低壓。

3-13 維里方程式 (*Virial Equation*)

除上述三方程式之外，尚有更準確而更繁複的眞實氣體方程式，其中最有用者爲維里方程式 (*virial equation*)：

$$PV = nRT + BP + CP^2 + \cdots\cdots \qquad (3\text{-}26)$$

此處 B, C 分別稱爲第一與第二維里係數 (*virial coefficient*)，由實驗決定。更準確的維里方程式包括更多項。

3-14 氣體之液化及臨界常數
(*Liquefaction of Gas and The Critical Constants*)

任何氣體在充分低溫及充分高壓下均可液化。但若一氣體溫度高於某一特殊溫度，則壓力再高亦無法使該氣體液化，此一特殊溫度稱爲臨界溫度 T_c (*Critical temperature*)。在臨界溫度使一氣體液化所需最低壓力稱爲臨界壓力 P_c (*critical pressure*)。一氣體在臨界溫度及臨界壓力之莫耳體積稱爲臨界體積 $\overline{V}_c$ (*critical volume*)。各氣體皆有其獨特的 T_c, P_c, 及 $\overline{V}_c$。此三常數稱爲氣體的臨界常數 (*critical constants*)。若干氣體的臨界常數列於表 3-2。同表中附有各氣體的熔點 (*m.p.*)、沸點 (*b.p.*)、及壓縮性因數 z_c 或 $\frac{P_c\overline{V}_c}{RT_c}$ 之值。

對一純質而言，其臨界狀態可依如次之二準則 (*criteria*) 辨認之：(1) 在臨界狀態下，氣相 (*gas phase*) 與液相 (*liquid phase*)

表 3-2 臨界常數、熔點、及沸點

氣 體	熔點 °K	沸點 °K	T_c °K	沸點／T_c	P_c atm	$\bar{V}_c$ l/mole	$\dfrac{P_c\bar{V}_c}{RT_c}$
簡單非極性分子 (註)							
He	0.9	4.2	5.3	0.79	2.26	0.0578	0.300
H_2	14.0	20.4	33.3	0.68	12.8	0.0650	0.304
Ne	24.5	27.2	44.5	0.61	25.9	0.0417	0.296
A	83.9	87.4	151	0.58	48	0.0752	0.291
Xe	133	164.1	289.81	0.57	57.89	0.1202	0.293
N_2	63.2	77.3	126.1	0.61	33.5	0.0901	0.292
O_2	54.7	90.1	154.4	0.58	49.7	0.0744	0.292
CH_4	89.1	111.7	190.7	0.59	45.8	0.0990	0.290
CO_2	…	194.6	304.2	0.64	72.8	0.0942	0.274
極性分子 (註)							
H_2O	273.1	373.1	647.3	0.58	217.7	0.0566	0.232
NH_3	195.4	239.7	405.5	0.59	112.2	0.0720	0.243
CH_3OH	175.4	337.9	513.2	0.66	78.67	0.118	0.220
CH_3Cl	175.5	249.7	416.3	0.60	65.8	0.148	0.285
C_2H_5Cl	134.2	285.9	460.4	0.62	52	0.196	0.269
烴類 (*Hydrocarbons*)							
乙烷 C_2H_6	89.98	184.6	305.5	0.60	48.2	0.139	0.267
丙烷 C_3H_8	185.51	281.1	305.5	0.60	48.2	0.139	0.267
異丁烷 $C_4H_{10}(iso)$	113.6	261.5	407	0.64	37	0.250	0.276
正丁烷 $C_4H_{10}(n)$	134.9	272.7	426	0.64	36	0.250	0.257
正己烷 C_6H_{14}	178.8	342.1	507.9	0.67	29.6	0.367	0.260
正辛烷 C_8H_{18}	216.6	397.7	570	0.70	24.7	0.490	0.259
苯 C_6H_6	278.6	352.7	561.6	0.63	47.9	0.256	0.265
環己烷 C_6H_{12}	279.7	353.9	554	0.64	40.57	0.312	0.280
乙烯 C_2H_4	103.7	169.3	282.8	0.60	50.5	0.126	0.274
乙炔 C_2H_2	191.3	189.5	308.6	0.61	61.6	0.113	0.275

> 註：雖極性與非極性分子均屬電中性，但在極性分子中，正電荷與負電荷分開而分別位於分子的不同部份，使分子之一端為陽性而另一端為陰性，故分子間有吸引力的存在。見第十八章。

至爲相似，以至於兩者無法以分離之相存在；（2）一純液體之臨界溫度爲其氣相與液相得以分離之相存在之最高溫度。

在臨界狀態附近的壓力－體積曲線如圖 3-5 所示。如前所述，依一定溫度所畫成的曲線稱爲等溫線。在 280°C 之 PV 等溫線爲一雙曲線 (hyperbolic curve)，類似基於波義耳定律所畫成的理想氣體等溫線（圖 3-1）。在較低溫，PV 等溫線偏離雙曲線的形狀，指示氣體分子互相接近而呈現互相間的吸引力，使其體積小於理想氣體體積。臨界溫度（在此場合爲 187.8°C）的 PV 等溫線上有一變曲點 (inflection point)，此點亦即臨界點（A 點）。在所有低於臨界溫度的等溫線上均有一水平線段。此等水平線段指示一無窮小的壓力增加引起很大的

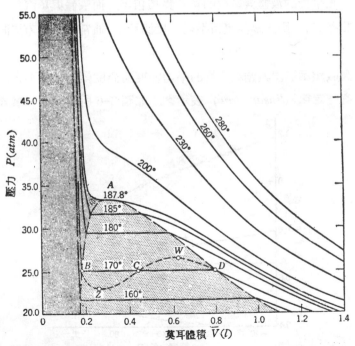

圖 3-5　異戊烷 (isopentane) 在臨界狀態附近之等溫線。圖中陰影較淺部份爲
　　　　兩相（氣、液）區域，最暗部份爲液相區域，白色部份爲氣相區域。

體積減小，此乃由於氣體之液化。虛線所圍成的鐘形部份，亦卽等溫線的水平部份，爲氣、液兩相共存的區域。在臨界等溫線與兩相區域之右只有氣體出現，屬於氣體區域，此區域內之 *PV* 等溫線大約遵循理想氣體定律。在臨界等溫線與兩相區域之左只有液體出現，屬於液相區域。因液體不易壓縮，故液相區域之等溫線甚陡。沿水平線，氣體與液體共存。如前所述，與液體互呈平衡的氣體通稱爲蒸汽 (*vapor*)。存在於兩相區域與氣相區域的界線（虛線 *AD* 爲其一部份）所代表的狀態下的蒸汽稱爲**飽和蒸汽** (*saturated vapor*)。可見在低於 T_c 的一定溫度下，液體與飽和蒸汽的莫耳體積不同，其差別隨溫度之升高而漸減，當溫度趨近 T_c 時，此差別完全消失；換言之，在臨界溫度下，互相平衡的液體與蒸汽的莫耳體積相等，而液體與蒸汽無法以分離之相存在。因此臨界體積不能直接測量。通常以下述方法間接測量。

　　實驗顯示液體與飽和蒸汽的平均密度隨溫度變化之量不大，且可以一**直線定律** (*linear law*) 表示之，如圖 3-6 所示。此一事實可以

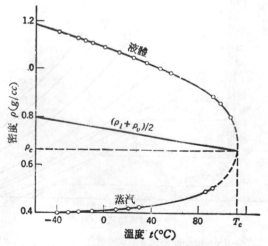

圖 3-6　CCl_2F_2 液體與蒸汽之平均密度隨溫度之直線變化

（3-26）式描述之。

$$\frac{\rho_l + \rho_v}{2} = At + B \qquad (3\text{-}26)$$

此處 ρ_l 與 ρ_v 分別爲液體與飽和蒸汽的密度 (g/cc)，A 與 B 爲常數，t 爲溫度(°C)。臨界溫度附近的 ρ_l 與 ρ_v 可由實驗測定。將所得平均密度外推 (*extrapolate*) 至臨界溫度卽得臨界密度 (*critical density*)。臨界體積 $\overline{V}_c$ 等於分子量除臨界密度。

3-15　凡德瓦爾常數之決定
(*Determination of Van Der Waals Constants*)

假設凡德瓦爾方程式適用於臨界點，則任何氣體的凡德瓦爾常數可由該氣體的臨界常數加以計算。（3-24）式爲 $\overline{V}$ 的三次方程式，

$$P\overline{V}^3 - \overline{V}^2(RT + bP) + a\overline{V} - ab = 0 \qquad (3\text{-}24)$$

代入已知 P 及 T 值可產生 $\overline{V}$ 的三根。在溫度大於 T_c 的氣相區域內（例如在圖 3-5 的 280°C 等溫線上），$\overline{V}$ 可能有一實根 (*real root*) 及二虛根 (*imaginary roots*)。在兩相區域內，$\overline{V}$ 可能有三實根，在圖 3-5 中，虛線 *DWCZB* 代表依凡德瓦爾方程式所獲得的 170°C 等溫線，其與對應於一固定壓力的水平線的交點 B, C, D 代表 $\overline{V}$ 的三實根。但實際上，正常的物理狀態並不顯示 *BWCZB* 所示的行爲，在兩相區域內，液體與蒸汽依水平線所描述的狀態存在。在臨界狀態下，凡德瓦爾方程式只能有一實根，亦卽三根相等，且全爲實根。在臨界狀態下，（3-24）式變爲

$$\overline{V}^3 - \left(b + \frac{RT_c}{P_c}\right)\overline{V}^2 + \left(\frac{a}{P_c}\right)\overline{V} - \frac{ab}{P_c} = 0 \qquad (3\text{-}27)$$

因此時 $\overline{V}$ 的三根皆等於 $\overline{V}_c$，上式可寫成

$$(\overline{V} - \overline{V}_c)^3 = 0$$

展開上式, 得

$$\overline{V}^3 - (3\overline{V}_c)\overline{V}^2 + (3\overline{V}_c{}^2)\overline{V} - \overline{V}_c{}^3 = 0 \qquad (3\text{-}28)$$

(3-27) 與 (3-28) 兩式各項的係數應相等, 故得

$$b + \frac{RT_c}{P_c} = 3\overline{V}_c \qquad (3\text{-}29)$$

$$\frac{a}{P_c} = 3\overline{V}_c{}^2 \qquad (3\text{-}30)$$

$$\frac{ab}{P_c} = \overline{V}_c{}^3 \qquad (3\text{-}31)$$

由 (3-30) 式得

$$a = 3\overline{V}_c{}^2 P_c \qquad (3\text{-}32)$$

由 (3-30) 與 (3-31) 兩式得

$$b = \frac{\overline{V}_c}{3} \qquad (3\text{-}33)$$

因 $\overline{V}_c$ 之測定值較不準確, 故以 P_c 及 T_c 表示 a 與 b 較爲可取。由 (3-29) 式與 (3-33) 式消去 $\overline{V}_c$, 得

$$b = \frac{RT_c}{8P_c} \qquad (3\text{-}34)$$

又由 (3-32), (3-33), (3-34) 三式得

$$a = \frac{27}{64} \frac{R^2 T_c{}^2}{P_c} \qquad (3\text{-}35)$$

如此, 可由 P_c 及 T_c 計算凡德瓦爾常數 a 與 b。同理, 臨界常數亦可以凡德瓦爾常數表示之。由 (3-29), (3-30), 及 (3-31) 三式得

$$\overline{V}_c = 3b, \quad P_c = \frac{a}{27b^2}, \quad T_c = \frac{8a}{27Rb}$$

3-16 對應狀態原理 (*Principle of Corresponding States*)

各種氣體的臨界性質頗不相同, 但已發現, 當不同物質的臨界溫

度與臨界壓力的分數相等時，其性質相當接近。例如表 3-2 中各氣體

在臨界狀況下的壓縮性因數 $z_c = \dfrac{P_c \overline{V}_c}{RT_c}$ 大致相等。

茲定義一組**對比變數** (*reduced variables*) 於次：

$$P_r = \frac{P}{P_c}, \quad \overline{V}_r = \frac{\overline{V}}{\overline{V}_c}, \quad T_r = \frac{T}{T_c} \qquad (3\text{-}36)$$

$P_r, \overline{V}_r$, 及 T_r 分別稱為**對比壓力** (*reduced pressure*)、**對比莫耳體積** (*reduce molar volume*)、及**對比溫度** (*reduced temperature*)。依對應狀態原理，若使用 $P_r, \overline{V}_r$, 及 T_r，而不使用 $P, \overline{V}$, 及 T，則所有氣體遵循相同的狀態方程式。

圖 3-7 示**一般化壓縮性因數圖線** (*generalized compressibility factor chart*)。其中壓縮性因數 z 依一組 T/T_c 值對 P/P_c 作圖。此等圖線在缺乏實驗數據的高壓情況尤其有用。

〔**例 3-8**〕試利用一般化壓縮性因數圖線估計 1 莫耳氧在 $-88°C$ 及 $44.7atm$ 所佔之體積。

〔**解**〕由表 3-2 查得氧的 T_c 與 P_c 分別為 $154.4°K$ 及 $49.7atm$。

故
$$T_r = \frac{T}{T_c} = \frac{273.2 - 88}{154.4} = 1.2, \quad P_r = \frac{P}{P_c} = \frac{44.7}{49.7} = 0.90$$

由圖 3-7 得

$$P\overline{V}/RT = 0.8$$

$$\overline{V} = \frac{0.80RT}{P} = \frac{(0.8)(0.08205)(185.2)}{44.7}$$

$$= 0.272 l/mole$$

3-17　分子量測定法 (*Determination of Molecular Weight*)

氣體分子量之決定可利用氣體狀態方程式。若氣體遵循理想氣體

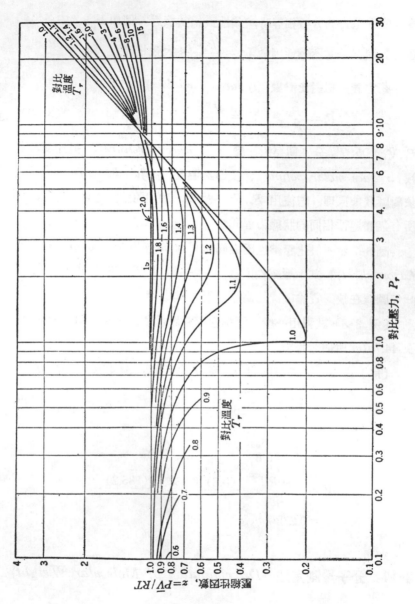

圖 3-7　一般化壓縮性因數圖線

定律，則可利用 (3-14) 式求分子量M。

$$M = \frac{\rho RT}{P} \tag{3-37}$$

有三種實驗方法利用 (3-37) 式測定粗略的分子量。茲分述於次。

(1) **雷諾法** (*Regnault's method*)

此法可用以決定常溫下的氣體分子量。其主要儀器為一球形大玻璃瓶，瓶頸裝一活栓。先將玻璃瓶抽成真空，並稱其重量。然後將待測分子量的氣體充入瓶中，直至瓶內氣體達到某壓力為止。再稱其重量。前後兩次所稱得重量之差即為瓶內氣體的重量。測量玻璃瓶體積的方法是將該瓶裝滿水銀，並決定瓶內水銀重量。因水銀密度已知，將水銀重量除水銀密度即得瓶之體積。亦可以水代替水銀。應用 (3-37) 式可求得氣體的分子量。

(2) **杜瑪斯法** (*Dumas' method*)

此法可用以測定揮發性液體的原子量。此法亦使用球形玻璃瓶，其瓶頸拉長，開口為一毛細管。冷却瓶身以吸入數 *cc* 之試樣，然後將瓶浸入一恆溫槽中，恆溫槽之溫度須大於試樣之沸點，試樣汽化而將瓶內原有空氣排出。俟所有試樣全部汽化後封閉瓶口。此時瓶內蒸汽溫度等於恆溫槽溫度，壓力等於大氣壓力。求蒸汽重量時須作空氣浮力之校正。

$$\begin{bmatrix} 試樣蒸 \\ 汽重量 \end{bmatrix} = \begin{bmatrix} 含蒸汽之 \\ 瓶在空氣 \\ 中之重量 \end{bmatrix} - \begin{bmatrix} 含空氣之 \\ 瓶在空氣 \\ 中之重量 \end{bmatrix} + \begin{bmatrix} 與瓶同體 \\ 積之空氣 \\ 重量 \end{bmatrix}$$

測量瓶之體積的方法與雷諾法所用者同。由蒸汽重量、瓶之體積、恆溫槽溫度、及大氣壓力可算出試樣之分子量。

(3) **維多梅耶法** (*The Victor Meyer method*)

此法之目的與杜瑪斯法同。其實驗裝置如圖3-8所示。*B* 為一內

管，套管 A 含有沸騰之液體以保持 B 管於一定溫度 T_B。 B 管內又插入另一細管 C， C 管下端開口。一金屬絲穿過 C 管，其下端彎成鈎形，其上端位於一橡皮管 D 內。將若干試體試樣封入一小玻璃泡中，並測得試樣重量。然後將小玻璃泡鈎於金屬絲下端。圖中 G 與 L 爲含有水銀之量筒。水銀在室溫下的蒸汽壓可忽略。兩量筒底部以一橡皮管接通。量筒 L 可上下移動，使 G 與 L 中之液面等高。實驗過程中，A 管內之液體保持沸騰。搖動橡皮管 D 使小玻璃泡破裂。液體試樣在 B 管內汽化，並將與其同體積之空氣排入量筒 G 中。量筒內空氣冷至室溫 T_R。此時 G 筒內液面已改變，調節 L 筒高度使兩筒內之液面再度等高。由 H 筒內液面前後之高度差可測得被排出空氣之體積 V。此體積應等於蒸汽在室溫之體積（假設不液化）。又 G 筒內空氣壓力等於大氣壓力 P_A。由 T_R, P_A, V 及試量重量可求得試樣之分子量。 若量筒內之液體爲水，則須作水蒸汽壓之校正。換言之，蒸汽的有效壓力等於大氣壓力減室溫下的水蒸汽壓。 A 管內液體之沸點至少須高於試樣沸點 $30°C$，使蒸汽接近理想氣體。

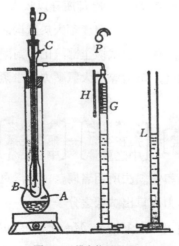

圖 3-8 維多梅耶裝置

若欲獲得更準確之分子量，則須於極低壓下加以測定，蓋壓力愈低氣體愈接近理想氣體，而在零壓時變成理想氣體。但在極低壓稱量一大體積之氣體將引起嚴重的實驗困難。在數種低壓下測得之準確氣體密度可用以決定該氣體之較準確分子量。此法稱爲**極限密度法** (*method of limiting density*)。

隨壓力之降低，體積增加，而密度 $\rho = W/V$ 減小；但若氣體爲一理想氣體，則 ρ/P 或 W/VP 應保持於一常數值，W 爲氣體試樣之重量。然而對一般氣體而言，ρ/P 不爲一常數，卻隨 P 之降低而減小。如圖 3-9 所示。已測知一氣體試樣在數種低壓之 ρ/P 值，可利用此等數據繪成 ρ/P 對 P 之圖線。將此圖線外推至零壓，使其與縱軸相交，在其交點之 ρ/P 值以 $(\rho/P)_0$ 表示之。因在零低時，氣體遵循理想氣體定律，故得準確分子量如下：

$$M = \left(\frac{\rho}{P}\right)_0 RT \tag{3-37a}$$

〔**例 3-9**〕試由下列數據計算溴化氫 (HBr) 之分子量：

壓力 (*atm*)	1	2/3	1/3
在 $0°C$ 之密度 (*g/l*)	3.6444	3.6330	3.6222

〔**解**〕外推 ρ/P 對 P 之圖線所得之 $(\rho/P)_0$ 等於 3.6108，如圖 3-9 所示。

$$M = (\rho/P)_0 RT = 3.6108 \times 0.08205 \times 273.16 = 80.93 g/mole$$

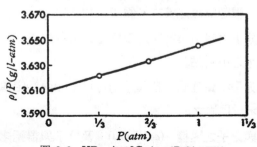

圖 3-9　HBr 在 $0°C$ 之 ρ/P 對 P 圖線

若壓力不高，準確分子量亦可利用伯舍樂方程式 (3-25) 式，加以計算。

〔**例 3-10**〕氧化氮 (NO) 在 0°C 及 760 mm Hg 之密度為 1.3402g/l，試由此一數據及氧化氮之臨界常數 177.1°K 和 64atm 求氮之原子量。已知氧之原子量等於 16.00。

〔**解**〕將 $n=W/M$ 代入 (3-25) 式，

$$M=\frac{WRT}{PV}\left[1+\frac{9}{128}\frac{P}{P_c}\frac{T_c}{T}\left(1-6\frac{T_c^2}{T^2}\right)\right]$$

$$=\frac{\rho RT}{P}\left[1+\frac{9}{128}\frac{P}{P_c}\frac{T_c}{T}\left(1-6\frac{T_c^2}{T^2}\right)\right]$$

$$=\frac{(1.3402)(0.08205)(273.16)}{1}$$

$$\left[1+\frac{9}{128}\frac{1}{64}\frac{177.1}{273.16}\left(1-6\frac{177.1^2}{273.16^2}\right)\right]$$

$$=30.039[1-1.08\times10^{-3}]=30.005$$

氮之原子量＝30.005－16.00＝14.005。

3-18 氣體動力論 (*Kinetic Theory of Gases*)

前述關於主要氣體行為的討論均以實驗數據為基礎。**氣體動力論** (*kinetic theory of gases*) 則基於理想氣體的模式 (*model*)，以理論闡釋氣體行為。理想氣體之模式 (假設) 如下：

1. 氣體分子之體積與容器之體積相比可忽略不計。氣體分子可視為具有質量 m 之小質點。

2. 氣體分子不斷運動，且其運動可以牛頓運動定律 (*Newton's laws of motion*) 描述之。

3. 分子與分子之碰撞 (*collision*) 及分子與器壁之碰撞為彈體

碰撞 (*elastic collision*)；換言之，動能 (*kinetic energy*) 保持不變。

4. 氣體分子之平均動能與絕對溫度成正比。

5. 分子與分子之間或分子與器壁之間無互作用力。

在室溫及低壓下的單原子鈍氣 (*inert gas*) 如 He 甚接近理想氣體。

基於此理想氣體模式可預測恆溫下理想氣體之壓力、體積、與動能間之關係。為達此目的，通常想像邊長為 a，體積為 V 之一立方形容器，內含 n' 個理想氣體分子。此 n' 分子皆相同，各具質量 m，且以速度 v 不斷運動。速度 v 與其在 x, y, z 三方向的分速 (*velocity components*) v_x, v_y, v_z 有如下關係：

$$v^2 = v_x{}^2 + v_y{}^2 + v_z{}^2 \tag{3-38}$$

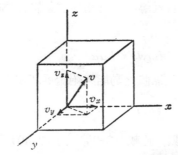

圖 3-10　速度與 x, y, z 三方向之分速

圖 3-10 示速度與 x, y, z 三方向之分速。應用牛頓第二運動定律及彈體碰撞的假設，可求得 n' 分子對器壁所施壓力與分子速度間的關係。

當一分子每次與垂直於 x 軸之一器壁碰撞時，x 方向的動量 (*momentum*) 變化等於 $2mv_x$。在單位時間內，每分子與垂直於 x 軸之一面碰撞之數目為 $v_x/2a$。每單位時間內每一分子碰撞一器壁所引起 x 方向之動量變化為 $2mv_x{}^2/2a$。因力等於動量隨時間之變化率，或單位時間內之動量變化，且壓力等於每單位面積之力，1 分子所造成的壓力 p 為

$$p = \frac{\text{力}}{\text{面積}} = \frac{mv_x{}^2}{a} \times \frac{1}{a^2} = \frac{mv_x{}^2}{a^3} = \frac{mv_x{}^2}{V} \tag{3-39}$$

因分子運動毫無規則，取一時間內的平均值應得

$$v_x{}^2 = v_y{}^2 = v_z{}^2$$

因此，$v_x{}^2 = \frac{1}{3}v^2$。又因容器中含有 n' 分子，故依 (3-39) 式，容器壁所受壓力 P 爲

$$P = n'p = \frac{1}{3}\frac{n'm\overline{v^2}}{V}$$

或　　　　　$PV = \frac{1}{3}n'm\overline{v^2}$　　　　　　　(3-39)

其中 $\overline{v^2}$ 爲 n' 分子速度平方的平均值。上式之所以使用 $\overline{v^2}$ 而不使用 v^2，是因爲 n' 分子的速度並不完全相同。

應用氣體動力論可推導各種有關理想氣體行爲的定律。茲舉三例於次。

(1) **波義耳定律** (*Boyle's Law*)

理想氣體模式假設氣體之動能與絕對溫度成正比，亦卽

$$\frac{1}{2}mn'\overline{v^2} = k_1 T$$　　　　　(3-40)

其中 k_1 爲一比例常數。比較 (3-39) 與 (3-40) 兩式得

$$PV = \frac{2}{3}k_1 T$$　　　　　　(3-41)

在一定溫度下，上式變爲 $PV=$常數，此卽波義耳定律

(2) **查理定律** (*Charle's Law*)

此定律意謂恆壓下氣體體積與絕對溫度成正比。P 固定，則 (3-41) 式變爲

$$V = \left(\frac{2}{3}\frac{k_1}{P}\right)T = k_2 T$$　　　　　(3-42)

此卽查理定律。

(3) **阿佛加得羅原理** (*Avogadro's Principle*)

阿佛加得羅(*Avogadro*)於 1811 年提出一假說，該假說意謂：同溫同壓下，等體積的氣體含有等數的分子。此假說甚有用，且屢經證實，因而成爲一原理。

因氣體 1 與氣體 2 的體積與壓力相等，$P_1V_1 = P_2V_2$，由 (3-39) 式，

$$\frac{1}{3} n_1' m_1 \overline{v_1^2} = \frac{1}{3} n_2' m_2 \overline{v_2^2}$$

又因溫度相同，每分子之平均動能應相等，或

$$\frac{1}{2} m_1 \overline{v_1^2} = \frac{1}{2} m_2 \overline{v_2^2}$$

代入前式得

$$n_1' = n_2'$$

如此，阿佛加得羅原理已獲得證明。

一克分子(莫耳)任何氣體所含實際分子數目爲一重要物理常數，稱爲阿佛加得羅數，以符號 N 表示之。此一數量等於 6.0229×10^{23} 分子每莫耳。

由波義耳定律與查理定律可推導理想氣體定律 $PV = nRT$。因此可寫出下式

$$PV = \frac{1}{3} n' m \overline{v^2} = nRT$$

因 $n' = nN$

$$PV = \frac{1}{3} n(Nm) \overline{v^2} = nRT$$

$$= \frac{nM\overline{v^2}}{3} = nRT \tag{3-43}$$

此處 $M = Nm$ 爲所論及氣體之分子量，n 爲氣體之莫耳數。

3-19 氣體之動能 (*Kinetic Energy of Gases*)

以上所提及的惟一分子能係由分子之運動所導致，稱爲移動之動能 (*kinetic energy of translation*)。因 n 莫耳氣體之移動能 $E_k = \frac{1}{2} nM\overline{v^2}$，由 (3-43) 式，

$$E_k = \frac{3}{2} \left(\frac{1}{3} nM\overline{v^2} \right)$$

$$= \frac{3}{2} nRT \tag{3-44}$$

每莫耳分子之動能 $\bar{E}_k$ 爲

$$\bar{E}_k = \frac{3}{2} RT \tag{3-44a}$$

因此，**理想氣體之移動能與絕對溫度成正比，而與氣體種類無關。**若一理想氣體可存在於絕對零度，則其移動能爲零。實際上所有眞實氣體在溫度降到絕對零度以前已變爲固體。

每分子之平均動能爲

$$\frac{\bar{E}_k}{N} = \frac{3}{2} \frac{R}{N} T = \frac{3}{2} kT \tag{3-45}$$

此處 $k = R/N$ 稱爲**波滋曼常數** (*Boltzmann constant*)，其值爲 $1.38046 \times 10^{-16} erg/^\circ K$。

3-20 氣體分子之均方根速度
(*Root-Mean-Square Velocity of Gas Molecules*)

依動力論，所有氣體分子在同溫下具有相等的平均動能，亦卽

$$\frac{1}{2} m_1 \overline{v_1^2} = \frac{1}{2} m_2 \overline{v_2^2} = \frac{1}{2} m_3 \overline{v_3^2}, \quad 等等$$

因此，分子之質量愈大，其平均移動速度愈小。由 (3-43) 式，

$$\frac{1}{3} nM\overline{v^2} = nRT$$

$$u = \sqrt{\overline{v^2}} = \sqrt{\frac{3RT}{M}} = \sqrt{\frac{3P}{\rho}} \qquad (3\text{-}46)$$

其中 $u = \sqrt{\overline{v^2}}$ 稱爲**均方根速度** (*root-mean-square velocity*)，常簡寫爲 *r.m.s.* 速度。如此，由溫度與分子量或由壓力與密度可計算氣體的均方根速度。

〔例 3-11〕求氮分子在 25.0°C 之均方根速度，以 *cm/sec* 及 *miles/hr* 計。

〔解〕 $R = 8.31 \times 10^7 erg/°K\text{-}mole$

$\qquad = 8.31 \times 10^7 g\text{-}cm^2/sec^2\text{-}°K\text{-}mole。$

$T = 273.16 + 25 = 298.16°K$

$M = 28.02 g/mole$

$$u = \sqrt{\overline{v^2}} = \sqrt{\frac{3RT}{M}} = \sqrt{\frac{3 \times 8.31 \times 10^7 \times 298.16}{28.02}}$$

$$= 5.15 \times 10^4 cm/sec$$

$1cm/sec = 0.02237 miles/hr$

因

$$u = 5.15 \times 10^4 \times 0.02237 miles/hr = 1.15 \times 10^3 mile/hr$$

3-21 馬克思威爾-波滋曼分子速度分布定律

(*Maxwell-Boltzmann Distribution Law for Molecular Velocities*)

爲便於處理氣體分子起見，常假設所有氣體分子以相同的均方根速度 *u* 運動。實則，並非所有分子均具相同速度。設有一氣體試樣

(*sample*) 含有一大數目（*n'*）之分子，各分子之速度由於碰撞而不斷改變。然而就整個氣體試樣而論，在一指定溫度下，平均動能與平均分子速度保持不變。在該指定溫度下，具有一特定速度的分子所佔的分率（*fraction*）必爲一常數。此分子分率隨指定速率變化的情形稱爲**分子速率分布**（*distribution of molecular speeds*）。此分子速度之分布定律由馬克思威爾與波滋曼所獲得，稱爲**馬克思-波滋曼分布定律**（*Maxwell-Boltzmann distribution law*），

$$\frac{dn'}{n'} = 4\pi \left(\frac{m}{2\pi kT}\right)^{3/2} e^{-\frac{mc^2}{2kT}} c^2 dc \qquad (3\text{-}47)$$

此處 dn'/n' 爲速度介於 c 與 $c+dc$ 之間的分子分率（*molecular fraction*），k 爲波滋曼常數（*Boltzmann's constant*），T 爲絕對溫度，m 爲分子質量。(3-47) 式除 dc 得

$$p = \frac{dn'}{n'dc} = 4\pi \left(\frac{m}{2\pi kT}\right)^{3/2} e^{-\frac{mc^2}{2kT}} c^2 \qquad (3\text{-}48)$$

其中 p 爲分子速度在 c 附近之 dc 範圍內的或然率。以 p 爲縱座標，以 c 爲橫座標可繪得分子速率分布曲線，如圖 3-11 所示。**最可能速度**（*the most probable speed*）α，位於分布曲線之巓峯。均方根速度 $\sqrt{\overline{c^2}}$（亦卽 u）比 α 大 1.224 倍。**平均速度**（*average velocity*）$\bar{c}$ 介於兩者之間，等於 1.128α。此三特性速度（*characteristic velocities*）與溫度及分子量間之關係如下：

$$\alpha = \left(\frac{2RT}{M}\right)^{1/2} \qquad (3\text{-}49)$$

$$\bar{v} = \bar{c} = \left(\frac{8RT}{\pi M}\right)^{1/2} \qquad (3\text{-}50)$$

$$u = \sqrt{\overline{v^2}} = \sqrt{\overline{c^2}} = \left(\frac{3RT}{M}\right)^{1/2} \qquad (3\text{-}51)$$

若測量一氣體試樣中各分子在一指定瞬間之速度，則最可能速度 α 卽遭遇最多次的速度；平均速度 $\bar{c}$ 等於所有 n' 分子的速度總和除

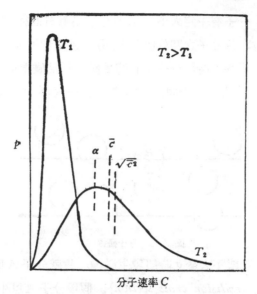

圖 3-11　馬克斯威爾-波滋曼分子速率分布曲線

n'；　均方根速度 $\sqrt{\overline{c^2}}$ 等於各分子速度平方和之平方根。

由圖 3-11 可見，(1) 在各溫度下，速度分布並不對稱於最可能速度，(2) 最可能速度與平均速度隨溫度之增加而增加，(3) 在較高溫度有相對上較多的分子具有較高速度，(4) 速度分布曲線隨溫度之增加而變為更扁平，但曲線下的面積保持不變。

分子速度分布定律在化學反應速率之計算方面有極重要的應用。我們將於化學動力學 (*Chemical Kinetics*) 一章中再度提及此一分布定律。

3-22　氣體分子之平均自由徑
(*Mean Free Path of Gas Molecules*)

一分子於連續二碰撞間所旅行之平均距離稱為平均自由徑 (*mean*

free path)。分子有一定大小。假設分子爲具有直徑 d 之剛性球體 (*rigid sphere*)，且分子之間無吸引力。分子 A 之趨近分子 B 如圖 3-12 所示。二分子最靠近時，分子中心間的距離稱爲**碰撞直徑** (*collision diameter*) σ。若各分子均同，則 σ 等於分子直徑 d，當二分子接近

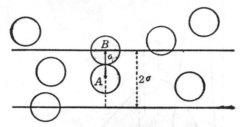

圖 3-12 分子碰撞

至其中心間之距離不大於 σ 時即發生碰撞。故就分子 A 而論，$\pi\sigma^2$ 稱 爲其**碰撞截面** (*collision cross section*)。假設分子 A 以平均速度 $\bar{v}$ 移 動，則在單位時間內分子 A 掃出體積等於 $\pi\sigma^2\bar{v}$ 之影響範圍 (*sphere of influence*)。設氣體之數目密度 (*number density*)（即每單位體積 所含分子數）爲 n''，則分子 A 在每單位時間內經歷 $\pi\sigma^2\bar{v}n''$ 次碰撞。 $n''=n'/V=n'P/nRT=NP/RT$，N 爲阿佛加得羅數。

　　以上討論並不計及其他分子的運動。實際上一分子與其他運動分子 的平均相對速度決定該分子的碰撞數。此平均相對速度等於 $\sqrt{2}\,\bar{v}$。 故某一分子在單位時間內所經歷的碰撞數 Z_1 爲

$$Z_1 = \sqrt{2}\,\pi n''\sigma^2\bar{v} \tag{3-52}$$

　　因每單位體積中含有 n'' 分子，又因每次碰撞涉及二分子，故每 單位體積每單位時間之總碰撞數 Z_{11} 應爲

$$Z_{11} = \frac{n''}{2}\,Z_1 = \frac{1}{\sqrt{2}}\,\pi(n'')^2\sigma^2\bar{v} \tag{3-53}$$

分子之平均速度爲 $\bar{v}$，設其單位爲 cm/sec。則分子在一秒內行

走 $\bar{v}$ cm 之距離，且經歷 Z 次碰撞，故其平均自由徑 l 爲

$$l = \frac{\bar{v}}{Z_1} = \frac{1}{\sqrt{2}\,\pi\sigma^2 n''} = \frac{RT}{\sqrt{2}\,\pi\sigma^2 NP} \qquad (3\text{-}54)$$

3-23　格廉擴散定律 (*Graham's Law of Diffusion*)

氣體中若有濃度差的存在，則氣體不假外力而自然能自濃度高處流至濃度低處。此現象稱爲**擴散** (*diffusion*)。格廉 (*Graham*) 於 1829年發現**擴散定律**。此定律意謂：**在恆溫恆壓下，不同氣體的擴散速率** (*diffusion rate*) **與其密度或分子量的平方根成反比**。令 u_1 與 u_2 爲二氣體之擴散速率，ρ_1 與 ρ_2 爲其密度，M_1 與 M_2 爲其分子量，則依格廉擴散定律，

$$\frac{u_1}{u_2} = \sqrt{\frac{\rho_2}{\rho_1}} = \sqrt{\frac{M_2}{M_1}} \qquad (3\text{-}55)$$

此定律爲氣體動力論的直接結果。若將 $u = \sqrt{\overline{v^2}}$ 代入 (3-43) 式，

$$PV = \frac{1}{3}\,nMu^2 = nRT$$

在**恆**溫恆壓下，

$$M_1 u_1{}^2 = M_2 u_2{}^2, \quad \sqrt{\frac{\rho_2}{\rho_1}} = \sqrt{\frac{M_2}{M_1}}$$

因此

$$\frac{u_1}{u_2} = \sqrt{\frac{M_2}{M_1}} = \sqrt{\frac{\rho_2}{\rho_1}}$$

設有一容器，其壁穿一小孔。將不同種理想氣體分別裝於此容器中，以比較各種氣體自小孔流出的時間。可假設氣體流出速度與擴散速度成正比。令 t_1 與 t_2 分別表示二氣體的**流出時間** (*effusion times*)，則

$$\frac{t_2}{t_1} = \frac{u_1}{u_2} = \sqrt{\frac{M_2}{M_1}} = \sqrt{\frac{\rho_2}{\rho_1}} \tag{3-56}$$

換言之，在恆溫恆壓下，**理想氣體之流出時間與其分子量或密度之平方根成正比**。

3-24 氣體之黏度 (*Viscosity of Gases*)

黏度 (*viscosity*) 爲流體抵抗流動的程度的一種度量，屬於流體的一種性質 (*properties*)，對研究流體流動及潤滑作用等之工程學者尤其重要。

每一流體均有其獨特的黏度係數 (*viscosity coefficient*) η。黏度係數簡稱黏度 (*viscosity*)，通常以泊 (*poise*) 爲單位。1 泊等於 1 *dyne cm^{-2}sec*，或 1 *g cm^{-1}sec^{-1}*。黏度單位的定義將於第五章詳細討論。

理想氣體的黏度 η 與平均自由徑 l 有如下關係：

$$\eta = \frac{1}{3} \bar{v} l \rho \tag{3-57}$$

其中 $\bar{v}$ 爲氣體分子之平均速度，ρ 爲氣體密度。因

$$\bar{v} = \sqrt{\frac{8RT}{M}}, \quad \rho = \frac{PM}{RT}, \quad l = \frac{RT}{\sqrt{2}\,\pi\sigma^2 NP}$$

(3-57) 式可改寫爲

$$\eta = \frac{2}{3N\pi\sigma^2} \sqrt{\frac{MRT}{\pi}} \tag{3-58}$$

如此，理想氣體之黏度不受壓力或密度的影響。實驗證實當壓力小於 10*atm* 時，此一結論正確。理想氣體之 η 隨 $\sqrt{T}$ 增加，但眞實氣體黏度隨溫度之增加率大於 $\sqrt{T}$。

應用 (3-57) 式可由黏度 η 計算平均自由徑 l。獲得 l 值之後可

代入 (3-54) 式以估計碰撞直徑 σ，或者應用 (3-58) 式亦可由 η 直接計算 σ。

〔**例 3-12**〕N_2 在 $1atm$ 及 $25°C$ 之 η 爲 1.78×10^{-4} 泊 (*poise*)。試計算 N_2 之平均自由徑及碰撞直徑。

〔**解**〕 $\eta = \frac{1}{3} \bar{v} \rho l$

$$\bar{v} = \sqrt{\frac{8RT}{\pi M}} = \sqrt{\frac{8 \times 8.31 \times 10^7 \times 298.16}{\pi \times 28.02}}$$

$$= 4.745 \times 10^4 cm/sec$$

$$\rho = \frac{PM}{RT} = \frac{28.02 \times 1}{82.05 \times 298.16} = 1.145 \times 10^{-3} g/cm^3$$

$$\eta = 1.78 \times 10^{-6} g/cm\text{-}sec$$

$$l = \frac{3\eta}{\bar{v}\rho} = \frac{3 \times 1.78 \times 10^{-4} g/cm\text{-}sec}{(4.75 \times 10^4 cm/sec) \times (1.15 \times 10^{-3} g/cm^3)}$$

$$= 0.938 \times 10^{-5} cm$$

$$\sigma^2 = \frac{RT}{\sqrt{2} \pi NPl}$$

$$= \frac{82.05 \times 298.16}{\sqrt{2} \pi \times 6.023 \times 10^{23} \times 1 \times 0.977 \times 10^{-5}}$$

$$= 9.32 \times 10^{-16} cm^2$$

$$\sigma = 3.053 \times 10^{-8} cm = 3.053 A$$

3-25 氣體之熱容量 (*Heat Capacity of Gases*)

在恒容下對一物質試樣加熱，則物質吸收熱以增加其內能 (*internal energy*) E。物質之恒容熱容量 C_V 等於物質試樣之內能隨溫度之變化率（嚴格定義見第六章）。此一陳述可以一偏導數表示之，

$$C_V = \left(\frac{\partial E}{\partial T}\right)_V \tag{3-58}$$

當一理想單原子氣體 (*monatomic gas*) 受熱時，僅有動能發生變化。依 (3-44) 式 $E_k = \frac{3}{2} nRT$，故

$$C_V = \left(\frac{\partial E_k}{\partial T}\right)_V = \frac{3}{2} nR \tag{3-59}$$

其中 n 為莫耳數。若 $n=1$，則得莫耳恒容熱容量 $\bar{C}_{V \circ}$

$$\bar{C}_V = \frac{3}{2} R = 2.98 cal/{}^\circ K\text{-}mole \tag{3-60}$$

如此，理想單原子氣體之恒容熱容量不受溫度之影響。

所有含有二原子或更多原子的氣體分子，其**轉動能** (*rotational energy*)，E (*rot*)，與**振動能** (*vibrational energy*)，E (*vib*)，亦隨

表 3-3　氣體在 15°C 之莫耳熱容量 (*cal*/°K-*mole*)

氣體	$\bar{C}_P$	$\bar{C}_V$	$\bar{C}_P - \bar{C}_V$	$\gamma = \bar{C}_P/\bar{C}_V$
Ar	5.00	3.01	1.99	1.66
He	4.99	3.00	1.99	1.66
CO	6.94	4.95	1.99	1.40
Cl_2	8.15	6.02	2.13	1.35
H_2	6.83	4.84	1.99	1.41
HCl	7.07	5.01	2.06	1.41
N_2	6.94	4.94	2.00	1.40
O_2	6.96	4.97	1.99	1.40
CO_2	8.75	6.71	2.04	1.30
H_2S	8.63	6.54	2.09	1.32
N_2O	8.82	6.77	2.05	1.30
SO_2	9.71	7.53	2.18	1.29
C_2H_2	9.97	7.91	2.06	1.26
C_2H_4	10.07	8.01	2.06	1.26
C_2H_6	11.60	9.51	2.09	1.22

溫度變化。總內能變化爲移動能、轉動能、及振動能等變化之總和。
因此双原子及多原子氣體之 $\bar{C}_V$ 大於 $\frac{3}{2} R$。

當氣體在恒壓下加熱時，氣體所吸收之熱除用於提高其內能之外
又用於對外膨脹，因此其莫耳恆壓熱容量 $\bar{C}_P$ 大於 $\bar{C}_V$。在理想單原子
氣體的場合（見 6-6 節），

$$\bar{C}_P = \bar{C}_V + R = \frac{5}{2} R = 4.97 cal/°K-male \qquad (3-61)$$

若干眞實氣體在 $15°C$ 之莫耳熱容量列於表 3-3。表中 γ 爲恆壓
熱容量與恆容熱容量之比值。理想單原子氣體之 γ 爲

$$\gamma = \frac{\bar{C}_P}{\bar{C}_V} = \frac{\frac{5}{2} R}{\frac{3}{2} R} = \frac{5}{3} = 1.67 \qquad (3-62)$$

由表 3-3 知單原子氣體（鈍氣）如 Ar 與 He 之 $\bar{C}_V, \bar{C}_P$，及 γ 值
甚接近理想單原子氣體者。又表列各氣體在 $15°C$ 之 $(\bar{C}_P - \bar{C}_V)$ 均與
R 相去不遠。

一般眞實氣體之 $\bar{C}_P$ 與 $\bar{C}_V$ 隨溫度之增加而增加。圖 3-13 示溫度

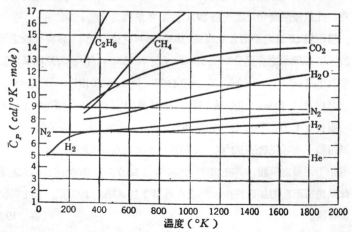

圖 3-13　溫度對氣體熱容量之影響

對 $\bar{C}_P$ 之影響。$\bar{C}_P$ 之一般表示式將於第六章加以討論。

習 題

注意: **除非特別指出, 假設下列各題所論及氣體為理想氣體。**

3-1 一容器含 2 莫耳氣體, 該氣體之壓力與溫度分別為 5.0atm 與 27°C。求容器之體積。〔答: 9.85l〕

3-2 體積為 2 升之容器含 2 克氧, 容器內之壓力為 1.21atm。求氧之溫度。

〔答: 200°C〕

3-3 1 莫耳初壓為 1atm, 初溫為 100°C 之氣體熱至 200°C。(a) 若加熱過程中壓力不變, 求最後之體積。(b) 若加熱過程中體積不變, 求最後之壓力。〔答: (a) 38.8l, (b) 1.27atm〕

3-4 將 30°C 之二氧化碳 (M=44.01) 充入原來抽成眞空的燒瓶中, 使壓力升至 1mm Hg。問此時燒瓶中含二氧化碳若干克?〔答: $2.33 \times 10^{-5}g$〕

3-5 3 莫耳氣體最初之壓力為 1atm, 溫度為 100°C。令此氣體膨脹至原來體積之二倍, 繼之將此氣體熱至 200°C, 在加熱過程中, 氣體體積保持不變。求最後壓力。〔答: 0.635atm〕

3-6 一體積為 10 升之燒瓶含氫、氮、二氧化碳、及甲烷 (M=16.04) 各 0.5 克, 此氣體混合物之溫度為 27°C。求各氣體之分壓。

3-7 一體積為 10 升之燒瓶含氧與氦 (*helium*) 之混合物。該混合物之溫度為 27°C。氦與氧之分壓分別為 10mm Hg 與 75mm Hg。求氦與氧之莫耳分率及重量。〔答: X_{He}=0.1176, W_{He}=0.0191g, W_{O_2}=1.283g〕

3-8 氮之壓力為 1atm, 溫度為 25°C, 求其密度。〔答: 1.144g/l〕

3-9 一氣體在 1atm 及 25°C 之密度為 3.29g/l。求該氣體之分子量。

3-10 試繪製一莫耳氣體在 92°C, 自 0.01atm 至 100atm 之等溫線。

3-11 有一不定量之氣體, 其在 20°C 之體積為 30.0 升。首先在 20°C 之下壓縮此氣體直至壓力加倍為止, 然後在恆壓下將其熱至 100°C。求此氣體之最後體積。〔答: 19.10l〕

3-12 (a) 求 32°C 之 CO_2 1 莫耳在 100cc 之容器中之壓力, 假設凡德瓦爾方程

式適用。(b) 試與得自理想氣體定律者作一比較。

〔答: (a) 77.9*atm*, (b) 250.4*atm*〕

3-13 3 莫耳 SO_2 佔體積 10 升，其壓力爲 15*atm*，試利用凡德瓦爾方程式求其溫度。　　　　　　　　　　　　　　　　　　　　〔答: 350°*C*〕

3-13 氧在 0°*C* 及 100*atm* 之壓縮性因數爲 0.927。求在相同狀況下裝滿 100 升之鋼瓶所需氧之重量。

3-14 一體積爲 500*ml* 之容器含有壓力爲 100*atm*，溫度爲 200°*C* 之氫。(a) 試利用一般化壓縮性因數圖線計算容器中氫之重量；(b) 試與得自伯舍樂方程式者作一比較。

3-15 試由表 3-2 所列 C_2H_6 之 T_c 與 P_c 計算 C_2H_6 之凡德瓦爾常數。

3-16 HCl 之凡德瓦爾常數爲 $a=3.67atm-l^2/mole^2$, $b=0.0408l/mole$。求 HCl 之臨界常數。

3-17 試由下列數據計算甲醇 (*methyl alcohol*) 之臨界密度。

$t°C$	$P(atm)$	$\rho_i(g/cc)$	$\rho_v(g/cc)$
150	13.57	0.6495	0.01562
225	61.25	0.4675	0.1003

甲醇之臨界溫度爲 240.0°*C*。

3-18 在以雷諾法測定一氣體分子量的實驗中獲得如下數據:

抽空之瓶重　　＝42.5050*g*

裝滿氣體之瓶重＝43.3412*g*

裝滿水之瓶重　＝365.31*g*

氣體壓力　　　＝745*mm Hg*

氣體溫度　　　＝25°*C*

求此氣體之分子量。　　　　　　　　　　〔答: 46.5*g/mole*〕

3-19 在以維多梅耶法測定乙醇 (*ethyl alcohol*) 分子量的實驗中獲得如下數據:

乙醇液體試樣重　＝0.1211*g*

被排出的空氣體積＝67.30*cc*

室溫　　　　　　＝28.0°*C*

　　大氣壓力　　　　　＝755.2mm Hg

　　水在 28°C 之蒸汽壓＝28.3mm Hg

量筒中所裝液體爲水。求乙醇之重量。

3-20 在數種不同壓力下測得 CH$_4$ 在 0°C 之密度如下:

壓力（atm）	密度（g/l）
1/4	0.17893
1/2	0.35808
3/4	0.53745
1	0.71707

求 CH$_4$ 之準確分子量。　　　　　　　　　　　〔答: 16.03g/mole〕

3-21 試計算氡（radon）在 25°C 之均方根速度，分別以 cm/sec 及 mph(miles/hr) 計。氡之分子量爲222。

　　　　　　　　　　　　〔答: 1.83×10^{4}cm/sec,　4.94×10^{2}mph〕

3-22 10個分子以 5×10^{4}cm/sec 之速度運動，20 個分子以 10×10^{4}cm/sec 之速度運動，5 個分子以 15×10^{4}cm/sec 之速度運動。求此等分子之平均速度與均方根速度。　　　　　　　　　　〔答: 9.28×10^4,　9.38×10^{4}cm/sec〕

3-23 (a) 試計算在 25°C 及 1atm 下每氧分子每秒之碰撞數 Z_1 及每立方厘米中氧分子每秒之碰撞數 Z_{11}。(b) 將壓力改爲 0.001mm Hg, 重複 (a) 之計算。氧之分子直徑等於 3.61×10^{-8}cm。

　　　　　　〔答 (a) Z_1=6.31×10^{9}collision/molecule−sec,

　　　　　　　　　　Z_{11}=7.81×10^{28}collisions/cm^3−sec,

　　　　　　　(b) Z_1=8.30×10^{3}collisions/molecule−sec,

　　　　　　　　　　Z_{11}=13.6×10^{16}collisions/cm^3−sec〕

3-24 利用習題 3-23 之數據計算 25°C 之氧在 (a) 1atm 及 (b) 0.001mm Hg 之平均自由徑。　　　　　〔答: (a) l=7.0×10^{-6}cm, (b) l=5.3cm〕

3-25 氦在 500°K 之黏度爲 2.79×10^{-4}g/cm−sec。求氦之分子直徑。

　　　　　　　　　　　　　　　　　　　　　　　　〔答: 2.07Å〕

3-25 若一指定量之氧流過一小孔所需時間爲 10 秒，求同量之 UF$_6$ 在同溫同壓下流過同一小孔所需時間。　　　　　　　　　　〔答: 33.0sec〕

第四章 固　　體

4-1　無定形固體與結晶固體(*Amorphous And Crystalline Solids*)

　　固體與流體（氣體和液體）之主要區別是前者具有一定體積及一定形狀。固體物質常分爲**結晶固體**與**無定形固體**兩大類。在結晶固體中，組成粒子（原子、離子、或分子）之排列極有規則，此等組成粒子稱爲**結構單位** (*structural units*)。各結晶物質的結構單位均依一特殊幾何組態 (*geometrical configuration*) 排列。另一方面，無定形物質雖具有固體的許多特徵，諸如：一定形狀、若干剛性與硬度，其組成粒子却不依一定方式排列。因此，嚴格言之，無定形固體不應視爲眞正固體，而應視爲黏度甚大的過冷液體 (*supercooled liquids*)。此外，結晶固體如冰及氯化鈉等有一敏銳的固定熔點；無定形固體如玻璃及瀝青等受熱時，在一溫度範圍內逐漸軟化而變成液體，由固體變成液體的轉變現象並不敏銳。

　　由於結晶物質結構單位的排列有規則，其結構較易研究，關於其結構已有相當完整的知識。

　　若一晶體的性質，諸如：張力強度、彈性、電導性、折射率、以及溶解速率等，各方向均同，則此晶體稱爲**各向同性晶體** (*isotropic crystal*)。若此等性質因方向而異，則此晶體稱爲**非各向同性晶體** (*anisotropic crystal*)。

4-2 晶型 (*Crystal Forms*)

晶體的大小與完整性大大地取決於晶體形成的速率。結晶速率愈慢，晶體愈完整，蓋原子或分子有較多時間在晶體格子中找到適當的位置。晶體可依其形狀、面角 (*angles between faces*)、及 X 射線繞射圖案 (*X-ray-diffraction patterns*) 加以區別。史鐵諾 (*Steno*) 於 1669 年發現結晶物質之一結晶形式的兩指定晶面所夾角度一定。此外，各種晶體有其獨特的**對稱性** (*symmetry*)。以下四種對稱要素 (*symmetry elements*) 決定晶體的對稱程度。

(1) 旋轉軸 (*Rotation axes*)

旋轉軸又稱**對稱軸** (*axes of symmetry*)。若一晶體對一軸每旋轉 360° 出現 n 次相同的外觀，則該軸稱爲 n 重旋轉軸 (*n-fold rotation axis*)。n 可能爲 2, 3, 4, 或 6, 但不可能爲 5 或大於 6 的數目。圖 4-1 示立方體之三種對稱軸。圖 4-1(a) 的立方體旋轉 180° 時，原來的外觀重現，故其軸爲 2 重軸。圖 4-1(b) 的立方體旋轉 120° 時，原來的外觀重現，故其軸爲 3 重軸。依此類推，圖 4-1(c) 之軸爲 4 重軸。

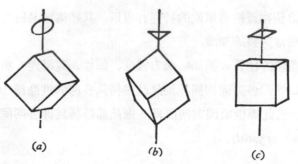

(a) *(b)* *(c)*

圖 4-1 立方體之對稱軸: (a) 2 重軸, (b) 3 重軸, (c) 4 重軸

(2) **鏡面** (*Mirror planes*)

鏡面亦卽**對稱面** (*planes of symmetry*)。一鏡面將一晶體分成兩半，各半爲另一半之鏡像 (*mirror images*)。圖 5-2 示立方體之對稱面。

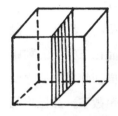 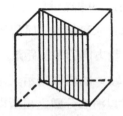 

圖 4-2　立方體之對稱面

(3) **反轉中心** (*Center of inversion*)

反轉中心亦卽**對稱中心** (*center of symmetry*)。若一晶體中有一中心，對晶體內各點而言，在該中心之他側等距離之處有一相同之點，則該晶體有一對稱中心，如圖 4-3 所示。

(4) **旋轉反轉中軸** (*Rotation-inversion axes*)

若一晶體經旋轉 60, 90, 120, 或 180° 後再對一中心反轉可恢復原來的外觀，則該晶體有旋轉反轉軸。2 重旋轉反轉軸之對稱性與一鏡面同，如圖 5-4 所示。

 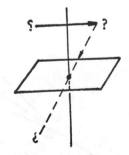

圖 4-3　對稱中心　　　　　　　圖 4-4　2 重旋轉反轉軸

一晶體可能具有多於二之對稱軸與對稱面,但只能有一對稱中心。各種對稱要素及對稱要素的組合導致一類晶體, 全部共有 32 類。再依晶體形態 (晶軸長短、面角大小) 可將晶體分爲 7 晶系 (*crystal systems*), 其中立方晶系之對稱性最高, 共有 13 對稱軸 (四 3 重軸、六 2 重軸、三 4 重軸)、9 對稱面、及一對稱中心。

晶面與晶軸間的關係以**米勒指標** (*Miller indice*) 表示之。 設 *a, b, c* 分別爲 *x, y, z* 軸方向的單位距離。一平面在三軸上的截距 (*intercepts*) 可分別以 *a, b, c* 的倍數表示。米勒指標卽此等倍數之倒數乘以諸分母最小公倍數以消去分數之後所得的一組數字。晶體均能滿足**有理指標定律** (*law of rational indices*), 故米勒指標全是有理數。茲舉一例, 設有一平面分別交 *x, y, z* 軸於 $2a, b, \frac{c}{2}$, 如圖 4-5 (a) 所示。此三截距分別爲 *a, b, c* 之 2, 1, 1/2 倍。取倍數之倒數得 $\frac{1}{2}, 1, 2$, 再乘以 2 得米勒指標爲 1, 2, 4。米勒指標以 (*hkl*) 表示之, *h, k, l* 全爲整數。與一軸平行之一晶面交該軸於無窮遠處, 故對應於該軸的米勒指標爲 0。例如, 圖 4-5(b) 所示之面與 *z* 軸平行, 故有米勒指標 (110)。若一晶面交一軸於負象限內, 則在對應於該軸的米

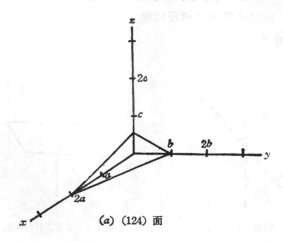

(a) (124) 面

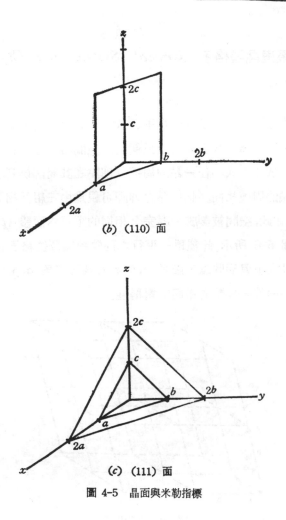

(*b*) (110) 面

(*c*) (111) 面

圖 4-5　晶面與米勒指標

勒指標上畫一橫線。例如，一晶面之三截距爲 $a/2, -b, c/2$，則其米勒指標爲 $(1\bar{2}1)$。所有互相平行的平面，其截距比相等，故有相同的米勒指標。因此，米勒指標指示一族互相平行的平面，此族平面稱爲米勒平面族。例如，圖 4-5(c) 中二平面的米勒指標同爲 (111)。

4-3 晶系與晶體格子 (*Crystal System and Crystal Lattices*)

晶體由重複性的原子（或離子、或分子）排列所構成。以一**空間格子** (*space lattice*) 代表晶體頗爲便捷。空間格子是點在空間的一種排列方式，依此方式，任一點的周遭（卽點在其周圍排列的情形）與其他任一點的周遭相同。此種點之列陣可視爲由三組互相平行的平面相交而成。如此，空間被劃成一群完全相同的平行六面體 (*parallelepipeds*)，如圖 5-6 所示。此種單一平行六面體稱爲**單位格子** (*unit cell*)。單位格子的大小與形狀以三邊長 a, b, c 及其三夾角 α, β, γ 表示之。單位格子須與整個晶體有相同的對稱性。

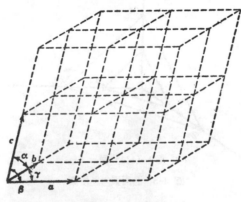

圖 4-6 空間格子

空間格子僅是一種幾何觀念，晶體的結構單位未必全部位於格子點上。表 4-1 概述七種不同單位格子的性質。各種單位格子代表一晶系 (*crystal system*)。

表 4-1　七晶系

晶　　系	面　　角	晶　　軸	最低對稱性	實　　例
立　方　晶　系 (Cubic)	$\alpha=\beta=\gamma=90°$	$a=b=c$	多於一3重軸	NaCl, CsCl ZnS, Pb, Au
四　方　晶　系 (Tetragonal)	$\alpha=\beta=\gamma=90°$	$a=b \neq c$	僅有一4重軸（或4重旋轉反轉軸）	SnO_2, $CaWO_4$ TiO_2, KH_2PO_4
六　方　晶　系 (hexagonal)	$\alpha=\beta=90°$ $\gamma=120°$	$a=b \neq c$	一6重軸（或6重旋轉反轉軸）	石墨, Zn Be
三　方　晶　系（或菱形晶系）(Trigonal or Rhombohedral)	$\alpha=\beta=\gamma \neq 90°$	$a=b=c$	僅有一3重軸（或3重旋轉反轉軸）	As, Bi Al_2O_3
斜　方　晶　系 (Orthorhombic)	$\alpha=\beta=\gamma=90°$	$a \neq b \neq c$	多於一2重軸（或對稱面）	KNO_3, $PbCO_3$ 斜方晶硫
單　斜　晶　系 (Monoclinic)	$\alpha=\gamma=90°$ $\beta \neq 90°$	$a \neq b \neq c$	僅有一2重軸（或對稱面）	CuO, $KClO_4$ 單斜晶硫
三　斜　晶　系 (Triclinic)	$\alpha \neq \beta \neq \gamma \neq 90°$	$a \neq b \neq c$	無對稱軸或對稱面（或僅有對稱中心）	$CuSO_4 \cdot 5H_2O$ $K_2Cr_2O_7$

　　表 4-1 中，除單斜晶系與三斜晶系外，晶體所具對稱要素多於表上所列者，惟表列對稱性已足以鑑別各種晶系。

　　將點置於七種晶系單位格子之偶角上可得七種不同的點格子 (point lattices)。然而將點排列於空間使各點皆有相同周遭的方式共有 14 種。此等格子示於圖 4-7，稱爲布拉菲格子 (Bravais lattices) 在一晶體中，原子、離子、或分子除排列於各格子點之外，尚可佔格子的其他位置。如此，立方晶系有三種布拉菲格子：簡單 (primitive)

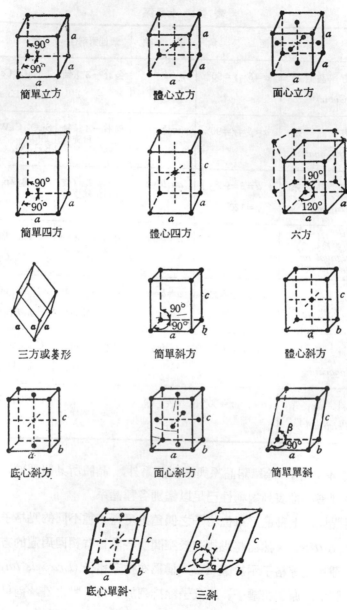

簡單立方　　　　體心立方　　　　面心立方

簡單四方　　　　體心四方　　　　六方

三方或菱形　　　簡單斜方　　　　體心斜方

底心斜方　　　　面心斜方　　　　簡單單斜

底心單斜　　　　三斜

圖 4-7　十四種布拉菲格子

體心 (*body-centered*)、及面心 (*face-centered*) 格子。

4-4　*X* 射線繞射與晶體結構　(*X-Ray Diffraction and Crystal Structure*)

決定結晶物質結構的最重要實驗方法係基於晶體原子繞射 *X* 射線的能力。1912 年，勞厄 (*von Laue*) 建議謂 *X* 射線的波長與晶體中原子的間隔有同階的大小 (*same order of magnitude*)，且晶體可作為 *X* 射線的繞射光柵 (*diffraction grating*)。事實證明 *X* 射線確能穿入晶體直到被晶體內的原子反射或繞射爲止。

雖然，正如可見光被光柵繞射一般，*X* 射線被晶體格子繞射，布拉格 (*Bragg*) 指出：將 *X* 射線考慮爲被晶體內的一族平面 (*h k l*) 反射較爲簡便。圖 4-8 中，諸水平線代表互相平行的晶層，晶層間的垂直距離爲 *d*。平面 *ABC* 垂直於單色 *X* 射線 (*monochromatic X rays*) 的平行入射線，而平面 *L M N* 垂直於反射線。反射線的強度可以一檢測器觀察之。若射線路徑 *BSM* 與 *ARL* 之長度差等於該 *X* 射線波長 λ 的整數倍，則反射線 *RL* 與 *GM* 同相 (*in phase*) 而互相加強 (*reinforce*)。欲得反射線之互相加強可改變入射角 (*incident angle*) θ 直至檢測器指示最大反射線強度。應注意反射角等於入射角 θ。如

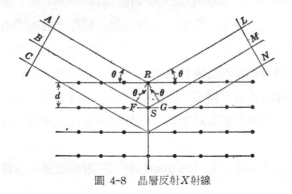

圖 4-8　晶層反射 *X* 射線

上所述，反射線互相加強的條件是

$$FS + SG = n\lambda \qquad (n \text{ 爲整數})$$

因

$$\sin\theta = \frac{FS}{d} = \frac{SG}{d}$$

$$FS = SG = d\sin\theta$$

故得

$$n\lambda = 2d\sin\theta \qquad (4\text{-}1)$$

此即**布拉格繞射定律** (*Bragg diffraction law*)。 就米勒平面族 (*family of planes*) 而論， 對應於 $n=1$ 的反射稱爲**一級反射** (*first-order reflection*)； 對應於 $n=2$ 的反射稱爲 **二 級反射**， 等等。 級數愈大， 反射角或入射角亦愈大。 (4-1) 式可改寫成

$$\lambda = 2\left(\frac{d}{n}\right)\sin\theta$$

$$= 2d_{hkl}\sin\theta \qquad (4\text{-}2)$$

d_{hkl} 爲米勒平面族 (hkl) 中相鄰二面的垂直距離。

4-5 X 射線分析法 (*Method of X-Ray Analysis*)

勞厄 (*Laue*) 在一晶體之後置一照相底板， 以一束 X 射線自晶體前方衝擊該晶體， 所造成的繞射射線加強或干涉情形顯示於照相底板， 如圖 4-9 所示。圖中心爲未被晶體偏折 (*deflected*) 的射線衝擊照相底板的位置， 但因其前方置有遮蔽物， 實際上底板中心未受X射線衝擊， 故不感光而呈白色。其周圍黑點則係加強的射線所造成者。反覆旋轉晶體可得不同的**繞射圖案** (*diffraction pattern*)。 繞射圖案與晶體結構單位的排列情形有直接的關係， 可用來分析晶體的結構， 惟以此法分析晶體結構頗爲不便， 故勞厄圖案的主要用途在於決定晶體的對稱性。

另一方法令一束準直 (*collimated*) X 射線經過一晶粉試樣， 所

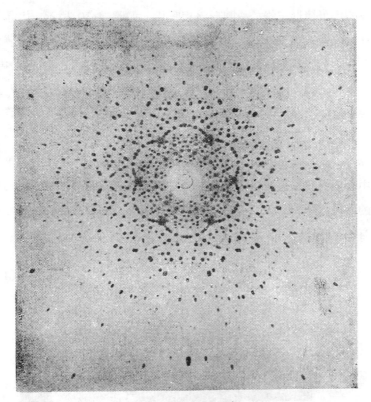

圖 4-9　勞厄繞射圖案

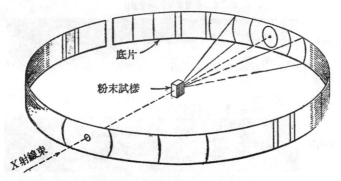

圖 4-10　晶粉法 X 射線照相裝置

造成的反射情形記錄於一圓形照相底片, 如圖 4-10 所示。因晶粉試料含有無數取向不規則的小晶體, 各族平面皆可能導致布拉格繞射。一入射線對應於不同族平面有不同入射角 (或反射角)。若入射角 θ 滿足布拉格條件 (亦即造成極大反射的條件), 則反射線依 2θ 之立體角 (*solid angle*) 方向射出, 而在底片上形成半徑不等的許多弧線。圖 4-11 示三立方晶體的 X 射線粉末圖案 (*X-ray powder patterns*)。諸圓弧的中心亦即不被繞射的射線衝擊底片之點。設 y 為自該中心點沿底片至一弧線之距離 (底片拉直後之距離), R 為圓形底片的半徑, 若所論及之弧線係由米勒平面族 (*hkl*) 之反射線所造成, 則有如下關係:

$$\frac{y}{2\pi R} = \frac{2\theta_{hkl}}{360} \tag{4-3}$$

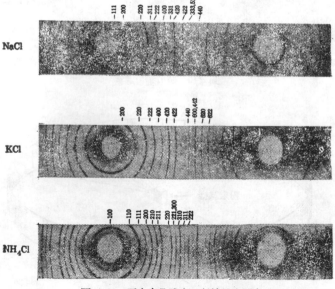

圖 4-11　三立方晶體之 X 射線粉末圖案

已知X射線波長 λ，利用 θ_{hkl} 可由（4-2）式算出各米勒平面族的間隔 d_{hkl}，進而決定晶體的結構。

4-6　立方格子 （*Cubic Lattice*）

有三種布拉菲格子，其對稱性均能滿足表 4-1 所列立方晶系的對稱性，此三種格子即簡單、面心、及體心立方格子。

（1）簡單立方格子（*Primitive cubic lattice*）

在簡單立方格子的 8 偶角上各有一粒子（如原子等）。乍視之下，每格子似乎具有 8 粒子。但因每個偶角上的粒子實際上為其周圍的 8 格子所共有，所以每個簡單立方格子只具有 $8 \times \left(\dfrac{1}{8}\right) = 1$ 粒子。

（2）面心立方格子（*Face-centered cubic lattice*）

面心立方格子除 8 偶角各有一粒子之外，其六面的中心均有一粒子。因面之中心粒子為該面兩邊之二格子所共有，故每一面心立方格子具有 $8 \times \left(\dfrac{1}{8}\right) + 6 \times \left(\dfrac{1}{2}\right) = 4$ 粒子。

（3）體心立方格子（*Body-centered cubic lattice*）

體心立方格子除 8 偶角各有一粒子之外，格子中心亦有一粒子。該中心粒子為一立方格子所獨有，因此每一體心立方格子具有 $8 \times \left(\dfrac{1}{8}\right) + 1 = 2$ 粒子。

圖 4-12 示三種立方格子之三類似平面族。若簡單立方格子之（100）面的間隔 d_{100} 為 a，則（110）面的間隔 $d_{110} = \dfrac{a}{\sqrt{2}}$，而 $d_{111} = \dfrac{a}{\sqrt{3}}$。面心及體心立方格子中各族平面的間隔亦可利用畢氏定律（直角三角形斜邊長的平方等於其他二邊長平方之和）算出。圖示各種立方格子之三平面族間隔比值如下所示：

簡單立方格子　$d_{100}:d_{110}:d_{111}=a:a/\sqrt{2}:a/\sqrt{3}$

$=1:0.707:0.577$

面心立方格子　$d_{200}:d_{220}:d_{111}=a/2:a/2\sqrt{2}:a/\sqrt{3}$

$=1:0.707:1.154$ $\qquad$ (4-4)

體心立方格子　$d_{200}:d_{110}:d_{222}=a/2:a/\sqrt{2}:a/2\sqrt{3}$

$=1:1.414:0.577$

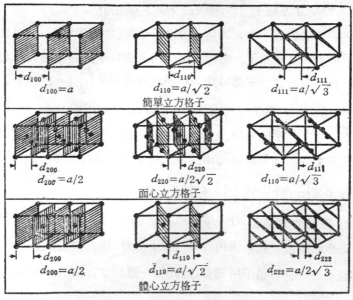

圖 4-12　立方格子中之平面族

對任一指定反射級 n 和 X 射線波長而言，$d=(n\lambda)/(2\sin\theta)$，因此

$$d_{(1)}:d_{(2)}:d_{(3)}=\frac{n\lambda}{2\sin\theta_1}:\frac{n\lambda}{2\sin\theta_2}:\frac{n\lambda}{2\sin\theta_3}$$

$$=\frac{1}{\sin\theta_1}:\frac{1}{\sin\theta_2}:\frac{1}{\sin\theta_3} \qquad (4\text{-}5)$$

其中 $d_{(1)}, d_{(2)}, d_{(3)}$ 及 $\theta_1, \theta_2, \theta_3$ 分別為平面族 1, 2, 3 之間隔及入射角。若知滿足布拉格條件之各米勒平面族入射角（或反射角）$\theta_1, \theta_2, \theta_3$，則可依（4-4）式充分決定一立方格子的型式。

〔**例 4-1**〕利用一 X 射線作 Na Cl 之繞射分析，得如下結果：

平 面	$n=1$		$n=2$		$n=3$	
	θ	$\sin\theta$	θ	$\sin\theta$	θ	$\sin\theta$
(200)	5.9°	0.103	11.9°	0.208	18.2	0.312
(220)	8.4°	0.146	17.0°	0.292	——	——
(111)	5.2°	0.0906	10.5°	0.182	——	——

問氯化鈉格子屬於何種立方格子？

〔**解**〕就 $n=1$ 而論，

$$d_{200}:d_{220}:d_{111}=\frac{1}{\sin\theta_1}:\frac{1}{\sin\theta_2}:\frac{1}{\sin\theta_3}=\frac{1}{0.103}:\frac{1}{0.146}:\frac{1}{0.096}$$

$$=1:0.705:1.14$$

將此結果與（4-4）式作一比較，得知氯化鈉格子必為面心立方格子。利用二級反射數據應能獲得相同結論。

立方格子中，相鄰兩平行面間之距離可以下式表示之：

$$d_{hkl}=\frac{a}{\sqrt{h^2+k^2+l^2}} \tag{4-6}$$

利用上式亦可導出（4-4）式之關係。

〔**例 4-2**〕鉀結晶具有體心立方格子，其密度為 $0.856 g/cm^3$。試計算其單位格子之邊長 a 及 (200), (110), (222) 面族中相鄰二面間之垂直距離。

〔**解**〕每單位體心立方格子具有二粒子，故每個鉀晶體之單位格子含二鉀原子。每原子之質量等於一克原子量除阿佛加得羅數（$N=6.023\times10^{23}$）。一單位格子之體積等於 a^3，故得

$$密度 = \frac{質量}{體積} = \frac{(2)(39.1)/(6.023 \times 10^{23})g}{a^3} = 0.856g/cm^3$$

$$\therefore \quad a = 5.34 \times 10^{-8} cm \text{ 或 } 5.34A。$$

利用 (4-6) 式得,

$$d_{hkl} = \frac{a}{\sqrt{h^2 + k^2 + l^2}}$$

$$d_{200} = \frac{5.34}{\sqrt{2^2 + 0^2 + 0^2}} = 2.67.$$

$$d_{110} = \frac{5.34}{\sqrt{1^2 + 1^2 + 0^2}} = 3.77A$$

$$d_{222} = \frac{5.33}{\sqrt{2^2 + 2^2 + 2^2}} = 1.54A$$

4-7 氯化鈉格子與氯化銫格子 (*Sodium Chloride Lattice and Cesium Chloride Lattice*)

我們在討論布拉菲格子時, 將位於各格子點之粒子視爲相同的粒子, 但在討晶體結構時必須區分結構單位。若一晶體由一種結構單位所組成, 如鉀晶體及鋁晶體等, 則晶體的單位格子相當於一布拉菲單位格子, 所以情形相當簡單; 若一晶體由二種以上的結構單位所組成, 如 NaCl 與 CsCl 晶體, 則晶體的單位格子未必相當於一布拉菲單位格子, 所以情形較複雜。在第二場合, 氯化鈉與氯化銫的晶體結構頗具代表性, 常在討論物質結構時提及, 因此將加以適當的討論。

(1) 氯化鈉格子 (*Sodium chloride lattice*)

圖 4-13 (a) 示 Na^+ 與 Cl^- 離子在氯化鈉晶體中排列的情形。圖中黑球代表 Na^+, 白球代表 Cl^-。鈉離子依面心立方格子排列, 氯離子亦復如此。實際上, 氯化鈉離子可視爲由二種互相穿插的面心立

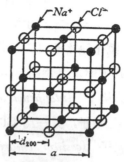

圖 4-13 (a) 氯化鈉晶體結構 (b) 氯化鈉單位格子

方格子 (*interpenetrating face-centered cubic lattices*) 所構成，其一爲鈉離子的面心立方格子，另一爲氯離子的面心立方格子。我們可簡便地取由虛線所連成的方形格子爲**氯化鈉單位格子** (*unit cell*)的一面，則此一單位格子可更清晰地以圖 4-13(b) 表示之。

〔**例 4-3**〕使用波長爲 0.581 A 之 X 射線衝擊 NaCl 晶體，發現 200 面之極大反射發生於反射角等於 5.9° 時。求氯化鈉單位格子的邊長 a。

〔**解**〕參閱圖 4-13(b)。

$$d_{200} = \frac{\lambda}{2 \sin \theta} = \frac{0.581 \times 10^{-8} cm}{2 \sin 5.9°} = 2.82 \times 10^{-8} cm$$

因 200 面的間隔等於單位格子邊長之半，所以

$$a = 2 \times 2.82 \times 10^{-8} cm = 5.64 \times 10^{-8} cm$$

〔**例 4-4**〕已知氯化鈉密度爲 2.163 g/cm^3，試由此求氯化鈉單位格子之邊長。

〔**解**〕因 Na^+ 及 Cl^- 在晶體中依面心立方格子排列，每氯化鈉單位格子含 4 鈉離子及 4 氯離子，亦即每單位格子含 4 氯化鈉分子。

故得

$$2.163 \, g/cm^3 = \frac{(4)(58.45 \, g/mole)}{(6.02 \times 10^{23}/mole)a^3}$$

$$a = 5.64 \times 10^{-8} cm_o$$

(2) 氯化銫格子 (*Cesium chloride lattice*)

氯化銫 CsCl 晶體結構如圖 4-14(a) 所示， 係由二種互相穿挿的簡單立方格子 (*interpenetrating primitive cubic lattices*) 所構成，其一爲 Cs^+ 格子，另一爲 Cl^- 格子。圖 4-14(b) 示一種選定的氯化銫單位格子 (*cesium chloride unit cell*) ，每單位格子含 $8 \times \frac{1}{8}$ =1 Cl^- 離子及 1 個 Cs^+ 離子,亦卽每單位格子含一分子 CsCl 分子。

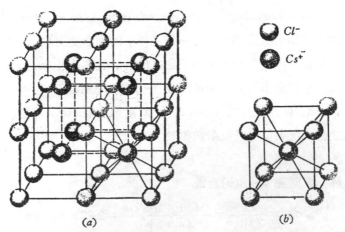

圖 4-14 (a) 氯化銫晶體結構 (b) 氯化銫單位格子

〔**例 4-5**〕CsCl 單位格子長 4.12Å， 求 CsCl 之密度。

〔**解**〕每單位格子體積＝$(4.12Å)^3 = 7.00 \times 10^{-23} cm^3$ 每單位格子含一分子 CsCl （1 中心離子$+\frac{1}{8} \times 8$ 隅角上的另一種離子）。每 CsCl 分子之質量爲 $168.38/(6.02 \times 10^{23}) = 2.80 \times 10^{-22} g$

$$密度 = \frac{2.80 \times 10^{-22}}{7.00 \times 10^{-23}} = 4.00 g/cm^3$$

4-8 均勻球體之填充 (*The Packing of Uniform Spheres*)

在本章以前各節的討論中，我們並不指定晶體結構粒子（原子或離子）的大小，而且依照討論方式，我們得到一個印象，以爲原子半徑遠小於原子間的距離。事實並非如此。若將格子考慮爲由大小一定的剛性球體 (*rigid spheres*) 所堆成，則較易於了解原子在晶體中的填充情形。我們將特別考慮立方格子。

茲考慮一立方格子，其邊長爲 a，由半徑等於 r 的相同球體所組成。許多元素晶體的填充情形符合此一假想。

(1) 簡單立方單位格子

圖 4-15(a)示簡單立方單位格子之側觀 (*side view*)。球體中心間的距離等於 a，球體半徑等於 $a/2$，而球體體積等於 $(4\pi r^3)/3 = (4\pi)(a/2)^3/3$。因每個簡單立方單位格子只含一球，且一單位格子體積等於 a^3，故球體佔格子體積的分率 (*fraction*) f 爲

$$f = \frac{\dfrac{4\pi}{3}\left(\dfrac{a}{2}\right)^3}{a^3} = \frac{\pi}{6} = 0.5236$$

f 亦稱填充率 (*packing fraction*)。其餘體積爲空隙體積 (*void volume*)，而空隙佔格子體積的分率稱爲空隙率 (*void fraction*)，在此

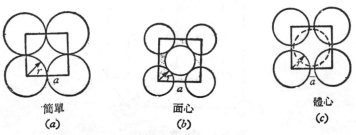

簡單　　　　　　面心　　　　　　體心
(a)　　　　　　(b)　　　　　　(c)

圖 4-15 球體在立方格子中之填充方式

場合, 空隙率等於 $(1-f)=(1-0.5236)=0.4764$。

(2) 面心立方單位格子

圖 4-15(b) 示面心立方單位格子之側觀。因位於四角的球體與位於面心的球體接觸, 面對角線 (*face diagonal*) 的長度等於 $4r$, 亦等於 $\sqrt{a^2+a^2}$。因此,

$$r=\sqrt{2}\,a/4$$

又因每單位格子含四球體, 故填充率為

$$f=\frac{4\left[\frac{4\pi}{3}\left(\frac{\sqrt{2}}{4}a\right)^3\right]}{a^3}=\frac{\sqrt{2}}{6}\pi=0.7404$$

(3) 體心立方單位格子

圖 4-15 (c) 示體心立方單位格子之側觀。 為便於計算球體半徑與格子邊長的相對大小起見, 考慮圖 4-16 所示體心立方單位格子。圖中諸球體已被縮小。d_F 與 d_B 分別代表面對角線 (*face diagonal*) AD 與體對角線 (*body diagonal*) AG 的長度。由畢氏定理得

$$d_F{}^2=a^2+a^2=2a^2$$

或 $\qquad d_F=\sqrt{2}\,a$

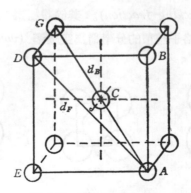

圖 4-16 體心立方單位格子

因 *GD* 垂直於平面 *ABDE*，而面對角線 *AD* 位於該平面上，$GD \perp$ *AD*，故 $\triangle ADG$ 爲一直角三角形。再依畢氏定理得

$$d_B{}^2 = a^2 + d_F{}^2 = 3a^2$$

或 $\qquad d_B = \sqrt{3}\,a$

在體心立方單位格子中，體心球體與其周圍 8 球體接觸，亦卽 *A*, *C*, *G*，三球沿體對角線接觸。因此

$$d_B = 4r$$

$$r = \frac{d_B}{4} = \sqrt{3}\,a/4$$

每個體心立方單位格子有二球體，故其塡充率爲

$$f = \frac{2\left(\frac{4}{3}\pi r^3\right)}{a^3} = \frac{\frac{8}{3}\pi\left(\frac{\sqrt{3}}{4}a\right)^3}{a^3} = \frac{\pi\sqrt{3}}{8} = 0.6802$$

簡單、面心、及體心三種立方格子中，面心立方格子之塡充率最高。表 4-2 示立方格子之塡充情形。已知結晶固體元素的晶體結構及其原子半徑，卽可求得該固體元素的密度。計算密度的方法已見諸前數例，今擧一通用公式於次。

$$\rho = \frac{ZM}{Nv} \qquad (4\text{-}7)$$

其中，ρ 爲密度 (g/cm^3)，*M* 爲原子量或分子量，*Z* 爲每單位格子

表 4-2 立方格子之塡充情形

格　子	最近鄰球體數目	相鄰二球間之距離	球體半徑 *r*	每單位格子所含球數 *Z*	單位格子體積 *v*	塡充率
簡　單	6	*a*	$a/2$	1	a^3	0.5236
體　心	8	$\sqrt{3}a/2$	$\sqrt{3}a/4$	2	a^3	0.6802
面　心	12	$\sqrt{2}a/2$	$\sqrt{2}a/4$	4	a^3	0.7404

所含原子或分子數, v 爲單位格子之體積 (cm^3), N 爲阿佛加得羅數 $(0.602 \times 10^{24}/mole)$。

〔例 4-6〕在 $800°C$, $\beta-Fe$ 晶體格子爲體心立方格子, 其單位格子之邊長等於 2.91 A。求 $\beta-Fe$ 在 $800.C$ 之密度及在 $800°C$ 之 $\beta-Fe$ 晶體中 Fe 之半徑。

〔解〕使用表 4-2 所列資料。

$$\rho = \frac{ZM}{Nv} = \frac{2 \times 55.85}{0.602 \times 10^{24} \times (2.91 \times 10^{-8})^3} = 7.53 g/cm^3$$

$$r = a\sqrt{3}/4 = \frac{2.91 \times 10^{-8}\sqrt{3}}{4} = 1.26 \times 10^{-8} cm = 1.26 A$$

4-9 非均勻球體之填充 (The Packing of Non-Uniform Spheres)

若組成格子的球體爲兩種以上半徑不同的球體, 如氯化鈉與氯化銫晶體, 通常體積較大的球體佔用其一定排列位置, 而較小球體須於較大球體間的空隙尋找容身之處。茲分氯化鈉與氯化銫兩結構類型加以討論。

(1) 氯化鈉型結構

除氯化銫 Cs Cl 之外, 所有鹼金屬的鹵化物 (alkali halide) 晶體皆屬面心立方晶系。圖 4-17 示三種鹼金屬鹵化物的晶體結構, 其

LiCl   NaCl   KCl

圖 4-17   鹼金屬鹵化物晶體之結構

中黑球代表陽離子，白球代表陰離子。此等離子晶體皆由互相穿挿的兩種面心立方格子所構成，如前所示。鹼金屬鹵化物單位格子之邊長列於表 4-3。格子中陽離子與陰離子是否互相接觸，視兩種離子之相對大小而定。若不同離子的大小相差大，如所有鋰之鹵化物的場合，則陽離子與陰離子不互相接觸。因鋰離子特別小，不能塡緊鹵素離子間的空隙〔見圖 4-17 (a)〕。在面心格子之一面上，鹵素離子沿面對角線互相接觸。此對角線長等於鹵素(陰)離子半徑 r_- 的四倍。因此，

表 4-3 鹼金屬鹵化物晶體單位格子（面心立方）在 $25°C$ 之邊長 a

	Li$^+$	Na$^+$	K$^+$
Cl$^-$	5.14A	5.62A	6.28A
Br$^-$	5.50A	5.96A	6.58A
I$^-$	6.04A	6.46A	7.06A

$$a^2 + a^2 = (4r_-)^2$$

$$a = 2\sqrt{2}\, r_- \quad \text{（鋰之鹵化物格子）} \tag{4-8}$$

$$r_- = \frac{a}{2\sqrt{2}} \quad \text{（鋰之鹵化物格子）} \tag{4-9}$$

利用表 4-3 所列鋰之鹵化物單位格子邊長與（4-9）式可算出 Cl$^-$，B$_r^-$，及 I$^-$ 之離子半徑分別爲 1.81, 1.94，及 2.14A。

若陽離子與陰離子的大小相差不大，則較大的離子不能沿面對角線互相接觸，而邊上的陰離子與陽離子接觸，如圖 4-17(b) 及 (c) 所示。因此，

$$a = 2r_- + 2r_+ \tag{4-10}$$

式中 r_- 與 r_+ 分別爲陰離子與陽離子的半徑。所有鉀之鹵化物的塡充方式都是如此（K$^+$ 離子大於 Li$^+$ 及 Na$^+$ 離子），故（4-10）式可

適用於所有鉀之鹵化物。假設鉀離子的半徑在其各種鹵化物晶體中皆相同,則利用表 4-3 所列各種鉀之鹵化物單位格子邊長的數據和 (4-10) 式可算出諸鹵素離子的半徑差。若干離子在晶體中的半徑列於表 4-4 中。表列各值係經適當校正而得者, 故較準確。

表 4-4　晶體中之離子半徑 (單位爲A)

Li$^+$	0.60	Be^{2+}	0.31	O^{2-}	1.40	F$^-$	1.36
Na$^+$	0.95	Mg^{2+}	065	S^{2-}	1.84	Cl$^-$	1.81
K$^+$	1.33	Ca^{2+}	0.99	Se^{2-}	1.98	Br$^-$	1.95
Rb$^+$	1.48	Sr^{2+}	1.13	Te^{2-}	2.21	I$^-$	2.16
Cs$^+$	1.69	Ba^{2+}	1.35				

假若已知陽離子與陰離子的半徑, 但不知較小離子是否塡緊較大離子間的空隙 (是否陽離子與陰離子互相接觸), 則可利用 (4-8) 與 (4-10) 兩式計算 a, 導致較大 a 值的結構是正確的結構。例如, 若由 (4-8) 式所得的 a 值較大,則陰離子不與陽離子接觸; 若由(4-10) 式所得的 a 值較大, 則陰離子與陽離子互相接觸。

〔**例 4-7**〕已知鉀離子與碘離子的半徑分別爲 1.33A 與 2.16A, 試計算 KI 之密度。

〔**解**〕 (4-10) 式適用於 KI 之晶體。

$$a = 2r_- + 2r_+ = 2(1.33 + 2.16) = 6.98 \times 10^{-8} cm$$

每個 KI 單位格子含 4 分子 KI (面心立方格子), 因此

$$\rho = \frac{ZM}{Nv} = \frac{4 \times 166}{0.602 \times 10^{24} \times (6.98 \times 10^{-8})^3} = 3.24 \ g/cm^3$$

(2) 氯化銫型結構

如前所述, 氯化銫 Cs Cl 晶體由兩種互相穿揷的簡單面心格子所構成, 但其單位格子則類似體心立方格子, 陰離子位於單位格子的 8

隅角上，而陽離子位於體心（見圖 4-14）。約 35 種二元素合金和 15 種離子物質如 Cs Cl 與 Rb Cl 具有此種結構。 對於晶體中不同種離子間的距離可作如下討論。

　　若陰離子互相接觸，則格子邊長 $a=2r_-$，而體對角線長等於 $\sqrt{3}\,a$（見上節）。若陽離子的大小恰足以接觸其周圍的 8 個陰離子，而陰離子仍沿格子各邊接觸， 則沿體對角線，$2(r_++r_-)=\sqrt{3}\,a$。因 $a=2r_-$，故

$$r_++r_-=\sqrt{3}\,r_-$$

$$\frac{r_+}{r_-}=\sqrt{3}-1=0.7321 \tag{4-11}$$

此一半徑比為穩定的 CsCl 型離子結構的最小 $\dfrac{r_+}{r_-}$。若 r_+ 更小（r_+/r_- <0.7321）， 則陽離子將在陰離子間的空隙中動盪不安，不同種離子將不緊靠，陰離子互相接觸而且互相拒斥。此種結構將不穩定。另一方面， 若 r_+ 較大（$r_+/r_->0.7321$）， 則陽離子與陰離子沿體對角線接觸， 陰離子與陰離子分開而減輕陰離子與陰離子間的拒斥力。此種結構為穩定的結構。 因此 Cs Cl 型結構均是陰離子與陽離子沿單位格子的體對角線接觸者， 即 $r_+/r_-\geq0.7321$，而在所有 Cs Cl 型單位格子中，

$$2r_++2r_-=體對角線長=\sqrt{3}\,a$$

或　　　　　$$r_++r_-=\frac{\sqrt{3}}{2}a \tag{4-12}$$

　　〔**例 4-8**〕CsI 與 Cs Cl 之結構相同。Cs^+ 與 I^- 離子的半徑分別為 1.69 A 與 2.16 A。求 (a) CsI 單位格子之體積， (b)CsI 之密度。

　　〔**解**〕(a) 由 (4-12) 式

$$a=\frac{2(r_++r_-)}{\sqrt{3}}=\frac{2(1.69+2.16)}{\sqrt{3}}=4.44\ A$$

$$單位格子體積=v=a^3=(4.44\times10^{-3}cm)$$
$$=8.75\times10^{-23}cm^3$$

(b) 每單位格子中含一分子 CsI （分子量=259.8）。

$$\rho=\frac{ZM}{Nv}=\frac{1\times259.8}{0.602\times10^{24}\times(8.73\times10^{-23})}=4.93g/cm^3$$

4-10 結晶固體之熱容量 (*Heat Capactiy of Crystalline Solids*)

杜龍與白蒂於 1819 年指出，許多固體化學元素在 25°C 以上的溫度，其莫耳熱容量約爲 6.3*cal*/°C—*mole*。此一數值接近 3*R*=5.97 ***cal***/°C—*mole*。圖 4-18 示若干固體元素之莫耳恆壓熱容量隨溫度變化的情形。在 0°K， 各元素之熱容量皆爲 0 。 銀、銅、鋁之莫耳熱

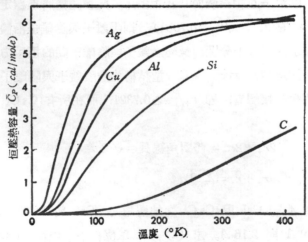

圖 4-18 若干元素在各種溫度之定壓熱容量

容量隨溫度之增加而迅速增至 3*R*。矽與碳之莫耳熱容量隨溫度之升高而逐漸升高，在甚高溫度達到 3 *R*。例如碳的熱容量在1300°C 達到 3*R*。

　　愛因斯坦 (*Einstein*) 於 1907 年首創理論解釋單原子結晶固體的熱容量。他假設構成晶體的原子在其平均位置附近作簡諧運動 (*simple harmonic motion*)，其振動頻率 ν 爲一常數，各物質有其獨特之 ν。他導出單原子結晶固體的恆容莫耳熱容量 (*molar heat capacity at constant volume*) $\overline{C}_V$ 的公式，如下所示:

$$\overline{C}_V = 3R\left(\frac{h\nu}{kT}\right)^2 \frac{e^{h\nu/kT}}{(e^{h\nu/kT}-1)^2} \tag{4-13}$$

其中 k 爲波滋曼常數 (*Boltzmann constant*)，h 爲普蘭克常數 (*Planck constant*)，T 爲絕對溫度 $°K$。當溫度甚高時，(4-13) 式中之 $\overline{C}_V$ 趨近 $3R$，合乎杜龍—白蒂定律。

　　另一有用的熱容量公式爲的拜 (*Debye*) 所提出，適用於低溫 0 至 $20°K$ 之間。

$$\overline{C}_V = \left(\frac{12R\pi^4}{5\theta_D{}^3}\right)T^3 = bT^3 \tag{4-14}$$

$$b = \frac{12\,R\pi^4}{5\theta_D{}^3}$$

其中 θ_D 稱爲的拜特性溫度 (*characteristic Debye temperature*)，是物質之一種特性常數。(4-14)式稱爲**的拜三次方定律** (*Debye third power law*)，意謂: 在低溫時，元素之 $\overline{C}_V$ 與絕對溫度的三次方成正比。

習　　題

4-1　一晶面分別交 x, y, z 三晶軸於 $3/2a, 2b, c$，問該面之米勒指標爲何？

〔答: (436)〕

4-2　一 X 射線自一指定晶體之一級反射發生於 $5°15'$。問三級反射將發生於何種角度？

〔答: $15°56'$〕

4-3　試以圖表示立方晶系之 (100), (010), (011), (110), (121)，及(113)面。

4-4 試利用 (4-6) 式證明 (4-4)。

4-5 自一立方晶體之 (100), (110), 及 (111) 平面之一級反射分別發生於入
射角 7°10′, 10°12′, 及 12°30′。問此立方格子屬於何種立方格子？

4-6 鋁結晶於面心格子中，其在 20°C 之密度爲 2.70g/cm³。試計算 (100)
平面族之間隔及最鄰近二鋁原子間之距離。

4-7 氯化鉀在 18°C 之密度等於 1.9893g/cm³，其單位格子之邊長等於
6.29082A。試由此求阿佛加得羅數 (*Avogadro's number*)。

〔答: 6.020×10²³〕

4-8 具有某種波長之X射線自 NaCl 之 d_{200} 面繞射，其一級繞射角爲5.9°。
NaCl 之密度爲 2.17g/cm³，分子量爲 58.5。試計算所用 X 射線之波長
(以A計)。

〔答: 0.580A〕

4-9 氧化鎂 MgO 之結構爲互相穿挿之立方面心格子結構，其單位格子邊長
爲 4.20A。問MgO晶體之密度爲若干 g/cm³？

〔答: 3.62g/cm³〕

4-10 鎢(*Tungsten*) W 形成體心立方格子，其密度爲 19.3g/cm³。試計算 (a)
W 之單位格子邊長，(b) d_{200}, d_{110}, 及 d_{222}。

〔答: (a)3.16A, (b)d_{200}=1.58, d_{110}=2.23, d_{222}=0.912A〕

4-11 氯化銫形成互相穿挿的簡單立方晶體。CsCl 單位格子之邊長等於 4.121
A。(a) 試計算 CsCl 之密度。(b) Cs⁺ 與 Cl⁻ 離子沿單位格子之體對
角線相觸，且 Cl⁻ 之離子半徑爲 1.81A，求 Cs⁺ 之離子半徑。

〔答: (a)3.99g/cm³, (b)1.77A〕

4-12 釷 (*Thorium*) 形成面心立方晶體，其密度爲 11.7g/cm³，最鄰近二釷原
子間之距離爲 3.60A，求釷之原子量。

4-13 試證愛因斯坦方程式中 $\bar{C}_V$ 值在極高溫趨近 3R, 亦卽愛因斯坦方程式在
極高溫與杜龍—白蒂定律相符。

(提示: 使用 $e^x=1+x+\frac{1}{2!}x^2+\frac{1}{3!}x^3+\cdots$, x 甚小時, 可忽略 x 之二
次方以上各項, 亦卽 $e^x=1+x$。)

4-14 鋁形成面心立方晶體，其單位格子邊長爲 4.05Å，又鋁之密度爲 2.70g/cm^3。求鋁之原子量。

〔答：2.697g/cm^3〕

第五章　液體之若干性質

　　液體的性質在許多方面介於氣體性質與固體性質之間。最明顯的實例是液體存在的壓力與溫度。在一定壓力下，氣體存在於高溫，固體存在於低溫，而液體存在的溫度介於前兩者之間。同樣，在一定溫度下（低於臨界溫度），氣體存在於低壓，當壓力增至某一程度時，氣體變成液體，當壓力再增至某一程度時，液體變成固體。絕大多數的液體密度小於固體密度，且較固體易於隨溫度之升高而膨脹，但液體密度大於氣體密度，且較氣體難於壓縮或膨脹。

　　液體之若干性質較接近固體，而若干其他性質則較接近氣體。例如液體密度接近固體，且兩者均不易壓縮，液態與固態同稱為**凝態**(*condensed states*)。另一方面，就流動性 (*fluidity*) 而論，液體類似氣體，液體與氣體同稱為**流體** (*fluids*)。

　　就分子觀點而論，液體性質亦介於固體性質與氣體性質之間。當固體熔解時，其晶體格子破壞，而分子可移動，雖然不如氣體分子之幾乎可完全自由運動。液體分子有集合成規則性小團體的趨勢，然而各小團體之間的相對位向則極紊亂，因此液體有短程規則性 (*short-range order*)，卻不如固體之有長程規則性 (*long-range order*)。簡而言之，固體分子之間的排列極有規則，液體分子之間的位向較無規則，而氣體分子之間的位置則幾乎完全紊亂。

　　因液體分子互相靠近，推導液體狀態方程式時必須計及分子間作用力。凡德瓦爾方程式含有形式正確之項，但過於簡單，不能描述液體之 P-V-T 關係。迄至目前尚無簡單的液體 P-V-T 關係式。本章將不致慮液體的狀態方程式，而將討論液體的若干性質。

5-1 液體之蒸氣壓 (*Vapor Pressure of Liquids*)

液體表面的液體分子有脫離液體表面而汽化的趨勢，同樣，液面上的蒸汽分子也有進入液面而凝結的趨勢，當兩者的速率相等時，液體與其蒸汽互相平衡，而此時的蒸汽壓稱為**平衡蒸汽壓** (*equilibrium vapor pressure*) 或**飽和蒸汽壓** (*saturated vapor pressure*)。 觀察液汽平衡的最簡單方法是將一液體置於一個事先抽空的密閉容器中，部份液體將汽化而充滿容器內的自由空間，因蒸汽不能逸入外界，故器內液體與蒸汽不久可達平衡，此時液面所受壓力等於液體的平衡蒸汽壓，無論器內所剩液體多寡，在一定溫度下，平衡蒸汽壓一定。 若容器的自由空間有其他氣體存在，則平衡時，液面所受壓力等於其他氣體的分壓與平衡蒸汽壓的總和，且蒸汽在總壓中所佔的分壓等於平衡蒸汽壓。 外壓稍有增加平衡蒸汽壓的效應（見 9-10 節）。若液體與大氣接觸，其蒸汽繼續擴散而不易達於飽和，因此液體常不斷蒸發。 例如空氣中的相對濕度甚少達到 100% 者。 若相對濕度為 100%，則其濕度為飽和濕度，而水蒸汽在大氣中所佔的分壓等於水的飽和蒸汽壓。 自此以後，本書所提及的蒸汽壓係指飽和或平衡蒸汽壓而言。

　　一液體在任一溫度下的蒸汽壓為一常數，與液體及蒸氣出現之量無關，因此蒸汽壓為物質的一種性質 (*property*)。 所有物質的蒸汽壓皆隨溫度之上升而增加。若干液體在各種溫度下的蒸汽壓列於表5-1。 利用表中數據，以蒸汽壓的對數為縱座標，以絕對溫度的倒數為橫座標作圖，所獲得之圖線近乎直線，如圖 5-1 所示。因此可用如下方程式表示液體蒸汽壓與絕對溫度之關係。

$$\log P = \frac{A}{T} + B \tag{5-1}$$

其中 P 爲蒸汽壓（*mm Hg*），T 爲絕對溫度（$°K$），A 與 B 爲常數。又 A 等於 $\log P$ 對 $\frac{1}{T}$ 之直線斜率，B 等於此直線之截距。若取 P 之自然對數（*natural logarithm*）可得

$$\ln P = \frac{A'}{T} + B' \tag{5-2}$$

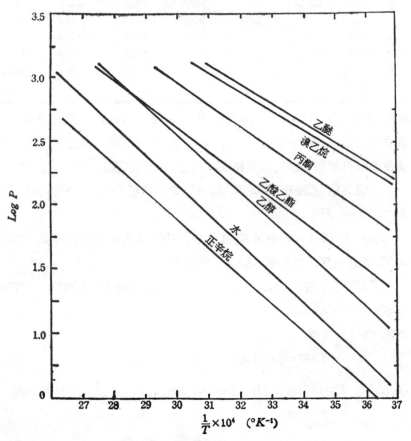

圖 5-1　液體蒸汽壓與溫度之關係

表 5-1 液體之蒸汽壓 ($mm\ Hg$)

$t°C$	水 Water	乙醚 Ethyl Ether	溴乙烷 Ethyl Bromide	丙酮 Acetone	醋酸乙酯 Ethyl Acetate	乙醇 Ethanol	正辛烷 n-Octane
0	4.58	185.3	165		24.2	12.2	2.9
10	9.21	291.7	257	115.6	42.8	23.6	5.6
20	17.54	442.2	386	184.8	72.8	43.9	10.4
30	31.82	647.3	564	282.7	118.7	78.8	18.4
40	55.32	921.3	802	421.5	186.3	135.3	30.8
50	92.51	1277.0	1113	612.6	282.3	222.2	49.3
60	149.38		1512	866.0	415.3	352.7	77.5
70	233.7			1200.0	596.3	542.5	117.9
80	355.1				832.8	812.6	174.8
90	525.76				1133.0	1187.0	253.4
100	760.0				1520.0		353.6

其中 A' 與 B' 分別等於 $2.303A$ 與 $2.303B$。 (5-1) 式及 (5-2) 式僅含二參數 (*parameters*)，A 與 B，及 A' 與 B'。若知一液體在兩溫度的蒸汽壓卽可求得該液體在其他溫度的蒸汽壓。

〔例5-1〕乙醚在 $0°C$ 與 $50°C$ 之蒸汽壓分別爲 $185.3mm\ Hg$ 與 $1277mm\ Hg$。

(a) 求 (5-1) 式中 A 與 B 之值，(b) 由所得方程式計算乙醚在 $20°C$ 之蒸汽壓，(c) 求乙醚之正常沸點。

〔解〕(a) 在 $0°C$，$P=185.3mm\ Hg$，$\log P=2.267$，$1/T=1/273.16=0.003660$

代入 (5-1) 式得

$$2.267=0.003660\,A+B \tag{a}$$

在 $50°C$，$P=1277mm\ Hg$，$\log P=3.106$，$1/T=\dfrac{1}{323.16}=0.003093$

代入 (5-1) 式得

$$3.106=0.003093\,A+B \tag{b}$$

由 (b) 式減 (a) 式消去 B 後得

$$A = \frac{3.106 - 2.267}{0.003093 - 0.003660} = \frac{0.839}{-0.000567} = -1479$$

將此值代入 (a) 式，得

$$B = 2.267 + 1479 \times 0.00366 = 7.680$$

另一方法利用兩數據點畫 $\log A$ 對 $1/T$ 之直線，此直線之斜率等於 **A**，截距等於 B。

(b) 乙醚之蒸汽壓方程式為

$$\log P = -\frac{1479}{T} + 7.680$$

代入 $T = 273.16 + 20 = 293.16°K$，得

$$\log P = -\frac{1479}{293.16} + 7.680 = -5.045 + 7.680 = 2.635$$

$$P = 431.6 \, mm \, Hg$$

與實驗值 $442.2 mm \, Hg$ 相比，誤差為

$$\frac{442.2 - 431.6}{442.2} \times 100\% = 2.34\%$$

(c) 在沸點，$P = 760$

$$\log 760 = -\frac{1479}{T} + 7.680$$

$$2.881 = -\frac{1479}{T} + 7.680$$

$$T = 308.23°K = 35.07°C$$

乙醚之實際沸點為 $34.6°C$。

嚴格言之，(5-1) 式或 (5-2) 式為近似方程式，但在多種應用上，其準確度已足矣。

(5-1) 式或 (5-2) 式亦可應用於固體之蒸汽壓。

5-2 蒸氣壓之測定 (*Measurement of Vapor Pressure*)

測定蒸汽壓之一準確而簡便的方法為**氣體飽和法** (*gas-saturation method*)。令一指定體積之乾空氣或惰性氣體緩慢通過一定量之液體。液體溫度保持不變,液體損失之量可測得。被空氣帶走的蒸汽量與液體的蒸汽壓成正比。做此實驗時,務須保證空氣確實為蒸汽所飽和。

設 v 為乾空氣體積,w 為液體汽化之量,M 為液體分子量。假設空氣體通過液體後,其體積增加不多,則依理想氣體定律,

$$Pv = \frac{w}{M}RT$$

或 $\qquad\qquad P = \frac{w}{Mv}RT \qquad\qquad\qquad (5-3)$

其中 P 為液體在溫度 T 的平衡蒸汽壓。由上式所獲得的蒸汽壓為近似值。實際上,因蒸汽進入氣體中而使氣體體積增加。欲計算較準確的蒸汽壓或在高蒸汽壓的場合,應計及此點。設通過液體之後,氣體的體積變為 v',則

$$v' = \frac{P_a}{P_a - P} v$$

其中 P_a 為大氣壓力,而

$$P = \frac{w}{M} \frac{RT}{v'} = \frac{w}{M} \frac{RT}{\dfrac{vP_a}{P_a - P}}$$

整理之,得

$$P = \frac{\dfrac{wRT}{Mv}}{1 + \dfrac{wRT}{MvP_a}} \qquad\qquad\qquad (5-4)$$

〔例5-2〕將20升乾空氣在 $30°C$ 之下通過溴苯 (*bromobenzene*)，溴苯損失之量爲 0.9414g。大氣壓力爲 760 *mmHg*。溴苯分子量爲 157.0。求此液體在 $30°C$ 之蒸汽壓。

〔解〕應用 (5-3) 式，得

$$P=\frac{w}{M}\frac{RT}{v}=\frac{0.9414\times0.08205\times303.16}{157.0\times20.00}=0.00746\ atm$$

$$=0.00746\times760=5.67\ mmHg$$

應用 (5-4) 式以獲得較準確之值，

$$P=\frac{0.00746}{1+\dfrac{0.00746}{1}}=0.00740atm=5.62mmHg$$

蒸汽壓愈大，應用 (5-3) 與 (5-4) 兩式所得結果的差別愈大。

5-3　杜寧法則 (*Duhring's Rule*)

檢視圖 5-1，發現隨溫度之增加 (亦卽隨 $1/T$ 值之減小)，各直

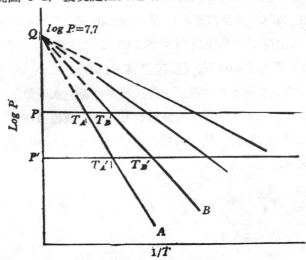

圖5-2 *Log P* 對 $(1/T)$ 圖線之外推至無窮大溫度。

線漸漸接近。假設T爲無窮大時，各直線交於一點，如圖5-2所示。杜寧法則卽基於各 $\log P$ 對 $(1/T)$ 之直線有一共同截距的假設。實際上，在無窮大的溫度 $(1/T=0)$ 達到之前，各液體的溫度已超過其臨界溫度，故此一假想交點Q無基本意義。在無窮大的溫度下，將無分子際作用力，各液體應有相同的行爲，且所有氣體變成理想氣體。因此，圖5-2中各直線交縱座標軸於一共同點的假設似乎合理。杜寧定則的表示方式有多種，茲考慮其中二種。將圖5-1中各直線外推至$1/T=0$，發現各直線的平均截距爲 $\log P=7.70$，此值卽 (5-1) 式中之B值，則 (5-1) 式可改寫成

$$\log P = \frac{A}{T} + 7.70 \tag{5-5}$$

（參考例5-1）。上式中只有一未定值A，若知一液體在一溫度之蒸汽壓，則可利用 (5-5) 式求得此液體在其他溫度的蒸汽壓。此爲杜寧定則的第一種表示方式。通常各液體的沸點爲已知，且在沸點的蒸汽壓爲 $760mm\ Hg$。例如，二乙硫 (*diethyl sulfide*) 之沸點爲 $90.3°C$，今欲求其在 $20°C$ 之蒸汽壓。以 $T=363.46°K$，$P=760mm\ Hg$ 代入 (5-5) 式求得 A，然後以 $T=293.12°K$ 代入原式，得二乙硫在 $20°C$ 之蒸汽壓爲 $55mm\ Hg$（正確值爲 $64mm$）。

第二種方式在圖5-2中畫二平行於橫座標軸之水平線。考慮液體A與B之蒸汽。如圖5-2所示，液體A在 $T_A{}'$，液體B在 $T_B{}'$，蒸汽壓達到 P'；又液體A在 T_A，液體B在 T_B，蒸汽壓達到 P。則依相似三角形定理，

$$\frac{1}{T_B{}'} : \frac{1}{T_B} = \frac{1}{T_A{}'} : \frac{1}{T_A}$$

或
$$T_B = \frac{T_B{}'}{T_A{}'} T_A \tag{5-6}$$

此一關係爲杜寧定則的第二種表示方式。若知參考液體A的蒸汽壓數

據, 則可求得液體 B 在各種溫度下的蒸汽壓。通常取 P 爲 $760\,mm\,Hg$, 而 $T_A{}'$ 與 $T_B{}'$ 分別爲液體 A 與 B 之沸點。

〔例 5-3〕 苯 (*benzene*) 與正己烷 (*n-hexane*) 之沸點分別爲 $80°C$ 與 $69°C$。苯在 $20°C$ 之蒸汽壓爲 $74.7mm\,Hg$。問正己烷在何種溫度其蒸汽蒸爲 $74.7mm\,Hg$?

〔解〕 令 T_B 爲所求之溫度。

$$T_B = \frac{T_B{}'}{T_A{}'}\ T_A = \frac{342.16}{353.16} \times 293 = 284°K = 11°$$

實驗值爲 $10°C$ (見表 5-1)。

5-4 沸點定則 (*Boiling Point Rule*)

此一定則陳述一近似關係, 卽物質之沸點 T_b 與其臨界溫度 T_c 之比值約爲 $2/3$:

$$\frac{T_b}{T_c} \cong \frac{2}{3} \cong 0.67 \tag{5-7}$$

其有效性可參考表 3-2 之數據加以檢視。

5-5 楚羅頓定則 (*Trouton's Rule*)

液體的另一經驗定則爲楚羅頓 (*Trouton*) 於1884年所發現。依楚羅頓之近似關係, 若 T_b 爲液體之正常沸點, λ_v 爲一莫耳液體之汽化熱, 則

$$\frac{\lambda_v}{T_b} = 21cal/°K-mole \tag{5-8}$$

若干實際 λ_v/T_b 之比值如次: 氨, 23.2; 四氯化碳, 20.4; 苯, 21.1; 甲烷, 19.8; 硝基苯 (*nitrobezene*), 20.1, 硫化氫, 21.1。依

(5-8) 式，若知一物質之正常沸點，即可求得其莫耳汽化熱。

〔例 5-4〕正庚烷 (*n-heptane*) 之沸點爲 98°C。試估計 (*a*) 每克正庚烷之汽化熱，(*b*) 正庚烷之臨界溫度。正庚烷之分子量 $M=$ 100。

〔解〕(*a*) $\dfrac{\lambda_v}{T_b}=21,\quad \dfrac{\lambda_v}{M}=\dfrac{21T_b}{M}=\dfrac{21\times(273.16+98)}{100}$

$$=77.9cal/g$$

(*b*) $T_c=\dfrac{3}{2}T_b=\dfrac{3\times371.16}{2}=557°K,\quad t_c=284°C$

每克汽化熱之實驗值爲 74.4*cal/g*，正確臨界溫度爲 266°C。

5-6　液體之黏度 (*Viscosity of Liquids*)

黏度 (*viscosity*) 是流體的一種性質。液體的黏度較諸氣體更爲明顯。如第三章所提及，黏度爲流體對流動之阻力的一種度量，本節以此爲基礎介紹黏度單位的定義。其觀念亦適用於氣體。

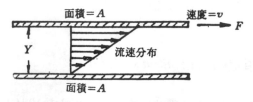

圖 5-3　平行板間之液體流動

如圖 5-3 所示，設有相距不遠之二平行平板，其距離爲 Y，各板之面積爲 A。兩板間充滿液體。固定下板，而對上板施以一力 F，使其以一小速度 v 向右移動。當穩恒狀態 (*steady state*) 達成時，各層液體的流速依其與下板之距離遞增，與下板接觸之液層流速爲 0，而與上板接觸之液層流速爲 V，亦卽與上板之移動速度相同。則所施之

力 F 可以下式表示之:

$$\frac{F}{A} = \eta \frac{v}{Y} \tag{5-9}$$

式中之 η 稱爲液體之**黏度** (*viscosity*) 或**黏度係數** (*viscosity coefficient*)。黏度單位爲泊(*poise*)，係爲紀念法國科學家泊梭油(*Poiseuille*) 而設者。若 (5-9) 中之 F 爲 $1dyne$, A 爲 $1cm^2$, v 爲 $1cm/sec$, Y爲$1cm$, 則 η 爲 1 泊。故 1 泊等於 $1dyne \cdot sec/cm^2$。1 厘泊(*centipoise*) 等於 10^{-2} 泊, 簡寫爲 cp。

黏度愈大, 對流動的阻力愈大。因流動的趨勢與黏度的倒數成正比, 故稱黏度的倒數 $\phi = 1/\eta$ 爲**流動性** (*fluidy*)。

一般黏度之測定係以泊梭油或史脫克斯方程式 (*Poiseuille or Stokes equations*) 爲基礎。泊氏方程式如下:

$$\eta = \frac{\pi P r^4 t}{8LV} \tag{5-10}$$

其中 t 爲體積等於 V 之液體在施加壓力 (*applied pressure*) P 之作用下流過長度爲 L, 半徑爲 r 之毛細管所需之時間。直接利用(5-10)式測定黏度所涉及的實驗工作較繁複。若有一參考液體 (通常爲水), 其黏度已知, 則可利用比較法測定另一液體的黏度。若測量同體積之二液體藉流體靜壓流過同一毛細管之時間, 則依 (5-10) 式, 此二液體之黏度比爲

$$\frac{\eta_1}{\eta_2} = \frac{\pi P_1 r^4 t_1}{8LV} \cdot \frac{8LV}{\pi P_2 r^4 t_2} = \frac{P_1 t_1}{P_2 t_2}$$

因流體靜壓 P_1 及 P_2 分別與二液體之密度 ρ_1 及 ρ_2 成正比, 故

$$\frac{\eta_1}{\eta_2} = \frac{\rho_1 t_1}{\rho_2 t_2} \tag{5-11}$$

t_1 與 t_2 之測定可利用**歐斯特瓦德黏度計** (*Ostwald viscometer*), 如圖 5-4 所示。將一定量待測黏度之液體由右管置入黏度計中, 然後將此液體吸至 B 球中, 令液體自由流下, 記錄液面自刻度 a 降至 b 所需

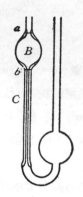

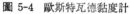

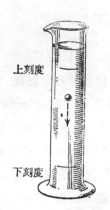

圖 5-4 歐斯特瓦德黏度計 　　　　圖 5-5 落球黏度計

時間。然後清洗並烘乾黏度計，置入參攷液體，重複以上操作，如此可獲得 t_1 與 t_2。

　　史脫克斯定律敍述物體在流體中下降的速度。設有一圓球，其半徑為 r，密度為 ρ。令其藉重力在密度為 ρ_l 的液體中降落。其重力為

$$f_1 = \frac{4}{3}\pi r^2 \rho g \tag{5-12}$$

其中 g 為重力加速度 (*acceleration of gravity*)。 此力有加速圓球下降的趨勢，但為液體的浮力及摩擦力 (*frictional force*) 所抵抗。液體的浮力為

$$f_2 = \frac{4}{3}\pi r^3 \rho_l g \tag{5-13}$$

摩擦力與圓球下降速度 v 成正比，故隨速度之增加而增加。直至圓球達到某一速度時，重力恰為浮力與摩擦力所抵消。此後因作用於球之淨力等於零，亦卽加速度等於零，而圓球依一不變之速度 v 下降，此速度稱為最終速度 (*terminal velocity*)。此時之摩擦力為

$$f_3 = 6\pi r \eta v \tag{5-14}$$

由 (5-12)，(5-13) 及 (5-14) 三式可求得 η。

$$f_1 = f_2 + f_3$$

$$\frac{4}{3}\pi r^3 \rho g = \frac{4}{3}\pi r^3 \rho_l g + 6\pi r\eta v$$

$$\eta = \frac{2r^2(\rho - \rho_l)g}{9v} \tag{5-15}$$

此式稱爲**史脫克斯**定律。

　　落球黏度計（*falling-ball viscometer*）卽以史脫克斯定律爲基礎。如圖 5-5 所示，先將待測黏度之液體加入黏度計中，令一小球自液面藉其重力下降，記錄其自上刻度降至下刻度所需時間。然後以一已知黏度之參攷液體做同樣的實驗。如此可得兩時間 t_1 與 t_2。由(5-15)式可得

$$\frac{\eta_1}{\eta_2} = \frac{(\rho - \rho_1)t_1}{(\rho - \rho_2)t_2} \tag{5-16}$$

其中 ρ，ρ_1，及 ρ_2 分別爲圓球、液體1、及液體2之密度。已知一液體之黏度及兩液體之密度，可由觀察的 t_1 與 t_2 值求得另一液體的黏度。

表 5-2　液體之黏度（*cp*）

液體	0°C	20°C	40°C	60°C	80°C
苯	0.912	0.652	0.503	0.392	0.329
四氯化碳	1.329	0.969	0.739	0.585	0.468
乙醇	1.773	1.200	0.834	0.592	——
乙醚	0.284	0.233	0.197	0.140	0.118
汞	1.685	1.554	1.450	1.367	1.298
水	1.792	1.002	0.656	0.469	0.357

　　水、甲醇、及苯等在若干溫度之黏度列於表 5-2。由表可見液體的黏度隨溫度之升高而減小。圖 5-6 示黏度與溫度之關係，其中以 $\log\eta$ 對 $1/T$ 作圖，所得圖線近乎直線，故可以下式表示 η 與 T 之關係：

$$\log \eta = \frac{A}{T} + B \qquad\qquad (5\text{-}16)$$

其中 A 與 B 爲常數。

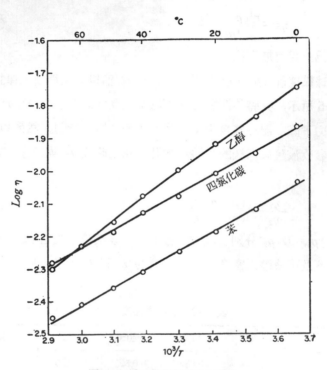

圖 5-6　液體黏度與溫度之關係

〔例 5-5〕四氯化碳在 20°C 之黏度與密度分別爲 0.969cp 與 1.595g/cm^3。其在歐斯特瓦德黏度計內的流動時間爲 60.5 秒。問水在 25°C 之下在同一黏度計的流動時間爲若干秒？水在 25°C 之黏度與密度分別爲 0.8937cp 與 0.9970 g/cm^3。

〔解〕$\dfrac{\eta_1}{\eta_2} = \dfrac{\rho_1 t_1}{\rho_2 t_2}$　$\dfrac{0.969}{0.8937} = \dfrac{1.595 \times 60.5}{0.9970 \times t_2}$

$t_2 = 89.4$ sec

〔例 5-6〕用於落球黏度計之鋼球密度爲 7.850g/cm^3。液體 **A**

之密度爲 $0.800g/cm^3$，黏度爲 $0.720cp$，在液體 A 中，球自上刻度落至下刻度所需時間爲 10.5 秒。液體 B 之密度爲 $1.334g/cm^3$，球在其中降落所需時間爲 11.3 秒。求液體 B 之黏度。

〔解〕 $\dfrac{\eta_A}{\eta_B}=\dfrac{(\rho-\rho_A)t_A}{(\rho-\rho_B)t_B}$，　　$\dfrac{0.720}{\eta_B}=\dfrac{(7.850-0.800)\times10.5}{(7.850-1.334)\times11.3}$

$\eta_B=0.706\ cp$

5-7　液體之表面張力 (*The Surface Tension of Liquids*)

液體內一分子所受其他分子的吸引力各方向均同。但在一液體表面，一液體分子僅部份被其他液體分子包圍，因此有被吸往液體內部的趨勢。此種內向吸引力 (*inward attraction*) 有使表面盡量收縮的趨勢，並在表面的平面上產生一種力，此即**表面張力** (*surface tension*)。表面張力與球形液滴之形成、毛細管內液面之上升、及液體之滲入多孔固體等現象有關。

液體之表面張力 γ **爲每單位表面長度所具反抗表面積之增加的力**，其單位爲 *dyne/cm*。圖5-7展示此一定義。一金屬線框上有一液膜（如肥皂膜），對一活動金屬線施以一力 f 以擴展液膜。則表面張力可依下式加以計算：

$$\gamma=\frac{f}{2l} \tag{5-17}$$

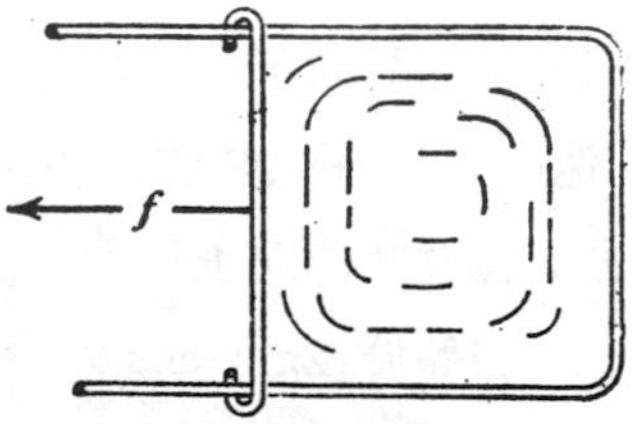

圖 5-7　表面張力

l 為活動金屬線之長度 (cm)，因液膜有兩面，前後各一，故導入因數2。

　　測定表面張力的方法有多種，其中以**毛細管液面上升**(或下降)法較為簡單，且結果相當準確。將一毛細玻璃管插入水中，見管內液面上升，且液面為凹向上之新月形 (*concave meniscus*)，如圖 5-8(a) 所示。若將內徑較細之毛細管插入水中，可見管內液面上升高度 h 增加。另一方面，將一毛細玻璃管插入水銀中，見管內液面下降，且液面為凸向上之新月形 (*convex meniscus*)。如圖 5-7(b) 所示。在每一液體與固體的界面有一特殊的**接觸角** (*contact angle*)θ。液體上升 (或下降) 及 θ 之大小視液體的化學性質及毛細管的材料而定。若 θ 小於 90°，則新月形凹向上，且管內液面上升；若 θ 為 90°，則管內液面為一平面，且不上升，亦不下降；若 θ 大於 90°，則新月形凸向上，且管內液面下降。若液體分子間之**內聚力** (*cohesive force*) 小於液體分子與固體分子間之**附着力** (*adhesive force*)，則接觸角 θ 小於90°，液面在毛細管內上升，且液體將潤濕固體表面而有在固體表面擴展的趨勢〔見圖 5-8(a) 與圖 5-9(a)〕。反之，若內聚力大於附着力，則 θ 大於 90°，液面在毛細管內下降，且液體將不潤濕固體表面而有在固體表面形成液滴的趨勢〔見圖 5-8(b) 與圖 5-9(b)〕。水與玻璃的接觸角幾乎為零，故能在玻璃表面均勻流動。但水不潤濕臘 (*wax*) 或特氟隆〔(*teflon*)，一種塑膠〕等之表面，而在其上形成液滴。水銀亦在玻璃上形成液滴。

　　設毛細管之內徑為 r，液體密度為 ρ，管內液面上升之高度為 h。此時，向上拉的表面張力恰等於向下拉的液柱重力。液柱的重力等於 $\pi r^2 h \rho g$，g 為重力加速度，等於 $980.7cm/sec^2$。若接觸角為 θ，則只有表面張力的垂直分力為有效的向上拉力。表面張力作用於整個毛細管的圓周。故其向上拉力等於 $2\pi r \gamma \cos \theta$。平衡時，向上與向下之力相等，亦即

$$2\pi r\,\gamma \cos \theta = \pi r^2 h \rho g$$

$$\gamma = \frac{h\rho gr}{2 \cos \theta} \qquad\qquad (5\text{-}18)$$

應注意，在 θ 大於 90° 的場合，$\cos \theta$ 為負值，而管內液面下降，故 h 為負值，依 (5-18) 式所獲得的 γ 仍為正值。

在許多場合，接觸角甚小，θ 幾乎等於零，而 $\cos \theta$ 甚接近1，則

$$\gamma = \frac{1}{2} h\rho gr \qquad\qquad (5\text{-}19)$$

若干液體在空氣中測得的表面張力列於表 5-3。

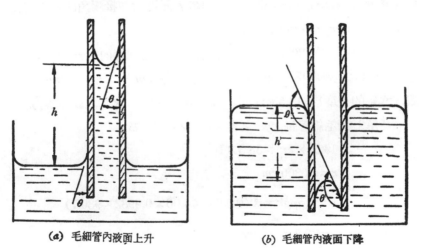

(a) 毛細管內液面上升　　　(b) 毛細管內液面下降

圖 5-8　毛細管現象

(a)　　　　　　(b)

圖 5-9　接觸角

表 5-3 液體之表面張力 ($dyne/cm$)

溫度$°C$	H_2O	CCl_4	C_6H_6	$C_6H_5NO_2$	C_2H_5OH	CH_3COOH
0	75.64	29.0	31.6	46.4	24.0	29.5
25	71.97	26.1	28.2	43.2	21.8	27.1
50	67.91	23.1	25.0	40.2	19.8	24.6
75	63.5	20.2	21.9	37.3	—	22.0

能溶於一液體中而改變此液體與固體界面之接觸角的物質稱爲**表面活性劑** (*surface active agents*)。溶解的物質可能使液體的表面張力增加或減小。酯肪酸 (*fatty acids*) 可降低水的表面張力，電解質 (*electrolytes*) 可增加水的表面張力。加入水中可減小接觸角的物質稱爲**潤濕劑** (*wetting agents*)。塗在固體表面可增加接觸角的物質稱爲**防水劑** (*waterproofing agents*)。

〔**例 5-7**〕在 $20°C$ 之下， 蒸餾水在一毛細管內上升 $4.96cm$。水在 $20°C$ 之密度爲 $0.9982g/cm^3$。該管每 cm 可容納 $38.3mg$ 之水銀，水銀的密度爲 $13.55g/cm^3$。設接觸角爲零，求水之表面張力。

〔**解**〕因毛細管每 cm 之容積爲 $\pi r^2 cm^3$，故

$$13.55 \times \pi r^2 = 38.3 \times 10^{-3}$$

$$r = 0.0300 \ cm$$

$$\gamma = \frac{1}{2} h\rho gr = \frac{1}{2}(0.0300 \times 4.96 \times 0.9982 \times 980.7)$$

$$= 72.8 \ dynes/cm$$

習 題

5-1 碘苯 (*iodobenzene*) 在 $70°C$ 與 $170°C$ 之蒸汽壓分別爲 $13.65mm \ Hg$ 與 $479.7mm \ Hg$ (a) 試寫出碘苯蒸汽壓與溫度之關係式，(b) 計算碘苯在 $0°C$ 之蒸汽壓，(c) 計算碘苯之沸點。

〔答：(a) $\log P = \frac{-2370}{T} + 8.041$，(b) $0.231mm \ Hg$，(c) $186.2°C$〕

5-2　丙烯（*propene*）在若干溫度之蒸汽壓如下所示：

$T(°K)$	150	200	250	300
$P(mm\ Hg)$	3.82	198.0	2,074	10,040

試利用此組數據作圖以獲得一條最能適合所有數據的直線，並由圖求丙烯在 225°K 之蒸汽壓。

〔答：740 *mm Hg*〕

5-3　10升空氣在 20°C 之下緩慢通四氯化碳液體。此液體之重量損失爲 8.698 克。試依 (5-3) 式與 (5-4) 式計算四氯化碳在 20°C 之蒸汽壓。四氯化碳之分子量爲 153.8。

5-4　有一房間，其長寬高分別爲 10*m*，5*m*，4*m*。在 20°C 之下，此室內之相對濕度爲 60％。水在 20°C 之蒸汽壓爲 17.36*mm Hg*。（相對濕度等於水在大氣中之分壓除水之蒸汽壓。）問此室內之空氣含水若干克？

5-5　溴苯之正常沸點爲 156.2°C，試利用杜寧定則〔(5-5) 式〕求溴苯之蒸汽壓等於 90*mm Hg*時之溫度。

5-6　正辛烷之正常沸點爲 397.7°K，試估計正辛烷之莫耳汽化熱及臨界溫度。

5-7　有一鋼球，其密度爲 7.85*g/cm*³，直徑爲 4*mm*，其在一液體中降落 1*m* 所需之時間爲 55*sec*。若此液體之密度爲 1.1*g/cm*³，求此液體之黏度。

5-8　試由苯在 20°C 與 60°C 之黏度（見表 5-2）求苯之黏度與溫度之關係式。

5-9　在 25°C，水與乙醇之黏度分別爲 0.895*cp* 與 1.09*cp*，密度分別爲 0.9970 *g/cm*³ 與 0.789*g/cm*³。若充滿水之一吸管完全瀉出水所需時間爲10分，則當同一吸管充滿乙醇時需若干時間以瀉出全部之乙醇？

〔答：15.4*min*〕

5-10　計算直徑爲 $10^{-6}cm$ 之石英粒子在 20°C 之蒸餾水中沉降 50*cm* 所需時間。石英之密度爲 2.6*g/cm*³，假設水在 20°C 之黏度爲 1*cp*。

〔答：95.6*min*〕

5-11　一鋼球在液體*A*中沉降一距離所需時間爲50秒，在液體*B*中沉降同一距離所需時間爲60秒。鋼球、液體*A*、與液體*B* 之密度分別爲 7.9，1.02，與

0.95g/cm^3。若液體 A 之黏度為 1.02cp, 求液體 B 之黏度。

5-12 在 20°C 之下, 乙醇之表面張力為 22.6 $dynes/cm$, 密度為 0.79g/cm^3。求能使此液體在其中上升 1.5cm 之毛細管最大半徑。假設接觸角為 0 度。

〔答: 0.0389cm〕

5-13 一毛細管之內徑為 1mm, 將此毛細管插入水銀中, 問管內水銀液面降低若干 cm? 水銀之密度為 13.55g/cm^3, 表面張力為 460$dynes/cm$。假設 $\theta = 180°$。

〔答: 1.38cm〕

5-14 苯在 20°C 之表面張力為 28.85$dynes/cm$, 密度為 0.879g/cm^3。若將內徑為 0.1mm 之毛細管插入苯液中, 求苯在管中上升之高度。假設 $\theta = 0$。

〔答: 6.69cm〕

第六章　熱力學第一定律

熱力學 (*thermodynamics*) 爲物理、化學、及工程學之一共同基本部門。雖然熱力學的定律與原理在各科學領域均同，其應用則異。

熱力學一詞意含**熱** (*heat*) 與**變化** (*change*)。簡言之，**熱力學即研究熱** (*heat*) **與功** (*work*) **之關係的科學**。功爲動力學 (*dynamics*) 的主要課題。務需認識熱只不過是能 (*energy*) 的一種形式，且物系 (*system*) 可進行多種變化。雖則熱力學原理爲數不多，其應用無窮。舉凡化學反應、物理變化、核反應、飛機與汽車引擎、及電冰箱與冷氣機之操作、物質之溶解、電池之操作等等無不應用熱力學原理。

熱力學依研究方法而分爲二：（1）由巨視物系 (*macro systems*)（即以克、莫耳、磅、噸等計之物質）現象之觀測推論熱力學的原理，**屬於古典熱力學** (*Classic Thermodynamics*) 的範圍；（2）由物質的微視性質 (*microscopic nature*)（亦即分子結構與分子作用）分析巨視物系的現象，**屬於統計熱力學** (*statistical thermodynamics*) 的範圍。兩者在大體上導致相同的結果。惟古典熱力學的研究方法較直接且較易了解，本書將遵循此一方法，而在適當場合輔以統計熱力學的分析法。

6-1　熱力學術語介紹 (*Introduction to Terminology of Thermodynamics*)

在討論熱力學之前須先認識熱力學的若干重要名詞。茲將各名詞分述於次

(1) 物系與外界 (*System and surroundings*)

將熱力學應用於各種問題時，應指明所論及的物質。爲便於處理起見，特將宇宙分爲二部份，其中被考慮的一部份稱爲**物系** (*system*)，在若干其他敎科書中亦稱爲系或系統，另一部份稱爲**外界** (*surroundings*)，在若干其他敎科書中又稱爲周遭或環境。能與外界交換物質的物系稱爲**開放物系** (*open system*)，不與外界交換物質的物系稱**閉合物系** (*closed system*)。閉合物系仍可能與外界交換熱或其他種能。旣不與外界交換物質，又不與外界交換能的物系稱爲**孤立物系** (*isolated system*)。

(2) 熱 (*Heat*)

藉溫度差而交換於物系與外界之間的能稱爲熱。熱的單位爲卡 (*cal*)。熱單位與機械能單位間的關係首先爲焦耳 (*Joule*) 所定出。依其實驗，$4.184 \times 10^7 erg$ 之機械能可產生 1 *cal* 之熱能，亦卽 1 *cal* 等於 $4.184 joules$。

(3) 功 (*Work*)

在熱力學上，除熱之外，交換於物系與外界之間的能稱爲功。功可以一強度因數 (*intensity factor*) 與一容量因數 (*capacity factor*) 之積表示之。例如，(a) 機械功 (*mechanical work*) 等於力乘位移，(b) 電功 (*electrical work*) 等於電位乘電荷。化學物系所涉及之機械功爲**膨脹功** (*work of expansion*)〔或壓縮功 (*work of compression*)〕。

設有一圓筒裝有一可移動的活塞 (*piston*)，其內含有氣體，如圖6-1 所示。假設該活塞無重量，且移動時不生摩擦力。此種裝置爲一理想化的假想裝置。現在我們希望計算壓縮或膨脹此氣體所需之功。設圓筒內氣體壓力爲P。欲壓縮此氣體一無窮小量 dV，需施以壓力 $P+dP$。則所需之力等爲 ($P+dP$) 乘活塞面積 A，而所產生的位移爲

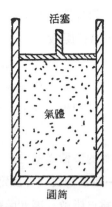

活塞

氣體

圓筒

圖 6-1　裝有無摩擦無重量活塞之圓筒

dx。對圓筒內氣體所作的小量功爲

$$\delta w = (P+dP)A\,dx \qquad (6\text{-}1)$$

〔功＝力×位移〕

其中 Adx 等於 dV，且 dP 甚小，與 P 相比之下可忽略，因此，用以計算壓縮或膨脹功的方程式可書爲

$$\delta w = P_{res}\,dV \qquad (6\text{-}2)$$

此處，P_{res} 爲**抗拒壓力** (*resisting pressure*)，亦卽反抗壓縮或膨脹之壓力。對一定體積變化而言，亦卽體積自 V_1 變至 V_2，所作之功爲

$$w = \int_{V_1}^{V_2} P_{res}\,dV \qquad (6\text{-}3)$$

欲積分此式，須知抗拒壓力 P_{res} 與體積 V 之間的關係，此關係與作功的程序有關。

(4) **熱力學狀態與函數** (*Thermodynamics states and functions*)

　　若物系進行一變化，則物系已自一熱力學狀態變至另一熱力學狀態。熱力學狀態一般以可控制的示強變數溫度、壓力、及濃度表示之。若物系爲純質，使用 T 與 P 卽可充分表示其熱力學狀態。

視熱力學狀態而定的物質性質 （*properties*） 稱為**狀態性質** (*state properties*)，在數學上稱為**狀態函數** (*state function*)。狀態性質或狀態函數的值與物質所經歷的變化過程無關。已提過的狀態性質有壓力、體積、溫度、及莫耳數。例如一莫耳理想氣體在 $0°C$ 及 $1atm$ 之體積為 22.4 升，此值不受此氣體是否曾經加熱、冷卻、膨脹、或壓縮等過去歷史之影響。

在第二章曾提及純物質的體積為壓力、溫度、及莫耳數的函數，亦卽 $V=f(T, P, n)$。對一定量物質 （n 固定） 而言，$V=f(T, P)$，此處 V 為因變數，T 與 P 為自變數。溫度與壓力的微小變化所引起體積的微小變化可以如下全微分式表示之:

$$dV = \left(\frac{\partial V}{\partial T}\right)_P dT + \left(\frac{\partial V}{\partial P}\right)_T dP \qquad (6\text{-}4)$$

其中 $\left(\frac{\partial V}{\partial T}\right)_P$ 為恆壓時 V 對 T 之偏導數（*partial derivative*），代表恆壓時 V 隨 T 之變化率，$\left(\frac{\partial V}{\partial P}\right)_T$ 為恆溫時 V 對 P 之偏導數，代表恆溫時 V 隨 P 之變化率。dV 為一**恰當微分** (*exact differential*)。若有任何程序使物系自狀態 1（此時物質之體積、溫度、壓力分別為 V_1, T_1, P_1) 變至狀態 $2(V_2, T_2, P_2)$，則體積變化量可藉積分 (6-4) 式而獲得。其積分可表示如下:

$$\Delta V = \int_{V_1}^{V_2} dV = (V_2 - V_1) \qquad (6\text{-}5)$$

已知 T_1, T_2, P_1, P_2, 及物質狀態方程式卽可計算 V_1, V_2, 及 ΔV, 而無須知悉變化的途徑。

小寫英文字母 d 用以代表狀態函數或熱力學性質的恰當微分。希臘字母 δ 用以代表非恰當微分，已用於 (6-1) 式以代表微量的功 δw。功不是物質或物系之性質。一莫耳氧具有一體積，但不具有「一功」。

(5) **程序** (*Processes*)

物系自一狀態變至另一狀態所取的途徑 (*path*) 或方式 (*mode*) 稱**爲程序** (*processes*)，在其他教科書中又稱爲過程。基於氣體之行爲 (*behavior*) 而有**恆溫** (*isothermal*)、**恆壓** (*isobaric*)、及**恆容** (*isochoric*) **程序**，在各程序中，溫度、壓力、及體積分別保持不變。其他尚有**絕熱** (*adiabatic*)、**可逆** (*reversible*)、**不可逆** (*irreversible*)、**自然** (*spontaneous*)、及**循環** (*cyclic*) **程序**。在絕熱程序中，物系與外界之間無熱之傳送，但物系與外界仍可以作功的方式交換能。

欲使物系發生變化或欲使一程序進行，必須有一**推動力** (*driving force*)，熱力學推動力不限於物理學所謂之「力」。例如溫度不同之二物體互相接觸，則熱自溫度較高 (T_1) 之物體流至溫度較低 (T_2) 之物體，則溫度差 (T_1-T_2) 即爲熱傳送的推動力，俟兩物溫度相等之後，推動力 (T_1-T_2) 等於零，而不再有熱的傳送，此時兩物體互呈熱平衡。又若前述圓筒中氣體的壓力 P_{gas} 大於外界壓力 P_{surr}，則此氣體將膨脹，而 ($P_{gas}-P_{surr}$) 爲膨脹程序的推動力，至兩壓力相等時，推動力變爲零，而圓筒內之氣體不再膨脹，此時圓筒內的氣體（物系）與外界互呈壓力平衡。其他如導致質量傳送 (*mass transfer*) 的濃度差與產生電流的電位差等皆爲熱力學推動力。當所有熱力學推動力消失時，**熱力學平衡** (*thermodynamic equilibrium*) 即達成。

認識熱力學推動力及熱力學平衡之後即可對可逆程序下一定義。**若一程序在各階段均以一無窮小的推動力進行，且改變推動力的方向即可使該程序逆行，並使物系與外界恢復原狀，則此程序爲一可逆程序**。不能滿足此種條件的程序稱爲不可逆程序。因可逆程序在各階段的推動力均無窮小，其所遵循的途徑實質上爲平衡的途徑；換言之，可逆程序是經過一連串中間平衡狀態的程序。但因推動力無窮小時，一程序所需時間將是無窮大，故可逆程序爲一理想程序，可近而不可

求。再者，改變一推動力亦卽改變一自變數（例如 T 或 P 等），因此，**可逆程序亦卽，在任一瞬間藉改變一自變數窮小量而可逆轉其進行方向的程序。**例如在一傳熱程序中，每一瞬間的溫度變化量爲一無窮小量 dT，則改變溫度變化 dT 的方向可使物系回到原來的狀態，則此一傳熱程序爲一可逆程序。同理，在一作功的程序中，每一瞬的間壓力變化量 dP 無窮小，則此作功程序爲一可逆程序。

自然程序 (*spontaneous process*) 卽不假外力而能自然發生的程序。程序之所以能自然發生是由於有某種力的不平衡。因此，**凡是自然程序皆爲不可逆程序。**

若一程序最後使物系回到原來的熱力學狀態，則此程序稱爲循環程序 (*cyclic process*)。在一循環程序發生的前後，狀態性質並不改變。設 F 爲任一狀態性質或狀態函數，則此一陳述可以下式表示之：

$$\oint F = 0$$

積分符號上的圓圈表示循環程序所取的路線爲一閉合的路線。

6-2　熱力學第一定律 (*The First Law of Thermodynamics*)

熱力學第一定律亦卽吾人所熟悉的**能量不減定律** (*law of conservation of energy*)。換言之，**能的形式可轉變，物系與外界可交換能，但能旣不能創造亦不能消滅。**

物系與外界之交換能涉及熱或功。當物系吸熱時，其所含能量，亦卽**內能** (*internal*) E，增加。當物系作功時，物系犧牲其部份內能。一物系內能的增加量 ΔE 等於該物系自外界所吸之熱 q 減該物系對外界所作之功 w。

$$\Delta E = q - w \qquad\qquad (6\text{-}6)$$

（6-6）式爲**熱力學第一定律**的數學陳述。依慣例，**若物系自外界吸熱，則 q 爲正值，若物系對外界放熱，則 q 爲負值；若物系對外界作功，則 w 爲正值，若外界對物系作功，則 w 爲負值。**應注意 w 包括所有各種功，其中兩種我們最關切的是膨脹（或壓縮）功與電功。本章將只考慮膨脹功，電功將於電化學的課題中加以討論。

因內能 E 僅決定於物系的熱力學狀態，物系自狀態 1 變至狀態 2 所引起的內能變化量等於物系在狀態 2 所具的內能 E_2 減物系在狀態 1 所具的內能 E_1，亦即

$$\Delta E = E_2 - E_1$$

因此 ΔE 不受變化路線的影響。

內能只是一種觀念，其絕對值無法測定。但 q 與 w 可測量。依定義，內能的變化量 ΔE 亦可測量。就一無窮小量的變化而言，

$$\delta q = dE + \delta w \tag{6-7}$$

功與熱兩者均非狀態性質或狀態函數，其值視變化所取路線而定，故分別以 δq 及 δw 代表熱與功的微量變化。

若程序所涉及之功僅有膨脹（或壓縮）功，則併用（6-3）與（6-6）兩式得

$$\Delta E = q - \int_{V}^{V_2} P_{res}\, dV \tag{6-8}$$

6-3 恆容功與恆壓功 (*Isochoric Work and Isobaric Work*)

如前所述，功的大小 w 視程序的路線而定，蓋積分（6-3）式之前須先知悉 P_{res} 與 V 之關係。在兩種程序中，功的求法頗爲簡易。茲分述於次。

在恆容程序中，物系的體積不變，亦即 $dV = 0$。由（6-3）式

$$w = \int P_{res}\, dV = 0$$

因此 $\quad \Delta E = q \qquad (V 不變) \qquad\qquad (6\text{-}9)$

換言之，在恆容程序中，膨脹功等於零，而物系內能的變化量等於熱的傳送量。

若物系對着一固定抗拒壓力 P_{res} 膨脹，其所作之功爲

$$w = \int_{V_1}^{V_2} P_{res}\, dV$$

因 P_{res} 爲一常數，故可移至積分符號之前，

$$w = P_{res} \int_{V}^{V_2} dV = P_{res}(V_2 - V_1) = P_{res}\Delta V \qquad (6\text{-}10)$$

若 P_{res} 等於零，卽對眞空膨脹，稱爲**自由膨脹**（*free expansion*）。在此場合 P_{res} 與 w 皆等於零。將 (6-10) 式代入 (6-8) 式得

$$\Delta E = q - P_{res}(V_2 - V_1) \qquad\qquad (6\text{-}11)$$

(6-10) 式並不明示程序是可逆的，不可逆的，恆溫的，或絕熱的。若無進一步的資料，則無法計算 q 與 ΔE。

由 (6-10) 式所求得 w 的單位爲 *liter-atm*，惟一般以 *cal* 表示功。*liter-atm* 與 *cal* 之間的轉換因數可由有關單位的 R 值求得。參閱 3-5 節，得

$$R = 0.08205\ liter\text{-}atm/^\circ K\text{-}mole$$

$$= 1.987\ cal/^\circ K\text{-}mole$$

$$1\ liter\text{-}atm = \frac{1.987}{0.08205}\ cal = 24.22\ cal$$

〔**例 6-1**〕36.03 克水在 $100^\circ C$ 及 $1\,atm$ 汽化。在 $100^\circ C$，水的莫耳體積爲 $18.79\ cm^3$，水蒸汽的莫耳體積爲 $30.08l$ 求所作之功。

〔**解**〕水在 $100^\circ C$ 及 $1\,atm$ 汽化的程序接近可逆程序。水的莫耳數爲 $36.03/18.01 = 2$。

$$w = P_{res}(V_g - V_l)$$

$$P_{res}=1\ atm$$

$$V_g=2\times30.08=60.16\ l$$

$$V_l=2\times18.79=37.58\ cm^3$$

$$w=1\times(60.16-0.03758)=60.12\ l\ atm$$

$$=60.12\times24.22\ cal$$

$$=1456\ cal$$

若已知一理想氣體的初溫與終溫，則在恆壓下，

$$PdV=nRdT$$

又若氣體壓力與抗拒壓力（如大氣壓力）相等，則

$$dw=P_{res}dV=PdV=nRdT$$

或
$$w=\int_{T_1}^{T_2} nRdT=nR(T_2-T_1) \tag{6-12}$$

上式亦可直接由（6-10）式求得。

$$w=PV_2-PV_1=nR(T_2-T_1)$$

此種程序亦屬於一種可逆程序，蓋物系（氣體）壓力在整個程序中等於抗拒（或外界）壓力。

〔**例 6-2**〕一莫耳理想氣體在一大氣壓下自 $0°C$ 熱至 $100°C$。求其所作之功。

〔**解**〕$P_{res}=P_{gas}=1\ atm$

$$w=nR(T_2-T_1)=1\times1.987\times(373.2-273.2)$$

$$=198.85\ cal$$

6-4 恆溫功——可逆功與最大功 (*Isothermal Work—— Reversible Work and Maximum Work*)

假設圖 6-1 所示之圓筒浸於一恆溫槽中 (*constant temperature*

bath)，使其中所含氣體保持於一固定溫度 T。又在無摩擦無重力的活塞上加重力（如砝碼）。筒內氣體的壓力卽等於大氣壓力與所加重力對此氣體所施之壓力。對 1 莫耳 0°C 及10atm 的理想氣體而言，體積爲 2.24 升。此氣體恆溫膨脹的方式有無窮多種。各種方式所作的功大小不同。茲考慮數種方式於次。

圖 6-2 所示曲線 AB 爲一莫耳理想氣體的 0°C 等溫線。若活塞上的重力全部移去，則抗拒膨脹的壓力 $P_{res}=1\,atm$。氣體將對着 $1\,atm$ 之抗拒壓力膨脹直至氣體壓力 $P=1\,atm$ 爲止，此時氣體體積 V 等於 22.4 升。此種膨脹程序以路線 ①指示之。此氣體所作之功爲

$$w_① = 1atm \times (22.4-2.24)l = 22.2l\text{-}atm = 538cal$$

$w_①$ 的大小等於圖中 $GCDB$ 的面積。

若移去活塞上的部份重力使 $P_{res}=5atm$，則氣體將對着 $5\,atm$ 之 P_{res} 膨脹至 $V=4.48$ 升爲止。然後再將剩餘之重力全部移去，使氣體對着 $1\,atm$ 之 P_{res} 膨脹直至 $V=22.4$ 升。此程序以路線 ②指示之。氣體在此程序中所作之功等於兩膨脹階段所作功的和，亦卽

$$w_② = 5 \times (4.48-2.24)+1 \times (22.4-4.48) = 29.1\,l\text{-}atm$$
$$= 705\,cal$$

$w_②$ 的大小等於 $ECDBHF$ 的面積。

相同的總體積變化程序可藉一含有許多階段的程序而實現，如路線 ③ 所示。$w_③$ 的大小等於階狀線（位於曲線 AB 之下者）與直線 AC, CD，及 BD 所圍之面積。顯然 $w_③$ 大於 $w_②$ 與 $w_①$

若在每一階段僅自活塞移去一無窮小量的重力，則在每一階段，P 僅比 P_{res} 大無窮小量，且每一階段的體積變化量無窮小。則我們可以說 $P=P_{res}$，而氣體沿曲線 AB 膨脹。此一程序卽可逆恆溫膨脹程序，所作之功爲可逆功 w_{rev} 爲

$$w_{rev} = \int_{V_1}^{V_2} P_{res} \; dV = \int_{V_1}^{V_2} P \, dV$$

因 $P = nRT/V$，又就一莫耳氣體而論，$n=1$，而

$$w_{rev} = \int_{V_1}^{V_2} RT \frac{dV}{V} = RT \int_{V_1}^{V_2} \frac{dV}{V} = RT \ln \frac{V_2}{V_1}$$

$$= 1 \, (mole) \times 0.08205 (l\text{-}atm/^\circ K\text{-}mole)$$

$$\times 273.16 (^\circ K) \times \ln 10 = 51.5 \, l\text{-}atm$$

$$= 1 (mole) \times 1.987 (cal/^\circ K\text{-}mole) \times 273.16 (^\circ K)$$

$$\times \ln 10 = 1247 \; cal$$

其中 ln 代表自然對數 (*natural logarithm*)。w_{rev} 的大小等於曲線 *AB* 與直線 *AC*、*CD*、及 *BD* 所圍的面積。顯然可逆膨脹所作之功

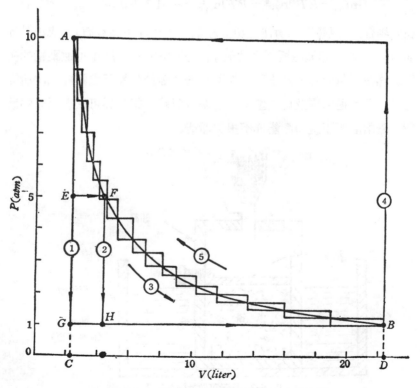

圖 6-2　一莫耳理想氣體在 **273°*K*** 之恒溫膨脹

爲最大之功；換言之，**可逆功** (reversible work) w_{rev} 即**最大功** (maximum work) w_{max}。

同理，氣體等溫壓縮的方式亦有無窮多種。若突然將重力置於活塞上，使外壓突然變爲 10 *atm*（抗拒膨脹的壓力 $P_{res}=10\,atm$），則氣體自 $V_1=22.4$ 升被壓縮至 $V_2=2.24$ 升（路線 ④）所作之功爲

$$w_④=10(2.24-22.4)=-202\ l\text{-}atm$$

若氣體之壓縮分段行之，如路線⑤所示，則氣體所作之功將增加（因 w 爲負值），或外界壓縮氣體所需之功將減小。若在每一階段僅在活塞上加一無窮小的重力，使外壓實質上與氣體壓力 P 相等，則所作之壓縮功爲可逆功，

$$w_{rev}=RT\ \ln\frac{V_2}{V_1}=RT\ln\frac{1}{10}=-51.5\ l\text{-}atm$$

在此場合，「氣體壓縮所作之功」亦爲最大功（w 爲負值），或對外界而言，可逆壓縮氣體所需之功最小。圖 6-3 示一展示可逆壓縮的裝置。應注意氣體可逆膨脹對外界所作的功等於外界可逆壓縮氣體所需之功。藉可逆膨脹及可逆壓縮，物系（氣體）與外界可恢復原來的狀態，蓋兩者既不獲得淨能亦不損失淨能。

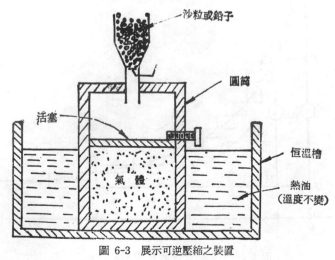

圖 6-3　展示可逆壓縮之裝置

一般言之，理想氣體依一可逆恆溫程序自初態 P_1, V_1, T 變至終態 P_2, V_2, T 所作之功為

$$w_{rev} = w_{max} = nRT \ln \frac{V_2}{V_1} = nRT \ln \frac{P_1}{P_2} \quad (\text{恆溫}) \quad (6\text{-}13)$$

若氣體為凡德瓦爾真實氣體，因

$$P = \frac{nRT}{V - nb} - \frac{n^2 a}{V^2}$$

其可逆等溫功為

$$w_{rev} = \int_{V_1}^{V_2} P \, dV = \int_{V_1}^{V_2} \left[\frac{nRT}{V - nb} - \frac{n^2 a}{V^2} \right] dV$$

$$= n \left[RT \ln \frac{V_2 - nb}{V_1 - nb} + na \left(\frac{1}{V_2} - \frac{1}{V_1} \right) \right] \quad (6\text{-}14)$$

〔**例 6-3**〕在 $400°C$ 之固定溫度下可逆壓縮 10 莫耳理想氣體直至體積減小25%。問需對該氣體作功若干卡？

〔解〕$w_{rev} = nRT \ln \dfrac{V_2}{V_1}$

$V_2 = (1 - 0.25)V_1 = 0.75V_1$

$\therefore \ w_{rev} = 10(mole) \times 1.987(cal/°K\text{-}mole)$

$$\times (273.16 + 400) \, (°K) \ln \frac{0.75}{1}$$

$$= -3848 \ cal$$

＝對氣體所作之功。

〔**例6-4**〕10 莫耳理想氣體在 $400°C$ 之固定溫度下，自 18.0 升膨脹至 24.0 升，求此氣體所作之功。(a) 假設可逆膨脹，(b) 假設氣體對着 $2\,atm$ 之壓力膨脹。

〔解〕(a) 可逆膨脹

$$w_{rev} = nRT \ln \frac{V_2}{V_1} = 10 \times 1.987 \times 673.16 \times \ln \frac{24}{18}$$

$$= 3848 \ cal$$

(b) 不可逆程序

(6-10) 式適用於此一場合。

$$w=P_{rev}\Delta V=2\times(24.0-18.0)=12.0\ l\text{-}atm$$
$$=290\ cal$$

6-5 焓 (*Enthalpy*)

在化學上，恆壓程序較諸恆容程序更爲常見，蓋大多數操作均在開放的容器中實施。若物系僅作 *PV* 功，且壓力固定，則 (6-6) 式可改寫爲

$$\Delta E=q-P\Delta V \qquad (6\text{-}15)$$

或 $\qquad E_2-E_1=q-P(V_2-V_1)$

物系所吸收之熱爲

$$q=(E_2+PV_2)-(E_1+PV_1) \qquad (6\text{-}16)$$

上式右端爲二狀態函數之差，故可簡便地以另一熱力學函數焓 (*enthalpy*) 替代之。焓亦稱**熱含量** (*heat content*)，以符號 *H* 表示之，其定義如下：

$$H=E+PV \qquad (6\text{-}17)$$

如此 (6-16) 式可改寫爲

$$q=H_2-H_1=\Delta H \qquad (\text{恆壓}) \qquad (6\text{-}18)$$

亦卽，若物系只作 *PV* 功，則其在恆壓程序所吸之熱等於其焓變化。

6-6 氣體之熱容量 (*Heat Capacities of Gases*)

我們已在第二章對熱容量下過定義，本節將基於熱力學對熱容量

下一更嚴格的定義。

若一物系之溫度增加一小量 dT 時，物系吸收一小量之熱 δq，則物系之熱容量 C 與 dT 及 δq 之間有如下關係：

$$CdT=\delta q \tag{6-19}$$

在恆容程序中，$dE=\delta q$，故

$$dE=\delta q=C_v dT \qquad （恆容程序）\tag{6-20}$$

其中 C_v 爲恆容熱容量。

對一定量（n 固定）純質而言，其狀態變數 P,V,T 三者之中只有二者爲自變數，如 (2-1) 式或 (2-2) 式所示。故使用 P,V,T 三者中之任二者卽可充分表示純質的狀態及狀態函數。如此，可將 E 表示爲 T 與 V 之函數，亦卽 $E=f(T,V)$。E 之全微分爲

$$dE=\left(\frac{\partial E}{\partial T}\right)_v dT+\left(\frac{\partial E}{\partial V}\right)_T dV \tag{6-21}$$

在恆容程序中，$dV=0$，而

$$dE=\left(\frac{\partial E}{\partial T}\right)_v dT$$

由 (6-20) 與 (6-21) 兩式得

$$C_v=\left(\frac{\partial E}{\partial T}\right)_v \tag{6-22}$$

依氣體動力論 (*kinetic theory of gas*)（見 3-19 與 3-25 兩節），單原子理想氣體之內能變化與溫度變化有如下關係：

$$\Delta E=\frac{3}{2}nR\Delta T \qquad （單原子理想氣體）\tag{6-23}$$

而　　　　$$C_v=\frac{3}{2}nR \tag{3-58}$$

在熱力學上完全使用示強性質 (*intensive properties*) 常較便捷。內能 E 爲一示量性質 (*extensive property*)，但莫耳內能 (*internal energy per mole*) $\bar{E}$ 爲一示強性質，蓋 $\bar{E}$ 不隨物質之量而改變。若

以 $\bar{C}_V$ 表示莫耳恒容熱容量，則

$$\bar{C}_V = \left(\frac{\partial \bar{E}}{\partial T}\right)_V \qquad (6\text{-}24)$$

在理想單原子氣體的場合，

$$\bar{C}_V = \frac{3}{2}R \qquad (6\text{-}25)$$

雙原子或多原子理想氣體之 $\bar{C}_V$ 大於 $\frac{3}{2}R$。

對所有理想氣體而言，

$$\left(\frac{\partial E}{\partial V}\right)_T = 0 \qquad \text{（見 8-18 節之證明）}$$

代入 (6-21) 式，得

$$dE = \left(\frac{\partial E}{\partial T}\right)_V dT = C_V dT = n\bar{C}_V dT \qquad (6\text{-}26)$$

在理想單原子氣體的場合，因 $\bar{C}_V$ 等於 $\frac{3}{2}R$，故

$$\Delta E = n\bar{C}_V \Delta T = \frac{3}{2}nR\Delta T \qquad (6\text{-}27)$$

在恆壓程序中，

$$dH = \delta q = C_P dT \qquad (6\text{-}28)$$

其中 C_P 爲恆壓熱容量。由 (6-17) 式得

$$dH = dE + d(PV) \qquad (6\text{-}29)$$

在理想氣體的場合，$PV = nRT$，又因 $dE = C_V RT$，故

$$dH = C_V dT + nRdT = (C_V + nR)dT$$

將此式與 (6-28) 式作一比較，得

$$C_P dT = (C_V + nR)dT$$

故 $\qquad C_P = C_V + nR$

或 $\qquad \bar{C}_P = C_V + R \qquad$ （任何理想氣體） $\qquad (6\text{-}30)$

其中 $\bar{C}_P$ 爲恆壓莫耳熱容量。可見理想氣體的恆壓莫耳熱容量較其恆

容莫耳熱容量大 R，或 $1.987\ cal/°K-mole$。理想單原子氣體之 $\bar{C}_P = \dfrac{5}{2}R$。

　　焓 H 常被表示為溫度 T 與壓力 P 之函數，其全微分為

$$dH = \left(\frac{\partial H}{\partial T}\right)_P dT + \left(\frac{\partial H}{\partial P}\right)_T dP$$

在恆壓程序中，上式右端第二項等於零，故

$$C_P = \left(\frac{\partial H}{\partial T}\right)_P \tag{6-31}$$

　　在理想氣體的場合

$$\left(\frac{\partial H}{\partial P}\right)_T = 0 \qquad (見\ 8\text{-}18\ 節之證明)$$

故　　　　　　$$dH = \left(\frac{\partial H}{\partial T}\right)_P dT = C_P dT = n\bar{C}_P dT \tag{6-32}$$

在理想單原子氣體的場合，$\bar{C}_P$ 為一常數且等於 $\dfrac{5}{2}R$，故

$$\Delta H = n\bar{C}_P\,\Delta T = \frac{5}{2}nR\,\Delta T \ (理想單原子氣體) \tag{6-33}$$

　　一般氣體的熱容量隨溫度而異，故常以如下形式表示氣體的恆壓莫耳熱容量 $\bar{C}_P$:

$$\bar{C}_P = a + bT + cT^2 \tag{6-34}$$

其中 a, b, c 為常數，由實驗決定。若干氣體的 a, b, c 值列於表 6-1 中

表 6-1 氣體之莫耳恆壓熱容量

$$\bar{C}_P = a + bT + cT^2 (cal/°K\text{-}mole)$$

氣 體	a	$b \times 10^3$	$c \times 10^7$
H_2	6.9469	−0.1999	4.808
N_2	6.4492	1.4125	−0.807
O_2	6.0954	3.2533	−10.171
Cl_2	7.5755	2.4244	−9.650
CO	6.3424	1.8363	−2.801
CO_2	6.3957	10.1933	−35.333
HCl	6.7319	0.4325	3.697
HBr	6.5776	0.9549	1.581
H_2O	7.1873	2.3733	2.084
NH_3	6.189	7.887	−7.28
CH_4	3.422	17.845	−41.65
C_2H_6	1.375	41.852	−138.27
C_3H_8	0.410	64.710	−225.82

註: 本表所列數值適用於 300—1500°K 之溫度範圍。

〔**例 6-5**〕試計算例 6-4 所述程序中之 ΔE、ΔH、q、及 w。

〔**解**〕程序 (a): 理想氣體之可逆恆溫膨脹

已知: $V_1 = 18.0l; V_2 = 24.0\ l; t = 400°C; n = 10mole$

$w = 3848\ cal$ 〔見例 6-4〕

$q = \Delta E + w$

$\Delta E = n \int \bar{C}_v\, dT = 0$ (理想氣體, $dT = 0$)

$q = w = 3848\ cal$

$\Delta H = n \int \bar{C}_P dT = 0$ (理想氣體, $dT = 0$)

程序 (b): 理想氣體之不可逆恆溫膨脹

已知: $V_1 = 18.0\ l; V_2 = 24.0\ l; t = 400°C; P_{res} = 2atm$

$$n = 10 \ mole$$

$$w = 290 \ cal \ \text{〔見例 6-4〕}$$

$$q = \Delta E + w$$

$$\Delta E = n \int \bar{C}_V dT = 0 \qquad\qquad \text{(理想氣體,} \ dT = 0)$$

$$q = w = 290 \ cal$$

$$\Delta H = n \int \bar{C}_P dT = 0 \qquad\qquad \text{(理想氣體,} \ dT = 0)$$

6-7 絕熱程序 *(The Adiabatic Process)*

在絕熱程序中，物系與外界無熱之傳送，亦卽 $\delta q = 0$。若程序爲可逆的，則依第一定律

$$dE = -PdV \qquad \text{(可逆絕熱程序)} \qquad\qquad (6\text{-}35)$$

對理想氣體而言

$$n\bar{C}_V \ dT = -P \ dV \qquad\qquad\qquad (6\text{-}36)$$

以 nRT/V 代替上式中之 P，並加以整理，得

$$\bar{C}_V \frac{dT}{T} = -R \frac{dV}{V}$$

假設 $\bar{C}_V$ 爲一常數（如在理想單原子氣體的場合），在兩極限 (V_1, T_1) 與 (V_2, T_2) 之間積分上式得

$$\bar{C}_V \int_{T_1}^{T_2} \frac{dT}{T} = -R \int_{V_1}^{V_2} \frac{dV}{V}$$

或 $$\bar{C}_V \ln\left(\frac{T_2}{T_1}\right) = R \ln \frac{V_1}{V_2} \qquad\qquad (6\text{-}37)$$

氣體所作之絕熱功爲

$$\delta w = -dE = -n\bar{C}_V \ dT \quad \text{(理想氣體)}$$

或 $$w = -n \int_{T_1}^{T_2} \bar{C}_V \ dT$$

$$= -n\bar{C}_V(T_2 - T_1) \quad (\text{理想氣體，}\bar{C}_V\text{爲一常數}) \quad (6\text{-}38)$$

(6-37) 式可寫成

$$\frac{T_2}{T_1} = \left(\frac{V_1}{V_2}\right)^{R/C_V} = \left(\frac{V_1}{V_2}\right)^{(\bar{C}_P - \bar{C}_V)/\bar{C}_V} \quad (6\text{-}39)$$

上式之推導已利用 $(\bar{C}_P - \bar{C}_V) = R$〔(6-30) 式〕之關係。令 $\gamma = \bar{C}_P/\bar{C}_V$，則

$$\frac{T_2}{T_1} = \left(\frac{V_1}{V_2}\right)^{\gamma-1} \quad \text{或} \quad T_2 V_2^{\gamma-1} = T_1 V_1^{\gamma-1} \quad (6\text{-}40)$$

對一理想氣體而言，

$$\frac{T_2}{T_1} = \frac{P_2 V_2}{P_1 V_1} \quad (6\text{-}41)$$

併用 (6-40) 與 (6-41) 兩式得

$$\frac{P_2}{P_1} = \left(\frac{V_1}{V_2}\right)^{\gamma} \quad (\text{理想氣體可逆絕熱程序}) \quad (6\text{-}42)$$

或 $$P_1 V_1^{\gamma} = P_2 V_2^{\gamma} \quad (6\text{-}43)$$

如此，在一理想氣體的可逆絕熱程序中

$$PV^{\gamma} = \text{常數} \quad (6\text{-}44)$$

圖 6-4 示理想氣體之最大（可逆）恆溫膨脹功與最大（可逆）絕熱膨脹功。在圖 6-4(a) 所示各程序中，氣體自狀態 1 膨脹至相同的 V_2，但兩程序所造成的終態不同。在圖 6-4 (b) 所示各程序中，氣體膨脹至同一最後壓力，終態亦不相同。在兩場合，可逆恆溫膨脹功均大於可逆絕熱膨脹功。

〔**例 6-6**〕10 莫耳理想單原子氣體經歷如次二程序：(a) 自初態 $V_1 = 18l$，及 $T_1 = 673.16°K$ 可逆絕熱膨脹至終態 $V_2 = 24.0\ l$，及 T_2，(b) 自初態 $V_1 = 18\ l$，及 $T_1 = 673.16°K$ 對着一固定抗拒壓力 $2.0atm$ 絕熱膨脹至終態 $V_2 = 24.0$ 升，及 T_2。求 w、ΔE、ΔH、及 q。

〔**解**〕(a) 可逆程序

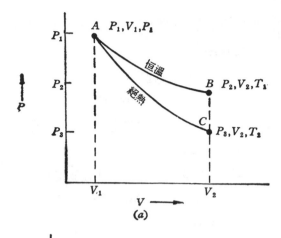

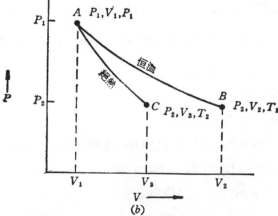

圖 6-4 氣體可逆恆溫與可逆絕熱膨脹功之比較

$$\bar{C}_V \ln\frac{T_2}{T_1} = R \ln\frac{V_1}{V_2}$$

$$\bar{C}_V = \frac{3}{2}R, \ T_1 = 673.16°K, \ V_1 = 18.0 \ l, \ V_2 = 24.0 \ l$$

$$R = 1.987 cal/°K\text{-}mole$$

代入上式中, 解得 $T_2 = 555.7° K$

$$w = -n\,\bar{C}_V(T_2 - T_1) = -n\,\bar{C}_V\Delta T$$

$$= -10 \times \frac{3}{2} \times 1.987(555.7 - 673.16) = -29.80\ (-117.4)$$

$$= 3498\ cal$$

$q=0$　　　（絕熱程序）

$$\Delta E = q - w = -w = -3498\ cal$$

或　　　　$\Delta E = n\bar{C}_V(\Delta T)$　　　　（理想氣體，$\bar{C}_V$ 爲一常數）

$$\Delta H = \Delta E + \Delta(PV)$$

$$= \Delta E + nR(\Delta T)$$　　　　（理想氣體）

$$= -3498 + 10.0 \times 1.987 \times (-117.4)$$

$$= -5831\ cal$$

或　　　　$\Delta H = n\bar{C}_P\Delta T$　　　　（理想氣體，$\bar{C}_P$ 爲一常數）

$$= 10 \times \frac{5}{2}R \times (-117.4)$$　　　（理想單原子氣體）

$$= -5831\ cal$$

（b）不可逆程序

因 P_{res} 不變，（6-10）式適用。

$$w = P_{res}\,\Delta V = 2.0(24.0 - 18.0) = 12.0\ l\,atm$$

$$= 12.0 \times 24.22\ cal = 290\ cal$$

$q=0$　　　　（絕熱程序）

$$\Delta E = q - w = -290\ cal$$

$$\Delta E = n\bar{C}_V(\Delta T)$$　　　（理想氣體，$\bar{C}_V$爲一常數）

$$\Delta T = \frac{-290}{10.0 \times \frac{3}{2} \times 1.987}$$　　　（理想單原子氣體）

$$= -9.73°K$$

$$\Delta H = n\bar{C}_P(\Delta T)$$　（理想氣體，$\bar{C}_P$ 爲一常數）

$$= 10 \times \frac{5}{2} \times 1.987 \times (-9.73)$$　　　（理想單原子氣體）

$$= -483 \ cal$$

或　　　　　$\Delta H = \Delta E + \Delta(PV)$

$$= \Delta E + nR(\Delta T) \qquad (理想氣體)$$

$$= -290 + 10 \times 1.987 \times (-9.73)$$

$$= -483 \ cal$$

6-8　純質在加熱或冷卻程序中之焓變化 (*Enthalpy Change of Pure Substance in Heating or Cooling*)

若不涉及物態之轉變，一純質在恆壓下加熱時，其焓變化 ΔH 爲

$$\Delta H = q_P = \int_{T_1}^{T_2} C_P \ dT = n \int_{T_1}^{T_2} \bar{C}_P \ dT_1 \ (恆壓) \qquad (6\text{-}45)$$

因 $\bar{C}_P$ 隨 T 變化，將 (6-34) 式代入上式得

$$\Delta H = n \int_{T_1}^{T_2} (a + bT + cT^2) \ dT \qquad\qquad (6\text{-}46)$$

物質在恆壓下改變其物理狀態時，將伴生焓變化。一莫耳物質熔解 (*fusion*) 所伴生之焓變化稱爲**莫耳熔解焓** (*molar enthalpy of fusionn*)，以 $\Delta \bar{H}_{fus}$ 表示之，亦卽一般所謂莫耳熔解熱 λ_{f0}。一莫耳液體在恆壓下汽化所伴生之焓變化稱爲**莫耳汽化焓** (*molar enthalpy of vaporization*)，以 $\Delta \bar{H}_{vap}$ 表示之，亦卽莫耳汽化熱 λ_{v0}。又一莫耳固體在恆壓下直接轉變成蒸汽所伴生之焓變化稱爲**莫耳昇華焓** (*molar enthalpy of sublimation*)，以 $\Delta \bar{H}_{sub}$ 表示之，亦卽莫耳昇華熱 λ_{s0}。茲以水爲例表示物態轉變程序於次：

$$H_2O(l) \longrightarrow H_2O(g); \quad \Delta \bar{H}_{vap} = 9717 cal/mole, \ T = 373°K$$

$$H_2O(s) \longrightarrow H_2O(l); \quad \Delta \bar{H}_{fus} = 1436 cal/mole, \ T = 273°K$$

$$H_2O(s) \longrightarrow H_2O(g); \quad \Delta \bar{H}_{sub} = 10,736 cal/mole, \ T = 273°K$$

其中 s, l, g 分別表示固、液、氣三態，各式最右端之 T 表示物態轉變發生之溫度。

若加熱或冷卻程序伴生物態之轉變，則因 $\bar{C}_P$ 在各轉變溫度不連續，（6-46）式須加以修改。首先，積分必須依轉變溫度分段行之。再者各轉變焓須包括在內。例如在恆壓下對一物質加熱使其自溫度為 T_1 之固體變為溫度為 T_2 之氣體，則此物質之焓變化量為

$$\Delta H = n\left[\int_{T_1}^{T_m} \bar{C}_p(s)dT + \Delta \bar{H}_{fus} + \int_{T_m}^{T_b} \bar{C}_p(l)\,dT \right.$$
$$\left. + \Delta \bar{H}_{vap} + \int_{T_b}^{T_2} \bar{C}_p(g)\,dT\right] \text{(6-47)}$$

其中 $\bar{C}_p(s), \bar{C}_p(l), \bar{C}_p(g)$ 分別為固體、液體、氣體之莫耳恆壓熱容量，T_m 與 T_b 分別為該物質之熔點與沸點。

〔**例 6-7**〕在一大氣壓下對 18.01 克之水蒸汽加熱，使其溫度自 $373°K$ 昇高至 $400°K$。問須加熱若干卡。

〔**解**〕此一加熱程序不涉及物態之轉變，故（6-46）式適用。由表 6-1 查得水之

$$\bar{C}_P = 7.1873 + 2.3733 \times 10^{-3}T + 2.084 \times 10^{-7}T^2$$

$$q = \Delta H = n\int_{T_1}^{T_2} (a + bT + cT^2)dT$$

$$= n\left[aT + \frac{b}{2}T^2 + \frac{c}{3}T^3\right]_{T_1}^{T_2}$$

$$n = 1, T_2 = 400°K, T_1 = 373°K$$

$$q = 1\left[7.1873 \times (400 - 373) + \frac{2.3733}{2} \times 10^{-3}(400^2 - 373^2)\right.$$
$$\left. - \frac{2.084}{3} \times 10^{-7}(400^3 - 373^3)\right]$$

$$= 230.32\ cal$$

〔**例 6-8**〕欲使 180.1 克 $-10°C$ 之冰變為 $50°C$ 之水需加熱若干卡。設冰之比熱為 0.49 $cal/°C\text{-}g$。

〔解〕 $q = \Delta H = n\left[\int_{T_1}^{T_m} \bar{C}_P^{(s)} dT + \Delta \bar{H}_{fus} + \int_{T_m}^{T_2} \bar{C}_P^{(l)} dT\right]$

$n = 180.1/18.01 = 10\ mole,\ T_1 = 263°K,\ T_2 = 323°K,$

$\quad T_m = 273°K_{\circ}$

$\quad \Delta \bar{H}_{fus} = 1436\ cal/mole$

$\bar{C}_p(s) = 0.49 \times 18.01 = 8.825\ cal/°K\text{-}mole$

$\bar{C}_p(l) = 1 \times 18.01 = 18.01\ cal/°K\text{-}mole$

$\quad q = 10[8.825(273 - 263) + 1436 + 18.01(323 - 273)]$

$\quad\quad = 10[88.25 + 1436 + 900.5]$

$\quad\quad = 2424.75\ cal$

〔例 6-9〕 試計算例 6-1 所述程序中之 ΔE、ΔH、q、及 w。水在 $100°C$ 之莫耳汽化熱爲 $9.717\ kcal/mole_{\circ}$

〔解〕 程序: 水之可逆恒溫汽化

　　已知: 莫耳體積: $\bar{V}_l = 18.79\ cc/mole,\ \bar{V}_g = 30.08 l/mole$;

$\quad\quad \Delta \bar{H}_{vap} = 9.717\ kcal/mole$; $t = 100°C$; $P = 1\ atm$;

$\quad\quad n = 36.03/18.01 = 2 moles_{\circ}$

$\quad\quad w = 1456\ cal$ (見例 5-1)

$\quad\quad q_P = \Delta H_P = n\Delta \bar{H}_{vap} = 2 \times 9.717 kcal$

$\quad\quad\quad = 19434\ cal$

$\quad\quad \Delta E = q - w = 19434 - 1456 = 17978\ cal = \Delta E_{va}.$

$\quad\quad \Delta H = \Delta H_{vap} = n\Delta \bar{H}_{vap} = q = 19434\ cal$

6-9　焦耳-湯生效應 (*The Joule-Thomson Effect*)

　　理想氣體無分子際吸引力，因此在恒溫下 PV 爲一常數。當理想氣體在絕熱狀況下膨脹進入眞空時，因無熱之吸收或放出，並不作功

（因 $P_{res}=0$），故

$$q=0, \quad w=0, \quad \Delta E=0$$

如此，氣體的內能與 PV 保持不變，溫度亦不改變。

但在眞實氣體的場合情形不同，此點首先由焦耳 (*Joule*) 與湯生 (*Thomson*) 所研究。其實驗裝置如圖 6-5 所示。 圖中之管與外界完全絕熱，管中裝有一多孔栓。栓之左右邊各有一活塞（無摩擦）。設左活塞向右推進時部份左室氣體經多孔栓進入右室，右活塞隨之向右移動。左室壓力保持於 P_1，而右室壓力保持於 P_2，當然 $P_1 > P_2$。假設原來在左室 V_1 體積的氣體被送入右室之後體積變爲 V_2。 所論及的物系爲位於兩活塞間之氣體。物系對外界所作的淨功爲

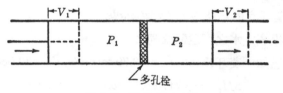

圖 6-5 焦耳—湯生實驗

$$w = P_2 V_2 - P_1 V_1$$

因　　　　$q = 0$

$$\Delta E = E_2 - E_1 = -w = -(P_2 V_2 - P_1 V_1)$$

$$E_2 + P_2 V_2 = E_1 + P_1 V_1$$

$$H_2 = H_1$$

$$\Delta H = 0$$

故此一程序在恒焓 (*constant enthalpy*) 情況下進行。又因 H 之全微分爲

$$dH = \left(\frac{\partial H}{\partial T}\right)_P + \left(\frac{\partial H}{\partial P}\right)_T dP$$

在恒焓情況下 $dH=0$，將 (6-31) 式代入上式得

$$0 = C_P dT + \left(\frac{\partial H}{\partial P}\right)_T dP \quad (H \text{ 不變})$$

上式除以 dP 得

$$\left(\frac{\partial H}{\partial P}\right)_T = -C_P \left(\frac{\partial T}{\partial P}\right)_H = -\mu C_P \qquad (6\text{-}48)$$

此處　　　　$\mu = \left(\frac{\partial T}{\partial P}\right)_H$

μ 稱爲焦耳—湯生係數 (*Joule-Thomson coefficient*)。 雖然在理想氣體的場合 $\left(\frac{\partial H}{\partial P}\right)_T$ 與 $\left(\frac{\partial E}{\partial V}\right)_T$ 等於 0, 在眞實氣體的場合,

$$\left(\frac{\partial H}{\partial P}\right)_T \neq 0; \quad \left(\frac{\partial E}{\partial V}\right)_T \neq 0 \qquad (\text{眞實氣體})$$

μ 之值由實驗決定。在絕熱情況下令氣體經過多孔栓而膨脹, 由觀測的 ΔP 與 ΔT 可獲得 μ。在此場合 ΔP 小於零, 若溫度降低則 ΔT 亦小於 0, 而 μ 大於零; 若溫度升高則 μ 小於零。μ 之值視氣體之 P 與 T 而定。在一定壓力下, μ 等於零之溫度稱爲轉變溫度 (*inversion temperature*)。不同壓力之轉變溫度亦異。大多數氣體在室溫下之 μ 大於零, 故令此等氣體絕熱膨脹可降低其溫度。 H_2 與 He 在室溫下之 μ 小於零, 在室溫下膨脹, 其溫度升高。但當溫度充分低時其 μ 大於零。焦耳—湯生效應在液化空氣的應用方面頗爲重要。

6-10　空氣之液化 (*Liquefaction of Air*)

空氣之液化主要藉冷卻與焦耳—湯生膨脹。圖 6-6 示林第 (*Linde*) 空氣液化法所用之裝置。進入裝置之空氣首先被壓縮至 $100atm$。在壓縮過程中幾乎所有空氣中之水份凝結而被移去。壓縮所生之熱由冷凍管 C 移去。然後乾空氣經一螺旋狀銅管 S 及一控制閥 (*controlled valve*) 膨脹至壓力約爲 $1\ atm$。流出之氣體因焦耳—湯生效應而降低

溫度，往上流時更進一步冷卻銅管中之空氣。如此經過數循環，膨脹氣體之溫度降至可使部份空氣液化的溫度，液體由膨脹室之下部 L 移去。不液化之氣體繼續循環。

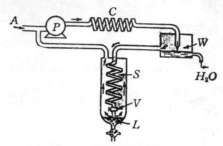

圖 6-6 林第空氣液化法

摘要 (*summary*)

1. 內能與熱力學第一定律

$$\Delta E = q - w$$

$$dE = \delta q - \delta w$$

2. 膨脹或壓縮功 (*PV* 功)

$$w = \int_{V_1}^{V_2} P_{res}\, dV$$

恒壓功 $w = P_{res}\, \Delta V$

理想氣體之恒壓可逆熱膨脹功

$$w = nR(T_2 - T_1)$$

理想氣體之最大（可逆）恒溫功

$$w = nRT \ln\left(\frac{V_2}{V_1}\right) = nRT \ln\left(\frac{P_1}{P_2}\right)$$

凡德瓦爾氣體之最大（可逆）恒溫膨脹功

$$w = n\left[RT \ln\frac{V_2 - nb}{V_1 - nb} + na\left(\frac{1}{V_2} - \frac{1}{V_1}\right) \right]$$

3. 焓

$$H=E+PV$$

$$\Delta H=\Delta E+\Delta(PV)$$

4. 熱容量

$$C=\frac{\delta q}{dT}; \quad \bar{C}_V=\left(\frac{\partial \bar{E}}{\partial T}\right)_V; \quad \bar{C}_P=\left(\frac{\partial \bar{H}}{\partial T}\right)_P$$

5. 適用於理想氣體之公式（任何程序）

$$PV=nRT; \quad \bar{C}_P=\bar{C}_V+R$$

$$dE=n\bar{C}_V dT; \quad dH=n\bar{C}_P dT$$

若 $\bar{C}_V$ 與 C_P 為常數

$$\Delta E=n\bar{C}_V \Delta T; \quad \Delta H=n\bar{C}_P \Delta T$$

若氣體為單原子氣體

$$\bar{C}_V=\frac{3}{2}R; \quad \bar{C}_P=\frac{5}{2}R$$

6. 理想氣體之可逆程序

（a）恒容

$$dV=0; \quad w=0$$

$$\Delta E=q=n\int \bar{C}_V dT$$

$$\Delta H=\Delta E+V\Delta P=\Delta E+nR\Delta T=n\int \bar{C}_P dT$$

（b）恒壓

$$dP=0; \quad w=P\Delta V; \quad \Delta E=n\int \bar{C}_V dT$$

$$\Delta H=q=n\int \bar{C}_P dT$$

（c）恒溫

$$dT=0; \quad PV=常數$$

$$w = w_{max} = nRT \ln\left(\frac{V_2}{V_1}\right) = nRT \ln\left(\frac{P_1}{P_2}\right)$$

$$q = w; \quad \Delta E = \Delta H = 0$$

(d) 絕熱 ($\bar{C}_V$ 與 $\bar{C}_P$ 爲常數)

$$q = 0; \quad P_1 V_1{}^\gamma = P_2 V_2{}^\gamma = 常數; \quad \gamma = \bar{C}_P / \bar{C}_V$$

$$C_V \ln\frac{T_2}{T_1} = R \ln\frac{V_1}{V_2}, \quad 或 \ V_1 T_1{}^{\bar{c}/R} = V_2 T_2{}^{\bar{c}/R} = 常數$$

$$\Delta E = w = n\bar{C}_V \Delta T$$

$$\Delta H = \Delta E + \Delta(PV) = \Delta E + nR\Delta T$$

$$= n\bar{C}_P \Delta T$$

7. **眞實氣體**

$$\left(\frac{\partial H}{\partial P}\right)_T \neq 0; \quad \left(\frac{\partial E}{\partial V}\right)_T \neq 0$$

$$\mu = \left(\frac{\partial T}{\partial P}\right)_H; \quad \left(\frac{\partial H}{\partial P}\right)_T = -\mu C_P$$

$$\bar{C}_P = a + bT + cT^2$$

8. **加熱或冷卻時焓之變化 (恒壓程序)**

(a) 不涉及物態轉變之程序

$$\Delta H = q = n\int_{T_1}^{T_2} \bar{C}_P dT = n\int_{T_1}^{T_2} (a + bT + cT^2)dT$$

$$= n\left[a(T_2 - T_1) + \frac{b}{2}(T_2{}^2 - T_1{}^2) + \frac{c}{3}(T_2{}^3 - T_1{}^3)\right]$$

(b) 涉及物態轉變之程序

$$\Delta H = q = n\left[\int_{T_1}^{T_m} \bar{C}_p(s)dT + \Delta\bar{H}_{fus} + \int_{T_m}^{T_b} \bar{C}_p(l)dT \right.$$

$$\left. + \Delta\bar{H}_{vap} + \int_{T_b}^{T_2} \bar{C}_P(g)\,dT\right]$$

習　題

6-1 一莫耳水蒸汽在 $0.0060\,atm$ 及 $0°C$ 之下凝結成液體，求 w, ΔE, q, 及 ΔH。水在 $0°C$ 及 $0.0060\,atm$ 之莫耳汽化熱爲 $10,730\,cal/mole$。水之密度爲 $1\,g/cm^3$，假設水蒸汽爲一理想氣體。

〔答：$\Delta H = q_P = -10,730cal$, $w = 543cal$, $\Delta E = -10,187cal$〕

6-2 二莫耳單原子理想氣體在 $50\,l$ 之恆容下自 $27°C$ 熱至 $127°C$。求 ΔE, ΔH, $\Delta(PV)$, q, 及 w。

〔答：$\Delta E = 596cal$, $\Delta H = 993cal$, $\Delta(PV) \approx 397cal$, $q = 596cal$, $w = 0$〕

6-3 二莫耳理想單原子氣體在 $1\,atm$ 之恆壓下自 $27°C$ 可逆熱至 $127°C$。求 ΔE, ΔH, $\Delta(PV)$, q, 及 w。

〔答：$\Delta E = 596\,cal$, $\Delta H = 993\,cal$, $\Delta(PV) = 397\,cal$, $q = 993\,cal$, $w = 397\,cal$〕

6-4 二莫耳理想單分子氣體在 $25°C$ 之恆溫下自 $10\,l$ 可逆膨脹至 $50l$。求 ΔE, ΔH, $\Delta(PV)$, q, 及 w。

〔答：$\Delta E = 0$, $\Delta H = 0$, $\Delta(PV) = 0$, $q = 1906\,cal$, $w = 1906\,cal$〕

6-5 將一莫耳二氧化碳在 $57°C$ 之恆溫下自 $50l$ 可逆壓縮至 $1l$。(a) 假設二氧化碳遵循凡德瓦爾方程式，試利用 (6-14) 式及表 3-1 之數據計算 w (b) 假設二氧化碳爲理想氣體，求 w。

〔答：(a)$-2508cal$, (b) $-2565cal$〕

6-6 二莫耳理想氣體對着 $1\,atm$ 之抗拒壓力自 $25\,l$ 不可逆地膨脹至 $40l$。此氣體與一熱庫 (*heat reservoir*) 接觸，其溫度在整個過程中保持於 $27°C$。求 ΔE, ΔH, $\Delta(PV)$, q, 及 w。

〔答：$\Delta E = 0$, $\Delta H = 0$, $\Delta(PV) = 0$, $q = 363\,cal$, $w = 363\,cal$〕

6-7 二莫耳理想單原子氣體自初態 $127°C$ 與 $10l$ 可逆絕熱壓縮至 $2l$。求 ΔE, ΔH, q, 及 w。

〔答：$\Delta E = 4584cal$, $\Delta H = 7640cal$, $q = 0$, $w = -4584cal$〕

6-8 三莫耳理想單原子氣體對着 $1\,atm$ 之抗拒壓力行不可逆絕熱膨脹直至此氣體之體積增加 10% 爲止。此氣體之初溫爲 $27°C$，初壓爲 $10atm$。求

$\Delta E, \Delta H, q, w,$ 及 ΔT。

〔答： $\Delta E = -17.9cal, \Delta H = -29.8cal, q=0, w=17.9cal, \Delta T = -2.0°C$〕

6-9 一理想氣體自狀態 $1(P_1, V_1, T_1)$ 變至狀態 $2(P_2, V_2, T_2), P_1 \neq P_2,$ $V_1 \neq V_2, T_1 \neq T_2$。(a) 若變化路線由數步驟所組成，且包括一可逆恆溫膨脹步驟，問兩狀態間是否有多於一種之路線？ (b) 若路線由單一絕熱膨脹步驟所構成，問兩狀態間是否有多於一種之路線？

6-10 100 克水在 $1atm$ 之下自 $25°C$ 熱至 $85°C$。水在 $25°C$ 及 $85°C$ 之密度分別爲 0.997 及 $0.968g/cm^3$。求 $\Delta E, \Delta E, q$ 及 w。

〔答： $\Delta H = 6000cal, q = 6000cal, w = 0.072cal, \Delta E = q - w = 6000cal$〕

6-11 1 莫耳水蒸汽在 $100°C$ 及 $1atm$ 下凝結成水。水的莫耳汽化熱爲 9717 $cal/mole$。水在 $100°C$ 及 $1 atm$ 之密度爲$0.958g/cm^3$。(a) 假設水蒸汽爲理想氣體，求 $\Delta E, \Delta H, q,$ 及 w。(b) 使用 $100°C$ 及 $1atm$下飽和水蒸汽之實際密度等於 $1.671l/g$ 之事實重複 (a) 之計算。

〔答 (a) $\Delta E = -8976cal, \Delta H = -9717cal, q = -9717cal,$

$w = -741cal$; (b) $\Delta E = -8989cal, \Delta H = -9717cal,$

$q = -9717cal, w = -728 cal$〕

6-12 試由 (6-44) 式證明理想氣體行可逆絕熱膨脹時，所作之功爲

$$w = \frac{P_2 V_2 - P_1 V_1}{\gamma - 1} = \frac{nR(T_2 - T_1)}{\gamma - 1}$$

$\gamma = \bar{C}_P / \bar{C}_V$, 且 $\bar{C}_P$ 與 $\bar{C}_V$ 皆爲常數。

6-13 試計算將 10 莫耳二氧化碳在恆壓下自 $27°C$ 熱至 $527°C$ 所需之熱。二氧化碳之 $\bar{C}_P$ 可自表 6-2 查得。

第七章 熱 化 學

化學反應之焓變化與物理變化所伴生焓變化之測量與計算稱爲**熱化學** (*thermochemistry*)。表示化學反應之熱數據時，通常寫出化學反應及該反應之 ΔH 或 ΔE 值。若化學反應之 ΔH 或 ΔE 爲負值，則物系在反應中放熱，而該反應稱爲**放熱反應** (*exothemic reaction*)；若化學反應之 ΔH 及 ΔE 爲正值，則在物系在反應中吸熱，而該反應稱爲**吸熱反應** (*endothermic reaction*)。

7-1 卡計學 (*Calorimetry*)

測量在一程序中放出或吸收之熱所用的裝置稱爲卡計器 (*calorimeter*)。卡計器可用以直接測量一反應所涉及之熱變化。其主要部份爲一絕熱容器，其內裝水，反應室 (*reaction chamber*) 卽浸於水中。在一放熱反應中，產生之熱傳至水，所導致之水溫上升由下端浸在水中之溫度計讀出。已知水量、水之比熱、及水溫上升之度數卽可算出反應所放出之熱。對熱量之損失、容器及攪拌器溫度之上升等須作特殊校正。但校正手續極複雜，通常使用二法以避免此種校正手續。其一在卡計器中進行一已知反應熱之化學反應以求得卡計器之比熱。其二使用電熱器以產生與所論及反應所導致者相同之溫度上升。所需電能卽等於該化學反應之反應熱。

吸熱反應之反應熱測定法與上相似，惟水溫降低，由水溫降低量求得反應熱。

7-2 恆容反應熱與恆壓反應熱
(*Heat of Reaction at Constant Volume or Pressure*)

為使表示方式一致起見。寫**熱化學式** (*thermochemical equation*) 時應遵循若干慣例。除寫出普通化學反應式之外，尚須在各反應物及生成物之後註明其物理狀態，諸如：氣態 (g)、液態 (l)、及固態 (s)，並記錄反應情況下所生焓變化。例如

$$C_6H_6(g)+H_2(g)=C_6H_6(g) \quad \Delta H_{355°}=5.565\ kcal$$

在恆壓反應中所測得之反應熱等於焓變化：

$$q_P=\Delta H \qquad \text{(恆壓反應)}$$

在恆容反應中所測得之反應熱等於內能變化：

$$q_V=\Delta E \qquad \text{(恆容反應)}$$

依定義 $\quad q_P=\Delta H=\Delta E+P(\Delta V) \qquad\qquad$ (恆壓反應)

若反應僅涉及液體與固體，則 $P\Delta V$ 通常甚小而可忽略不計。如此，恆壓反應與恆容反應所放出或吸收之熱在實用上可視為相等。若反應涉及氣體，則 $P\Delta V$ 不可忽視。計算 $P\Delta V$ 時，通常假設氣體為理想氣體。令 Δn 為氣體生成物與氣體反應物之莫耳數差，則 $P\Delta V = RT\Delta n$。如此，

$$\Delta H=\Delta E+RT\Delta n \tag{7-2}$$

$$q_P=q_V+RT\Delta n \tag{7-3}$$

q_V 可得自彈式卡計器 (*bomb calorimeter*) 之實驗。彈式卡計器為具有堅固厚壁之卡計器，其中之反應均在恆容情況下進行。依 (7-3) 式 q_P 可求得。惟計算 Δn 時須注意溫度與壓力，以決定某一生成物或反應物為氣態 (g)、或液態 (l)、或固態 (s)。最容易由實驗決定其反應熱之反應為**燃燒** (*combustion*)，蓋燃燒進行迅速，且反應完全，

故其反應熱可準確求得。燃燒反應之反應熱（放出之熱）稱為**燃燒熱**
(*heat of combustion*)。

　　製備反應熱表時，通常以 $25°C$ 為標準溫度。表列反應熱 ΔH 或
ΔE 之值皆為在此標準溫度之值，稱為**標準反應熱** (*standard heat of reaction*)，以 $\Delta H°$ 或 $\Delta E°$ 表示之。

　　〔**例 7-1**〕正庚烷 (*n-heptane*) 在 $25°C$ 之恆容標準燃燒熱為
$1148.93\,kcal/mole$。

$$C_7H_{16}(l)+11O_2(g)=7CO_2(g)+8H_2O(l)$$
$$\Delta E°=-1148.93\ kcal/mole$$

試估計恆壓反應所放出之熱。

　　〔**解**〕　　$q_P=q_v+RT\Delta n$

反應前有11莫耳氣體（氧），反應後有 7 莫耳氣體 (CO_2)，故 $\Delta n=7-11=-4$。

$$q_P=-1,148,930-(1.987)(298.16)(4)$$
$$=-1,148,930-2370$$
$$=-1,151,300\,cal/mole,\ 或-1151.3\ kcal/mole。$$

7-3　第一定律之應用於熱化學
(*Application of First Law to Thermochemistry*)

　　拉瓦鍚 (*Lavoisier*) 與拉普拉斯 (*Laplace*) 於1780年確認一化合物
分解時所放出之熱必等於此化合物在相同情況下形成時所吸收之熱。
如此，順反應 (*forward reaction*) 之 ΔH 必等於逆反應 (*reverse reaction*) 之 $-\Delta H$。

$$\Delta H\ (順反應)=-\Delta H\ (逆反應)$$

黑斯 (*Hess*) 於 1840 年指出，一化學反應無論其所包括之中間步驟

為何，其在恆壓下的總反應熱均同。此稱熱總量**不變定律** (*law of constant heat summation*)。以上二原理均屬第一定律之系 (*corollaries*)，且可說是焓為狀態函數的結果。有此二原理卽可由反應熱已知之反應求得其他反應的反應熱。茲舉一例加以說明。碳不完全燃燒成一氧化碳所放出之熱不易由實驗決定。但碳完全燃燒成二氧化碳所放出之熱易由實驗決定。對石墨 (*graphite*) 之燃燒而言，

$$C(s) + O_2(g) = CO_2(g) \quad \Delta H° = -94.0518 kcal$$

一氧化碳燃燒成二氧化碳所放出之熱亦可測量:

$$CO(g) + \frac{1}{2}O_2(g) = CO_2(g) \quad \Delta H° = -67.6361 \ kcal$$

將以上二反應式寫成如下形式並相加，得

$$C(s) + O_2(g) \ = CO_2(g) \qquad\qquad \Delta H° = -94.0518 \ kcal$$

$$CO_2(g) = CO(g) + \frac{1}{2}O_2(g) \qquad \Delta H° = 67.6361 \ kcal$$

$$\overline{\quad C(s) + \frac{1}{2}O_2(g) = CO(g) \qquad\qquad \Delta H° = -26.4157 \ kcal \quad}$$

應注意，因第二反應已被倒置，故 $\Delta H°$ 之正負號改變。如此，若反應 $CO_2(g) = CO(g) + \frac{1}{2}O_2(g)$ 發生於 $25°C$，則應放出 $67.6361 \ kcal$ 之熱。

7-4 生成熱 (*Heat of Formation*)

一反應之標準焓變化等於在標準溫度下生成物之焓總和減反應物之焓總和。

$$\Delta H° = \sum \nu_j \ \bar{H}° \ (生成物) - \sum \nu_i \ \bar{H}° \ (反應物) \qquad (7\text{-}4)$$

其中 ν_i 與 ν_j 分別為平衡化學反應式 (*balanced chemical equation*)

中反應物及生成物之**化學計量係數** (*stoichiometric coefficient*)。$\bar{H}°$
為標準莫耳焓。例如，反應

$$aA+bB=cC+dD$$

之標準焓變化量為

$$\Delta H°=c\bar{H}_c°+d\bar{H}_D°-(a\bar{H}_A°+b\bar{H}_B°)$$

依焓之定義 $H=E+PV$，焓值視內能值而定。但因內能之絕對值
無法求得，故焓之絕對值亦無法求得。然而吾人所感興趣者為程序中
焓之變化量 ΔH。因此可任選焓之共同相對標準 (*common relative
scale of enthalpy*)。依慣例所選定的標準是，**一元素之最穩定同素異
形體在** $25°C$ **及** 1 *atm* **之焓等於零**。例如石墨與鑽石為碳之同素異
形體，石墨之能較低（較穩定），故石墨在 $25°C$ 及 1 *atm* 之焓等於
零，而鑽石在相同狀況下之焓大於零。$25°C$（或 $298°K$）與 1atm 為
熱力學上常用的標準狀態。

自元素形成一莫耳物質所涉及之焓變化量稱為**生成熱** (*heat of
formation*) 或**莫耳焓** (*molar enthalpy*)。在標準狀態 ($25C°$ 及 1atm)
之生成熱稱為標準生成熱或標準莫耳焓，以 $\Delta\bar{H}°_{f,298°}$ 或 $\bar{H}°_{298°}$ 表示
之，或省略 $298°$ 而以 $\Delta\bar{H}_f°$ 或 $\bar{H}°$ 表示之。例如 CO_2 之標準生成
熱等於如下反應之焓變化：

$$C(石墨)+O_2(g)=CO_2(g),\ \Delta\bar{H}°=-94,051.8cal/mole$$

$$\Delta\bar{H}°_{f,298°}=-94,051.8\ cal/mole$$

這是因為

$$\Delta\bar{H}°_{f,298°}=\bar{H}°_{298°}[CO_2(g)]-\bar{H}°_{298°}[C(石墨)]-\bar{H}°_{298°}[O_2(g)]$$

$$=\Delta\bar{H}°_{298°}$$

$$=\bar{H}°_{298°}[CO_2(g)]$$

如此，許多物質之生成熱或莫耳焓可得自適當反應之反應熱或適當物
質之燃燒熱。若一物質不易在實驗室中自其元素製成，可藉若干適當

反應之反應熱求得生成熱。

〔例 7-2〕試由硫燃燒生成 SO_2 之燃燒熱、SO_2 氧化成 SO_3 之反應熱，及 SO_3 溶解於水而產生 $H_2SO_4(l)$ 之溶解熱求 $H_2SO_4(l)$ 之生成熱。

〔解〕
$$S(s)+O_2(g)=SO_2(g) \qquad \Delta H°=-70.96 \ kcal$$
$$SO_2(g)+\frac{1}{2}O_2(g)=SO_3(g) \qquad \Delta H°=-23.49 \ kcal$$
$$SO_3(g)+H_2O(l)=H_2SO_4(l) \qquad \Delta H°=-31.14 \ kcal$$
$$H_2(g)+\frac{1}{2}O_2(g)=H_2O(l) \qquad \Delta H°=-68.32 \ kcal$$

$$S(s)+2O_2(g)+H_2(g)=H_2SO_4(l) \quad \Delta \bar{H}_f°=-193.91 kcal$$

如前所述，依焓之相對標準，一物質之標準莫耳焓 $\bar{H}°$ 等於其標準生成熱 $\Delta\bar{H}°_f$。由 (7-4) 式，標準反應熱與標準生成熱有如下關係：

$$\Delta H°=\sum \nu_j \Delta \bar{H}_f° \ （生成物）-\sum \nu_i \Delta \bar{H}_f° \ （反應物）。$$

$$(7-5)$$

已有許多物質之標準生成熱被準確決定。表 7-1 擇錄若干物標準生成熱。利用此等生成熱可依 (7-5) 式算出許多反應之反應熱。

表 7-1 標準生成熱 $(\Delta \bar{H}°_{f,298°})$

物 質	$\Delta\bar{H}°_{f,298°}(kcal/mole)$	物 質	$\Delta\bar{H}°_{f,298°}(kcal/mole)$
		元素與無機化合物	
$O_3(g)$	34.0	$CO(g)$	-26.4157
$H_2O(g)$	-57.7979	$CO_2(g)$	-94.0518
$H_2O(l)$	-68.3174	$PbO(s)$	-52.5
$HCl(g)$	-22.063	$PbO_2(s)$	-66.12
$Br_2(g)$	7.34	$PbSO_4(s)$	-219.50
$HBr(g)$	-8.66	$Hg(g)$	14.54
$HI(g)$	6.20	$Ag_2O(s)$	-7.306
S(單斜)	0.071	$AgCl(s)$	-30.362
$SO_2(g)$	-70.96	$Fe_2O_3(s)$	-196.5
$SO_3(g)$	-94.45	$Fe_3O_4(s)$	-267.0
$H_2S(g)$	-4.815	$Al_2O_3(s)$	-399.09

$H_2SO_4(l)$	-193.91	$UF_6(g)$	-505
$NO(g)$	21.600	$UF_6(s)$	-517
$NO_2(g)$	8.091	$CaO(s)$	-151.9
$NH_3(g)$	-11.04	$CaCO_3(s)$	-288.45
$HNO_3(l)$	-41.404	$NaF(s)$	-136.0
$P(g)$	75.18	$NaCl(s)$	-98.232
$PCl_3(g)$	-73.22	$KF(s)$	-134.46
$PCl_5(g)$	-95.35	$KCl(s)$	-104.175
C(鑽石)	0.4532	$NaCO_3(s)$	-270.330

有機化合物

甲烷，$CH_4(g)$	-17.889	丙烯，$C_3H_6(g)$	4.879
乙烷，$C_2H_6(g)$	-20.236	1-丁烯，$C_4H_8(g)$	0.280
丙烷，$C_3H_8(g)$	-24.820	乙炔，$C_2H_2(g)$	54.194
正丁烷，$C_4H_{10}(g)$	-29.812	甲醛，$CH_2O(g)$	-27.7
異丁烷，$C_4H_{10}(g)$	-31.452	乙醛，$CH_3CHO(g)$	-39.76
正戊烷，$C_5H_{12}(g)$	-35.00	甲醇，$CH_3OH(l)$	-57.02
正己烷，$C_6H_{14}(g)$	-39.96	乙醇，$C_2H_5OH(l)$	-66.356
正庚烷，$C_7H_{16}(g)$	-44.89	甲酸，$HCOOH(l)$	-97.8
正辛烷，$C_8H_{18}(g)$	-49.82	醋酸，$CH_3COOH(l)$	-116.4
苯，$C_6H_6(g)$	19.820	草酸，$(CO_2H)_2(s)$	-197.6
苯，$C_6H_6(l)$	11.718	四氯化碳，$CCl_4(l)$	-33.3
乙烯，$C_2H_4(g)$	12.496	甘氨酸，$H_2NCH_2CO_2H(s)$	
			-126.33

〔例 7-3〕求下列反應之反應熱，$\Delta H°$。

$$Na_2CO_3(s)+2HCl(g)=2NaCl(s)+CO_2(g)+H_2O(l)$$

〔解〕依 (7-5) 式

$$\Delta H° = \{2\Delta \bar{H}_f°[NaCl(s)]+\Delta \bar{H}_f°[CO_2(g)]$$
$$+\Delta \bar{H}_f°[H_2O(l)]\}-\{\Delta \bar{H}_f°[NaCO_3(s)]$$
$$+2\Delta \bar{H}°[HCl(g)]\}$$

由表 7-1 可查得各物質之標準生成熱。

$$\Delta H° = [2\times(-98.232)+(-94.0518)$$
$$+(-68.3174)]-[(-270.300)+2\times(-22.063)]$$

$$= -44.410 \ kcal$$

7-5 燃燒熱 *(Heat of Combustion)*

我們已在前數節中提及碳之燃燒熱。茲對物質之燃燒熱下一定義。**燃燒熱即一莫耳物質完全燃燒所放出之熱**。決定燃燒熱的方法是燃燒物質於一彈式卡計器中並測定所放出之熱量。因燃燒在恆容下行之,故將實驗所得的 ΔE 轉換成 $\Delta H^\circ_{298^\circ}$。煤與天然氣的品質主要取決於其燃燒熱的大小。

燃燒熱可直接用來計算有機化合物的生成熱。若有機化合物僅含碳、氫、氧,則需二氧化碳與水的生成熱,蓋此等有機化合物之燃燒生成物爲水與二氧化碳。例如丙烷 *(propane)* 之燃燒熱如下所示:

$$C_3H_8(g)+5O_2(g)=3CO_2(g)+4H_2O(l)$$
$$\Delta H^\circ_{298^\circ}=-530.61 \ kcal$$

因此

$$\Delta H^\circ_{298^\circ}=-530.61 \ kcal$$
$$=3\Delta \bar{H}_f^\circ[CO_2(g)]+4\Delta \bar{H}_f^\circ[H_2O(l)]$$
$$-\Delta \bar{H}_f^\circ[(C_3H_8(g)]-5\Delta \bar{H}_f^\circ[O_2(g)]$$
$$=3(-94.0518)+4(-68.3174)-\Delta \bar{H}_f^\circ[C_3H_8(g)]-0$$
$$\Delta \bar{H}_f^\circ[C_3H_8(g)]=-24.815 \ kcal$$

燃燒熱之另一用途在於決定元素之同素異形體 *(allotropic forms)* 間之能差別。例如,石墨與鑽石爲碳之同素異形體,兩者之燃燒熱如下所示:

$$C(鑽石)+O_2(g)=CO_2(g) \quad \Delta H^\circ_{298^\circ}=-94.5050 \ kcal$$
$$C(石墨)+O_2(g)=CO_2(g) \quad \Delta H^\circ_{298^\circ}=-94.0518 \ kcal$$

因此, 鑽石之熱含量大於石墨, 而兩者間之轉變熱如下所示:

$$C(石墨)=C(鑽石) \qquad \Delta H°_{298°}=0.4532 \, kcal$$

因石墨之標準莫耳焓爲零，故鑽石之標準生成熱等於 0.4532 $kcal$。

燃燒熱亦可提供分子中原子群或基 (*group*) 之能的資料。實驗顯示烷類烴 (*alkanes*) 中每增加一 CH_2 基，約增加 157,000 cal 之燃燒熱。表 7-2 擇錄若干有機化合物之燃燒熱。

表 7-2 有機化合物在 25°C 之燃燒熱

物　質	$\Delta \bar{H}°_{298°}$ (kcal/mole)
甲烷，$CH_4(g)$	−212.800
乙烷，$C_2H_6(g)$	−372.820
丙烷，$C_3H_8(g)$	−530.600
正丁烷，$C_4H_{10}(g)$	−687.980
正戊烷，$C_5H_{12}(g)$	−845.160
乙烯，$C_2H_4(g)$	−337.230
乙炔，$C_2H_2(g)$	−310.620
苯，$C_6H_6(g)$	−787.200
苯，$C_6H_6(l)$	−780.980
甲苯，$C_7H_8(l)$	−934.500
萘，$C_{10}H_8(s)$	−1,228.180
蔗糖，$C_{12}H_{22}O_{11}(s)$	−1,348.900
甲醇，$CH_3OH(l)$	−173.700
醋酸，$CH_3COOH(l)$	−208.340
苯甲酸，$C_6H_5COOH(s)$	−771.200

7-6　溶解熱 (*Heat of Solution*)

當溶質 (*solute*) 溶解於溶劑 (*solvent*) 而形成溶液 (*solution*) 時，可察識熱被吸收或放出。一般言之，溶解熱視溶質與溶劑之性質以及所成溶液之濃度而定。圖 7-1 示如下溶解程序之熱效應：

$$C_2H_5OH(l)+nH_2O(l)=C_2H_5OH\,(nH_2O), \quad \Delta H\,(sol,\,nH_2O)$$

可見乙醇溶解於水時放出熱。一莫耳溶質溶解於 n 莫耳溶劑所引起的焓變化稱爲**積分溶解熱** (*integral heat of solution*)。

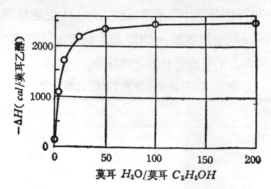

圖 7-1 乙醇在 25°C 之積分溶解熱

由圖 7-1 知

$$C_2H_5OH(l) + 5H_2O(l) = C_2H_5OH(5H_2O), \quad \Delta H(sol, \ 5H_2O)$$
$$= -1120 \ cal$$

亦卽，一莫耳乙醇溶解於五莫耳水之溶解熱爲 $-1120 \ cal$。圖 7-1 顯示溶液愈稀溶解熱愈大，且當溶液無窮稀時溶解熱趨近一極限值，此一極限值稱爲**無限稀釋溶解熱** (*heat of solution at infinite dilution*)。就乙醇而論，

$$C_2H_5OH(l) + \infty H_2O(l) = C_2H_5OH(\infty H_2O)$$
$$\Delta H(sol, \ \infty H_2O) = -2500 \ cal$$

稀釋一定量之溶液所引起之焓變化量稱爲**積分稀釋熱** (*integral heat of dilution*)。論及稀釋熱時，應明示初濃度與終濃度。若不提及終濃度，則假設終態爲無限稀釋。

〔**例 7-4**〕試由圖 7-1 之數據計算含有一莫耳 C_2H_5OH 及五莫耳 H_2O 之溶液在 25°C 之稀釋熱。

〔**解**〕此一稀釋程序可以下式表示之：

$$C_2H_5OH(5H_2O)+\infty H_2O(l)=C_2H_5OH(\infty H_2O), \quad \Delta H(dil)$$

此程序爲如下二程序之差。應用黑斯熱總和定律可算出稀釋熱 ΔH (*dil*)。

$$C_2H_5OH+\infty H_2O(l)=C_2H_5OH(\infty H_2O), \quad \Delta H(sol, \ \infty H_2O)$$
$$=-2500 \ cal$$

$$C_2H_5OH+5H_2O(l)=C_2H_5OH(5H_2O), \quad \Delta H(sol, \ 5H_2O)$$
$$-) \qquad\qquad\qquad =-1120 \ cal$$

$$C_2H_5OH(5H_2O)+\infty H_2O=C_2H_5OH(\infty H_2O), \quad \Delta H(dil)$$
$$=-1380 \ cal$$

〔例 7-5〕試由圖7-1之數據計算在 25°C 及 1*atm* 下加45莫耳水於含有1莫耳乙醇及5莫耳水之溶液所放出之熱量。

〔解〕所論及之程序爲

$$C_2H_5OH(5H_2O)+45H_2O=C_2H_5OH(50H_2O), \quad \Delta H(dil)$$

由圖7-1 得如下數據

$$C_2H_5OH+50H_2O=C_2H_5OH(50H_2O),$$
$$\Delta H(sol, \ 50H_2O)\cong-2420 \ cal$$

$$C_2H_5OH+5H_2O=C_2H_5OH(5H_2O),$$
$$\Delta H(sol, \ 5H_2O)=-1120 \ cal$$

此二式相減得

$$C_2H_5OH(5H_2O)+45H_2O=C_2H_5OH(50H_2O)$$
$$\Delta H(dil)=\Delta H(sol, \ 50H_2O)-\Delta H(sol, \ 5H_2O)$$
$$\cong-1300 \ cal$$

積分溶解熱或稀釋熱亦可用以計算濃度不同之二溶液混合所生之熱。例如將含有1莫耳乙醇及5莫耳水之溶液與含有2莫耳乙醇及20莫耳水之溶液混合產生含有3莫耳乙醇及25莫耳水之溶液。其程序爲

$$C_2H_5OH(5H_2O)+2[C_2H_5OH(10H_2O)]$$

$$=3\left[C_2H_5OH\left(\frac{25}{3}H_2O\right)\right]$$

由圖 7-1 得

$$C_2H_5OH+5H_2O=C_2H_5OH(5H_2O),$$

$$\Delta H(sol, \ 5H_2O)=-1120 \ cal$$

$$C_2H_5OH+10H_2O=C_2H_5OH(10H_2O),$$

$$\Delta H(sol, \ 10H_2O)=-1760 \ cal$$

$$C_2H_5OH+8.33H_2O=C_2H_5OH(8.33H_2O),$$

$$\Delta H(sol, \ 8.33H_2O)=-1650 \ cal$$

由黑斯定律得此混合程序之 ΔH 為

$$\Delta H=3\times\Delta H(sol, \ 8.33H_2O)-2\times\Delta H(sol, \ H_2O)$$

$$-\Delta H(sol, \ 5H_2O)=-310 cal$$

若溶液之體積甚大，以致於加入一莫耳溶質幾乎不改變其濃度，則將一莫耳溶質加入此溶液所生之熱稱爲**微分溶解熱** (*differential heat of solution*)。

7-7　鍵能 (*Bond Energies*)

斷裂一莫耳分子內某特殊鍵，使之產生自由原子 (*free atom*) 或基 (*group*) 所需平均能量稱爲**鍵能** (*bond energy*) 或**鍵焓** (*bond enthalpy*)。若反應所涉及之物質僅具有共價鍵 (*covalent bond*)，則可利用鍵能估計反應熱。此法基於二假設：(1) 所有相同形式之鍵 (如甲烷中之 C—H) 均具相同之能，(2) 鍵能與含有此鍵之化合物無關。嚴格言之，兩假設皆不完全正確，但應用此法却能獲得相當滿意的結果。

斷裂 CH_4 之所有四鍵所需能量可得自如下反應：

$$CH_4(g)=C(石墨)+2H_2(g) \qquad \Delta H°=18\,kcal$$
$$2H_2(g)=4H(g) \qquad \Delta H°=206\,kcal$$
$$C(石墨)=C(g) \qquad \Delta H°=170\,kcal$$

$$\overline{CH_4(g)=C(g)+4H(g) \qquad \Delta H°=394\,kcal}$$

C-H 鍵能 $\Delta H°$(C-H) 取斷裂 CH_4 之四 C-H 鍵所需能量之平均值，即 $394/4=98kcal$。表 7-2 所列鍵能爲得自各種不同化合物之平均值。

表 7-2　鍵能 $\Delta H°(A-B)$, $(kcal/mole)$

C—C	80.5	O—O	34
C=C	145	O—H	109.4
C≡C	198	H—H	103.2
C—H	98.2	N—N	37
C—Cl	78	N—H	92.2
C—O	79	H—Cl	102.1
C=O	173	H—Br	86.7
C—Br	54	Cl—Cl	57.1
O=O	118	Br—Br	46

〔例 7-6〕試由鍵能求如下反應之 $\Delta H°$：
$$H_2C=CH_2(g)+H_2(g)=H_3C-CH_3(g)$$

〔解〕爲便於辨認在反應中斷裂及形成之鍵起見，可寫出各物質之結構式。

$$\begin{matrix} H & & H & & & & H & H \\ | & & | & & & & | & | \\ C & = & C & + & H-H & = & H-C-C-H \\ | & & | & & & & | & | \\ H & & H & & & & H & H \end{matrix}$$

在反應中斷裂 4 莫耳（阿佛加得羅數）C-H 鍵、1 莫耳 C=C 鍵、及 1 莫耳 H-H 鍵，形成 6 莫耳 C-H 鍵及 1 莫耳 C-C 鍵。故反應熱爲

$$\Delta H° = 6\Delta H°\,(C-H) + \Delta H°\,(C-C) - 4\Delta H°\,(C-H)$$
$$-\Delta H°\,(C=C) - \Delta H°\,(H-H)$$
$$= 2 \times 98.2 + 80.5 - 145 - 103.2$$
$$= 28.7\ kcal$$

應注意，由鍵能求得之反應熱爲近似值，僅在缺乏其他適當熱化學數據之場合使用此法。

7-8 溫度對反應熱之影響

(*Influence of Temperature on Heat of Reaction*)

假設已知一反應在溫度 T_1 之反應熱 ΔH_{T_1}，今欲由此一反應熱計算在另一溫度 T_2 之反應熱 ΔH_{T_2}。因焓爲一狀態函數，就相同之初態及相同之終態而論，焓變化不受路線之影響，故可取不同路線以計算 ΔH_{T_2}。

茲考慮反應 $aA + bB \longrightarrow cC + dD$，其 ΔH_{T_1} 已知。若各反應物及生成物之熱容量亦已知，則可依如下路線計算 ΔH_{T_2}。

$$aA + bB \xrightarrow[\quad T_2 \quad]{\Delta H_{T_2}} cC + dD$$

$$a\int_{T_2}^{T_1} \bar{C}_{P,A}dT \Bigg\downarrow\ b\int_{T_2}^{T_1}\bar{C}_{P,B}dT \qquad c\int_{T_1}^{T_2}\bar{C}_{P,C}dT \Bigg\uparrow\ d\int_{T_1}^{T_2}\bar{C}_{P,D}dT$$

$$aA + bB \xrightarrow[\quad T_1 \quad]{\Delta H_{T_1}} cC + dD$$

$$\Delta H_{T_2} = \int_{T_2}^{T_1}(a\bar{C}_{P,A} + b\bar{C}_{P,B})dT + \Delta H_{T_1} + \int_{T_1}^{T_2}(c\bar{C}_{P,C} + d\bar{C}_{P,D})dT$$

$$= \Delta H_{T_1} + \int_{T_1}^{T_2}(c\bar{C}_{P,C} + d\bar{C}_{P,D} - a\bar{C}_{P,A} - b\bar{C}_{P,B})dT$$

$$= \Delta H_{T_1} + \int_{T_1}^{T_2}\Delta C_P dT \qquad\qquad (7\text{-}6)$$

其中　　　　$\Delta C_P = (c\bar{C}_{P,C} + d\bar{C}_{P,D}) - (a\bar{C}_{P,A} + b\bar{C}_{P,B})$

若反應物與生成物在 T_1 與 T_2 之間不改變其物理狀態，（7-6）式適用於任一反應，惟

$$\Delta C_p = \sum \nu_j \bar{C}_{pj}(生成物) - \sum \nu_i \bar{C}_{pi}(反應物)$$

其中 ν_j 與 ν_i 分別為生成物與反應物在反應式中之化學計量係數；$\bar{C}_{pj}$ 與 $\bar{C}_{pi}$ 分別為生成物與反應物之恆壓莫耳熱容量。

若反應物或生成物在 T_1 與 T_2 之間改變物理狀態，則須在（7-6）式中導入添加之項以計及物態轉變焓。

〔例 7-7〕求氫在 $1500°K$ 之燃燒熱。已知

$$2H_2(g) + O_2(g) = 2H_2O(g) \qquad \Delta H°_{298°} = -115,598.8\ cal$$

〔解〕由表 6-1 得

$$\bar{C}_{P,H_2O} = 7.1873 + 2.3733 \times 10^{-3}T + 2.084 \times 10^{-7}T^2$$

$$\bar{C}_{P,H_2} = 6.9469 - 0.1999 \times 10^{-3}T + 4.808 \times 10^{-7}T^2$$

$$\bar{C}_{P,O_2} = 6.0954 + 3.2533 \times 10^{-3}T - 10.171 \times 10^{-7}T^2$$

$$\Delta C_P = 2\bar{C}_{P,H_2O} - \bar{C}_{P,O_2} - 2\bar{C}_{P,H_2}$$

$$= -5.6146 + 1.8931 \times 10^{-3}T + 4.723 \times 10^{-7}T^2$$

$$\Delta H_{1500°} = \Delta H°_{298°} + \int_{298}^{1500} \Delta C_P\ dT$$

$$= -115,595.8$$

$$+ \int_{298}^{1500} (-5.6146 + 1.8931 \times 10^{-3}T + 4.723 \times 10^{-7}T^2)dT$$

$$= -119,767\ cal$$

7-9　火焰與爆炸　(*Flames and Explosions*)

藉第一定律及反應熱可估計恆壓下燃燒反應之最高火焰溫度。可假設在 $25°C$ 之反應熱用於提高生成物的溫度，並假設無熱損失（傳

至外界)。則

$$-\Delta H_{298°}(反應) = \int_{298}^{T} C_P(生成物)\, dT \qquad (7\text{-}7)$$

解此方程式可得 T。

若使用空氣而不使用純氧，則須計及氮之加熱。例如甲烷在空氣中燃燒生成二氧化碳與水蒸汽，

$$CH_4(g) + 2O_2(g) = CO_2(g) + 2H_2O(g)$$
$$\Delta H°_{298°} = -191.8\ kcal$$

1 莫耳 CH_4 完全燃燒需氧 2 莫耳。因氧供自空氣，故約有 8 莫耳 $N_2(g)$ 出現。反應後有 1 莫耳 $CO_2(g)$、2 莫耳 $H_2O(g)$、及 8 莫耳 $N_2(g)$ 出現。

$$-\Delta H°_{298°} = 191800$$
$$= \int_{298}^{T} [\bar{C}_P(CO_2) + 2\bar{C}_P(H_2O) + 8\bar{C}_P(N_2)]dT$$

$$(7\text{-}8)$$

為估計 T 值起見，先使用室溫下之莫耳熱容量：$\bar{C}_P(CO_2) = 9.33$，$\bar{C}_P(H_2O) = 8.95$，$\bar{C}_P(N_2) = 6.90\ cal/mole\text{-}°K$。代入 (7-8) 式，得

$$191800 \cong \int_{298}^{T} [9.33 + 17.90 + 55.20]dT$$
$$82.4(T - 298) \cong 191.800$$
$$T \cong 2640°K$$

此一數值顯然過高，蓋 $\bar{C}_P$ 隨溫度之增加而增加。若使用 $\bar{C}_P = a + bT + cT^2$，(7-8) 式導致 T 的三次方程式。以 $T' = 2640°K$ 為出發點，利用試差法可得 $T \cong 2330°K$。此值仍較實際值高，蓋部份之熱被傳走，且部份 CO_2 與 H_2O 在高溫分解，此二效應減低火焰溫度。校正值約為 $2100°K$。

在最初為閉合的物系中發生的放熱反應可能導致爆炸。若反應進行於一具有堅固厚壁的「彈式反應器」，可獲得最高爆炸溫度。因反

應在恆容下進行，假設無熱損失，

$$-\Delta E_{298°} (\text{反應}) = \int_{298}^{T} C_V (\text{生成物}) \, dT \qquad (7-9)$$

一般言之，爆炸溫度高於火焰溫度。

藉理想氣體定律可估計恆容反應之最大爆炸壓力。設初溫與初壓分別為 T_i 與 P_i，最初出現之氣體莫耳數為 n_i。反應後，氣體可能含有過剩之 O_2 或不參加反應的氣體如 N_2（若以空氣為氧化劑）。設 n_f 為最後出現之氣體（包括生成物、過剩反應物、及不參加反應的氣體）莫耳數。若 T_e 為估計的爆炸溫度，則估計的爆炸壓力 P_e 為

$$P_e = P_i \times \frac{n_f}{n_i} \times \frac{T_e}{T_i} \qquad (7-10)$$

習　題

7-1　試由如下熱化學式求恆容反應熱。

$$C_6H_6(l) + 7\frac{1}{2}O_2(g) = 6CO_2(g) + 3H_2O(l)$$

$$\Delta H_{298°} = -780.98 \, kcal$$

〔答：$\Delta E_{298°} = -780.09 \, kcal$〕

7-2　試由如下恆容反應之數據求恆壓反應熱。

$$CH_3OH(l) + \frac{3}{2}O_2(g) = CO_2(g) + 2H_2O(l)$$

$$\Delta E_{298°} = -173.34 \, kcal$$

〔答：$q_P = \Delta H_{298} = -173.64 \, kcal$〕

7-3　試由下列二反應之數據求反應 $H_2(g) + \frac{1}{2}O_2(g) = H_2O(g)$ 之 $\Delta H°_{298}$。

$$H_2(g) + \frac{1}{2}O_2(g) = H_2O(l) \qquad \Delta H°_{298°} = -68.32 \, kcal$$

$$H_2O(l) = H_2O(g) \qquad \Delta H°_{298°} = 10.52 \, kcal$$

〔答：$\Delta H°_{298} = -57.80 \, kcal$〕

7-4　已知 C（石墨）、$H_2(g)$、及 C_2H_6 之燃燒熱如下所示：

$$C(石墨)+O_2(g)=CO_2(g) \qquad \Delta H°_{298}=-94.05\,kcal$$

$$H_2(g)+\frac{1}{2}O_2(g)=H_2O(l) \qquad \Delta H°_{298}=-68.32\,kcal$$

$$C_2H_6(g)+\frac{7}{2}O_2(g)=2CO_2(g)+3H_2O(l)$$

$$\Delta H°_{298}=-372.82\,kcal$$

試利用黑斯熱總量定律求如下反應之 $\Delta H°_{298}$。

$$2C(石墨)+3H_2(g)=C_2H_6(g)$$

〔答： $\Delta H°_{298}=-20.24\,kcal$〕

7–5 已知

$$2P(s)+3Cl_2(g)=2PCl_3(l) \qquad \Delta H°_{298°}=-151.8\,kcal$$

$$PCl_3(l)+Cl_2(g)=PCl_5(s) \qquad \Delta H°_{298°}=-32.81\,kcal$$

求 $PCl_5(s)$ 在 $25°C$ 之生成熱：

〔答： $-108.71\,kcal/mole$〕

7–6 試由表 7–1 所列生成熱數據計算下列物質在 $25°C$ 燃燒成 $H_2O(l)$ 與 $CO_2(g)$ 之燃燒熱。(a) 正丁烷 (*n-butane*)，(b) 甲醇 (*methanol*)，(c) 醋酸 (*acetic acid*)。

〔答：(a) -687.982，(b) -173.66，(c) $-208.3kcal/mole$〕

7–7 丙酮 (*acetone*) $(CH_3)_2CO$ 在 $25°C$ 之 $\Delta \bar{H}_f°$ 為 $-61.4kcal/mole$。(a) 計算 $(CH_3)_2CO$ 在 $25°C$ 之恆壓燃燒熱，(b) 在一彈式卡計器中燃燒 2 克 $(CH_3)_2CO$，問在 $25°C$ 之下放出若干熱？

〔答：(a) $-425.7\,kcal/mole$，(b) $14.64kcal$〕

7–8 一莫耳 $HCl(g)$ 溶解於83莫耳$H_2O(l)$ 中之積分溶解熱為 $-17.6kcal$，又一莫耳 $HCl(g)$ 溶解於 3 莫耳 $H_2O(l)$ 中之積分溶解熱為 $-13.6\,kcal$。若以80莫耳 $H_2O(l)$ 稀釋含有一莫耳 HCl 及 3 莫耳水的溶液，應放出積分稀釋熱若干卡？

7–9 已知 $\Delta H(sol,\ 23H_2O)=-17.43\,kcal$。試利用習題 7–8 之資料計算含有 1 莫耳 HCl 與83莫耳水之溶液與含有 3 莫耳 HCl 及 9 莫耳水之溶液混合所生之熱。

7-10 試由鍵能計算如下反應之反應熱。

$$2C(s)+3H_2(g)+\frac{1}{2}O_2(g) = C_2H_5OH(g)$$

7-11 試由下列二法計算反應

$$6C(g)+6H(g) = C_6H_6(g)$$

之反應熱。

(a) 利用表 7-2 之鍵能資料。苯具有 3C=C 鍵、3C−C 鍵及 6C−H 鍵。

(b) 利用 $C_6H_6(g)$、$C(g)$、及 $H(g)$ 之生成熱:

$\Delta H°_{f,H(g)}=52.089$, $\Delta H°_{f,C(g)}=171.698$, $\Delta H°_{f,C_6H_6(g)}=19.892$ *kcal/mole*。

〔答: (a) −1265.7, (b) −1322 *kcal/mole*〕

7-12 試計算如下反應在 1000° *K* 之反應熱。

$$CH_4(g)+2O_2(g) = CO_2(g)+2H_2O$$

第八章　熱力學第二定律與第三定律

　　熱力學第一定律陳述能可由一形式變爲另一形式，且總能不增亦不減。但第一定律對能的轉變方向不加限制。基於所有人類的經驗，能的轉變方向確有其限制的存在。爲使熱力學完全起見，須以一定律說明此一限制，於是導致第二定律。

　　功與熱爲能的兩種形式，但兩者在質上有所不同。基於以往的經驗，功可百分之百地轉變爲熱，但熱不可能完全變爲功。如此，熱是一種較「退化」的能形式。

　　此外，我們所熟悉的許多自然現象 (spontaneous phenomena) 亦有其方向性，例如水往下流；熱自溫度較高的物體流至溫度較低的物體；物質自濃度較高處往濃度較低處傳送；化學反應趨向平衡等。此等變化均不假外力而能自然進行，稱爲**自然程序** (spontaneous processes)。又若不介入外力，此等自然程序不能逆。例如欲將水送往高處須以幫浦 (pump) 等作功；欲將熱自溫度低處傳至溫度高處須以冷凍機作功等。這些現象都可藉第二定律加以解釋。

　　熱力學第二定律的說法有多種，各種說法均導致相同的結果。茲舉三種最有用者於次：

(1) **吾人無法將熱完全轉變爲功。**

(2) **若不介入外力，無法將熱自低溫處傳至高溫處。**

(3) **所有自然程序均爲不可逆者。**

應注意第二定律係由經驗累積而得者，實無理論根據。但將其應用於各種情形卻屢試不爽。在介紹第二定律的數學陳述之前，我們將考慮噶爾諾循環 (Carnot Cycle)。

8-1 噶爾諾循環與熱機效率
(*Carnot Cycle and Efficiency of Heat Engine*)

若有二溫度不同的熱庫 (*heat reservoirs*)，則可藉一循環程序將部份之熱轉變爲功。所謂熱庫卽能供給熱或吸收熱而本身溫度不改變的物體。設有一循環程序進行於一裝有無摩擦無重量活塞的圓筒中。圓筒中的氣體爲物系。因 H 與 E 爲物系的狀態函數，且物系最後回到原來的狀態。故 $\Delta E=0$, $\Delta H=0$。

噶爾諾循環 (*Carnot Cycle*) 爲一可逆的循環，包括圖 8-1 所示四連續步驟：

(1) 在溫度 T_2 行可逆恆溫膨脹，如 *AB* 所示。

(2) 可逆絕熱膨脹至較低溫度 T_1，如 *BC* 所示。

(3) 在溫度 T_1 行可逆恆溫壓縮，如 *CD* 所示。

(4) 可逆絕熱壓縮至 T_2 及原來體積與壓力，如 *DA* 所示。

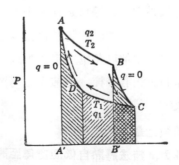

圖 8-1 噶爾諾循環

行可逆恆溫膨脹與壓縮時，圓筒與熱庫接觸。在 T_2 與 T_1 的恆溫程序中，物系自外界所吸收之熱分別爲 q_2 與 q_1 (負值)。在各程序中所作之功等於 PdV 之積分，亦卽代表各程序的線段與 V 軸所圍面積。

故在此循環中所作之淨功等於 $ABCD$ 之面積，以 w 表示之。能進行此種循環的裝置稱爲**熱機** (*heat engine*)。因

$$\Delta E=0=q_2+q_1-w \qquad (8-1)$$

故 $\qquad w=q_1+q_2$

在較高溫所吸之熱轉變爲功的分率稱爲**熱機之效率**(*efficiency of heat engine*)，以 η 表示之：

$$\eta=\frac{w}{q_2}=\frac{q_2+q_1}{q_2} \qquad (8-2)$$

因 q_1 爲負值，故 η 通常小於 1。計算理想氣體的 η 頗簡單。假設在 T_2 的恆溫膨脹過程中，理想氣體的體積自 V_A 增加至 V_B。因恆溫程序的內能變化等於零，所作之功 w_2 爲

$$w_2=q_2=nRT_2\ln\frac{V_B}{V_A} \qquad (8-3)$$

在 T_1 的恆溫壓縮使理想氣體的體積自 V_C 變爲 V_D，而

$$w_1=q_1=nRT_1\ln\frac{V_D}{V_C} \qquad (8-4)$$

就兩可逆絕熱程序而論，依 (6-40) 式

$$T_1V_C^{\gamma-1}=T_2V_B^{\gamma-1}$$
$$T_1V_D^{\gamma-1}=T_2V_A^{\gamma-1}$$

由此二式得

$$\frac{V_C}{V_D}=\frac{V_B}{V_A} \qquad (8-5)$$

(8-4) 式除 (8-3) 式，並應用 (8-5) 式的關係得

$$\frac{q_1}{q_2}=-\frac{T_1}{T_2} \qquad (8-6)$$

如此，理想氣體的噶爾諾循環效率爲

$$\eta=\frac{w_{max}}{q_2}=\frac{T_2-T_1}{T_2} \qquad (8-7)$$

因噶爾諾循環爲一可逆循環，所作之功爲最大功，而所得效率爲最大效率。

噶爾諾循環亦可依反方向 *ADCBA* 進行。如此，外界對物系作功，且熱在低溫處吸入並在高溫處放出。能進行此種循環的裝置稱爲**熱幫浦** (*heat pump*)。

由 (8-7) 式可見，熱機吸熱時之溫度 T_2 愈高，或放熱時之溫度愈低，其效率 η 愈大。當 $T_1=0°K$ 時，$\eta=1$。實際上，熱機效率受設計之限制。由於熱機材料有一定的耐熱性，以及一般常以河水爲冷劑 (*coolent*)，一般熱機（如蒸汽輪機）之最大效率約在 40% 左右。

8-2　熵與熱力學第二定律 (*Entropy and The Second Law of Thermodynamics*)

在此介紹另一熱力學示量性質**熵**（音如商）頗爲恰當。熵亦爲一狀態函數。對熵頗難下一直接定義，但對其無窮小變化 dS 可下如次定義:

$$dS \equiv \frac{\delta q_{rev}}{T} \tag{8-8}$$

q_{rev} 爲可逆程序所吸收之熱。就一可逆程序而論

$$\Delta S = S_2 - S_1 = \int_1^2 \frac{\delta q}{T}, \text{（可逆程序）} \tag{8-9}$$

希臘文 *entropy* 意謂「變化」(*change*)，中文熵係由其定義方程式 (8-8) 式而來 (dS 爲 δq_{rev} 與絕對溫度 T 之商)。S 之單位爲卡每度 (*cal/°K*)，$1cal/°K$ 亦稱爲 $1eu$〔熵單位，(*entropy unit*)〕。

對一不可逆程序（或自然程序）而言，

$$dS > \frac{\delta q_{irrev}}{T}$$

q_{irrev} 爲不可逆程序之熱。此式與（8-8）式可合寫成

$$dS \geq \frac{\delta q}{T}, \quad \left(> \frac{\delta q_{irrev}}{T}, \; = \frac{\delta q_{rev}}{T} \right) \qquad (8\text{-}10)$$

（8-10）式卽**熱力學第二定律的數學陳述。**

　　熵旣爲一狀態函數，其值應不受物系過去歷史的影響。一特定變化所引起的熵變化與變化所取的路線無關。就一可逆程序而論，兩狀態間的熵變化可藉（8-9）式加以計算。但若程序爲一不可逆程序，則 ΔS 不能直接由 q_{irrev} 直接求得。在此場合，應假設相同初態與相同終態間的可逆程序以計算 ΔS。

8-3　熵變化作爲孤立物系之平衡準則 (*Entropy Change as a Criterion of Equilibrium in an Isolated System*)

　　依定義，孤立物系不與外界交換熱與功，亦卽 $\delta q = 0$, $w = 0$。因此孤立物系可視爲 E 與 V 不變的物系。就一孤立物系而論。（8-10）式變爲

　　　　　在一無窮小的可逆程序中，$dS = 0$　　　　　(8-11)

　　　　　在一無窮小的自然程序中，$dS > 0$　　　　　(8-12)

在一特定可逆程序中，孤立物系之 $\Delta S = 0$，而在一特定自然程序中，$\Delta S > 0$。如此，**當一自然程序發生於一孤立物系時，熵增加。**在自然程序中，當一切可增加物系熵的可能性消失時，亦卽當孤立物系內所有推動力（包括溫度差、壓力差、及濃度差等）消失時，物系之熵將達最大值，而物系達於**平衡**；換言之，**物系內各處之溫度、壓力、及濃度等均勻一律，且不隨時間而改變。**此時物系內不可能再發生自然程

序，雖則可逆程序仍可能發生。故當孤立物系達於平衡時，一極微小的可逆變化所引起的 $dS=0$。

我們可將宇宙整體視爲一孤立物系，而宇宙包括物系與外界。如此可推論，**物系與外界之總熵變化大於或等於零。**

$$總 \quad \Delta S = \Delta S(物系) + \Delta S(外界) \geq 0$$

克勞修斯 (*Clausius*) 對第一與第二定律作如次陳述： **宇宙之能不變，而宇宙之熵朝最大值增加。** 此意謂自然程序將發生以使物系及外界之總熵增至最高值。

8-4 噶爾諾循環之熵變化

(*Entropy Changes in the Carnot Cycle*)

因噶爾諾循環包括四可逆程序， 故可以熵變化及溫度變化表示之，如圖 8-2 所示。在絕熱程序中， $\delta q = 0$，故 S 不變。在恆溫程序中， T 爲一常數，故 (8-9) 式積分的結果爲 $\dfrac{q}{T}$。如此，

$$\Delta S = \Delta S_{AB} + \Delta S_{BC} + \Delta S_{CD} + \Delta S_{DA} = 0$$

$$= \frac{q_2}{T_2} + 0 + \frac{q_1}{T_1} + 0 = 0 \tag{8-13}$$

又因 $\Delta E = 0$， $w = q_2 + q_1$，代入 (8-13) 式得

$$\eta = \frac{w_{max}}{q_2} = \frac{T_2 - T_1}{T_2} \tag{8-14}$$

其結果與 (8-7) 式同。因此將第二定律陳述爲 $dS \geq \delta q/T$ 相當於陳述熱機的最大效率如 (8-3) 式所示。

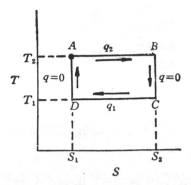

圖 8-2 喀爾諾循環中之溫度與熵變化

8-5 物理狀態轉變程序之熵變化

(*Entropy Change for Transition*)

若溫度保持不變, 積分 (8-9) 式得

$$S_2 - S_1 = \Delta S = \frac{q_{rev}}{T} \qquad (8\text{-}15)$$

其中 q_{rev} 為物系在可逆程序中所吸之熱。因物理狀態如固態、液態、氣態、及晶體形式之轉變通常發生於恆溫恆壓下, 就一莫耳物質而論,

$$\bar{S}_2 - \bar{S}_1 = \Delta \bar{S} = \frac{\Delta \bar{H}}{T} \qquad (8\text{-}16)$$

$\Delta \bar{H}$ 為莫耳轉變熱。此式可用以計算昇華熵、熔解熵、汽化熵、或固體形式的轉變熵。因物系所吸之熱等於外界所失之熱, 若程序可逆進行 (物系與外界的溫度差保持無窮小), 則物系與外界的熵變化絕對值相等而正負號相反, 故物系與外界之總熵變化為零。

分子在固體中較有秩序, 在液體中較紊亂, 而在氣體中最紊亂。物態的轉變伴生分子亂度 (*randomness*) 的改變, 如下所示:

$$固體 \quad \xleftarrow[\text{亂度降低}]{\text{亂度增加}} \quad 液體$$

$$固體 \quad \xleftarrow[\text{亂度降低}]{\text{亂度增加}} \quad 氣體$$

$$液體 \quad \xleftarrow[\text{亂度降低}]{\text{亂度增加}} \quad 氣體$$

熵增加的方向與亂度增加的方向相同，故熵變化可作爲可逆程序中亂度增加程度的一種度量。

〔**例 8-1**〕正己烷 (*n-hexane*) 在 68.7°*C* 沸騰，其在此溫度之恆壓汽化熱爲 6896 *cal/mole*。 若液體汽化而進入此溫度下的平衡蒸汽中，則程序爲可逆者。求每莫耳正己烷之熵變化。

〔**解**〕 $\Delta \bar{S} = \dfrac{\Delta \bar{H}_{vap}}{T} = \dfrac{6896}{341.8} = 20.18 cal/°K-mole$。

8-6 物系加熱或冷卻之熵變化

(*Entropy Change for Heating or Cooling*)

若在整個傳熱程序中，物系與外界的溫度差保持無窮小，則熱傳送爲可逆的。在各無窮小的步驟中，物系吸收之熱等於物系熱容量 C 乘溫度增量 dT。因此

$$dS = \frac{CdT}{T} \tag{8-17}$$

若 C 不受溫度的影響，則

$$S_2 - S_1 = \int_{T_1}^{T_2} \frac{CdT}{T} = C(\ln T_2 - \ln T_1)$$

$$= C \ln \frac{T_2}{T_1} \tag{8-18}$$

此式意謂熵隨溫度增加，此與分子亂度隨溫度增加之事實相符。若此

程序進行於恆壓之下則使用 C_P，若進行於恆容之下則使用 C_v。

若 C 隨溫度而改變，則應使用類似 (6-34) 式之經驗式。如此，就一恆壓程序而論，$\bar{C}_P = a + bT + cT^2$，而

$$\Delta S = n \int_{T_1}^{T_2} \bar{C}_P / T \, dT$$

$$= n \int_{T_1}^{T_2} \left(\frac{a}{T} + b + cT \right) dT$$

$$= n \left[a \ln \frac{T_2}{T_1} + b(T_2 - T_1) + \frac{c}{2} (T_2^2 - T_1^2) \right] \quad (8\text{-}19)$$

若物系在 T_1 與 T_2 之間發生物理狀態之轉變，則須計及物理狀態轉變熵且積分須分段行之。

〔例 8-2〕一莫耳氧在恆壓下自 $25°C$ 熱至 $600°C$，試利用表 6-1 之數據求氧之熵增加量。

〔解〕　$\Delta \bar{S} = \int_{298}^{873} \frac{1}{T} (6.0954 + 3.2533 \times 10^{-3} T$

$$- 10.171 \times 10^{-7} T^2) \, dT$$

$$= (6.0954) \ln \frac{873}{298} + 3.2533 \times 10^{-3} (873 - 298)$$

$$- \frac{10.171 \times 10^{-7}}{2} (873^2 - 298^2)$$

$$= 6.56 + 1.87 - 0.36$$

$$= 8.07 cal/°K - mole$$

8-7　理想氣體之熵變化 (*Entropy Change of Ideal Gases*)

依第一定律，

$$\delta q = dE + PdV \qquad (8\text{-}20)$$

就理想氣體之可逆程序而論，

$$dE=C_V dT, \quad \bar{C}_P=\bar{C}_V+R, \quad PV=nRT$$

故
$$\delta q=n\bar{C}_V dT+nRT\,\frac{dV}{V}$$

$$dS=\frac{\delta q}{T}=n\bar{C}_V\,\frac{dT}{T}+nR\,\frac{dV}{V} \tag{8-21}$$

$$\Delta S=S_2-S_1=n\left[\int_{T_1}^{T_2}\frac{\bar{C}_V}{T}\,dT+R\ln\frac{V_2}{V_1}\right] \tag{8-22}$$

假設 $\bar{C}_V$ 不受溫度的影響，積分上式得

$$\Delta S=S_2-S_1=n\left[\bar{C}_V\ln\frac{T_2}{T_1}+R\ln\frac{V_2}{V_1}\right] \tag{8-23}$$

對一莫耳理想氣體而言，

$$\Delta\bar{S}=\bar{S}_2-\bar{S}_1=\bar{C}_V\ln\frac{T_2}{T_1}+R\ln\frac{\bar{V}_2}{\bar{V}_1} \tag{8-24}$$

(8-23) 或 (8-24) 式適於理想氣體之任何狀態變化。茲分述於次。

(1) 恒容程序

$V_2=V_1$，(8-23) 式簡化爲

$$\Delta S=S_2-S_1=n\bar{C}_V\ln\frac{T_2}{T_1} \tag{8-25}$$

此與 (8-18) 式相符。

(2) 恒壓程序

$P_2=P_1$，$T_2/T_1=V_2/V_1$，(8-23) 式變成

$$\Delta S=S_2-S_1=n(\bar{C}_V+R)\ln\frac{T_2}{T_1}=n\bar{C}_P\ln\frac{T_2}{T_1} \tag{8-26}$$

此式亦與 (8-18) 式相符。當然 ΔS 亦可由下式求得。

$$\Delta S=\int_{T_1}^{T_2}\frac{q_P}{T}\,dT=\int_{T_1}^{T_2}\frac{n\bar{C}_P}{T}\,dT$$

若 $\bar{C}_P$ 爲 T 之函數，積分上式可得 (8-19) 式之結果。

(3) 恒溫程序

$T_2=T_1$，故對理想氣體的恒溫膨脹或壓縮程序而言，

$$\Delta S = S_2 - S_1 = n \ln \frac{V_2}{V_1} = n \ln \frac{P_1}{P_2} \tag{8-27}$$

8-8 自然程序之熵變化

(Entropy Change for Spontaneous processes)

我們已於 8-3 節指出，當一孤立物系經歷一自然程序時，其熵變化大於零，或當任一物系經歷一自然程序時，物系與外界的總熵變化大於零。

$$\Delta S(\text{孤立物系}) > 0 \qquad (\text{自然程序})$$
$$\Delta S(\text{物系}) + \Delta S(\text{外界}) > 0 \qquad (\text{自然程序})$$

此等準則可用以決定一程序是否能自然發生。同時我們可舉許多實例以試驗此等準則。茲舉二例於次。

(1) **理想氣體之瀉流** *(Effusion of an ideal gas)*

設有二體積等於 V_0 之容器，兩容器以一管相通，管上裝有活栓。最初左容器含有一莫耳理想氣體而右容器則抽成眞空。若打開活栓，則氣體自左容器向右容器瀉流，直至兩容器內氣壓相等爲止。此時物系達於平衡。因物系（兩容器內之氣體）不向外界作功，故 $w=0$。假設兩容器與外界熱絕緣，則 $q=0$，亦卽 ΔS（外界）$=0$。但物系的熵變化僅視初態與終態而定，故

$$\Delta S(\text{物系}) = RT \ln \frac{V_2}{V_1} = RT \ln \frac{2V_0}{V_0} = RT \ln 2$$

因此，$\Delta S(\text{物系}) + \Delta S(\text{外界}) = RT \ln 2 > 0$

此結果合乎第二定律。依直覺，我們知道此一自然程序不能逆行。假定此程序逆行，右容器內氣體流回左容器而再度變爲眞空，則

$$\Delta S(\text{物系}) = RT \ln \frac{V_0}{2V_0} = -RT \ln 2$$

$$\Delta S(\text{物系})+\Delta S(\text{外界})<0$$

依第二定律， 此逆程序不能自然發生， 或此逆程序爲一非自然程序 (*non-spontaneous process*)。

(2) 冰在 $25°C$ 之大氣中熔解

將一莫耳冰置於 $25°C$ 之大氣中，它將自大氣吸熱而熔解成水。**冰**在大氣中熔解的過程中， 溫度保持於 $0°C$。 物系 (一莫耳 H_2O) 之熵變化爲

$$\Delta S(\text{物系})=\frac{\Delta \bar{H}}{273}=\frac{\lambda_f}{273}=\frac{1436}{273}=5.25cal/°K$$

外界（大氣）溫度保持於 $25°C$，故

$$\Delta S(\text{外界})=-\frac{1436}{298}=-4.9cal/°K$$

因此 $\quad\quad \Delta S(\text{物系})+\Delta S(\text{外界})=5.25-4.9=0.35cal/°K。$

此亦合乎第二定律。假設此程序能逆行，亦卽一莫耳$0°C$ 的水在 $25°C$ 的大氣中放出熔解熱而凝結成$0°C$的冰，則 $\Delta S(\text{物系})=-5.25cal/°K$，$\Delta S(\text{外界})=+4.9cal/°K$，而總 $\Delta S=-0.35cal/°K$，此逆程序違背第二定律，故不能自然發生。

8-9 理想氣體混合之熵變化
(*Entropy Change for Mixing of Ideal Gases*)

若令同溫同壓之二種氣體互相接觸，則兩氣體互相自然擴散，直至混合均勻爲止。因理想氣體分子間無互作用，此混合程序之熵變化與兩氣體自其原來溫度與體積膨脹至最後溫度與總體積所導致之熵變化相等。若此二理想氣體之初溫與終溫相等，則此混合程序爲恆溫程序，故可應用 (8-27) 式計算各氣體的熵變化。氣體 1 的熵變化爲

$$\Delta S_1 = n_1 R \ln \frac{V_1 + V_2}{V_1} \tag{8-28}$$

其中 n_1 爲氣體 1 之莫耳數， V_1 與 V_2 分別爲氣體 1 與 2 之原有體積， $V_1 + V_2$ 爲氣體的最後體積。兩氣體熵變化的總和爲

$$\Delta S = \Delta S_1 + \Delta S_2 = n_1 R \ln \frac{V_1 + V_2}{V_1}$$

$$+ n_2 R \ln \frac{V_1 + V_2}{V_2} \tag{8-29}$$

其中 n_2 爲氣體 2 的莫耳數。此式僅適用於恆溫混合。因此二理想氣體之莫耳分率 (*mole fractions*) X_1 與 X_2 爲

$$X_1 = \frac{V_1}{V_1 + V_2}, \quad X_2 = \frac{V_2}{V_1 + V_2}$$

$$\Delta S = -R(n_1 \ln X_1 + n_2 \ln X_2) \tag{8-30}$$

若總莫耳數 $n_1 + n_2 = 1$，則上式變爲

$$\Delta \bar{S} = -R(X_1 \ln X_1 + X_2 \ln X_2) \tag{8-31}$$

因 $X_1 < 1$， $X_2 < 1$，故上式之 $\Delta \bar{S}$ 爲正。依 (8-12) 式，兩氣體之擴散程序爲孤立物系內之自然程序。

〔例 8-3〕 $1atm$ 之氧 1 莫耳與 $1atm$ 之氮 1 莫耳在定溫下混合，求熵變化。

〔解〕 假設兩氣體爲理想氣體，

$$\Delta S = -R(n_1 \ln X_1 + n_2 \ln X_2)$$

$$= -1.987(\ln 0.5 + \ln 0.5)$$

$$= 2.76 cal/°K$$

8-10　熵與或然率 (*Entropy and Probability*)

物質的巨視行爲可藉能解釋分子行爲的模式 (*model*) 加以推導。

其法涉及統計分析及或然率定律之使用，稱爲**統計熱力學** (*statistical thermodynamics*)。依統計熱力學，熵與熱力學或然率 W 有如下關係

$$S = k \ln W \qquad\qquad (8-31)$$

其中 k 爲波滋曼常數 (*Boltzmann's constant*)。物系爲分子的聚集物，一狀態的熱力學或然率卽等於此物系能存在於此特殊熱力學狀態的方式數目。茲考慮氧與氮的混合。物系含有等數不混合之氧與氮的熱力學或然率小於物系含有兩氣體均勻混合物的或然率。在此場合，物系狀態愈有規則，達成此一狀態的自由度愈小。在此自然混合程序中，W 增加，S 亦增加。當一自然程序發生於一孤立物系時，此物系經歷一變化而達到此程序所能導致或然率最大的狀態。

8-11　熱力學第三定律
(*The Third Law of Thermodynamics*)

能斯特 (*Nernst*) 於本世紀初建議謂：**當絕對溫度趨近於零時，物質之熵隨溫度之變化率趨近於零**。普蘭克 (*Planck*) 更進一步假設**當絕對溫度趨近於零時，純質之熵趨近於零**，亦卽，

$$\lim_{T \to 0} S = 0$$

熱力學第三定律 (*the third law of thermodynamics*) 陳述：**完全結晶物質** (*perfect crystalline substances*) **的熵在絕對零度等於零，且在零度以上的溫度爲一有限的正值**。此一定律不易以實驗證實，因無法在 $T = 0°K$ 作任何測量。但所有證據，尤其是統計熱力學的證據，均支持此一定律。完全晶體的條件可基於熱力學或然率加以敍述。在完全晶體中，原子的排列方式只有一種；此時 W 最小且等於 1。因此

$$S = k \ln W = k \ln 1 = 0$$

第三定律使 S 成爲一獨特的示量性質，與 H 及 E 在某方面頗不相同。我們只知 H 與 E 的相對值，但 S 的絕對值可求出。

若物質在各溫度的熱容量及各種物態轉變熱已知，則可依下式算出其氣體在溫度 T 之熵。

$$S_T = \int_0^{T_m} \frac{C_P(s)}{T} dT + \frac{\Delta H_{fus}}{T_m} + \int_{T_m}^{T_b} \frac{C_P(l)}{T} dT$$

$$+ \frac{\Delta H_{vap}}{T_b} + \int_{T_b}^{T} \frac{C_P(g)}{T} dT \qquad (3\text{-}32)$$

其中 T_m, T_b，分別爲該物質之熔點與沸點，$C_P(s), C_P(l)$，及 $C_P(g)$ 分別爲固態、液態、氣態物質之恆壓熱容量，ΔH_{fus}，ΔH_{vap} 分別爲熔解熱與汽化熱。若在 $0°K$ 與 T_m 之間有不同種的晶型，則需包括晶形轉變熱。物質在極低溫之 $C_P(s)$ 可使用的拜 (*Debye*) 熱容量公式 (4-14)，即 $\bar{C}_v(s) \cong \bar{C}_P(s) = bT^3$。依第三定律求得之熵稱爲**第三定律熵** (*third law entropy*)，若干物質在 $25°C$ 之標準第三定律熵 $\bar{S}°_{298°}$ 列於表 8-1。

表 8-1 物質在 $25°C$ 之第三定律熵 $\bar{S}°_{298°}$ $(cal/°K\text{-}mole)$

元素與無機化合物					
$O_2(g)$	49.003	$NO(g)$	50.339	$AgCl(s)$	22.97
$O_3(g)$	56.8	$NO_2(g)$	57.47	$Fe(s)$	6.49
$H_2(g)$	31.211	$NH_3(g)$	46.01	$Fe_2O_3(s)$	21.5
$H_2O(g)$	45.106	$HNO_3(l)$	37.19	$Fe_3O_4(s)$	35.0
$H_2O(l)$	16.716	$P(g)$	38.98	$Al(s)$	6.769
$He(g)$	30.126	$P(s, 白)$	10.6	$Al_2O_3(s)$	12.186
$Cl_2(g)$	53.286	$PCl_3(g)$	74.49	$UF_6(g)$	90.76
$HCl(g)$	44.617	$PCl_5(g)$	84.3	$UF_6(s)$	54.45
$Br_2(g)$	58.639	$C(s, 鑽石)$	0.5829	$Ca(s)$	9.95
$Br_2(l)$	36.4	$C(s, 石墨)$	1.3609	$CaO(s)$	9.5
$HBr(g)$	47.437	$CO(g)$	47.301	$CaCO_3(s)$	22.2
$HI(g)$	49.314	$CO_2(g)$	51.061	$Na(s)$	12.2

S(斜方晶硫)	7.62	Pb(s)	15.51	NaF(s)	14.0
S(單斜晶硫)	7.78	Pb(s)	18.3	NaCl(s)	17.3
$SO_2(g)$	59.40	$PbSO_4(s)$	35.2	K(s)	15.2
$SO_3(g)$	61.24	Hg(g)	41.80	KF(s)	15.91
$H_2S(g)$	49.15	Hg(l)	18.5	KCl(s)	19.76
$N_2(g)$	45.767	Ag(s)	10.206		

有機化合物			
甲烷, $CH_4(g)$	44.50	丙烯, $C_3H_6(g)$	63.80
乙烷, $C_2H_6(g)$	54.85	1—丁烯, $C_4H_8(g)$	73.48
丙烷, $C_3H_8(g)$	64.51	乙炔, $C_2H_2(g)$	47.997
正丁烷, $C_4H_{10}(g)$	74.10	甲醛, $CH_2O(g)$	52.26
異丁烷, $C_4H_{10}(g)$	70.42	乙醛, $C_2H_4O(g)$	63.5
正戊烷, $C_5H_{12}(g)$	83.27	甲醇, $CH_3OH(l)$	30.3
正己烷, $C_6H_{14}(g)$	92.45	乙醇, $CH_3CH_2OH(l)$	38.4
正庚烷, $C_7H_{16}(g)$	101.64	甲酸, $HCO_2H(l)$	30.82
正辛烷, $C_8H_{18}(g)$	110.82	醋酸, $CH_3CO_2H(l)$	38.2
苯, $C_6H_6(g)$	64.34	草酸, $(CO_2H)_2(s)$	28.7
苯, $C_6H_6(l)$	41.30	四氯化碳, $CCl_4(l)$	51.25
乙烯, $C_2H_4(g)$	52.45	甘氨酸, $C_2H_5O_2N(s)$	26.1

8-12 化學反應之熵變化

(*Entropy Changes for Chemical Reaction*)

在溫度 T 之化學反應熵變化 ΔS_T 為

$$\Delta S_T = \sum \nu_j \bar{S}_T (生成物) - \sum \nu_i \bar{S}_T (反應物)$$

此與反應熱之定義類似。其中 ν_j 與 ν_i 分別為生成物與反應物在反應式中之化學計量係數。 在標準狀況 $1atm$ 及 $25°C$ 之標準反應熵變化 $\Delta S°_{298}$。可直接使用表 8-1 的數據加以計算。

〔**例 8-4**〕求石墨氧化反應（或 CO_2 之形成反應） 之標準熵變化。

$$C(石墨)+O_2(g)\longrightarrow CO_2(g), \Delta H^°_{298°}=-94.0518kcal$$

〔解〕　$\Delta S^°_{298°}=\bar{S}^°_{298°}[CO_2(g)]-\bar{S}^°_{298°}[C]-\bar{S}^°_{298°}[O_2(g)]$

$$=51.061-49.003-1.3609$$

$$=0.697cal/°K$$

利用表 8-1 之數據亦可求得許多反應之標準生成熵　(*standard entropy of fomation*) $\Delta\bar{S}^°_{f,298°}$。化合物的標準生成熵亦卽由其元素在標準狀況下形成一莫耳化合物所伴生的熵變化。石墨氧化反應之標準熵變化卽 CO_2 之標準生成熵。 在石墨的氧化反應中，外界的熵變化等於 $-\Delta H^°_{298°}/298=94051.8cal/298=315.6cal/°K$。 物系與外界的總熵變化爲

$$\Delta S(物系)+\Delta S(外界)=0.697+315.6=316.3cal/°K$$

故此反應爲自然反應。

我們也可利用標準絕對熵和熱容量計算化學反應在任何溫度 T 的熵變化。其法類似推導 (7-6) 式所用的方法。

$$\Delta S_T=\int_T^{298°}\frac{\sum\nu_i\bar{C}_{Pi}}{T}dT+\Delta S^°_{298°}+\int_{298°}^T\frac{\sum\nu_j\bar{C}_{Pj}}{T}dT$$

$$=\Delta S^°_{298°}+\int_{298}^T\frac{\sum\nu_j\bar{C}_{Pj}-\sum\nu_i\bar{C}_{Pi}}{T}dT$$

$$=\Delta S^°_{298°}+\int_{298}^T\frac{\Delta C_P}{T}dT \tag{8-33}$$

$$\Delta C_P=\sum\nu_j\bar{C}_{Pj}(生成物)-\sum\nu_i\bar{C}_{Pi}(反應物)$$

此處 $\bar{C}_{Pj}$ 與 $\bar{C}_{Pi}$ 分別爲生成物與反應物的恆壓莫耳熱容量。

8-13 功函數、自由能與平衡 (*Work Function, Free Energy, and Equilibrium*)

依第二定律， 若孤立物系中之一程序導致熵之增加， 則此程序為一自然程序。此一陳述可用以推導有關自然化學反應更有用的準則 (*criterion*)。

若物系處於平衡狀態， 則物系在所指定的狀況下不進行自然變化。如此， 在平衡狀況下， 物系內所能發生的極微小變化為可逆的，蓋不可逆變化將使物系失去平衡。

茲致慮與溫度為 T 的恆溫熱庫接觸的一物系。設有一無窮小的不可逆程序發生於其內， 且所作的功僅限於 PV 功。與熱庫交換之熱為 δq，則

$$dS > \frac{\delta q}{T} \qquad \text{（不可逆或自然程序）} \qquad (8\text{-}34)$$

或 $\qquad \delta q - TdS < 0 \qquad$ （不可逆或自然程序） $\qquad (8\text{-}35)$

因所作之功僅限於 PV 功, 故 $\delta q = dE + PdV$

或 $\qquad dE + PdV - TdS < 0 \qquad$ （不可逆或自然程序） $(8\text{-}36)$

若 V 與 S 保持不變, 則

$$(dE)_{V,S} < 0 \qquad\qquad\qquad (8\text{-}37)$$

如此， 在一不可逆或自然程序中， 體積與熵不變的物系， 其內能減小。

孤立物系在不可逆程序中增加熵，而孤立物系為體積與內能不變的物系, 故

$$(dS)_{V,E} > 0 \qquad \text{（自然程序）}$$

若在此無窮小的不可逆或自然程序中， 體積保持不變則 (8-36)

式變爲

$$(dE - TdS)_V < 0 \tag{8-38}$$

又若溫度亦保持不變，則因 $d(TS) = TdS$，故上式可寫成

$$d(E - TS)_{T,V} < 0 \quad （自然程序） \tag{8-39}$$

$(E - TS)$ 稱爲**亥姆霍茲自由能** (*Helmholtz free energy*) 或**功函數** (*work function*)，以 A 表示之。

$$A = E - TS \tag{8-40}$$

由 (8-39) 式

$$(dA)_{T,V} < 0 \quad （自然程序） \tag{8-41}$$

如此，在一恒溫恆容不可逆程序中，功函數降低。

當 T 與 P 保持不變時，因 $d(PV) = PdV$，$d(TS) = TdS$，(8-36) 式變爲

$$d(E + PV - TS)_{T,P} < 0 \tag{8-42}$$

或 $\qquad d(H - TS)_{T,P} < 0 \quad （自然程序） \tag{8-43}$

$(H - TS)$ 稱爲**吉布斯自由能** (*Gibbs free energy*)，以 G 表示之。

$$G = H - TS \tag{8-44}$$

爲避免混淆起見，**稱 A 爲功函數，而簡稱 G 爲自由能**。由 (8-43) 式

$$(dG)_{T,P} < 0 \quad （自然程序） \tag{8-45}$$

如此，在**恆溫恆壓**下之自然程序中，若所作之功僅限於 PV 功，則自由能降低。

若上述程序爲可逆程序，則以上方程式之不等號應改爲等號，此由 (8-10) 式之等號而來，亦即

不可逆程序	可逆程序（或平衡狀態）
$(dS)_{V,E} > 0$	$(dS)_{V,E} = 0$
$(dE)_{V,S} < 0$	$(dE)_{V,S} = 0$
$(dA)_{T,V} < 0$	$(dA)_{T,V} = 0$

$$(dG)_{T,P} < 0 \qquad (dG)_{T,P} = 0$$

自然程序進行到最後總是使恆容恆熵下的內能、恆溫恆容下的功函數、及恆溫恆壓下的自由能趨於最低值，而使孤立物系的熵趨於最高值。因實驗室內之物理程序與化學反應通常在恆溫恆壓下實施，上列四平衡準則之中以自由能之平衡準則最為重要。亦即，自由能在恆溫恆壓下的自然或不可逆程序中總是降低，而在最後平衡狀態達成時變為最小，此時就任一極微小變化而論，

$$dG = 0 \qquad （恆溫恆壓平衡狀態） \qquad (8\text{-}46)$$

8-14 自由能變化與功函數變化
(*Changes in Free Energy and Work Function*)

由 (8-44) 式與 (8-40) 式，

$$G = H - TS = E + PV - TS$$

$$A = E - TS \qquad\qquad\qquad (8\text{-}40)$$

故 $\qquad\qquad G = A + PV \qquad\qquad\qquad (8\text{-}47)$

在一恆溫變化中，

$$\Delta G = G_2 - G_1 = (H_2 - H_1) - T(S_2 - S_1)$$

$$\Delta G = \Delta H - T\Delta S \qquad （恆溫） \qquad (8\text{-}48)$$

在一恆壓程序中，由 (8-47) 式，

$$\Delta G = \Delta A + P\Delta V \qquad （恆壓） \qquad (8\text{-}49)$$

在此考慮 ΔA 之物理意義頗有助益。因在恆溫下，$T\Delta S = q_{rev}$，故有

$$\Delta A = \Delta E - q_{rev} = -(q_{rev} - \Delta E)$$

$$= -w_{max} = -w_{rev} \qquad （恆溫） \qquad (8\text{-}50)$$

如此，在恆溫下，物系犧牲其內能以作最大功。此卽功函數名稱的由來。

其次考慮 ΔG 之物理意義，

$$dG=d(E+PV)-d(TS)$$
$$=dE+PdV+VdP-TdS-SdT \tag{8-51}$$

在可逆程序中，

$$dE=\delta q_{rev}-\delta w \quad（各種功）$$
$$=TdS-(PdV+\delta w_{net}) \tag{8-52}$$

在以往絕大部份的討論中，w 僅限於 PV 功（卽膨脹或壓縮功）。此處之 w 包括各種可逆功，而 w_{net} 爲物系除 PV 功之外所能作的可逆功（例如電功等）。將 (8-52) 式代入 (8-51) 式得

$$dG=-SdT+VdP-\delta w_{net} \tag{8-53}$$

在恆溫恆壓下，

$$\Delta G=-w_{net} \quad（恆溫恆壓可逆程序） \tag{8-54}$$

換言之，在恆溫恆壓下，物系除 PV 功之外所能作的可逆功等於物系自由能的減小量。

應注意 G 和 A 爲狀態函數，其值不受變化路線的影響，求 ΔG 和 ΔA 之法與求 ΔS 之法相似，應攷慮可逆變化。

若物系所作之功僅限於 PV 功，則 $\delta w_{net}=0$，(8-53) 式變爲

$$dG=-SdT+VdP \tag{8-54}$$

將 G 表示爲 T 與 P 的函數，則 G 的全微分 dG 可寫成

$$dG=\left(\frac{\partial G}{\partial T}\right)_P dT+\left(\frac{\partial G}{\partial P}\right)_T dP \tag{8-55}$$

比較 (8-54) 與 (8-55) 兩式，得

$$\left(\frac{\partial G}{\partial T}\right)_P=-S \tag{8-56}$$

$$\left(\frac{\partial G}{\partial P}\right)_T = V \tag{8-57}$$

同樣，若微分 A 之定義方程式，(8-40) 式，

$$dA = dE - SdT - TdS \tag{8-58}$$

因 $TdS = \delta q_{rev}$ 而 $\delta q_{rev} = dE + PdV$，故

$$dA = dE - SdT - dE - PdV$$

或　　　　　$$dA = -SdT - PdV \tag{8-59}$$

將 A 表示爲 T 與 V 的函數，則 A 的全微分 dA 可寫成

$$dA = \left(\frac{\partial A}{\partial T}\right)_V dT + \left(\frac{\partial A}{\partial V}\right)_T dV \tag{8-60}$$

比較 (8-59) 與 (8-60) 兩式，得

$$\left(\frac{\partial A}{\partial T}\right)_V = -S \tag{8-61}$$

$$\left(\frac{\partial A}{\partial V}\right)_T = -P \tag{8-62}$$

8-15　壓力對自由能之影響

(*Influence of Pressure on Free Energy*)

求恆溫程序之自由能變化可積分 (8-57) 式，

$$\Delta G = \int_{G_1}^{G_2} dG = \int_{P_1}^{P_2} VdP \qquad \text{(恆溫)} \tag{8-63}$$

對理想氣體而言，$V = nRT/P$，故

$$\Delta G = G_2 - G_1 = \int_{P_1}^{P_2} \frac{nRTdP}{P}$$

$$= nRT \ln\frac{P_2}{P_1} \qquad \text{(恆溫理想氣體)} \tag{8-64}$$

對液體與固體而言，因其體積幾乎不受壓力的影響，故 (8-63) 式中

之 V 可視爲一常數。積分（8-63）式得

$$\Delta G = V(P_2 - P_1) \quad （恆溫液體或固體）\quad\quad (8\text{-}65)$$

〔**例 8-5**〕計算如下程序之自由能變化：

$$H_2O(l, -10°C) = H_2O(s, -10°C)$$

水在 $-10°$ 之蒸汽壓爲 $2.149\ mm\ Hg$，而冰在 $-10°C$ 之蒸汽壓爲 $1.950\ mm\ Hg$。

〔**解**〕因 G 爲狀態函數，求 ΔG 必須遵循可逆路徑或平衡途徑。此程序可依如下二可逆步驟行之：

(1) 一莫耳水在 $-10°C$ 轉變爲飽和或平衡蒸汽（$P = 2.149\ mm\ Hg$），因液汽兩相互呈平衡，$\Delta \bar{G} = 0$。

(2) 水蒸汽在 $-10°C$ 自 $2.149 mm\ Hg$ 可逆膨脹至 $1.950\ mm\ Hg$。

$$\Delta \bar{G} = RT \ln \frac{P_2}{P_1} = (1.987)(263)\ \ln \frac{1.950}{2.149}$$

$$= -52\ cal/mole$$

(3) 一莫耳水蒸汽在 $-10°C$ 及 $1.950\ mmHg$ 之下轉變爲冰。因兩相互呈平衡，故 $\Delta \bar{G} = 0$

總程序之總自由能變化爲 $\Delta \bar{G} = 0 + (-52) + 0 = -52\ cal/mole$。應注意，水在 $0°C$ 轉變爲 $0°C$ 之冰時無自由能之變化，蓋兩者在 $0°C$ 具有相同的蒸汽壓。

8-16　溫度對自由能之影響

若 P 保持不變，(G/T) 對 T 微分得

$$\left[\frac{\partial (G/T)}{\partial T} \right]_P = \frac{T\left(\frac{\partial G}{\partial T}\right)_P - G}{T^2} \quad\quad (8\text{-}66)$$

因 $\left(\dfrac{\partial G}{\partial T}\right)_P = -S$, 故

$$\left[\frac{\partial(G/T)}{\partial T}\right]_P = -\frac{(G+TS)}{T^2} = -\frac{H}{T^2} \tag{8-67}$$

亦可以 ΔG 與 ΔH 取代上式之 G 與 H, 得

$$\left[\frac{\partial(\Delta G/T)}{\partial T}\right]_P = -\frac{\Delta H}{T^2} \tag{8-68}$$

此式稱爲**吉布斯-亥姆霍茲方程式**, 可用以計算任何溫度下的化學反應自由能變化。我們將於有關化學平衡的一章中再予詳細討論。

8-17　熱力學計算 (*Thermodynamic Calculation*)

至此, 所有熱力學函數 E, H, S, A, G 均已提及。茲考慮此等熱力學函數在物理程序中之變化。本節所舉實例僅限於物理程序。熱力學在化學反應中之應用將散見於以後各章中。

〔**例 8-6**〕一莫耳水蒸汽在其沸點 $100°C$ 凝結成水。在 $100°C$ 及 $1atm$ 之汽化熱爲 $539.7\,cal/g$。試計算 w, q 及其他熱力學數量 $\Delta\bar{H}, \Delta\bar{E}, \Delta\bar{A}, \Delta\bar{S}$。

〔**解**〕此程序爲一可逆、恆溫、恆壓程序。

$$w = P\Delta\bar{V} = P(\bar{V}_l - \bar{V}_g) \cong -P\bar{V}_g = -RT$$
$$= -(-1.987\,cal/°K-mole)(373°K)$$
$$= -741\,cal/mole$$

此處 $\bar{V}_l$ 與 $\bar{V}_g$ 分別爲液態水與水蒸汽的莫耳體積, 求 $\bar{V}_g$ 時假設水蒸汽爲一理想氣體。

$$q_P = \Delta\bar{H} = -(539.7\,cal/g)(18.02\,g/mole) = -9720\,cal/mole$$
$$\Delta\bar{E} = \Delta\bar{H} - P\Delta\bar{V} = -9720 + 741 = -8979\,cal/mole$$
$$\Delta\bar{A} = -w_{max} = 741\,cal/mole \qquad (恆溫)$$

$$\Delta\bar{S} = q_{rev}/T = \frac{-9720\ cal/mole}{373°K} = -26.0\ cal/°K-mole$$

$$\Delta\bar{G} = \Delta\bar{H} - T\Delta\bar{S} = 0 \qquad （恆溫）$$

或 $\qquad \Delta G = \Delta\bar{A} + P\Delta\bar{V} = 0 \qquad （恆壓）$

此爲必然的結果，蓋水與水蒸汽於 $100°C$ 及 $1atm$ 之恆溫恆壓下互呈平衡，$dG = -SdT + VdP = 0$。

〔**例 8-7**〕一莫耳理想氣體在 $27°C$ 自 $10atm$ 行恆溫可逆膨脹至 $1atm$。求 w，q，$\Delta\bar{E}$，$\Delta\bar{H}$，$\Delta\bar{S}$，$\Delta\bar{G}$，及 $\Delta\bar{A}$。

〔**解**〕1 莫耳理想氣體在 $0°C$ 及 $1atm$ 之體積等於22.4升，故其在 $27°C$ 及 $1atm$ 之體積等於 $22.4 \times \frac{300}{273} = 24.62$ 升。此氣體自 2.462 升膨脹至 24.62 升。

$$w_{max} = RT\ln\frac{\bar{V}_2}{\bar{V}_1} = (1.987cal/°K-mole)(300°K)\ln10$$

$$= 1373\ cal/mole$$

$$\Delta\bar{A} = -w_{max} = -1373\ cal/mole \quad（恆溫）$$

$$\Delta\bar{E} = \int \bar{C}_v dT = 0 \quad （理想氣體，恆溫程序）$$

$$q_{rev} = \Delta E + w = 0 + 1373 = 1373\ cal/mole$$

$$\Delta\bar{H} = \int \bar{C}_P dT = 0 \quad （理想氣體，恆溫程序）$$

$$\Delta\bar{G} = RT\ln\frac{P_2}{P_1} = (1.987)(300)\ \ln\frac{1}{10}$$

$$= -1373\ cal/mole$$

或 $\qquad \Delta\bar{G} = \Delta\bar{H} - T\Delta\bar{S} \quad （恆溫）$

$$= 0 - q_{rev} = -1373\ cal/mole$$

$$\Delta\bar{S} = \frac{q_{rev}}{T} = \frac{1373\ cal/mole}{300} = 4.58\ cal/°K-mole$$

或 $\qquad \Delta\bar{S} = \frac{\Delta\bar{H} - \Delta\bar{G}}{T} = \left[0-(-1373)\right]/300 = 4.58 cal/°K-mole$

〔**例 8-8**〕一莫耳理想氣體在 27°C 之恆溫下，自 10 *atm* 膨脹
而進入原來抽成眞空的相通容器中，最後壓力為 1*atm*。 亦卽此氣體
自 2.462 升不可逆膨脹至 24.62 升。試計算各熱力學數量之變化。

〔**解**〕此程序爲一不可逆程序。因物系不對外界作功，

$$w=0$$

又因氣體爲理想的，且溫度不變

$$\Delta \bar{E}=0$$

$$q=\Delta \bar{E}+w=0+0=0$$

$E, H, A, G, S,$ 爲狀態函數，求 A, G, S 時其變化量須遵循假
想的可逆程序。又因本題的初態與終態與上題同，故 $\Delta \bar{E}, \Delta \bar{H} \ \Delta \bar{G},$
$\Delta \bar{S}$ 同上題。

8-18 熱力學基本關係式與熱力學狀態方程式

$H, A,$ 與 G 的定義方程式爲

$$\begin{cases} H=E+PV & (8\text{-}69) \\ A=E-TS & (8\text{-}70) \\ G=H-TS & (8\text{-}71) \end{cases}$$

本節所論及程序爲可逆程序，且假設物系不發生化學反應。因
$\delta q_{rev}=TdS,\ \delta w=PdV,$ 由第一定義，

$$dE=TdS-PdV$$

微分 (8-69) 式得

$$dH=dE+PdV+VdP$$

代入 dE 之表示式得

$$dH=TdS+VdP$$

將 $dE, dH, dA,$ 及 dG 放在一起，

$$dE = TdS - PdV \qquad (8\text{-}72)$$
$$dH = TdS + VdP \qquad (8\text{-}73)$$
$$dA = -SdT - PdV \qquad (8\text{-}74)$$
$$dG = -SdT + VdP \qquad (8\text{-}75)$$

以上四式將不可直接測量的熱力學數量 E, H, A, G 表示爲可直接測量的數量 T, P, V, S 的函數，同時展示8-13節所示平衡準則。例如在恆溫恆壓下，平衡程序之 $dG = 0$。將此四式中之任一自變數保持不變，對另一自變數微分可得如下八關係式：

$$\left(\frac{\partial E}{\partial S}\right)_V = T \quad (8\text{-}76a) \qquad \left(\frac{\partial E}{\partial V}\right)_S = -P \quad (8\text{-}76b)$$

$$\left(\frac{\partial H}{\partial S}\right)_P = T \quad (8\text{-}77a) \qquad \left(\frac{\partial H}{\partial P}\right)_S = V \quad (8\text{-}77b)$$

$$\left(\frac{\partial A}{\partial T}\right)_V = -S \quad (8\text{-}78a) \qquad \left(\frac{\partial A}{\partial V}\right)_T = -P \quad (8\text{-}78b)$$

$$\left(\frac{\partial G}{\partial T}\right)_P = -S \quad (8\text{-}79a) \qquad \left(\frac{\partial G}{\partial P}\right)_T = V \quad (8\text{-}79b)$$

其中最後四式已於8-14節提及。

　　若 u 爲 x 與 y 之函數，其恰當微分式爲

$$du = \left(\frac{\partial u}{\partial x}\right)_y dx + \left(\frac{\partial u}{\partial y}\right)_x dy$$

或　　　　$$du = Mdx + Ndy \qquad (8\text{-}80)$$

此處　　　$$M = \left(\frac{\partial u}{\partial x}\right)_y, \qquad N = \left(\frac{\partial u}{\partial y}\right)_x$$

因　　　$$\frac{\partial^2 u}{\partial y \partial x} = \frac{\partial^2 u}{\partial x \partial y}; \quad \left(\frac{\partial M}{\partial y}\right)_x = \frac{\partial^2 u}{\partial y \partial x}; \quad \left(\frac{\partial N}{\partial x}\right)_y = \frac{\partial^2 u}{\partial x \partial y}$$

故　　　$$\left(\frac{\partial M}{\partial y}\right)_x = \left(\frac{\partial N}{\partial x}\right)_y \qquad (8\text{-}81)$$

將 (8-81) 式之關係應用於 (8-72) 至 (8-75) 式可得如下四馬克斯威爾關係式 (Maxwell relations)：

$$\left(\frac{\partial T}{\partial V}\right)_S = -\left(\frac{\partial P}{\partial S}\right)_V \tag{8-82}$$

$$\left(\frac{\partial T}{\partial P}\right)_S = \left(\frac{\partial V}{\partial S}\right)_P \tag{8-83}$$

$$-\left(\frac{\partial S}{\partial P}\right)_T = \left(\frac{\partial V}{\partial T}\right)_P \tag{8-84}$$

$$\left(\frac{\partial S}{\partial V}\right)_T = \left(\frac{\partial P}{\partial T}\right)_V \tag{8-85}$$

此四關係數極爲有用。利用此四關係式可以其他方式表示熱力學函數的導數。其應用之一爲熱力學狀態方程式的推導。

將 (8-72) 式改寫爲

$$\left(\frac{\partial E}{\partial V}\right)_T = T\left(\frac{\partial S}{\partial V}\right)_T - P \tag{8-86}$$

將 (8-85) 式代入 (8-86) 式, 得

$$\left(\frac{\partial E}{\partial V}\right)_T = T\left(\frac{\partial P}{\partial T}\right)_V - P \tag{8-87}$$

此式以 P, V, T 表示 E 的導數, 特稱爲**熱力學狀態方程式** (*thermodynamic equation of state*)。

對理想氣體而言, $P = \dfrac{nRT}{V}$。

$$\left(\frac{\partial P}{\partial T}\right)_V = \frac{nR}{V}$$

故 $$\left(\frac{\partial E}{\partial V}\right)_T = T\left(\frac{\partial P}{\partial T}\right)_V - P = \frac{nRT}{V} - P = 0 \tag{8-88}$$

因 $dH = dE + d(PV) = dE + nRdT$, 若 T 保持不變,

$$\left(\frac{\partial H}{\partial V}\right)_T = \left(\frac{\partial E}{\partial V}\right)_T = 0 \tag{8-89}$$

依類似方法可由 (8-73) 與 (8-84) 兩式證明

$$\left(\frac{\partial H}{\partial P}\right)_T = \left(\frac{\partial E}{\partial P}\right)_T = 0 \tag{8-90}$$

習 題

8-1 試計算藉下列各組熱庫 (*heat reservoirs*) 所能獲得之最大熱機效率。(a)

$100°C$ 之水蒸汽與 $25°C$ 之水；（b）$150°C$ 之水蒸汽與 $25°C$ 之水；
(c) $357°C$ 之汞蒸汽與 $100°C$ 之汞；（d）$2000°C$ 之氫氣與 $500°C$ 之氫氣；（e）$5×10^6°C$ 之氫氣與 $1000°C$ 之氫氣。

〔答：（a）0.20，（b）0.30，（c）0.41，（d）0.66，（e）1.0〕

8-2 依嘎爾諾循環 (*Carnot cycle*) 操作之一熱機在 $400°C$ 之下吸熱$800cal$，而在 $100°C$ 之下放熱。求該熱機在每循環中所作之功及其在 $100°C$ 之下所放之熱。

〔答：$w=443cal$，$q_1=-443\ cal$〕

8-3 若有一喝爾諾熱機每循環在較低溫度 (T_1) $100°C$ 放熱 $700\ cal$，且作 $400\ cal$ 之功。問此熱機之較高溫度為若干 $°C$？

〔答：$314°C$〕

8-4 試計算下列各程序之熵變化。

（a）1莫耳鋁在其熔點 $660°C$ 熔解，$\Delta H_{fus}=1.91\ kcal/mole$。

（b）2莫耳液態氧在其沸點 $-182.97°C$ 汽化，$\Delta H_{vap}=1.630kcal/mole$。

〔答：（a）$2.05cal/°K$，（b）$36.2cal/°K$〕

8-5 一莫耳水蒸汽在 $100°C$ 凝結成水，水冷却至 $0°C$ 而結冰。求 ΔS。假設水的平均比熱為 $1.0cal/°K-g$。水在沸點的汽化熱與在凝固點的熔解熱分別為 539.7 與 $79.7cal/g$。

〔答 $\Delta S=-36.9cal/°K$〕

8-6 10 克 H_2S 在恆壓下自 $50°C$ 熱至 $100°C$，求 ΔS。H_2S 之 $\bar{C}_p=7.15+0.00332T$。

〔答：$0.351cal/°K$〕

8-7 求一莫耳理想氣體在恆溫下膨脹 100 倍所生熵變化。

〔答：$9.17cal/°K$〕

8-8 2莫耳理想單分子氣體經歷如下二連續變化：

$$\begin{array}{c} 1atm \\ 25°C \end{array} \xrightarrow[\Delta S_1]{\text{恆溫壓縮}} \begin{array}{c} 20atm \\ 25°C \end{array} \xrightarrow[\Delta S_2]{\text{恆壓加熱}} \begin{array}{c} 20atm \\ 430°C \end{array}$$

(a) 分段求總熵變化, $\Delta S = \Delta S_1 + \Delta S_2$

(b) 應用 (8-23) 式求 ΔS, 並比較 (a) 與 (b) 之結果。

8-9 0.2 莫耳氧與 0.8 莫耳氮混合而形成 1 莫耳空氣。求此程序之 ΔS。

〔答: 0.995$cal/°K$〕

8-10 試由表 8-1 之數據求下列在 25°C 之反應之 $\Delta S°$。

(a) $H_2(g) + \frac{1}{2}O_2(g) = H_2O(l)$

(b) $H_2(g) + Cl_2(g) = 2HCl(g)$

(c) $C_3H_8(g) + C_2H_6(g) = n-C_5H_{12}(g) + H_2(g)$

(d) $CH_4(g) + \frac{1}{2}O_2(g) = CH_3OH(l)$

〔答: (a) −38.996, (b) 4.737, (c) −4.88, (d) −38.7$cal/°K$〕

8-11 2 莫耳理想氣體自 100 升與 50°C 受熱而變至 150 升與 150°C。求 ΔS。假設此理想氣體之 $\overline{C_V} = 7.88cal/°K-mole$。

〔答: $\Delta S = 5.88cal/°K$〕

8-12 2 莫耳理想氣體自 5atm 與 50°C 受熱而變至 10atm 與 100°C。求 ΔS。此氣體之 $\overline{C_P}$ 為

$$\overline{C_P} = 9.88cal/°K-mole$$

〔答: $\Delta S = 0.08cal/°K$〕

8-13 試利用表 6-1 之數據計算 2 莫耳 $CHCl_3$ (g) 自 100 升與 500°K 變為 70 升與 700°K 所伴生之 ΔS。假設此氣體為理想氣體, 亦卽 $\overline{C_V} = \overline{C_P} - R$, $PV = nRT$。

8-14 試利用表 8-1 及表 6-1 之數據, 求下列反應在 225°C 之反應熵, ΔS_{498}。

$$H_2O(g) + CO(g) \longrightarrow CO_2(g) + H_2(g)$$

8-15 一莫耳理想氣體在 25°C 下自 1atm 行恆溫可逆膨脹至 0.1atm。(a) 求自由能變化。(b) 若此氣體在 25°C 之恆溫下自 1atm 對着 0.1atm 之壓力膨脹, 求自由能變化。

〔答 (a) −1364, (b) −1364cal〕

8-16 水在 30°C 之平衡蒸汽壓為 31.82 $mmHg$。計算 1 莫耳水在如下程序中之

ΔG_o

$$H_2O(l, \ 1atm, \ 30°C)=H_2O(g, \ 1atm, \ 30°C)$$

提示： 此程序爲一不可逆程序。求 ΔG 時可將此程序分爲三可逆步驟。

$$H_2O(l, \ 1atm, \ 30°C) \xrightarrow{\quad \Delta G \quad} H_2O(g, \ 1atm, \ 30°C)$$

$\Bigg\downarrow \Delta G_1 \qquad\qquad\qquad\qquad\qquad\qquad \Bigg\uparrow \Delta G_3$

$$H_2O(l, \ 31.82mmHg, \ 30°C) \xrightarrow{\quad \Delta G_2 \quad} H_2O(g, \ 31.82mmHg,$$
$$30° C)$$

$$\Delta G = \Delta G_1 + \Delta G_2 + \Delta G_3$$

〔答： 1.90 *kcal*〕

8-17 1莫耳甲苯 (*toluene*, $C_6H_5CH_3$) 在其沸點 111°C 及 1atm 之下汽化。甲苯在此溫度及壓力下之汽化熱爲 86.5*cal*/*g*。求 w, q, $\Delta \overline{H}$, $\Delta \overline{E}$, $\Delta \overline{G}$, $\Delta \overline{A}$, $\Delta \overline{S}$。

〔答： $w=763$, $q=7969$, $\Delta \overline{H}=7969$, $\Delta \overline{E}=7206$, $\overline{G}=0$,

$\Delta \overline{A} = -763cal/mole$, $\Delta \overline{S}=20.7cal/°K-mole$〕

8-18 一莫耳理想氣體在 300°K 之恆溫下自 15 *atm* 之初壓膨脹至 10 升。試計算 (a) 此程序所能獲得之最大功, (b) ΔE, (c) ΔH, (d) ΔG, (e) ΔA。

〔答： (a) 836, (b) 0, (c) 0, (d) −836, (e) −836*cal*〕

8-19 一莫耳氨 (假設氨爲理想氣體) 之初溫爲 25°C, 初壓爲 1atm。此氨在恆壓下受熱直至其體積增至原體積之三倍爲止。試計算 (a) q, (b) w, (c) $\Delta \overline{H}$, (d) $\Delta \overline{E}$, (e) $\Delta \overline{S}$。氨之恆壓莫耳熱容量爲

$$\overline{C}_P=6.189+7.887\times10^{-3}T-7.28\times10^{-7}T^2$$

〔答： (a) 6320, (b) 1185, (c) 6320, (d) 5135*cal*/*mole*,

(e) 11.23*cal*/°*K−mole*〕

8-20 設有一物質, 其在各溫度範圍之 $\overline{C}_P$ 如下所示:

$$\overline{C}_P(s)=4.0\times10^{-5}T^3 \ cal/°K-mole, \ 0<T<50°K$$

$$\overline{C}_P(s)=5.00cal/°K-mole, \ 50\le T<150°K$$

$$\overline{C}_P(l)=6.00cal/°K-mole \ \ 50<T<400°K$$

此物質之熔點為 $150°K$，莫耳熔解熱為 $\Delta H_{fus} = 300\,cal/mole$。求此物質在 $300°K$ 之液態時之第三定律莫耳熵。

〔答: $\bar{S}_{800}° = 13.32 cal/°K - mole$〕

第九章　相律及單成分物系

　　熱力學可用以研討物系之平衡。平衡之物系可能涉及一成分或多成分，一相或多相。

9-1　相 (*Phase*)

　　相卽物系之一均勻部份，其內各處之化學組成及物理性質均勻，且以界面與其他均勻部份分離。因氣體能完全互相混合，故只能有一氣相，但液相與固相可能有多個。茲舉一例。在原來抽成眞空之閉合容器內加入若干水與苯及足量之食鹽與蔗糖。因水與苯不相溶混，且食鹽與蔗糖僅溶於水中，故平衡時將有五相：(1) 純蔗糖結晶，(2) 純食鹽結晶，(3) 被食鹽與蔗糖所飽和之水溶液，(4) 較輕之苯液層，(5) 含有水蒸汽與苯蒸汽之氣體。

　　所謂相數目係指不同相之數目而言。例如僅含有液態水和許多冰塊的物系僅有二相。由一相所構成之物系稱爲**均勻物系** (*homogeneous system*)，而含有多於一相之物系稱爲**非均勻物系** (*heterogeneous system*)。

　　相平衡與各相之相對量無關。因此，平衡準則須以示強性質表示之。

9-2　化學勢 (*Chemical Potential*)

　　若一物系之某相中含有二種或二種以上的成分，則須明示該相**的**

組成 (*composition*) 始能確定其狀態。除 P, V, T 之外，尚須介入新變數以表示物系內不同化學成分量。通常選擇莫耳數爲所需的新變數，符號 n_1, n_2, ……, n_i, …… 代表某特殊相內成分 1, 2, ……i, ……的莫耳數。如此，自由能 G 爲 P, T, n_1, n_2, ……n_i, …之函數，亦卽

$$G = G(P, \quad T, \quad n_1, \quad n_2, \ldots\ldots n_i, \ldots)$$

G 之完全微分爲

$$dG = \left(\frac{\partial G}{\partial T}\right)_{P, n_i} dT + \left(\frac{\partial G}{\partial p}\right)_{T, n_i} dP + \sum_i \left(\frac{\partial G}{\partial n_i}\right)_{T, P, n_j} dn_i \qquad (9\text{-}1)$$

其中，下標 (*subscript*) n_i 表示所有成分的莫耳數保持不變，而 n_j 表示除成分 i 之外所有其他成分的莫耳數保持不變。(8-75) 式，$dG = -SdT + VdP$，爲 $dn_1 = 0$, $dn_2 = 0$, ……, $dn_i = 0$, …… 之特殊情形。因此，(9-1) 式可寫成

$$dG = -SdT + VdP + \sum_i \left(\frac{\partial G}{\partial n_i}\right)_{T, P, n_j} dn_i \qquad (9\text{-}2)$$

係數 $\left(\frac{\partial G}{\partial n_i}\right)_{T, P, n_j}$ 爲吉布斯 (*Gibbs*) 所介紹，稱爲**化學勢** (*chemical potential*)，以特別符號 μ_i 表示之，卽

$$\mu_i = \left(\frac{\partial G}{\partial n_i}\right)_{T, P, n_j} \qquad (9\text{-}3)$$

依定義，μ_i 爲，當溫度、壓力、及所有其他成分之莫耳數保持不變時，物系（或相）之自由能隨成分莫耳數之變化率。因此，化學勢指示相之自由能與其組成變化之關係。

(9-2) 式可寫成

$$dG = -SdT + VdP + \sum \mu_i dn_i \qquad (9\text{-}4)$$

在恆溫恆壓下

$$dG = \sum \mu_i dn_i \qquad (\text{恆溫恆壓}) \qquad (9\text{-}5)$$

9-3 相間平衡之條件 (*Conditions for Equilibrium between Phases*)

物系平衡所需條件可以示強性質 T, P, 及 μ 表示之。本節加以推導。

物系內各相的溫度必須相等才能達成**熱平衡** (*thermal equilibrium*)。若有兩相溫度不等，則熱自一相流至另一相。此條件可證明於次。令兩相 α 與 β 之溫度分別爲 T^α 與 T^β。設有無窮小量之熱 δq 自 α 相傳至與其平衡之 β 相。平衡條件爲

$$dS=dS^\alpha+dS^\beta=0 \quad 或 \quad \frac{-\delta q}{T^\alpha}+\frac{\delta q}{T^\alpha}=0$$

因此 $\qquad T^\alpha=T^\beta$ $\hfill$ (9-6)

各相之壓力必須相等才能達成**機械平衡** (*mechanical equilibrium*)。若有二相壓力不等，則一相將膨脹，而另一相被壓縮。設 α 相之體積增加一無窮小量 dV, 而 β 相之體積減小同量。若整個物系之溫度與體積保持不變，則

$$dA=dA^\alpha+dA^\beta=0$$

或 $\qquad -P^\alpha dV+P^\beta dV=0$

故 $\qquad P^\alpha=P^\beta$ $\hfill$ (9-7)

除 (9-6) 與 (9-7) 式之條件外，**化學平衡** (*chemical equilibrium*) 尚需另一條件，假設含有 α 相與 β 相之物系保持於恆溫與恆壓之下。令 $n_i{}^\alpha$ 與 $n_i{}^\beta$ 表示成分 i 在兩相中之莫耳數。平衡條件爲

$$dG=dG^\alpha+dG^\beta=0 \hfill (9\text{-}8)$$

設有 dn_i 莫耳成分 i 自 α 相傳入 β 相，則 α 相減小 dn_i 莫耳，而 β 相增加 dn_i 莫耳，故 $dG^\alpha=\mu_i{}^\alpha(-dn_i), dG^\beta=\mu_i{}^\beta dn_i$。 (9-8) 式變爲

$$dG = -\mu_i{}^\alpha dn_i + \mu_i{}^\beta dn_i = 0$$

或 $$\mu_i{}^\alpha = \mu_i{}^\beta \qquad (9\text{-}9)$$

　　若物系各相之 μ_i 值相等， 則此物系於恆溫恆壓下呈化學平衡。若一成分在兩相中之化學勢不等， 則此成分將自化學勢較高之相轉移至化學勢較低之相，直至二化學勢相等爲止。

9-4　相律 (*Phase Rule*)

　　吉布斯 (*Gibbs*) 於 1876 年導出物系自由度(*degree of freedom*)與互相平衡的相的數目及成分數目之間的關係。欲完全敍述一物系之狀態須明示若干示強變數之值。此等示強變數包括物系之溫度、壓力、及各相中各成分之濃度。在討論相平衡時，此等示強變數之中有若干變數可獨立變化(或自由變化)， 但其餘變數因熱力學平衡之限制而保持固定。**其值可獨立變化而不改變相數目的示強狀態變數的數目稱爲物系之自由度；** 換言之， 自由度之數目等於所有變數之數目減此等變數間之平衡關係數。

　　例如， 一指定量純氣體之狀態可以壓力、溫度、及密度三變數中之任二變數完全明定之。若其中任二變數已知， 則第三變數可算出。因此該物系有二自由度。具有二自由度之物系稱爲**雙變系** (*bivariant system*)。

　　在「水與水蒸汽」之物系中， 只須明示一變數卽可完全決定其狀態。在任一指定溫度下， 水之平衡蒸汽壓爲固定之值。此物系僅有一自由度。具有一自由度之物系稱爲**單變系** (*univariant system*)。

　　吉布斯相律提供物系自由度 f、相數目 p、及成分數 c 之間的關係， 亦卽

$$f = c - p + 2 \qquad (9\text{-}10)$$

其推導方法如下所述。

自由度之數目等於描述一物系所需示強變數之數目減不能獨立變化之示強變數之數目。若一物系含有 p 相及 c 成分，其狀態可以溫度、壓力、及各相中各成分之濃度（莫耳分率）敍述之。此等變數之總數為 $pc+2$。但因各相中各成分之莫耳分率 (mole fraction) X_i 之總和等於 1，卽

$$\sum X_i = 1 \tag{9-11}$$

若定出每相中 $(c-1)$ 成分之莫耳分率卽可由上式求得其餘一成分之莫耳分率。物系有 p 相，故有 p 個類似 (9-11) 式之方程式，而自變數之數目減爲 $pc+2-p$ 或 $p(c-1)+2$。

平衡時，成分 i 在各相（α, β, γ, ……相）之化學勢相同，亦卽，

$$\mu_1^\alpha = \mu_1^\beta = \mu_1^\gamma = \cdots\cdots$$
$$\mu_2^\alpha = \mu_2^\beta = \mu_2^\gamma = \cdots\cdots \tag{9-12}$$
$$\cdots\cdots\cdots\cdots\cdots\cdots$$
$$\mu_c^\alpha = \mu_c^\beta = \mu_c^\gamma = \cdots\cdots$$

對每一成分而言有 $p-1$ 等數，因此 (9-12) 式代表 $c(p-1)$ 等式。各等式減少一自由度。

自由度之數目等於總變數數目減限制條件之數目。因此

$$f = p(c-1)+2-c(p-1)$$
$$f = c-p+2$$

由吉布斯相律可見，物系所含成分數愈大，自由度愈大。另一方面，物系所含之相數愈大，完全敍述物系狀態所需變數如溫度、壓力、及濃度之數目愈小。

9-5　單成分物系之相平衡
(*Phase Equilibria in One-Components System*)

若物系只含一成分，則 $c=1$ 而相律 (9-10) 式變爲 $f=3-p$。有三種可能的情形：

$$p=1, \quad f=2 \qquad 雙變系\ (bivariant\ system)$$
$$p=2, \quad f=1 \qquad 單變系\ (univariant\ system)$$
$$p=3, \quad f=0 \qquad 不變系\ (invariant\ system)$$

因單成分物系之最大自由度爲 2，故可以一平面圖表示其狀態。最方便的變數爲溫度與壓力。茲考慮數例於次。

9-6　水系 (*Water System*)

相圖 (*phase diagram*) 常用以表示單成分物系之平衡。相圖爲平

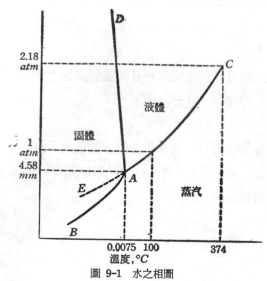

圖 9-1　水之相圖

衡壓力對平衡溫度所作之圖。圖 9-1 示水之相平衡。

圖 9-1 中三實線上各點（不包括 A 點）代表兩相平衡之點，在各點上有兩相共存。曲線 AC 分開蒸汽區域與液體區域，爲液態水的蒸汽壓曲線，亦爲水之沸點曲線。在任一指定溫度，水蒸汽與液態水僅平衡於一壓力。因在 AC 線上有液氣兩相共存，物系只有一自由度。曲線 AC 有一自然上限 C 點，爲水的臨界點。當溫度高於此點時只有蒸汽存在。

同理，曲線 AB 爲冰的昇華壓曲線(*sublimation-pressure curve*)。此線指示與固態冰平衡之蒸汽之壓力，且分開冰區域與蒸汽區域。

曲線 AD 分開固態水區域與液態水區域。此曲線表示壓力對冰熔點或水凝固點之影響。

三曲線交於一點 A，固體、液體、及蒸汽在此點同時互相平衡。此點稱爲**三相點**(*triple point*)。水系之三相點位於 $0.0075°C$ 與 $4.579mm\,Hg$。因在此點三相共存，故物系爲不變系。無論溫度或壓力稍微改變將使一相或二相消失。

液態水可能冷卻至低於凝固點而不固化。曲線 AE 爲過冷水(*supercooled water*)之蒸汽壓曲線，係曲線 AC 之延伸。因該線代表**介穩物系**(*metastable system*)，故以虛線畫出。

在三實線所分開的三單相區域中，溫度與壓力可改變而不致於引起相數之改變，故物系爲雙變系。

勒沙特列原理(*Le Chatelier principle*)對物系平衡的討論極有助益。此原理意謂：**若一平衡物系被施予某種因素以改變其情況，則平衡狀態依儘可能抵消此因素之方向而轉移。**

AD 線之斜率爲負值，顯示冰的熔點隨壓力之增加而降低。此行爲極其獨特，只有鉍(*bismuth*)與銻(*antimony*)有類似的行爲。此等物質凝固時體積增加。依勒沙特列原理可斷言增加壓力將使冰的熔

點降低，蓋冰熔化時體積減小，因而有降低壓力之趨勢。

9-7　二氧化碳系　(*System of Carbon Dioxide*)

圖 9-2 為二氧化碳之相圖。二氧化碳之相圖與水之相圖類似。最大的不同之點為二氧化碳的熔點-壓力曲線　*AD*　具有正斜率，此與

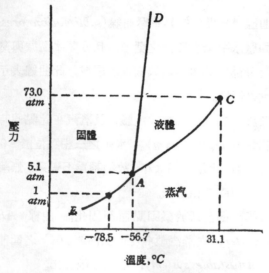

圖 9-2　二氧化碳之相圖

水、鉍、及銻相圖不同，而與一般物質的相圖相似，表示熔點隨壓力之增加而上升。二氧化碳及大多數物質熔解時體積增加．藉勒沙特列原理亦可預言此等物質之熔點隨壓力之增加而上升。觀圖知固態二氧化碳之蒸汽壓等於 $1atm$ 之溫度為 $-78.5°C$。在 $-78.5°C$ 以上的溫度下，固態二氧化碳（乾冰）在大氣中不經液化而直接變成蒸汽。

9-8 涉及晶型轉變之硫系
(*Solid-Solid Transformations of The Sulfur System*)

硫系為展示固體形式（或晶型）轉變的正統單成分物系實例。固體形式轉變的現象稱為**同質多型現象** (*polymorphism*)，係同一化學物質以兩種或兩種以上的不同結晶形式存在的現象。在元素的場合稱為**同素異形現象** (*allotropy*)。

硫在低溫下以斜方晶型 (*rhombic form*) 存在，而在高溫以單斜晶型 (*monoclinic form*) 存在。其相圖示於圖 9-3。

曲線 *AB* 為固態斜方晶硫的蒸汽壓曲線，和單斜晶硫之蒸汽壓曲

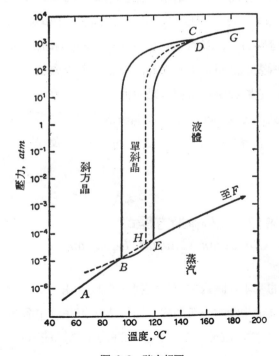

圖 9-3　硫之相圖

線 BE 及斜方晶硫與單斜晶硫的轉變曲線 (*transformation curve*) BD 交於 B 點。在此點，斜方晶硫、單斜晶硫、及硫蒸汽共存。因有三相及一成分，$f=c-p+2=3-3=0$，故 B 點爲不變點 (*invariant point*)，位於 $0.01mm$ Hg 及 $95.5°C$。

單斜晶硫的密度小於斜方晶硫，故斜方晶硫 $(S_r)\rightarrow$單斜晶硫 (S_m) 之轉變溫度隨壓力之增加而增加。

單斜晶硫在 $0.025mm$ Hg 之蒸汽壓及 $120°C$，卽 E 點，熔解。曲線 EF 爲液態硫的蒸汽壓曲線，而 ED 爲單斜晶硫的熔點曲線。液態硫的密度小於單斜晶硫，故 ED 的斜率爲正。E 爲 S_m, S_{liq}, 及 S_{vap} 的三相點。BD 之斜率大於 ED，故兩線相交於 D 而造成第三個三相點，卽 S_r, S_m, 及 S_{liq} 之三相點。此點位於 $155°C$ 及 $1290atm$。當壓力高於此點時，斜方斜硫再次爲穩定的固態，而 DG 爲此高壓區中斜方晶硫的熔點曲線。單斜晶硫穩定存在的範圍限於 BED 區域。

除實線所表示的穩定平衡之外，可發現若干介穩平衡。若斜方晶硫急速受熱，它將經過正常轉變點 B 而不變形，最後於 $114°C(H$點$)$ 熔解成液態硫。虛線 EH 爲過冷液態硫的介穩蒸汽壓曲線。虛線 HD 爲介穩的斜方晶硫熔點曲線。H 點爲 S_r, S_{liq}, 及 S_{vap} 的介穩三相點。

9-9　克拉普龍─克勞修斯方程式
(*The Clapeyron-Clausius Equation*)

相平衡的基本理論爲吉布斯相律與克拉普龍-克勞修斯方程式所支配。前者決定相圖的一般圖式，而後者決定相圖中各曲線的斜率。

依 (9-9) 式，成分 i 在 α 與 β 相間的平衡條件爲

$$\mu_i{}^\alpha=\mu_i{}^\beta$$

在單成分物系的場合，化學勢 μ 卽莫耳自由能 $\bar{G}$，故在平衡時，

$$\bar{G}^\alpha = \bar{G}^\beta$$

茲考慮稍微不同溫度與壓力下之兩平衡狀態：

在 T 與 P，　$\bar{G}^\alpha = \bar{G}^\beta$

在 $T+dT$ 與 $P+dP$，　$\bar{G}^\alpha + d\bar{G}^\alpha = \bar{G}^\beta + d\bar{G}^\beta$

因此

$$d\bar{G}^\alpha = d\bar{G}^\beta$$

又因　　　$d\bar{G} = \bar{V}dP - \bar{S}dT$

故　　　$\bar{V}^\alpha dP - \bar{S}^\alpha dT = \bar{V}^\beta dP - \bar{S}^\beta dT$

或　　　$\dfrac{dP}{dT} = \dfrac{\bar{S}^\beta - \bar{S}^\alpha}{\bar{V}^\beta - \bar{V}^\alpha} = \dfrac{\Delta \bar{S}}{\Delta \bar{V}}$　　（兩相共存）　　　　(9-13)

(9-13) 代表相圖中兩相平衡曲線之斜率。$\Delta \bar{S}$ 爲莫耳轉變熵。若莫耳轉變熱爲 $\Delta \bar{H}$，則

$$\Delta \bar{S} = \frac{\Delta \bar{H}}{T} \tag{9-14}$$

其中 T 爲平衡溫度。若考慮液汽平衡，(9-13) 可寫成

$$\frac{dP}{dT} = \frac{\Delta \bar{H}_{vap}}{T(\bar{V}_g - \bar{V}_l)} \quad （液汽平衡） \tag{9-15}$$

上式稱爲**克拉普龍方程式** (*Clapeyron equation*)，其中 $\Delta \bar{H}_{vap}$ 爲莫耳汽化熱，$\bar{V}_g$ 與 $\bar{V}_l$ 分別爲蒸汽與液體的莫耳體積。將 (9-13) 式應用於其他兩相平衡得

$$\frac{dP}{dT} = \frac{\Delta \bar{H}_{sub}}{T(\bar{V}_g - \bar{V}_s)} \quad （固汽平衡） \tag{9-16}$$

$$\frac{dP}{dT} = \frac{\Delta \bar{H}_{fus}}{T(V_l - V_s)} \quad （固液平衡） \tag{9-17}$$

$$\frac{dP}{dT} = \frac{\Delta \bar{H}_{tra}}{T(\bar{V}_{s2} - \bar{V}_{s1})} \quad （固固平衡） \tag{9-18}$$

此處 $\Delta \bar{H}_{sub}$, $\Delta \bar{H}_{fus}$, $\Delta \bar{H}_{tra}$ 分別爲莫耳昇華熱、莫耳熔解熱、莫耳

固體形式轉變熱; $\bar{V}_s$ 爲固體莫耳體積, $\bar{V}_{s1}$ 與 $\bar{V}_{s2}$ 爲固體在形式 1 與形式 2 的莫耳體積。水的 $\bar{V}_s$ 大於 $\bar{V}_l$,對水而言,(9-17)式的 dP/dT 爲負, 亦卽圖 9-1 中 *AD* 的斜率爲負。 因一般物質的固體與液體的 密度相差不大, 故熔解曲線如圖 9-1 與 9-2 的 *AD* 線甚陡。 又因固 體與液體莫耳體積遠較氣體莫耳體積爲小, 將 (9-15) 與 (9-16) 兩 式應用於固汽液三相點可發現液體的蒸汽壓曲線與固體的昇華壓曲線 的斜率比約等於在該點的汽化熱與昇華熱之比。因焓爲狀態函數, 其 值不受路線的影響, 故在同溫下, 昇華熱等於熔解熱加汽化熱, 或 $\Delta \bar{H}_{sub} = \Delta \bar{H}_{fus} + \Delta \bar{H}_{vap}$。 (9-15), (9-16), (9-17), 及 (9-18) 各式 可用以計算相圖中各兩相平衡曲線在各點的斜率。

〔例9-1〕求水在 $100°C$ 之沸點隨壓力的變化率。已知在 $100°C$ 及 $1atm$ 下, 水的汽化熱爲 $539.7cal/g$, 液態水的莫耳體積爲 $18.78ml$, 水蒸汽的莫耳體積爲 $30.199liters$。

〔解〕 $\dfrac{dP}{dT} = \dfrac{\Delta \bar{H}_{vap}}{T(\bar{V}_g - \bar{V}_l)}$

$= \dfrac{(539.7cal/g)(18.02g/mole)}{(373.1°K)(30.199l/mole - 0.01878l/mole)} \times \dfrac{1(l\text{-}atm)}{24.22cal}$

$= 0.0356 \ atm/°K$

$= (0.0356 \ atm/°K)(760 mmHg/atm) = 27.1 \ mmHg/°K$

故 $dT/dP = 0.037°K/mm \ Hg$

〔例 9-2〕問改變水的凝固點 $1°K$ 需壓力變化若干 atm ? 在 $0°C$, 冰的熔解熱爲 $79.7 \ cal/g$, 水的密度爲 $0.9998 \ g/ml$, 冰的密度 爲 $0.9168 \ g/ml$。

〔解〕 $\bar{V}_l - \bar{V}_s = \dfrac{18.02}{1000} \times \left(\dfrac{1}{0.9998} - \dfrac{1}{0.9168} \right)$

$= 18.02(-9.06 \times 10^{-5}) \ liter/mole$

$$\frac{\Delta P}{\Delta T}=\frac{\Delta \bar{H}_{fus}}{T(\bar{V}_l-\bar{V}_s)}$$

$$=\frac{18.02\times79.7cal/mole}{(273.16°K)\times18.02\times(-9.06\times10^{-5}l/mole)}\times\frac{1l-atm}{24.22cal}$$

$$=-133\ atm/°K$$

換言之，欲降低凝固點 1°K 須增加壓力 133atm

如前所述，因 $\bar{V}_l\ll\bar{V}_g$，若忽視 (9-15) 式之 $\bar{V}_l$ 可得

$$\frac{dP}{dT}=\frac{\Delta\bar{H}_{vap}}{T\bar{V}_g}\tag{9-19}$$

再假設蒸汽遵循理想氣體定律，則 $\bar{V}_g=RT/P$，而上式變爲

$$\frac{dP}{dT}=\frac{P\Delta\bar{H}_{vap}}{RT^2}\tag{9-20}$$

此式稱爲**克拉普龍—克勞修斯方程式**。應用此式於例 9-1 可獲得大致相同的結果。亦卽，在 $100°C$ 及 $1atm$ 下，水的蒸汽壓曲線 AC 的斜率 $dP/dT=26.7mm\ Hg/°K$。

重新安排 (9-20) 式得

$$\frac{dP}{P}=d\ln P=\frac{\Delta\bar{H}_{vap}}{RT^2}dT\tag{9-21}$$

一般言之 $\Delta\bar{H}_{vap}$ 隨溫度之增加而降低，且在臨界點 C 變爲零。但在一小的溫度範圍內 $\Delta\bar{H}_{vap}$ 可視爲一常數。如此積分上式得

$$\ln P=-\frac{\Delta\bar{H}_{vap}}{RT}+B\tag{9-22}$$

其中 B 爲一常數。此式與 (5-2) 式有相同的形式。若在兩溫度 T_1 與 T_2 之間積分 (9-21) 式可得

$$\ln\frac{P_2}{P_1}=\frac{-\Delta\bar{H}_{vap}}{R}\left(\frac{1}{T_2}-\frac{1}{T_1}\right)$$

$$=\frac{\Delta\bar{H}_{vap}(T_2-T_1)}{RT_1T_2}\tag{9-23}$$

依類似方法，由 (9-16) 式可得

$$\frac{dP}{dT}=\frac{P\Delta\bar{H}_{sub}}{RT^2} \tag{9-24}$$

$$\ln P=\frac{-\Delta\bar{H}_{sub}}{RT}+B \tag{9-25}$$

及 $$\ln\frac{P_2}{P_1}=\frac{\Delta\bar{H}_{sub}(T_2-T_1)}{RT_1T_2} \tag{9-26}$$

應用 (9-23) 或 (9-26) 兩式可由在兩溫度的蒸汽壓計算汽化熱或昇華熱。

〔**例 9-3**〕CCl_4 的正常沸點爲 $76.8°C$, 其在 $25.0°C$ 之蒸汽壓爲 $115\ mm\ Hg$。求 CCl_4 之莫耳汽化熱。

〔**解**〕CCl_4 在其沸點 $T_2=350°K$ 之蒸汽壓爲 $P_2=760\ mm\ Hg$, 又其在 $T_1=298.16°K$ 之蒸汽壓爲 $P_1=115\ mm\ Hg$。由 (9-23) 式得

$$\Delta\bar{H}_{vap}=\frac{RT_1T_2}{T_2-T_1}\ln\left(\frac{P_2}{P_1}\right)$$

$$=\frac{(1.987\ cal/mole)(298.16°K)(350°K)}{(350-298.16)°K}\ln\left(\frac{760}{115}\right)$$

$$=7560\ cal/mole$$

〔**例 9-4**〕若水之汽化熱爲 $539.7\ cal/g$, 求其在 $95°C$ 之蒸汽壓。

〔**解**〕 $\Delta\bar{H}_{vap}=18.02\times539.7=9720\ cal/mole$

在 $T_2=373.16°K, P_2=760\ mm\ Hg$。由 (9-23) 式得

$$\ln\left(\frac{760}{P_1}\right)=\frac{9720(373.16-368.16)}{1.987\times373.16\times368.16}=0.178=\ln(1.195)$$

$$P_1=\frac{760}{1.195}=636\ mm\ Hg$$

實驗值爲 $633.90\ mmHg$

9-10 外壓對蒸汽壓之影響
(*Effect of External Pressure on Vapor Pressure*)

以上所述蒸汽壓係指平衡蒸汽壓, 亦卽無外壓 (*external pressure*) 作用下的飽和蒸汽壓。外壓的來源有二: 一爲外來氣體的壓力, 一爲流體靜壓 (*hydrostatic pressure*)。例如暴露於大氣中的液面不僅受其蒸汽壓的作用, 而且受大氣壓力的作用。而液體深處除受大氣壓力的作用之外, 尚受流體靜壓的作用。

設莫耳體積爲 $\bar{V}_l$ 的液體受外壓 P_e (包括本身的蒸汽壓) 的作用。令蒸汽壓爲 P, 蒸汽的莫耳體積爲 $\bar{V}_g$。在恆溫下平衡時

$$dG_{vap}=dG_{liq} \quad \text{或} \quad \bar{V}_g dP = \bar{V}_l dP_e$$

故

$$\frac{dP}{dP_e}=\frac{\bar{V}_l}{\bar{V}_g} \tag{9-27}$$

此式有時稱爲**吉布斯方程式** (*Gibbs equation*)。假設蒸汽爲一理想氣體, 則上式變爲

$$RT\frac{d\ln P}{dP_e}=\bar{V}_l \tag{9-28}$$

因 $\bar{V}_l$ 幾乎不隨壓力而改變, 可假設 $\bar{V}_l$ 爲一常數。令 P_1 爲外壓等於 P_{e1} 時之蒸汽壓, P_2 爲外壓等於 P_{e2} 時之蒸汽壓, 積分上式得

$$\ln\frac{P_1}{P_2}=\frac{\bar{V}_l(P_{e1}-P_{e2})}{RT} \tag{9-29}$$

由上式可見液體的蒸汽壓隨外壓之增加而增加。惟因 $\bar{V}_l/RT$ 甚小, 除非 P_{e1} 與 P_{e2} 相差甚大, P_1 與 P_2 之差頗小。

依類似方法亦可求得外壓對固體蒸汽壓的影響,

$$\ln\frac{P_1}{P_2}=\frac{\bar{V}_s(P_{e1}-P_{e2})}{RT} \tag{9-30}$$

其中 $\bar{V}_s$ 爲固體的莫耳體積。

〔例 9-5〕液態汞在 $100°C$ 及 1 大氣壓下的蒸汽壓爲 $0.273\ mm$ Hg, 密度爲 $13.352\ g/cm^3$。若汞在 $100°C$ 之下受外壓 $1000\ atm$ 之作用, 求汞之蒸汽壓。

〔解〕　$\bar{V}_l = \dfrac{M}{\rho} = \dfrac{200.61}{13.352} = 15.025\ cm^3/mole$

$\ln \dfrac{P_1}{P_2} = \dfrac{\bar{V}_l(P_{e1}-P_{e2})}{RT} = \dfrac{15.025(1000-1)}{82.05\times373.2} = 0.4902$

$\dfrac{P_1}{P_2} = 1.633$

$P_1 = 1.633 \times P_2 = 1.633 \times 0.273 = 0.455\ mm\ Hg$

9-11　汽化熵　(Entropy of Vaporization)

依楚羅頓定則 (Trouton's rule) (見 5-5 節)，許多液體在其正常沸點的莫耳汽化熵 $\Delta\bar{S}_{vap}$ 爲一常數，約等於 $21\ cal/°K\text{-}mole$，

$$\Delta\bar{S}_{vap} = \dfrac{\Delta\bar{H}_{vap}}{T_b} \cong 21 cal/°K\text{-}mole \qquad (9\text{-}31)$$

其中 T_b 爲液體在 $1atm$ 下的沸點。利用此式可由已知沸點估計液體的汽化熱。

液體之轉變爲蒸汽導致亂度 (disorder) 之增加。在臨界點，液體與蒸汽不可分別，故汽化熱與汽化熵者爲零。

〔例 9-6〕正己烷 (n-hexane) 之沸點爲 $69.0°C$。試估計 (a) 其莫耳汽化熱，(b) 其在 $60°C$ 之蒸汽壓。

〔解〕(a) $\Delta\bar{H}_{vap} \cong (21)(342.16) = 7190\ cal/mole$

實驗值爲 6896 $cal/mole$

(a) 由 (9-23) 式

$$\ln\left(\dfrac{760}{P_1}\right) = \dfrac{7190(9)}{(1.987)(333.16)(342.16)}$$

$P_1 = 571\ mm\ Hg$

實驗值爲 555.9 $mm\ Hg$。

習　題

9-1 試述下列程序中所發生之相變化。

　　(a) $200°C$ 及 $1atm$ 之水蒸汽在恆溫下被壓縮至 $250atm$。

　　(b) $-55°C$ 及 $1atm$ 之二氧化碳蒸汽在恆溫下被壓縮至 $100atm$。

　　(c) $-1°C$ 及 $2mm\,Hg$ 之水蒸汽在恆溫下被壓縮至 $300atm$。

　　(d) $400°C$ 及 $1atm$ 之水蒸汽在恆溫下被壓縮至 $250atm$。然後在恆壓下被冷卻至 $100°C$。最後壓力在恆溫下被減至 $2atm$。

9-2 丙烯 (*propene*) 在各溫度之蒸汽壓如下:

$T, °K$	150	200	250	300
$P, mm\,Hg$	3.82	198.0	2074	10,040

試以繪圖法由此等數據求丙烯在 $225°K$ 之 (a) 莫耳汽化熱及 (b) 蒸汽壓。

〔答: (a) $4670cal/mole$, (b) $741mm\,Hg$〕

9-3 正丙醇 (*n-propyl alcohol*) 在各溫度之蒸汽壓如下:

$t, °C$	40	60	80	100
$P, mm\,Hg$	50.2	147.0	376	842.5

試以此等數據作圖以獲得一直線，並計算 (a) 莫耳汽化熱, (b) 在 $760\,mm\,Hg$ 之沸點。

〔答: (a) $10.7kcal/mole$, (b) $98°C$〕

9-4 CCl_4 在各壓力之熔點及熔解時之體積變化如下:

壓力, atm	1	1000	2000
熔點, $°C$	-22.6	15.3	48.9
$V_l - V_s,\ cc/g$	0.0258	0.0199	0.0163

試估計 CCl_4 在 $1000\,atm$ 之莫耳熔解熱。

9-5 冰在 $1\,atm$ 及 $0°C$ 之密度為 $0.9168\,g/cc$，水在相同情況下的密度為 $0.9998\,g/cc$。試估計冰在 $400\,atm$ 下之熔點。可假設水與冰的密度在所論及的壓力與溫度範圍內不變。

〔答: $-3°C$〕

9-6 乙醚 (*ether*) 在其沸點 $34.5°C$ 之汽化熱爲 $88.39\ cal/g$。(a) 試計算乙醚在其沸點之蒸汽壓隨溫度之變化率 dP/dT。(b) 求其在 $750\ mm\ Hg$ 之沸點。(c) 估計其在 $36.0°C$ 之蒸汽壓。

〔答: (a) $26.5\ mm/°K$, (b) $34.1°C$, (c) $800\ mm\ Hg$〕

9-7 固態與液態六氟化鈾 (*uranium hexafluoride*) 之蒸汽壓 (以 $mm\ Hg$ 計) 爲

$$\log P_s = 10.648 - 2559.5/T$$
$$\log P_l = 7.540 - 1511.3/T$$

試計算三相點之溫度與壓力。

〔答: $64°C$, $1122\ mm\ Hg$〕

9-8 水在 $0°C$ 之汽化熱與熔解熱分別爲 $595\ cal/g$ 與 $79.7\ cal/g$，求冰在 $-15°C$ 之昇華壓。假設熔解熱與汽化熱不受溫度的影響。

〔答: $1.245\ mm\ Hg$〕

9-9 在汞的熔點 $-38.87°C$ 之下，液態汞的密度爲 $13.690\ g/ml$，而固態汞的密度爲 $14.193\ g/ml$。熔解熱爲 $2.33\ cal/g$。試計算汞在 (a) $10\ atm$ 及 (b) $3540\ atm$ 下的熔點。

〔答: (a) $-38.81°C$, (b) $-16°C$〕

9-10 假設液態汞遵循楚羅頓定則，試由汞的正常沸點 $356.9°C$ 計算汞在 $25°C$ 之蒸汽壓。

〔答: $0.0019\ mm\ Hg$〕

9-11 苯胺 (*aniline*) 的正常沸點爲 $185°C$。試以楚羅頓定則估計苯胺在 $20\ mm\ Hg$ 下的沸點。

〔答: $68°C$〕

9-12 固態碘在 $20°C$ 之蒸汽壓爲 $0.25\ mm\ Hg$，密度爲 $4.93\ g/cm^3$。試以吉布斯方程式估計碘在氫壓力 $1000\ atm$ 下的蒸汽壓。

〔答: $2.1\ mm\ Hg$〕

第十章 溶 液

含有多於一成分的相稱爲**溶體** (*solution*)，換言之，溶體卽二種成分或二種以上的成分混合所成的均勻混合物 (*homogeneous mixture*)。溶體可能爲氣態、液態、或固態。被溶解的物質稱爲**溶質** (*solute*)；能溶解物質的氣體、液體、或固體稱爲**溶劑** (*solvent*)。一般所謂溶質及溶劑係指固態溶質及液態溶劑而言，惟此等定義未免過於狹隘。

任何不同氣體均可依任何比例互相溶混 (*miscible*)，因此所有氣體混合物皆爲溶體。液體常可溶解許多種氣體、固體、或其他液體。固態溶體由氣體、液體、或其他固體溶解於一固體而形成。許多種合金爲固體溶解於固體的實例。本章的討論將以溶液爲主要對象。

10-1 濃度 (*Concentration*)

溶體中，溶質與溶劑的相對含量通常以濃度表示之。常用溶液濃度表示法有下列數種：

莫耳濃度 (*molarity*)：每升溶液所含溶質的莫耳數，以 C 表示之。

重量克分子濃度 (*molality*)：每千克溶劑所含溶質的莫耳數，以 m 表示之。

體積克分子濃度 (*volume molality*)：每升溶劑所含溶質的莫耳數，以 m' 表示之。

當量濃度 (*normality*)：每升溶液所含溶質的克當量數，以 N 表示之。

重量百分率 (*weight per cent*)：每 100 克溶液所含溶質的克數，以%表示之。

莫耳分率 (*mole fraction*)：一成分之莫耳數與溶體中所有成分總莫耳數的比值，成分 A 的莫耳分率以 X_A 表示之。

因溶液密度受溫度的影響，莫耳濃度、體積克分子濃度、及當量濃度均受溫度的影響。欲避免溫度效應可使用以重量為基礎的濃度單位，諸如：重量克分子濃度、重量百分率、及莫耳分率，蓋重量與溫度無關。以上數種濃度中以莫耳分率最為方便。

設有一溶液含有 n_A 莫耳成分 A, n_B 莫耳成分 B, n_C 莫耳成分 C 等，則成分 A 的莫耳分率 X_A 為

$$X_A = \frac{n_A}{n_A + n_B + n_C + \cdots} \tag{10-1}$$

若溶液僅含二成分，

$$X_A = \frac{n_A}{n_A + n_B} \tag{10-2}$$

設 m_B 為成分 B 在二成分溶液中的重量克分子濃度，則每 1000 克溶劑（成分 A）中含有 m_B 莫耳成分 B。令 M_A 為成分 A 的分子量，則重量克分子濃度 m_B 與莫耳分率 X_B 之間有如下關係：

$$X_B = \frac{m_B}{(1000/M_A) + m_B} （以 1000 g 溶劑為基礎） \tag{10-3}$$

或

$$X_B = \frac{m_B M_A}{1000 + m_B M_A} \tag{10-4}$$

若溶液甚稀，亦即 m_B 甚小，而 $1000 \gg m_B M_A$，則

$$X_B \cong \frac{m_B M_A}{1000} \tag{10-5}$$

設 C_A 與 C_B 分別為成分 A 與成分 B 之莫耳濃度 (*molarity*)，$\rho[g/cc]$ 為溶液之密度，M_B 為成分 B 的分子量，則成分 B 之莫耳分率為

$$X_B = \frac{C_B}{C_A + C_B} = \frac{C_B}{(1000\rho - C_B M_B)/M_A + C_B}$$

$$= \frac{C_B M_A}{1000\rho + C_B(M_A - M_B)} \quad \text{(以1000}cc\text{ 爲基礎)(10-6)}$$

若溶液甚稀，ρ 趨近於純溶劑A之密度 ρ_A，且 $C_B(M_A - M_B) \ll 1000\rho_A$，故

$$X_B \cong \frac{C_B M_A}{1000\,\rho_A} \, (B \text{爲稀溶液中之溶質}) \qquad (10\text{-}7)$$

在稀水溶液中，$\rho \cong \rho_A \approx 1$，由 (10-5) 與 (10-7) 兩式知莫耳濃度約等於重量克分子濃度。

10-2 部份莫耳數量: 部份莫耳體積 (*Partial Molar Quantities: Partial Molar Volume*)

在討論溶液的熱力學理論之前湏介紹**部份莫耳數量** (*partial molar quantities*) 的觀念。溶液中各成分均對示量性質如 E, H, G 等有所貢獻，且貢獻的大小視濃度及溶液總量而定。茲以溶液的體積爲例加以說明。

理想溶液的體積等於各成分體積的總和。但大多數溶液並非理想者。例如在 25°C 之下混合 100 *ml* 酒精與 100 *ml* 水所得溶液的體積並非 200 *ml*，而是 190 *ml*。

設 V 爲多成分溶液的體積。因體積視各成分的莫耳數 $n_1, n_2, \cdots n_i, \cdots$ 及溫度與壓力而定，故

$$dV = \sum \left(\frac{\partial V}{\partial n_i}\right)_{T,P,n_j} dn_i + \left(\frac{\partial V}{\partial P}\right)_{T,n_i} dP$$

$$+ \left(\frac{\partial V}{\partial T}\right)_{P,n_i} dT \qquad (10\text{-}8)$$

其中下標 (*subscript*) n_j 表示除成分 i 之外所有其他成分的莫耳數保

持不變, 而下標 n_i 表示所有成分的莫耳數保持不變。 當溫度、壓力、及其他成分的莫耳數保持不變時, V 對成分 i 的偏導數稱爲**部份莫耳體積** (*partial molar volume*), 以 $\bar{V}_i$ 表示之。

$$\bar{V}_i = \left(\frac{\partial V}{\partial n_i}\right)_{T, P, n_j} \tag{10-9}$$

以文字敍述, $\bar{V}_i$ 爲在恆溫恆壓下將 1 莫耳成分 i 加入一極大量的溶液中所增加的體積。純質的部份莫耳體積卽等於其莫耳體積, $\bar{V} = V/n$。

茲考慮含有成分 A 與 B 的溶液。在恆溫恆壓下,

$$dV = \bar{V}_A dn_A + \bar{V}_B dn_B \tag{10-10}$$

此式可在固定的組成之下積分。此時 X_A 與 X_B 不變。$\bar{V}_A$ 與 $\bar{V}_B$ 亦不變。因 $n_A = X_A n$, $n_B = X_B n$, n 爲總莫耳數,

$$dn_A = X_A \, dn, \quad dn_B = X_B \, dn$$

代入 (10-10) 式得

$$dV = (\bar{V}_A X_A + \bar{V}_B X_B) dn \tag{10-11}$$

括弧內之量爲一常數, 積分之得

$$V = (\bar{V}_A X_A + \bar{V}_B X_B) n + C'$$

因 $n = 0$ 時 $V = 0$, 故積分常數 C' 等於 0。上式變爲

$$V = \bar{V}_A n_A + \bar{V}_B n_B \tag{10-12}$$

如此, 溶液的體積等於各成分的莫耳數與其部份莫耳體積之積的總和。

依類似方式, 其他示量狀態函數的部份莫耳數量可加以定義。例如

$$\bar{S}_i = \left(\frac{\partial S}{\partial n_i}\right)_{T, P, n_j} \qquad \bar{H}_i = \left(\frac{\partial H}{\partial n_i}\right)_{T, P, n_j}$$

$$\bar{G}_i = \left(\frac{\partial G}{\partial n_i}\right)_{T, P, n_j} \tag{10-13}$$

最後一式亦爲化學勢 u_i 的定義, 亦卽 $\mu_i = \bar{G}_i$。化學勢或部份莫耳自

由能爲最重要的部份莫耳數量。因部份莫耳數量爲每莫耳物質之示量性質，其大小與物質出現之量無關，故爲示強性質。

前數章之所有熱力學關係皆可應用於部份莫耳數量。例如，由（8-79）與（8-67）兩式得

$$\left(\frac{\partial \bar{G}_i}{\partial P}\right)_T = \left(\frac{\partial \mu_i}{\partial P}\right)_T = \bar{V}_i \tag{10-14}$$

$$\left(\frac{\partial \bar{G}_i}{\partial T}\right)_{\bar{P}} = \left(\frac{\partial \mu_i}{\partial T}\right)_P = -\bar{S}_i \tag{10-15}$$

$$\left[\frac{\partial (\bar{G}_i/T)}{\partial T}\right]_P = \left[\frac{\partial (\mu_i/T)}{\partial T}\right]_P = -\frac{\bar{H}_i}{T^2} \tag{10-16}$$

求部份莫耳數量的方法有多種，其中最直接的方法爲斜率法。茲以成分 B 的部份莫耳體積爲例加以說明。測量溶液在成分 B 的各種重量克分子濃度 m_B 的體積 V。依定義，重量克分子濃度爲每 1000 克溶劑（在此場合爲成分 A）所含溶質（成分 B）的莫耳數，溶劑莫耳數不變，且等於 $n_A = 1000/M_A$，而 m_B 等於 n_{Bo}。若對 m_B 作 V 之圖線，如圖 10-1 所示，並決定此圖線在各濃度的斜率，此等斜率卽等於 $\bar{V}_B$ 在各該濃度之值。成分 B 的部份莫耳體積 $\bar{V}_B$ 可應用（10-12）式加以計算。

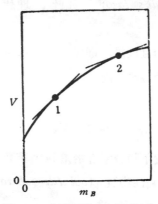

圖 10-1　以繪圖法決定莫耳數量

10-3 溶液之蒸汽壓與勞特定律 (*Vapor Pressure of Solution and Rault's Law*)

若溶液中各成分逸入氣相的趨勢與其莫耳分率成正比，則此溶液稱為**理想溶液**(*ideal solution*)。以分子觀點檢視此一觀念頗有助益。設有一理想溶液含成分 A 與 B。依理想溶液的定義，溶液中之一分子 A，無論其完全被其他 A 分子所環繞，或完全被 B 分子所環繞，或部份被其他 A 分子、部份被 B 分子所環繞，其逸入氣相的趨勢均同。此意謂 A 與 A，A 與 B，及 B 與 B 間之分子作用力均相等。一成分在一溶液上的蒸汽壓（亦稱蒸汽分壓）可作為其自液面逸入蒸汽內的趨勢的一種度量。一 A 分子自溶液表面逸入氣相的趨勢與其自一純 A 液體逸入氣相的趨勢相同。惟在溶液表面出現的 A 分子數所佔總分子數的比例等於成分 A 在溶液中的莫耳分率 X_A，**因此成分 A 在溶液上的蒸汽壓 P_A 應等於純 A 液體在同溫下的蒸汽壓 $P_A°$ 乘成分 A 在溶液中的莫耳分率 X_A。**

$$P_A = X_A P_A° \tag{10-17}$$

此稱**勞特定律** (*Raoult's law*)。如此，理想溶液亦可定義為遵循勞特定律的溶液。

若將成分 B 加入純 A 液體，則成分 A 的蒸汽壓將被降低，其降低量與純 A 蒸汽壓之比稱為**蒸汽壓下降分率** (*fractional lowering of vapor pressure*)，

$$\frac{\Delta P_A}{P_A°} = \frac{P_A° - P_A}{P_A°} = (1 - X_A) = X_B \tag{10-18}$$

此式意謂**溶劑的蒸汽壓下降分率等於溶質的莫耳分率**。

若成分 B 亦為揮發性物質 (*volatile substance*)，則其蒸汽分壓 (*partial vapor pressure*) P_B 為

$$P_B = X_B P_B^\circ \qquad\qquad (10\text{-}19)$$

其中 X_B 為成分 B 的莫耳分率，P_B° 為純成分 B 在同溫下的蒸汽壓。

溶液的總蒸汽壓 P 等於成分 A 與成分 B 的蒸汽分壓的總和，

$$P = X_A P_A^\circ + X_B P_B^\circ \qquad\qquad (10\text{-}20)$$

溴化乙烯 $(C_2H_4Br_2)$ 與溴化丙烯 $(C_3H_6Br_2)$ 所成溶液的蒸汽壓示於圖 10-2。此溶液幾乎完全遵循勞特定律，可視為一理想溶液。

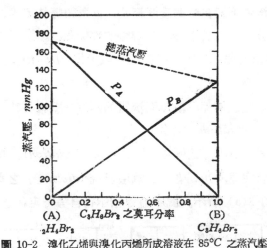

圖 10-2　溴化乙烯與溴化丙烯所成溶液在 85°C 之蒸汽壓

應注意各成分在蒸汽中的莫耳分率一般不等於其在溶液中的莫耳分率。假設蒸汽為理想氣體，則各成分在蒸汽中的莫耳分率等於其蒸汽分壓在總壓中所佔的分率。如此

$$X_A(蒸汽) = \frac{P_A}{P_A + P_B} = \frac{X_A P_A^\circ}{X_A P_A^\circ + X_B P_B^\circ} \qquad (10\text{-}21)$$

$$X_B(蒸汽) = \frac{P_B}{P_A + P_B} = \frac{X_B P_B^\circ}{X_B P_B^\circ + X_B P_B^\circ} \qquad (10\text{-}22)$$

〔例 10-1〕苯與甲苯所成溶液接近理想溶液。苯與甲苯在 60° 之蒸汽壓分別為 385 與 139 $mm\,Hg$。在一溶液中，苯與甲苯之莫耳分

率分別爲 0.4 與 0.6。求同溫下苯與甲苯之蒸汽分壓及溶液之總蒸汽壓，並計算甲苯在蒸汽中之莫耳分率。

〔解〕苯　（成分 A）　$P_A = X_A P_A° = 0.4 \times 385 = 154.0\ mm\ Hg$

　　　甲苯（成分 B）　$P_B = X_B P_B° = 0.6 \times 139 = 83.4\ mm\ Hg$

　　　溶液　　　　　　$P = P_A + P_B = 237.4\ mm\ Hg$

$$X_B (蒸汽) = \frac{P_B}{P} = \frac{83.4}{237.4} = 0.351$$

　　大多數溶液不能在整個濃度範圍之內遵循勞特定律。許多溶液在溶質的莫耳分率趨近於零時，其溶劑的部份蒸汽壓遵循勞特定律。因此，勞特定律與理想氣體定律同屬極限定律 (*limiting laws*)，兩者均描述理想行爲。

　　隨溶質濃度之增加，溶劑與溶質的蒸汽分壓與勞特定律所預期者之間的偏差 (*deviation*) 漸增。

　　若干眞實溶液顯示**正偏差** (*positive deviation*)；換言之，其蒸汽壓大於勞特定律所預期者。二氧環己烷 (*dioxane*) 之水溶液卽爲其例，如圖 10-3(a) 所示。圖中虛線指示得自勞特定律之蒸汽分壓。此

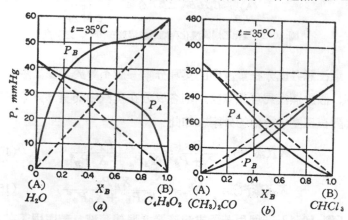

圖 10-3　非理想溶液之蒸汽壓　(a) 水與二氧環己烷之溶液在 $35°C$ 之蒸汽分壓顯示正偏差。　(b) 丙酮與氯仿之溶液在 $35°C$ 之蒸汽分壓顯示負偏差。

類溶液中各成分的逃逸趨勢大於其在純液體中的逃逸趨勢。這是因為不同種分子間的吸引力小於同種分子間的吸引力。我們可預期此類溶液的二成分混合時，體積增加且吸收熱。

另一類溶液顯示**負偏差** (negative deviation)；亦卽其蒸汽壓小於勞特定律所預期者。丙酮 (acetone) 與氯仿 (chloroform) 之溶液為其一例，如圖 10-3(b) 所示。此類溶液中各成分自溶液逃逸的趨勢小於其自純液體逃逸的趨勢。換言之，異類分子間的吸引力大於同類分子間的吸引力。我們可預期此類溶液的二成分混合時，體積收縮，且放出熱。

10-4 亨利定律與氣體之溶解度 (Henry's Law and Solubility of Gases)

雖然大多數眞實溶液為非理想者，但當溶質的濃度充分低時，溶質的蒸汽分壓與其莫耳分率成正比，惟比例常數並不等於純溶質的蒸汽壓。此定律稱為**亨利定律** (Henry's law)，可以下式表示之：

$$P_B = k\,X_B \tag{10-23}$$

其中 P_B 為溶質成分 B 的蒸汽分壓，X_B 為成分 B 的莫耳分率，k 稱為**亨利定律常數** (Henry's law constant)。

(10-23) 式可改寫成如下形式

$$X_B = k'\,P_B \tag{10-24}$$

此處 $k' = k^{-1}$。依上式，微溶氣體在一液體中的溶解度 (solubility) 與其在此液體上的平衡壓力 P_B 成正比。若有數種氣體出現，任一氣體的溶解度與其分壓 (partial pressure) 成正比。

亨利定律常數 k 隨溶質、溶劑、及溫度而異。若干氣體水溶液在 $25°C$ 之亨利常數列於表 10-1。表列各值為 X_B 趨近於零時所測得

表 10-1   氣體在水中之亨利定律常數

$t=25°C$, 氣體分壓以 $mmHg$ 計，氣體濃度以莫耳分率計

氣 體	$k(mmHg/mole\ fraction)$
H_2	5.34×10^7
N_2	6.51×10^7
O_2	3.30×10^7
CO	4.34×10^7
CO_2	1.25×10^6
CH_4	31.6×10^6
C_2H_2	1.01×10^6
C_2H_4	8.67×10^6
C_2H_6	23.0×10^6

之值。若有一物質的蒸汽分壓在整個濃度範圍內（$X_B = 0$ 至 $X_B=1$）完全遵循勞特定律，則 $k_B=P_B°$。

一般言之，**當溶質的濃度趨近於零時，溶劑的蒸汽分壓遵循勞特定律，而溶質的蒸汽分壓遵循亨利定律。**

〔例 10-2〕問與空氣平衡於 $25°C$ 之一升水中含氧若干升（標準狀況 STP 之體積）？

〔解〕因空氣在水中之溶解度不大，可假設一升水溶液含水1000克。氧佔空氣 20.99% 之體積，故其分壓 $P_B=0.21atm=159.6\,mm\,Hg$。查表 10-1 得 $k=3.30\times10^7$。氧在水溶液中之莫耳分率 X_B 爲

$$X_B=P_B/k=\frac{159.6}{3.30\times10^7}=4.84\times10^{-6}$$

一升溶液中所含水的莫耳數 $n_A=\frac{1000}{18.02}=55.5$。氧的莫耳數 n_B 可由下式求得。

$$X_B=\frac{n_B}{n_A+n_B}=\frac{n_B}{55.5+n_B}=4.84\times10^{-6}$$

$$n_B = 2.68 \times 10^{-4}$$

一莫耳氧之 STP 體積等於 22.414 升，故一升水溶液含氧 2.68×10^{-4} $\times 22.414$ 升$= 6 \times 10^{-3}$ 升$= 6cc$

10-5 理想溶液之熱力學(*Thermodynamics of Ideal Solutions*)

溶液中成分 i 的蒸汽分壓與其化學勢 μ_i 有關。若一溶液與其蒸汽互呈平衡，則

$$\mu_i (\text{溶液}) = \mu_i (\text{蒸汽})$$

μ_i（溶液）與 μ_i（蒸汽）分別代表成分 i 在溶液中與蒸汽中之化學勢。依 10-14 式，可寫出 μ_i（蒸汽）與蒸汽分壓 P_i 之間的關係，

$$d\mu_i (\text{蒸汽}) = \bar{V}_i \, dP_i = RT \, d \ln P_i$$

令 $\mu_i{}^\circ$ 為 $P_i = 1 \, atm$ 時之 μ_i 值，積分上式得

$$\mu_i (\text{蒸汽}) = \mu_i{}^\circ + RT \ln P_i$$

因此，溶液中成分 i 的化學勢與溶液上成分 i 的部份蒸汽壓有如下關係：

$$\mu_i (\text{溶液}) = \mu_i{}^\circ + RT \ln P_i \tag{10-25}$$

將勞特定律 $P_i = X_i P_i{}^\circ$ 代入上式得

$$\mu_i = \mu_i{}^\circ + RT \ln P_i{}^\circ + RT \ln X_i \tag{10-26}$$

其中 μ_i 等於 μ_i（溶液），亦等於 μ_i（蒸汽）。上式中第一項與第二項在恆溫恆壓下為一常數，與濃度無關，令

$$\mu_i{}^* = \mu_i{}^\circ + RT \ln P_i{}^\circ \tag{10-27}$$

則（10-26）變為

$$\mu_i = \mu_i{}^* + RT \ln X_i \tag{10-28}$$

當 $X_i = 1$ 時，亦即在純成分 i 液體的場合，μ_i（蒸汽）$= \mu_i$（液體）$= \mu_i{}^*$。故 $\mu_i{}^*$ 為純成分 i 的化學勢，$\bar{G}_i{}^\circ$。

利用 （10-28） 可計算各成分的部份莫耳體積、混合熵 ΔS_{mix}、混合焓 ΔH_{mix}、混合自由能 ΔG_{mix} 及混合體積變化 ΔV_{mix}。

因
$$\bar{V}_i = \left(\frac{\partial \mu_i}{\partial P}\right)_T \tag{10-14}$$

（10-26） 式右端第一項與第三項與壓力無關，由 （10-14），（10-26），及 （9-28） 三式得

$$\bar{V}_i = RT\left(\frac{\partial \ln P_i^{\circ}}{\partial P}\right)_T = \bar{V}_i^{\circ} \tag{10-29}$$

此處特以 $\bar{V}_i^{\circ}$ 指示純液體之莫耳體積， 以示有別於部份莫耳體積。如此， 理想溶液中任一成分的部份莫耳體積等於純成分的莫耳體積。因此， 當二成分混合而形成理想溶液時不發生體積變化， 亦卽

$$\Delta V_{mix} = 0 \tag{10-30}$$

因
$$\left(\frac{\partial \mu_i}{\partial T}\right)_P = -\bar{S}_i \tag{10-15}$$

微分 （10-28） 式得

$$\left(\frac{\partial \mu_i}{\partial T}\right)_P = \left(\frac{\partial \mu_i^*}{\partial T}\right)_P + R\ln X_i \tag{10-31}$$

$$-\bar{S}_i = -\bar{S}_i^{\circ} + R\ln X_i \tag{10-32}$$

此處 $\bar{S}_i^{\circ} = -\left(\frac{\partial \mu_i^*}{\partial T}\right)_P$ 爲純成分之莫耳熵。 混合純成分 A 與 B 以形成溶液時所發生的熵變化 ΔS_{mix} 爲

$$\Delta S_{mix} = n[X_A\bar{S}_A + X_B\bar{S}_B - (X_A\bar{S}_A^{\circ} + X_B\bar{S}_B^{\circ})] \text{其中} n = n_A$$

$+ n_B$ 爲溶液總莫耳數。應用 （10-32） 式， 上式變爲

$$\Delta S_{mix} = -nR(X_A\ln X_A + X_B\ln X_B) \tag{10-33}$$

此式與在第八章就理想氣體混合物所推導者〔(8-31) 式〕一致。

依 （10-16） 式

$$\left[\frac{\partial(\mu_i/T)}{\partial T}\right]_P = -\frac{\bar{H}_i}{T^2} \tag{10-16}$$

(10-28) 式除 T 再對 T 微分得

$$\left[\frac{\partial(\mu_i/T)}{\partial T}\right]_P = \left[\frac{\partial(\mu_i*/T)}{\partial T}\right]_P$$

$$\frac{-\bar{H}_i}{T^2} = -\frac{\bar{H}_i^\circ}{T^2} \quad \text{或} \quad \bar{H}_i = \bar{H}_i^\circ \qquad (10\text{-}34)$$

此處 $\bar{H}_i^\circ$ 爲純成分 i 的莫耳焓。如此，理想溶液中成分各成分的部份莫耳焓等於各該純成分的莫耳焓。理想溶液的混合焓 (*enthalpy of mixing*) 或溶解熱 ΔH_{mix} 爲

$$\Delta H_{mix} = n[X_A \bar{H}_A + X_B \bar{H}_B - (X_A \bar{H}_A^\circ + X_B \bar{H}_B^\circ)] \quad (10\text{-}35)$$

依 (8-34) 式，$\bar{H}_A = \bar{H}_A^\circ$，$\bar{H}_B = \bar{H}_B^\circ$，故

$$\Delta H_{mix} = 0$$

換言之，理想溶液無溶解熱。

依定義，(10-28) 式可寫成

$$\bar{G}_i = \bar{G}_i^\circ + RT \ln X_i \qquad (10\text{-}36)$$

混合自由能 (*free energy of mixing*) ΔG_{mix} 爲

$$\Delta G_{mix} = n[X_A \bar{G}_A + X_B \bar{G}_B - (X_A \bar{G}_A^\circ + X_B \bar{G}_B^\circ)]$$

$$= nRT[X_A \ln X_A + X_B \ln X_B] \qquad (10\text{-}37)$$

應用 $\Delta G_{mix} = \Delta H_{mix} - T \Delta S_{mix}$ 亦可獲得同一結果。因 X_A 與 X_B 永遠小於 1，ΔG_{mix} 永遠爲負值，故在恆溫恆壓下，理想溶液之形成恆爲自然程序。

以上推導方法可應用於任何溶體。

10-6 溶劑之沸點上升 (*Elevation of The Boiling Point of The Solvent*)

若將少量非揮發性 (*nonvolatile*) 溶質溶於一揮發性 (*volatile*) 溶劑中，則溶劑的蒸汽壓降低。依 (10-18) 式，溶劑蒸汽壓降低分

率等於溶質的莫耳分率。因此所成溶液的沸點必高於純溶劑的沸點,
如圖 10-4 所示。在純溶劑的沸點 T_b, 溶液的蒸汽壓因溶質之出現
而未能達到 1 *atm*。 若增加溫度 ΔT_b, 溶液蒸汽壓達到 1 *atm*, 則
$T_b + \Delta T_b$ 爲溶液的沸點, 而 ΔT_b 稱爲溶劑之**沸點上升** (*boiling-point elevation*)。

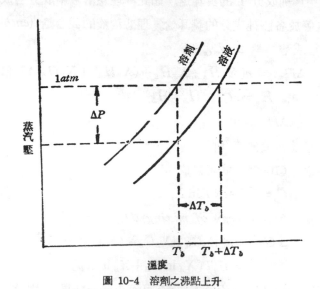

圖 10-4　溶劑之沸點上升

　　若溶質濃度小, ΔT_b 與 ΔP 均小, 此處 ΔP 爲溶劑與溶液在 T_b
之蒸汽壓差。應用克拉普龍-克勞修斯方程式, 亦卽 (9-20) 式。

$$\frac{\Delta P}{\Delta T_b} = \left(\frac{dP}{dT}\right)_{T=T_b} = \frac{P° \Delta \bar{H}_{vap}}{R T_b^2} \qquad (10\text{-}38)$$

此處 $P°$ 爲溶劑在 T_b 之蒸汽壓, $\Delta \bar{H}_{vap}$ 爲溶劑之莫耳汽化熱。將
(10-18) 式代入上式

$$\frac{\Delta P}{P°} = X_B = -\frac{\Delta T_b \Delta \bar{H}_{vap}}{R T_b^2}$$

$$\Delta T_b = \frac{R T_b^2}{\Delta \bar{H}_{vap}} X_B \qquad (10\text{-}39)$$

此處 X_B 爲溶質（成分 B）之莫耳分率。將 (10-5) 式代入 (10-39) 式得

$$\Delta T_b = \frac{RT_b^2\, m_B}{1000\, \Delta H_{vap}} M_A = k_b\, m_B \tag{10-40}$$

$$k_b = \frac{RT_b^2\, M_A}{1000\, \Delta H_{vap}} \tag{10-41}$$

此處 m_B 爲溶質 B 的重量克分子濃度 (*molality*)，M_A 爲溶劑 A 的分子量，k_b 稱爲**克分子沸點上升常數** (*molal boiling-point elevation constant*)，其單位爲 $^\circ C/molal$。由 (10-41) 式可知 k_b 爲溶劑之性質，與溶質無關。若干溶劑的 k_b 值列於表 10-2。若將分子量爲 M_B 之溶質 w_B 克溶於 w_A 克溶劑中，則溶質的重量克分子濃度 (*molality*) m_B 等於 $1000\, w_B/(M_B w_A)$。故

$$\Delta T_b = k_b\, m = k_b \frac{w_B}{M_B} \frac{1000}{w_A} \tag{10-42}$$

(10-40) 與 (10-42) 兩式常用以估計有機物質的分子量。

表 10-2 克分子沸點上升常數與凝固點下降常數

溶劑	沸點,T_b,$^\circ C$	k_b,$^\circ C/molal$	凝固點,T_f,$^\circ C$	k_f,$^\circ C/molal$
醋酸	118.1	2.93	17	3.9
丙酮	56.0	1.71	—	—
苯	80.2	2.53	5.4	5.12
氯仿	61.2	3.63	—	—
乙醇	78.3	1.22	—	—
溴化乙烯	—	—	10	12.5
乙醚	34.4	2.02	—	—
七氯丙烷	—	—	29.5	12.0
三氯酚	—	—	95	20.4
萘	—	—	80	6.8
樟腦	208.5	5.95	178.4	40
水	100	0.51	0	1.860

〔例 **10-3**〕 水之沸點爲 $100.00°\,C$, 汽化熱爲 $539.7\,cal/g$, 分子量爲 18.02, 求水之重量莫耳沸點上升常數 k_b。

〔解〕 $k_b = \dfrac{RT'^2\,M_A}{1000\,\Delta\bar{H}_{vap}} = \dfrac{(1.987)(373.16)^2(18.02)}{(1000)(18.02)(539.7)}$

$$= 0.513°C/molal$$

〔例 **10-4**〕 將 0.1758 克未知分子量的不揮發性物質溶於$20cc$ 苯中, 結果使苯之沸點上升 $0.450°C$。 求此物質之分子量。 苯之比重爲 0.879。

〔解〕 由表 10-2 查得苯之 k_b 爲 $2.53°C/molal$。

$$\Delta T_b = k_b\,\frac{w_B}{M_B}\,\frac{1000}{w_A}$$

$$M_B = k_b\,\frac{w_B}{\Delta T_b}\,\frac{1000}{w_A}$$

$$w_A = 20\,cc \times 0.879\,g/cc = 17.58\,g$$

$$w_B = 0.175g; \quad \Delta T_b = 0.45°C$$

$$M_B = 2.53 \times \frac{0.1758}{0.450}\,\frac{1000}{17.58} = 56.2$$

10-7 溶劑之凝固點下降 (*Lowering of The Freezing Point of The Solvent*)

當含有不揮發性溶質的稀溶液冷卻時, 若溫度充分低, 則純溶劑凝固而自溶液中析出。溶劑開始凝固的溫度稱爲**溶液凝固點** (*freezing point of the solution*)。**溶液的凝固點爲溶液與固態溶劑互呈平衡的溫度。**

溶液的凝固點低於純溶劑的凝固點。此現象亦是溶質降低溶劑蒸汽壓的結果。茲考慮圖 10-5 所示固態溶劑、液態溶劑、及溶液之蒸汽

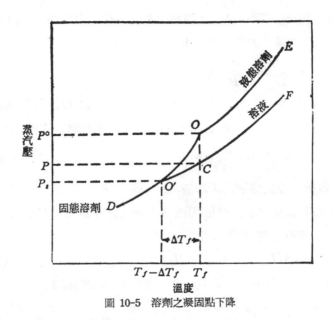

圖 10-5 溶劑之凝固點下降

壓與溫度之關係。圖中 *DO* 線爲固態溶劑之昇華壓曲線(*sublimation pressure curve*)，*OE* 線爲液態溶劑之蒸汽壓曲線。在純溶劑之凝固點，固相與液相互呈平衡，固相昇華壓必等於液相蒸汽壓。*DO* 與 *OE* 兩線之交點 *O* 之溫度卽爲純溶劑之凝固點 T_f。因溶液之蒸汽壓永遠低於純溶劑之蒸汽壓，故溶液蒸汽壓曲線 *O′F* 位於 *OE* 之下，其與固態溶劑昇華壓之交點 *O′* 之溫度必小於 T_f。*O′* 點之溫度$T_f-$$\Delta T_f$ 爲溶液之凝固點。ΔT_f 稱爲溶劑之**凝固點下降** (*freezing-point lowering of the solvent*)。圖中 P° 爲液態溶劑在 T_f 之蒸汽壓, 亦爲固態溶劑在 T_f 之昇華壓；*P*爲溶液在 T_f 之蒸汽壓，$P^\circ-P=$$\Delta P$ 爲溶劑在 T_f 之蒸汽壓下降；P_s 爲固態溶劑在 $T_f-\Delta T_f$ 之昇華壓，亦爲溶液在 $T_f-\Delta T_f$ 之蒸汽壓。

　　應用克拉普龍－克勞修斯方程式可求得凝固點下降與溶質濃度間之關係。

考慮溶液蒸汽壓曲線上之兩點 O' 與 C。兩點間之蒸汽壓差為 $\Delta P_v = P - P_s$，溫度差為 ΔT_f。應用（9-20）式得，

$$\frac{\Delta P_v}{\Delta T_f} = \frac{P \Delta \bar{H}_{vap}}{RT_f^2} \qquad (10\text{-}42)$$

同理，可考慮固態溶劑昇華壓曲線上之兩點 O' 與 O。兩點間之昇華壓差為 $\Delta P_s = P^\circ - P_s$，溫度差為 ΔT_f。應用（9-24）式得

$$\frac{\Delta P_s}{\Delta T_f} = \frac{P^\circ \Delta \bar{H}_{sub}}{RT_f^2} \qquad (10\text{-}43)$$

此處所討論之溶液為稀溶液，P° 與 P 相差不大，故可以 P° 取代（10-42）式中之 P。又因同溫下，物質之昇華熱 $\Delta \bar{H}_{sub}$ 等於熔解熱 $\Delta \bar{H}_{fus}$ 與汽化熱 $\Delta \bar{H}_{vap}$ 之和，

$$\Delta \bar{H}_{sub} = \Delta \bar{H}_{vap} + \Delta \bar{H}_{fus} \qquad (10\text{-}44)$$

（10-43）式減（10-42）式並應用（10-44）之關係得

$$\frac{\Delta P_s - \Delta P_v}{\Delta T_f} = \frac{P^\circ - P}{\Delta T_f} = \frac{\Delta P}{\Delta T_f} = \frac{(\Delta \bar{H}_{sub} - \Delta \bar{H}_{vap})P^\circ}{RT_f^2} = \frac{\Delta \bar{H}_{fus}P^\circ}{RT_f^2}$$

再應用（10-18）式，$\dfrac{\Delta P}{P^\circ} = X_B$，得

$$\Delta T_f = \frac{RT_f^2}{\Delta \bar{H}_{fus}} X_B \qquad (10\text{-}45)$$

此處 X_B 為溶質 B 之莫耳分率。將（10-5）式代入上式得

$$\Delta T_f = \frac{RT_f^2}{1000 \Delta \bar{H}_{fus}} \frac{m_B M_A}{} = k_f m_B \qquad (10\text{-}46)$$

$$k_f = \frac{R T_f^2 M_A}{1000 \Delta \bar{H}_{vap}} \qquad (10\text{-}47)$$

$$\Delta T_f = k_f \frac{w_B}{M_B} \frac{1000}{w_A} \qquad (10\text{-}48)$$

此外 k_f 稱為**克分子凝固點下降常數** (*molal freezing-point lowering constant*)。k_f 為溶劑之性質，與溶質之性質無關。若干溶劑之 k_f 值示於表10-2。(10-48) 或 (10-46) 式亦常用以估計有機物質之分子量。

寒帶的汽車水箱（*radiator*）中加有防凍劑，以防止水之結冰。水箱中所需防凍劑之量可藉（10-46）或（10-48）式估計之。

〔**例 10-4**〕甲醇（*methanol*）CH_3OH 為數種防凍劑之一。一醇水混合物含甲醇 16.4%（重量百分率）。求此溶液之凝固點。

〔**解**〕100 克溶液中含水 83.6 克，含甲醇 16.4 克。

$$\Delta T_f = k_f \frac{w_B}{M_B} \frac{1000}{w_A}$$

$$k_f = 1.86°C/molal; \quad w_B = 16.4g; \quad w_A = 83.6g; \quad M_B$$
$$= 32g/mole$$

$$\Delta T_f = 1.86 \frac{16.4}{32} \frac{1000}{83.6} = 11.4°C$$

水之凝固點 t_f 為 $0°C$，故溶液之凝固點為 $t_f - \Delta T_f = -11.4°C$。

〔**例 10-5**〕有一混合物含 0.5 克之樟腦（*camphor*）及 0.0105 克之一有機化合物。已知此有機化合物僅含碳與氫，且碳佔重量之 92.75%。此混合物之凝固點為 173.4°C。求此有機化合物之實驗式（*empirical formula*）。

〔**解**〕$M_B = k_f \frac{w_B}{\Delta T_f} \frac{1000}{w_A}$

已知：$w_A = 0.5g; \quad w_B = 0.0105g, \quad k_f = 40°C/molal;$
$$\Delta T_f = 178.4 - 173.4 = 5°C$$

$$M_B = 40 \frac{0.0105}{5} \frac{1000}{0.5} = 168$$

設此有機化合物之實驗式為 C_nH_m，則

$$n:m = \frac{92.75}{12} : \frac{7.25}{1} = 13:12$$

故知此有機化合物之實驗式為 $C_{13}H_{12}$。

10-8 滲透壓 (*Osmotic Pressure*)

若以一只容許溶劑透過而不容許溶質透過之**半透膜**（*semiperme-able membrane*）隔開溶液與溶劑，可發現溶劑經過半透膜而進入溶液。此現象稱爲**滲透**（*osmosis*）。爲阻止滲透對溶液所須施加之壓力稱爲**滲透壓**（*osmotic pressure*），以 π 表示之。若對溶液所施壓力大於滲透壓，則溶液中之溶劑經過半透膜而進入溶劑中。此現象稱爲**反滲透**（*reverse osmosis*）。溶劑之所以經過半透膜而進入溶液中是因爲純溶劑的化學勢大於溶液中溶劑的化學勢。對溶液施壓可增加溶液中溶劑的化學勢。當所施壓力等於滲透壓時，兩者的化學勢相等。

滲透現象可藉一簡單實驗加以說明。如圖 10-6(a) 所示，捆綁一半透膜如膀胱或其他動植物薄膜於一倒置的長頸漏斗嘴部，灌裝濃糖水溶液於漏斗中，再將漏斗浸入水中。可見漏斗內液面逐漸上升，直至水面與溶液面之差達某一數值爲止。此液面差 h 所對應之流體靜壓（*hydrostatic pressure*）等於滲透壓，亦卽

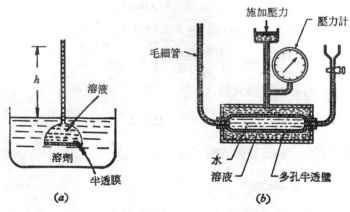

圖 10-6(a) 滲透壓與液柱高 (b) 滲透壓測量儀

$$\rho g h = \pi \tag{10-49}$$

此處 ρ 為溶液密度，g 為重力加速度。利用 (10-49) 式可計算溶液之滲透壓。但因滲透速度慢，溶劑與溶液之平衡費時。 圖 10-6(b) 所示滲透壓測量儀無此缺點。若所施外壓不足，則毛細管內液面快速下降；反之，若所施外壓過大，則毛細管內液面快速上升。當對溶液所施外壓 (*external pressure*) 等於滲透壓時， 毛細管內液面將保持不變。

加入溶質 B 及改變壓力對溶劑 A 之化學勢的影響可以下式表示之:

$$d\mu_A = \left(\frac{\partial \mu_A}{\partial P}\right)_{T,X_B} dP + \left(\frac{\partial \mu_A}{\partial X_B}\right)_{T,P} dX_B \tag{10-50}$$

$d\mu_A$ 為壓力改變 dP 及溶質莫耳分率改變 dX_B 時溶劑化學勢之總變化。依 (10-14) 式

$$\left(\frac{\partial \mu_A}{\partial P}\right)_{T,X_B} = \bar{V}_A \tag{10-14}$$

$\bar{V}_A$ 為溶劑 A 之部份莫耳體積。依 (10-28) 式， 溶劑在理想溶液中之化學勢為

$$\mu_A = \mu_A{}^* + RT \ln(1 - X_B) \tag{10-51}$$

上式之 P 與 T 保持不變而對 X_B 微分得

$$\left(\frac{\partial \mu_A}{\partial X_B}\right)_{T,P} = \frac{-RT}{1 - X_B} \tag{10-52}$$

將 (10-14) 與 (10-52) 兩式代入 (10-50) 式得

$$d\mu_A = \bar{V}_A dP - \frac{RT \ln X_B}{1 - X_B} \tag{10-53}$$

平衡時 $d\mu_A = 0$, 故

$$\bar{V}_A dP = \frac{RT \, dX_B}{1 - X_B} = \frac{-RT \, d X_A}{X_A} = -RT d\ln X_A \tag{10-54}$$

上式左端自 1 *atm* 積分至 $(1+\pi)atm$, 右端自 $X_A = 1$ 積分至 X_A,

並假設 $\bar{V}_A$ 不受壓力及濃度之影響，其結果爲

$$\int_1^{1+\pi} \bar{V}_A dP = -RT \int_{\ln 1=0}^{\ln X_1} d \ln X_1$$

$$\bar{V}_A \pi = -RT \ln X_A = -RT \ln(1-X_B) \qquad (10\text{-}55)$$

展開 $\ln(1-X_B)$ 得

$$\ln X_A = \ln(1-X_B) = -X_B + \frac{1}{2} X_B{}^2 - \frac{1}{3} X_B{}^3 + \cdots \cdots \quad (10\text{-}56)$$

若 X_B 甚小（稀溶液）則 $\ln X_A = \ln(1-X_B) \cong -X_B$，故（10-55）
式簡化爲

$$\bar{V}_A \pi = RTX_B \qquad (10\text{-}57)$$

在稀溶液的場合，$X_B \cong n_B/n_A$，$\bar{V}_A \cong V/n_A$，此處 V 爲溶液之體積。
（5-57）式可改寫爲

$$\pi V = n_B RT \qquad (10\text{-}58)$$

或 $$\pi = \frac{cRT}{M_B} \qquad (10\text{-}59)$$

此處 c 爲每單位體積所含溶質的克數，M_B 爲溶質 B 的分子量。（5-58）
式類似理想氣體定律。凡特霍甫（*van't Hoff*）由實驗發現此式。嚴格
言之，此式只在濃度稀時才有效。由滲透壓可計算溶質的分子量M_B。
欲得準確分子量可對 c 畫 π/c 之圖線，然後外推至 $c=0$。分子量 M_B
可由下式算出。

$$\lim_{c \to 0} \frac{\pi}{c} = \frac{RT}{M_B} \qquad (10\text{-}60)$$

由於反滲透法（*method of reverse osmosis*）已成爲最具經濟價
值的海水淡化法之一，滲透理論日趨重要。反滲透法利用只容許水通過
而不容許礦物質通過的特製半透膜。對海水施以遠大於滲透壓之外壓，
使海水中之水反滲透(亦卽自海水經過半透膜而進入淡水中)而分離。

〔**例 10-6**〕含蔗糖 1% 之溶液在 7°C 顯示 $\frac{2}{3}atm$ 之滲透壓。

已知 100.6 *cc* 此種溶液中含 1 克之蔗糖。求蔗糖之分子量。

〔**解**〕令 M_B 爲蔗糖之分子量。

$$M_B = \frac{cRT}{\pi}$$

已知: $c = \frac{1}{100.6} g/cc = \frac{1000}{100.6} g/l;\quad \pi = \frac{2}{3} atm;$

$T = 280.16°K;\quad R = 0.082\ l\text{-}atm/°K\text{-}mole$

$$M_B = \frac{1000 \times 0.082 \times 280.16}{100.6 \times \frac{2}{3}} = 342 g/mole$$

〔**例 10-7**〕在 25°*C* 下測量一系列聚苯乙烯 (*polystyrene*) 之丁酮 (*methyl ethyl ketone*) 溶液滲透壓。以丁酮的液柱高 (*cm*) 表示壓力，而以 *g/cc* 表示濃度。對 *c* 所畫 π/c 之圖線在 $c=0$ 之截距爲 $110cm^4/g$。試計算此聚苯乙烯之平均分子量。丁酮之密度爲 0.80g/cm^3。

〔**解**〕假設溶液之密度與丁酮密度同。我們可以 *atm* 表示 π 而以 *g/l* 表示 *c*，使 π/c 之單位變爲 *l-atm/g*。因汞的密度爲 13.6g/cm^3。1cm 溶液液柱相當於 $\frac{1 \times 0.8}{13.6} cm$ 水銀柱或 $\frac{0.8}{13.6 \times 76.0} atm$ 之壓力，而 $1g/cc = 1000g/l$, 故

$$\lim_{c \to 0} \frac{\pi}{c} = 110\ cm^4/g = 110 \frac{cm\ \text{溶液液柱}}{g/cc}$$

$$= 110 \times \frac{0.8}{13.6 \times 76} atm\ \frac{1}{1000 g/l} = 85 \times 10^{-6} l\text{-}atm/g$$

$$\lim_{c \to 0} \frac{\pi}{c} = \frac{RT}{M_B}$$

$$M_B = \frac{85 \times 10^{-6} l\text{-}atm/g}{(0.082 l\text{-}atm/°K\text{-}mole) \times (298.16°K)}$$

$$= 290,000 g/mole$$

10-9　溶液之依數性質　(*Colligative Properties of Solutions*)

如前所述，溶劑的蒸汽壓下降、沸點上昇、凝固點下降、及溶液的滲透壓與溶質的濃度成正比。若有數種溶質同時出現，在稀溶液的場合，這些效應與所有溶質濃度的總和成正比，而與溶質的化學性質無關。若一溶質在溶液中完全解離 (*dissociate*) 成數離子，則其效應與同濃度之數種不解離溶質的效應無異。凡是溶液的性質其值僅視溶質分子及溶質離子的濃度而定而與溶質的化學性質無關者稱為**溶液之依數性質** (*colligative properties*)。換言之，溶液的依數性質僅取決於不解離之溶質分子及溶質離子的數目。溶劑的蒸汽壓下降，沸點上升、凝固點下降、及溶液的滲透壓均屬溶液之依數性質。

假設 1000 克溶劑中含有 m 莫耳電解質 (*electrolyte*) B_xA_y。電解質解離的分率稱為**解離度** (*degree of dissociation*)，以 α 表示之。則 B_xA_y 分子及 B^{z+} 與 A^{z-} 離子在溶液中的重量莫耳濃度如下所示：

$$B_xA_y \rightleftharpoons xB^{z+} + yA^{z-}$$

$$(1-\alpha)m \qquad x\alpha m \quad y\alpha m$$

此處 z^+ 與 z^- 分別為陽離子與陰離子的電荷數。設分子 B_xA_y 與離子 B^{z+} 及 A^{z-} 的總濃度為 im，則

$$im=(1-\alpha)m+x\alpha m+y\alpha m$$

$$i=1-\alpha+x\alpha+y\alpha \qquad\qquad (10\text{-}61)$$

i 稱為**凡特霍甫因數** (*Van't Hoff factor*)。就電解質稀溶液而論，沸點上昇、凝固點下降、及滲透壓可寫成如下形式：

$$\Delta T_b=i(\Delta T_b)_o \qquad\qquad (10\text{-}62)$$

$$\Delta T_f=i(\Delta T_f)_o \qquad\qquad (10\text{-}63)$$

$$\pi=i(\pi)_o \qquad\qquad (10\text{-}64)$$

下標 (*subscript*) O 表示同濃度 (m) 之一非電解質 (*nonelectrolyte*) 的效應。强電解質在稀溶液中幾乎完全解離，其 i 接近整數值。例如在 $0.001m$ 溶液中，$NaCl$、HCl、及 $Pb(NO_3)_2$ 之 i 值分別爲 1.97，1.98，及 2.89。設 ν 爲一分子物質解離所成離子數，則 ν 應爲 $\alpha=1$ 時之 i 值，就 B_xA_y 而論，由 (10-61) 式得

$$\nu = x + y \tag{10-65}$$

將 (10-65) 式帶入 (10-61) 式得

$$\alpha = \frac{i-1}{\nu+1} \tag{10-66}$$

如此，藉 (10-62) 式、或 (10-63) 式、或 (10-64) 式與 (10-66) 式可決定電解質的解離度 α。

若干物質在溶液中以雙體 (*dimer*) 或聚合體 (*polymer*) 的形式存在。在此場合，$\Delta T_b, \Delta T_f$ 與 π 將比同濃度的一般溶液小。例如苯甲酸 (*benzoic acid*) C_6H_5COOH 在苯中大體上以雙體$(C_6H_5COOH)_2$ 呈現。故其有效濃度幾乎減半。

〔例 10-8〕 $500g$ 水中含有 $0.871g$ K_2SO_4。問此溶液之沸點爲若干 $°C$。假設 K_2SO_4 完全解離。

〔解〕$K_2SO_4 \longrightarrow 2K^+ + SO_4^{-2}$

K_2SO_4 完全解離，故 $i = \nu = 3$。

假設 K_2SO_4 完全不解離，則 K_2SO_4 之重量克分子濃度爲

$$m = \frac{0.871\,g}{174.26\,g/mole} \times \frac{1000g}{500g} = 0.0100$$

水之 $k_b = 0.512°C/molal$

$$(\Delta T_b)_o = k_b m = 0.512 \times 0.01 = 0.00512°C$$

$$\Delta T_b = i(\Delta T_b)_o = 3 \times 0.00512 = 0.0153°C$$

$$t_b = 100 + 0.0153 = 100.0153°C$$

10-10 逸壓、活性、及活性係數 (*Fugacity, Activity, and Activity Coefficint*)

在恆溫下，溶體中成分 i 的化學勢變化爲

$$d\mu_i = \bar{V}_i \, dP$$

對理想氣體混合物而言，

$$d\mu_i = RT \, d\ln P \qquad\qquad (10\text{-}67)$$

在非理想氣體混合物的場合，上式不能成立。路易斯 (*G.N.Lewis*) 介紹一稱爲**逸壓** (*fugacity*) 的新函數 f。他以一類似 (10-67) 式的方程式對 f 下一定義，

$$d\mu_i = d\bar{G}_i = RT \, d\ln f_i = \bar{V}_i dP \qquad\qquad (10\text{-}68)$$

在一指定狀態及一任意選擇的標準狀態之間積分上式得

$$\mu_i = \mu_i{}^\circ + RT \ln f_i/f_i{}^\circ \qquad\qquad (10\text{-}69)$$

其中 $\mu_i{}^\circ$ 爲成分 i 在此標準狀態的化學勢，$f_i{}^\circ$ 爲成分 i 在此標準狀態的逸壓。在某指定狀態的逸壓與在標準狀態的逸壓之比稱爲**活性** (*activity*) a_i。

$$a_i = f_i/f_i{}^\circ \qquad\qquad (10\text{-}70)$$

如此 (10-69) 可寫爲

$$\mu_i = \mu_i{}^\circ + RT \ln a_i \qquad\qquad (10\text{-}71)$$

應注意逸壓有壓力的單位，而活性則無因次 (*dimensionless*)。眞實氣體的標準狀態定爲具有逸壓 $f_i{}^\circ = 1atm$ 且其行爲如理想氣體的狀態，如圖 10-7 所示。如此，

$$a_i = f_i \qquad (氣體) \qquad\qquad (10\text{-}72)$$

眞實氣體的標準狀態爲一假想狀態。**理想氣體的逸壓等於其壓力。**各種氣體在充分低壓下均遵循理想氣體定律，故在**極低壓下，所有氣體**

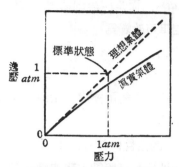

圖 10-7 單位逸壓之定義

的逸壓等於其壓力。

逸壓與壓力之比稱爲活性係數(activity coefficient) γ,

$$\gamma = f/P \qquad \text{(氣體)} \qquad (10\text{-}73)$$

（10-71）式亦可應用於溶液諸成分。惟溶液成分的標準狀態（活性 $a_i = 1$ 之狀態）有異。 慣用標準狀態有二。 當溶質無窮稀時, 溶劑行爲趨近於勞特定律所描述者, 而溶質行爲趨近於亨利定律所描述者。因此溶劑的標準狀態以勞特定律爲基礎, 而溶質的標準狀態則以亨利定律爲基礎。茲分述於次。

(1) **溶劑之標準狀態**

溶劑之標準狀態爲所論及溶液溫度及 $1\,atm$ 下的純溶劑。 若以莫耳分率 X_i 表示成分 i 的濃度, 則

當 $X_i \to 1$ 時, $a_i/X_i = 1$ $\qquad (10\text{-}74)$

在理想溶液及極稀溶質濃度的場合, $a_i = X_i$。

在許多場合蒸汽接近理想氣體, 故活性與蒸汽壓有如下關係

$$a_i = \frac{f_i}{f_i^\circ} = \frac{P_i}{P_i^\circ} \qquad \text{(理想蒸汽)} \qquad (10\text{-}75)$$

此處 P_i 爲成分 i 之蒸汽分壓, P_i° 爲純成分 i 之蒸汽壓。若蒸汽爲非理想氣體, 可先由 P_i 與 P_i° 計算其對應的逸壓 f_i 與 f_i°。應注意

此處之 f_i° 並非 $1atm$, 而是純溶劑蒸汽壓 P_i° 之逸壓。依此標準狀態之定義, 勞特定律可改寫為

$$f_i = f_i^\circ X_i \qquad (10\text{-}76)$$

如圖 10-8 中之虛線所示。

如對氣體一般, 我們可對溶劑成分定義一活性係數:

$$a_i = \gamma_i X_i \qquad (10\text{-}77)$$

當 $X_i \to 1$ 時, 溶劑 i 的活性係數 $\gamma_i \to 1$。

欲估計溶劑之活性係數可假設其蒸汽爲一理想汽體, 若以純成分 i 爲標準狀態, 由 (10-75) 式與 (10-77) 式得

$$P_i = \gamma_i X_i P_i^\circ \qquad \text{(理想蒸汽)} \qquad (10\text{-}78)$$

$$\gamma_i = \frac{P_i}{X_i P_i^\circ} \qquad \text{(溶劑)} \qquad (10\text{-}79)$$

溶液溶劑之活性係數 γ 大於 1 者顯示正偏差, 小於 1 者顯示負偏差。

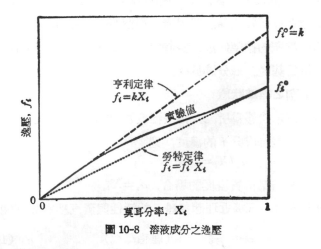

圖 10-8 溶液成分之逸壓

(2) 溶質之標準狀態

溶質之標準狀態之選擇係以亨利定律爲基礎。此一標準狀態之定

義不易直接紋述。 根據溶質的標準狀態, 當 $X_i \rightarrow 0$ 時, $a_i \rightarrow X_i$
而且亨利定律可寫成

$$f_i = kX_i \tag{10-80}$$

如圖 10-8 中之破虛線所示。此處 k 為亨利定律常數。將亨利定律線
外推至 $X_i = 1$ 卽得溶質之標準狀態。 溶質在標準狀態的逸壓 $f_i^{\circ\prime}$ 等
於亨利定律常數 k。

$$f_i^{\circ\prime} = k \tag{10-81}$$

猶如非理想氣體一般, 溶質的標準狀態為一假想狀態。

對非電解質溶質亦可定義一活性係數 γ_i。例如

$$a_i = \gamma_i X_i \tag{10-82}$$

當 $X_i \rightarrow 0$ 時, 溶質 i 的活性係數 $\gamma_i \rightarrow 1$。

若蒸汽為理想氣體, 則

$$P_i = k\gamma_i X_i \qquad (理想蒸汽) \tag{10-83}$$

$$\gamma_i = \frac{P_i}{kX_i} \qquad (溶質) \tag{10-84}$$

〔例 10-9〕一溶液中, 溴之莫耳分率為 0.025, 四氯化碳之莫耳
分率為 0.975。溶液上溴之蒸汽分壓為 10.27 $mm\,Hg$。在同溫下, 溴
之蒸汽壓為 213 $mm\,Hg$。求溴之活性係數。 以純溴液體為溴之標準
狀態（亦卽將溴視為溶劑）。

〔解〕假設溴蒸汽為理想汽體, 則依 (10-79) 式,

$$\gamma_i = \frac{P_i}{X_i P_i^{\circ}} = \frac{10.27}{0.025 \times 213} = 1.93$$

習　題

10-1　一升水溶液中含 Na_2CO_3 3.80 克。求 Na_2CO_3 之莫耳濃度、重量克分子濃度、及當量濃度。

〔答: $0.0362C$, $0.0363m$, $0.0724N$〕

10-2　正己烷（C_6H_{14}）與正庚烷（C_7H_{16}）所成溶液遵循勞特定律。正己烷與正庚烷在 $42°C$ 之蒸汽壓分別爲 300 與 100 $mm\ Hg$。試計算下列溶液在 $42°C$ 之總蒸汽壓: （a）溶液含 25 莫耳%正己烷，（b）溶液含 50 莫耳% 正己烷，（c）溶液含 75 莫耳 % 正己烷。

〔答: （a）$150mmHg$（b）$200mmHg$（c）$250mmHg$〕

10-3　利用習題 10-2 之結果，就各溶液計算正己烷在蒸汽中所佔之莫耳分率。

〔答: （a）0.50, （b）0.75, （c）0.90〕

10-4　氯仿（*chloroform*）（$CHCl_3$）在 $25°C$ 之蒸汽壓爲 199 $mm\ Hg$。有一溶液以氯仿爲溶劑，此溶液在 $25°C$ 之蒸汽壓比純氯仿之蒸汽壓小 $2mm\ Hg$。試計算溶質之莫耳分率。

〔答: 0.01〕

10-5　假設空氣之組成爲 80 體積 %N_2 與 20 體積 % O_2。試計算在 $25°C$ 下溶於水中之空氣組成。使用表 10-1 之數據。

〔答: 33% 氧,67%N_2〕

10-6　在 $25°C$ 下混合 1 莫耳苯與 2 莫耳甲苯。假設所獲得之溶液爲一理想溶液。求（a）焓變化，（b）熵變化，及（c）吉布斯自由能變化。

〔答: （a）$0cal$, （b）$11.31cal/°K$, （c）$-3360cal$〕

10-7　水溶液中每 100 克水含不揮發性溶質 13 克。此溶液在 $28°C$ 之蒸汽壓爲 27.371 $mm\ Hg$。已知水在同溫下之蒸汽壓爲 28.065 $mm\ Hg$。假設此溶液爲理想溶液，求溶質之分子量。

〔答: 92.3 $g/mole$〕

10-8　求 5.00 克尿素（*urea*）與 75.00 克水所成溶液在 760 $mm\ Hg$ 下之沸點。尿素之分子量爲 60.06。

〔答 100.569°C〕

10-9 有一乙醇（C_2H_5OH）與水之溶液含 2.50 重量% 乙醇。求此溶液之凝固點。

〔答: $-1.06°C$〕

10-10 將 3.50 克不揮發性物質溶於 100 克苯所得溶液的沸點為 81.00° C。求此物質之分子量。

〔答: $104g/mole$〕

10-11 有一碳氫化物的分子式為 $H(CH_2)_nH$。將 0.81 克此種碳氫化物溶於 190 克溴化乙烯所得溶液之凝固點為 9.47°C。已知溴化乙烯之凝固點為 10.00°C。求 n 之值。

〔答: $n=7$〕

10-12 將 68.4 克蔗糖（分子量＝342）溶於 1000 克水中以製成一溶液。（a）求此溶液在 20°C 之蒸汽壓，（b）求此溶液之凝固點，（c）求此溶液之沸點。已知此溶液在 20°C 之密度為 $1.024g/cm^3$，水在 20°C 之蒸汽壓為 17.363 mm Hg。

10-13 有一右旋糖（*dextrose*）（$C_6H_{12}O_6$）之水溶液，其在 25°C 之滲透壓為 2.80 *atm*。試以克每升表示右旋糖之濃度。

〔答: $20.6g/liter$〕

10-14 血清（*blood serum*）的平均凝固點為 $-0.562°C$。試估計血液在 40°C 之滲透壓。假設此溶液之重量克分子濃度約等於其莫耳濃度。

〔答: 7.75 *atm*〕

10-15 一定量之物質溶於 100 克苯中使苯之凝固點下降 1.28°C。同量此種物質溶於 100 克水中使水之凝固點下降 1.395° C。假設此一物質在苯中保持其正常分子量，而在水中完全解離。問此物質一分子能解離成若干離子？

〔答: 3〕

10-16 一聚異丁烯（*polyisobutylene*）溶於苯中所成溶液在 25°C 之滲透壓如下:

$c, g/100cm^3$	0.500	1.00	1.50	2.00
$\pi, g/cm^2$	0.505	1.03	1.58	2.15

試繪製 c 對 π/c 之圖線，並將此線外推至 $c=0$。再由外推值 $\lim\limits_{c \to 0} \pi/c$ 計算此聚合體之平均分子量。〔$1atm = 76\ cm \times 13.53 g/c\ m^3 = 1028 g/cm^2$〕

〔答：$256,000 g/mole$〕

10-17 二氯乙酸 (*dichloro acetic acid*) 水溶液在不同濃度之凝固點下降如下：

濃度，m	$\Delta T_f,(°C)$
0.0040	0.0148
0.0100	0.0356
0.0200	0.0690
0.0500	0.1615
0.1000	0.3000
0.2000	0.5000
0.5000	0.1260

求二氯乙酸在各濃度之解離度 α。二氯乙酸之解離可以下式表示之，

$$\text{Cl}_2\text{CHCOOH} \rightleftharpoons \text{Cl}_2\text{CHCOO}^- + \text{H}^+$$

〔答：$\alpha = 0.99, 0.91, 0.85, 0.74, 0.61, 0.50, 0.36$〕

10-18 試由下列乙醇-氯仿溶液在 $35°C$ 之蒸汽壓數據求乙醇在各濃度（不包括 $X_{EtOH}=0$）之活性係數。以純乙醇液體為乙醇之標準狀態。

$X_{EtOH,liq}$	0	0.2	0.4	0.6	0.8	1.0
$X_{EtOH,vap}$	0	0.1382	0.1864	0.2554	0.4246	1.0
總蒸汽壓 $mm\ Hg$	295.1	304.22	290.20	257.17	190.19	102.78

〔答：$2.04, 1.315, 1.067, 0.983, 1.000$〕

10-19 有一乙醚-丙酮溶液含丙酮 0.2 莫耳%。此溶液中之丙酮在 $30°C$ 之蒸汽分壓為 $90 mm\ Hg$。在同溫下丙酮在乙醚中之亨利定律常數 k 為 $588 mm\ Hg/mole\ fraction$。試依溶質的標準狀態求丙酮之活性係數。

〔答：$\gamma = 0.765$〕

英 漢 對 照 索 引

N

第十一章　多成分物系之相平衡

含有二成分或更多成分的物系稱爲多成分物系（*multicomponent system*）。 多成分物系之相平衡遠較單成分物系複雜。 本章之討論將以二成分物系爲主要對象。

11-1　二成分物系 (*Two-Component Systems*)

若物系含有二成分，吉布斯相律變爲 $f=4-p$，p 爲相數，f 爲自由度數。可能有下列四種情形：

$$p=1, \quad f=3 \quad 三變系 \ (trivariant \ system)$$
$$p=2, \quad f=2 \quad 雙變系 \ (bivariant \ system)$$
$$p=3, \quad f=1 \quad 單變系 \ (univariant \ system)$$
$$p=4, \quad f=0 \quad 不變系 \ (invariant \ system)$$

最大自由度數爲 3，故須使用立體圖才能完全表示二成分物系。以三座標軸分別表示壓力、溫度、及組成。因立體圖不便使用，通常將一變數保持於一固定值，而以平面圖描述物系之行爲。此等平面圖有三種，一爲恆溫壓力-成分(*PX*)圖，一爲恆壓溫度-組成(*TX*)圖，另一爲組成固定之壓力-溫度(*PT*)圖。在此等平面圖中各點所代表之物系自由度爲 $f=3-p$。

11-2　壓力-組成圖 (*Pressure-Composition Diagrams*)

圖 11-1 爲壓力-組成圖之一實例。成分 A 爲 2-甲基丙醇-1 (*2-*

methyl prapanol-1)，成分 B 為丙醇-2 (*propanol-2*)，溫度為 60°C。
此溶液甚接近理想溶液。上直線表示溶液總蒸汽壓與液體組成間之關
係，稱為**液體組成線** (*liquid composition curve*)，相當於圖 10-2 之
總蒸汽壓線。下曲線表示壓力與蒸汽組成間之關係，稱為**蒸汽組成線**
(*vapor composition curve*)。壓力-組成圖亦稱**蒸汽壓圖**。

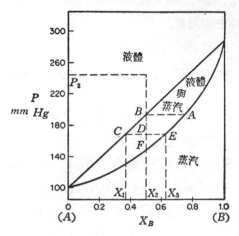

圖 11-1　2-甲基丙醇-1 (*A*) 與丙醇-2 (*B*) 之溶液在 60°C 之壓力-組成圖

　　茲考慮組成為 X_2，壓力為 P_2 之一點。此點位於液相內，$p=1$，
因溫度固定故 $f=3-p=2$。在液體區域內，壓力與組成可任意改變
而不致於改變相數。

　　保持組成於固定值 X_2 而降低壓力（沿虛線），在到達**液線**
(*liquidus curve*)（即液體組成線）上之一點 B 之前並不發生相之變
化。在此點，液體開始汽化。所產生之蒸汽較液體更富於揮發性較大
之成分 B。最先出現的蒸汽組成由蒸汽線上之一點 A 表示。

　　將壓力減至低於 B 點之壓力即進入兩相區域。此為液體與蒸汽穩
定共存之區域。連結互呈平衡之二相之組成所畫的直線（通常為水平

線）稱爲**連結線** (*tie line*)。*CE* 卽爲一例，此線連結液體與蒸汽的平衡組成 X_1 與 X_2。連結線上之一點如 *D* 所代表的物系所含互相平衡之液體與蒸汽之莫耳數比可藉**槓桿定則** (*level rule*) 加以計算。*C, D, E* 三點之組成分別爲 X_1, X_2, X_3。令 n_l 與 n_v 分別代表液體與蒸汽的莫耳數。對成分 *B* 作質量平衡 (*material balance*) 得

$$X_2(n_l+n_v)=X_1n_l+X_3n_v \qquad (11\text{-}1)$$

$$\frac{n_l}{n_v}=\frac{X_3-X_2}{X_2-X_1}=\frac{DE}{DC} \qquad (11\text{-}2)$$

此種表示式稱爲**槓桿定則**，可應用於任何二成分物系相圖中任何連結線所連結的兩相平衡組成。

當壓力沿 *BF* 線繼續降低時，更多液體汽化，到達蒸汽線上之一點 *F* 時已無液體存在。再降低壓力卽進入單相區域——蒸汽區域。

二相區域內只有一自由度。在此區域內，壓力一決定，液體與蒸汽的組成卽已確定，且由連結線的兩端點 (*end points*) 表示之。

11-3　溫度-組成圖
(*Temperature-Composition Diagrams*)

表示液汽平衡的溫度-組成圖亦卽溶液在恆壓下的**沸點圖** (*boiling point diagram*)。若所選定的壓力爲 1 *atm*，則沸點爲正常沸點。圖 11-2 爲 2-甲基丙醇-1(*A*)與丙醇-2 (*B*)所成溶液之溫度-組成圖。曲線之兩端點指示兩純成分在 1 *atm* 之沸點。若溶液爲理想溶液，且蒸汽爲理想氣體，則在兩純成分沸點間任一溫度之蒸汽組成可由兩純成分在該溫度下之蒸汽壓加以計算。

令純成分 *A* 與 *B* 在溫度 *t* 之蒸汽壓分別爲 $P_A{}^0$ 與 $P_B{}^0$。則依勞特定律，

$$P_A^0 X_A(\text{溶液}) + P_B^0 X_B(\text{溶液}) = 760\ mm\ Hg。 \tag{11-3}$$

依牛頓分壓定律，

$$X_A(\text{蒸汽}) = \frac{P_A^0 X_A(\text{溶液})}{760} \tag{11-4}$$

$$X_B(\text{蒸汽}) = \frac{P_B^0 X_B(\text{溶液})}{760} \tag{11-5}$$

若外壓爲 P 而不爲 $760\ mm\ Hg$，則以 P 取代以上三式中之 $760\ mm$ Hg。

〔例 11-1〕 C_3H_7OH (B) 與 C_4H_9OH (A) 在 $100°C$ 之蒸汽壓分別爲 $1440\ mm\ Hg$ 與 $570\ mm\ Hg$。求 $100°C$及 $1atm$ 下之蒸汽組成。

〔解〕 $P_A^0 X_A(\text{溶液}) + P_B^0[1 - X_A(\text{溶液})] = 760$

$\qquad 570 X_A(\text{溶液}) + 1440[1 - X_A(\text{溶液})] = 760$

$\qquad X_A(\text{溶液}) = 0.781,\ X_B(\text{溶液}) = 0.219$

$$X_A(\text{蒸汽}) = \frac{0.781 \times 570}{760} = 0.585$$

$$X_B(\text{蒸汽}) = \frac{0.219 \times 1440}{760} = 0.415$$

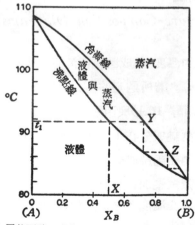

圖 11-2 2-甲基丙醇-1 (A) 與丙醇-2 (B) 在一大氣壓之沸點圖

11-4　分餾 (*Fractional Distillation*)

在一固定溫度下，蒸汽較溶液富於揮發性較大的成分。將圖 11-2 所示濃度爲X之溶液在鍋爐 (*boiler*) 中加熱至沸點 t_1 時溶液開始沸騰。首先產生的蒸汽將具有組成Y，揮發性較大的成分B的含量已增加。將此蒸汽冷凝所得凝液 (*condensate*) 之組成亦爲 Y，且其沸點低於 t_1。再將凝液置於另一鍋爐中加熱，使之沸騰，最初產生的蒸汽組成將爲Z，更富於揮發性較大的成分B。如此反覆汽化凝液及冷凝蒸汽，最後所得凝液組成將極接近揮發性較大的純成分B。此一程序稱爲蒸餾 (*distillation*)。若不繼續添加組成爲X的溶液，而繼續抽取其汽蒸，則因揮發性較大的成分B汽化之量較大，鍋爐中所剩溶液中揮發性較小的成分A濃度將逐漸增加，或 X_B 逐漸減小，而鍋爐中溶液的狀態將沿着沸點線（液線）向左上方移動。最後鍋爐中的殘餘物 (*residue*) 爲揮發性較小的純成分A。

如此，藉蒸餾可分離溶液的成分。但上述方法極其繁複。工業上使用**分餾法** (*fractional distillation*)。藉**分餾塔** (*fractionating column*) 連續進行汽化與冷凝。常用分餾塔爲**泡罩式** (*bubble-cap type*)，如圖 11-3 所示。塔中裝有許多**板** (*plates*)，各板上裝有許多**泡罩**（圖中各板上僅示一泡罩）。各板上均有液體與蒸汽。在理想情況下，各板上的液體與蒸汽互相平衡，而液體與蒸汽的組成相當於圖 11-2 中一連結線（水平虛線）兩端點所表示的組成。液體經一下流管 (*downpipe*) 流至下板，而蒸汽經泡罩進入上板，並與板上液體接觸。鍋爐之作用與一板同。塔頂有一冷凝器 (*condenser*)，可冷凝來自最上板的蒸汽，其凝液之一部份以**餾出物** (*distillate*) 抽出，另一部份回流 (*reflux*) 而進入最上板。分離兩成分所需板數與兩成分的揮發性（蒸汽壓）差

別和回流比 (*reflux ratio*) 有關。所謂**回流比**即回流量與餾出量之比。
揮發性差別愈小或回流比愈小，所需板數愈大。此外，分離效率亦直
接與分餾塔之**蒸餾效率**(*distillation efficient*) 有關。分餾塔的效率以

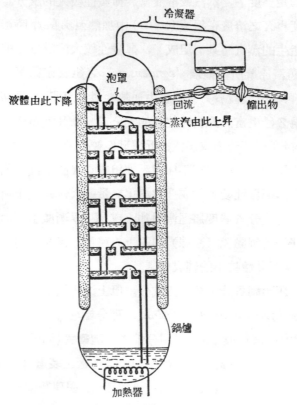

圖 11-3　泡罩式分餾塔

其所能達成的平衡步驟數 (*number of equilibrium stages*) 表示之。
每一平衡步驟稱爲**一理論板** (*theoretical plate*)；換言之，在一理論
板上溶液與蒸汽完全互相平衡。例如自 $X_B=0.5$ 之溶液開始，若分
餾塔具有三理論板，則由圖 11-3 可讀取餾出物之 $X_B(=0.952)$。

　　若干非理想溶液之沸點線上有一極大 (*maximum*) 或極小 (*mini-mum*)，如圖 11-4(a) 與 (b) 所示。在極大或極小沸點，溶液與蒸汽之

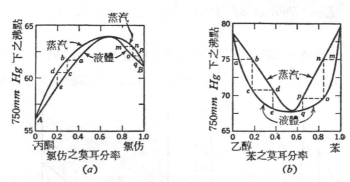

圖 11-4　(a) 丙酮—氯仿溶液之沸點圖 (b) 乙醇—苯溶液之沸點圖

組成相同，具有極大沸點或極小沸點的溶液稱爲**共沸混合物** (*azeot-ropes*)。已知有許多共沸溶液的實例。乙醇的沸點爲 78.3°C，與水形成沸點爲 78.174°C，含 4.0 % 水的極小沸點共沸混合物。鹽酸的沸點爲 −80°C，與水形成沸點爲 108.584°C，含 20.222% 水的極大沸點共沸混合物。

　　蒸餾能形成共沸混合物的溶液，原則上可產生共沸混合物和一純成分，視溶液之最初組成而定。蒸餾丙酮與氯仿的溶液時，若溶液之初態由位於共沸點左邊之一點表示，則可能獲得的餾出物爲純丙酮，殘餘物爲共沸混合物。若溶液之初態由位於共沸點右邊之一點表示，則可能獲得的餾出物爲純氯仿，殘餘物爲共沸混合物。同理，若蒸餾乙醇與苯的溶液，可能獲得的餾出物爲共沸混合物，可能獲得的殘餘物爲純乙醇或純苯，視溶液的最初組成而定。當然在以上討論中我們假設溶液的最初組成並非共沸組成。若溶液的最初組成爲共沸組成，則餾出物與殘餘物皆爲共沸混合物。欲破除共沸混合物可改變壓力或加入第三成分。

11-5 局部溶混性物系之液-汽平衡 (*Vapor-Liquid Equilibrium of Partially Miscible System*)

上述溶液之二成分可依任何比例互相溶混 (*miscible*)，故僅有一液相。許多二成分液系顯示局部溶混性，故可能有二液相共存。圖11-5

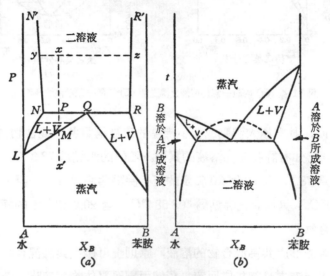

圖 11-5 苯胺-水系。(a) 壓力—組成圖 (b) 溫度—組成圖

所示苯胺-水系(*aniline-water system*)爲一實例。圖 11-5(a) 中之 x 點位於二相區域，相當於二溶液物系，一爲苯胺溶於水中所形成的稀溶液，其組成如 y 所示，另一爲水溶解於苯胺所形成的稀溶液，其組成如 z 所示。在一指定壓力（或溫度）下互呈平衡之二溶液稱爲**共軛溶液** (*conjugate solutions*)。兩相之相對量以連結線 (*tie line*) 之兩線段長度比 xz/xy 指示之。因本圖爲恆溫 *PX* 圖，故在兩相區域內，$f = c - p + 1 = 1$。壓力爲其自變數。壓力一決定，兩相的組成已決定，

由連結線之兩端點 (*end points*) 指示之。但總組成 x 可改變，其值視兩相之相對量而定。關於此點相律並不提供任何資料。

假設我們沿着**恆組成線**(*isopleth*) xx' 降低壓力。在 P 點，組成對應於 Q 點的蒸汽開始產生。此時有三相（二溶液相及一蒸汽相）平衡共存，故物系之自由度為 0。所產生蒸汽之苯胺濃度增加。若壓力降至 P 點以下，溶液組成沿 NL 線移動，而蒸汽組成沿 QL 線移動。在 NLQ 區域內有二相，故物系具有一自由度。至 M 點所有液體完全變為蒸汽。再降低壓力則進入蒸汽之單相區域，而物系之自由度變為 2。

應注意共軛溶液 N 與 R 具有相同之總蒸汽壓及蒸汽組成。可見成分 A（或 B）在此兩共軛溶液上之蒸汽分壓相等。

圖 11-5(a) 中之 NN' 與 RR' 兩線幾乎垂直，這是因為壓力對溶解度的影響不大。然而改變溫度可能大大地影響兩液體的互溶性。圖 11-5(b) 為水-苯胺系在 1 *atm* 下之溫度-組成圖（正常沸點圖）。增加溫度有減小兩溶液濃度差的趨勢。

11-6 局部溶混性物系之液-液平衡 (*Liquid-Liquid Equilibrium of Partially Miscible System*)

研究充分高壓下的局部溶混性液系，可能發現其兩溶解度曲線 (*solubility curves*) 在物系沸點達到之前會合，如圖 11-5(b) 之虛線所示。

已有若干顯示完整液-液溶解度曲線的物系被研究過。圖 11-6(a) 所示酚-水系 (*phenol-water system*) 為一實例。在 x 點所代表的組成與溫度下有兩相共存，y 與 z 表示此溫度下二共軛溶液的組成。兩相的相對量與連結線的二線段長度成比例。當溫度沿恆組成線 XX' 增加時，富於水的溶液量減小，而富於酚的溶液量增加。在 Y 點富於

水的溶液相完全消失。在 Y 之上只有一溶液相存在。

當溫度高於某一特殊溫度時，無論組成如何，僅有一溶液相出現，此一特殊溫度即 TC 線極大點的溫度，稱爲**臨界溶液溫度** (*critical solution temperature*) 或**上共溶溫度** (*upper consolute temperature*)。此極大點之組成稱爲**臨界組成** (*critical composition*)。若物系組成不等於臨界組成，則加熱可使一溶液相逐漸消失。但當物系具有臨界組成時，對物系加熱〔圖 11-6(a) 之 CC' 線〕並無一相逐漸消失的情形發生。甚至在極靠近極大點 d 之處，連結線的線段長度比幾乎仍保持

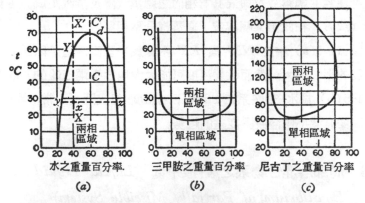

圖 11-6　二液體之局部溶混性。(a) 酚-水系 (b) 三甲胺-水系 (c) 尼古丁-水系

不變。兩共軛溶液的組成逐漸互相接近。在 d 點兩相的界線突然消失而變成一相。

亦有二成分液系顯示**下共溶溫度** (*lower consolution temperature*) 者。在高溫下有二局部溶混性溶液出現，而在充分低溫下，兩液體可完全互相溶混。圖 11-6(b) 所示三甲胺-水系 (*trimethyl amine-water system*) 爲一實例，其在 1*atm* 之下共溶溫度爲 18.5°C。

兼具上下共溶溫度之物系亦有之。我們可預期所有具有下共溶溫度的局部溶混性液系在高溫高壓必有一上共溶溫度。尼古丁-水系

(*nicotine-water system*) 在 1*atm* 下兼具上下共溶溫度，如圖11-6(c) 所示。

11-7　兩相混合物之蒸餾
(*Distillation of Two-Phase Mixtures*)

當不互溶的兩相蒸汽壓和大於外壓時，此兩相混合物沸騰。若兩成分完全不互相溶混，則兩相的總蒸汽壓 P 等於二純液體蒸汽壓之和

$$P = P°_A + P°_B \tag{11-6}$$

因此，混合物的沸點低於兩成分中任一成分的沸點。蒸汽中二成分的莫耳分率等於其蒸汽壓之比。

$$\frac{X_A}{X_B} = \frac{P°_A}{P°_B} \tag{11-7}$$

因　　　$X_A = (w_A/M_A)/(w_A/M_A + w_B/M_B),$

　　　　$X_B = (w_B/M_B)/(w_A/M_A + w_B M_B),$

故　　　$\dfrac{w_A M_B}{w_B M_A} = \dfrac{P°_A}{P°_B} \tag{11-8}$

其中 w_A 與 w_B 分別爲成分 A 與成分 B 的重量。此方程式可用以計算餾出物中成分A與B的重量比 w_A/w_B。

蒸汽蒸餾(*steam distillation*) 卽應用此一原理。其法係以水蒸汽吹過與水不互溶的液體並冷凝排出的蒸汽。如此可以低於 $100°C$的溫度蒸餾許多種高沸點液體。

11-8　二成分物系之固-液平衡　(*Solid-Liquid*
Equilibrium of Two-Component Systems)

僅含固相與液相的最簡單二成分物系 (*binary systems* 或 *two*-

component systems) 爲其二成分在液態時完全溶混而在固態時完全不溶混者，如圖 11-7 所示鉍-鎘系 (*bismuth-cadmium system*)。此一相圖有四區域。 *CE* 與 *ER* 兩線上方的區域僅含一溶液。 *CDE* 與 *EFR* 區域中各含一純成分之固相和一溶液相。直線 *DEF* 下方的區

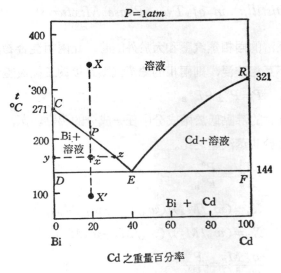

圖 11-7　鉍-鎘系之溫度-組成圖

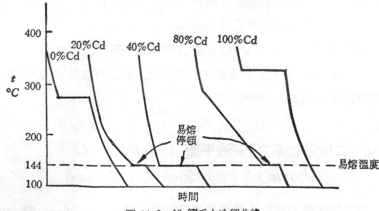

圖 11-8　鉍-鎘系之冷卻曲線

域有二純成分 Bi 及 Cd 之固相。曲線 *CE* 與 *RE* 有數種名稱，諸如: 液線(*liquidus curve*)，凝固點線 (*freezing-point curve*)，及溶解度線 (*solubility curve*) 等。此二曲線表示溫度 (或凝固點) 與組成 (或溶解度) 的關係，亦表示溶劑 (Bi 或 Cd) 的凝固點下降與溶質 (Cd 或 Bi) 濃度的關係。*CE* 與 *RE* 的交點 *E* 代表溶液的最低凝固點，當溫度低於 *E* 時，不可能有溶液之存在。此點稱爲**易溶點** (*eutectic point*)，在易溶點自溶液析出的固體組成稱爲**易溶組成** (*eutectic composition*)。Bi−Cd 系在 $1atm$ 下的易溶溫度爲 $144°C$，易溶組成爲 40% Cd (重量百分率)。

若沿一固定組成線等速冷卻物系 (每單位時間內自物系抽去等量之熱)，則表示溫度隨時間變化的圖線 (*plot*) 稱爲**冷卻曲線**。Bi−Cd 系的若干冷卻曲線示於圖 11-8。

茲先考慮對應於 0% Cd 的冷卻曲線。在純 Bi 的凝固點 $C(271°C)$ 達到之前，曲線斜率變化不大，蓋純固體之熱容量隨溫度之變化率不大。此曲線在凝固點有一水平線段，此時Bi凝固 (或結晶析出) 而放出熔解熱。俟全部 Bi 凝固之後，溫度又隨時間之增加而下降。此曲線類似圖 2-1 之冷卻曲線。

其次沿 20% Cd 之恆組成線冷卻一定量溶液 (如圖 11-7 中之 *XX'* 線所示)。在 *X* 點僅有一溶液相出現，自由度爲 $f=c-p+1=2-1+1=2$。當溫度降至液線 *CE* 上之一點 *P* 的溫度時,純固態 Bi 開始析出，且冷卻曲線的斜率突然改變。這是由於 Bi 結晶時放出結晶熱所致。溫度再降，則進入兩相區域。隨溫度之繼續降低，純 Bi 繼續析出，而溶液的組成沿 *PE* 線往下移動，此時溶液中 Cd 的濃度漸增。在兩相區域內只有一自由度，物系之自由變數爲溫度。溫度一決定，固相與溶液的組成已完全確定。在此兩相區域內之一點 x，物系所含純 Bi 與溶液之相對量可藉通過此點的連結線 yz 之二線段長度

加以決定。當溫度降至易熔點時，Cd 與殘餘之 Bi 同時自溶液中析出。此時有一具有易熔組成的溶液與一純固態 Bi 和一純固態 Cd 互相平衡。因此易溶點 E 以及 *DEF* 直線上之任一點所代表的物系爲不變系。此時冷卻曲線又有一水平線段出現。當物系被冷卻至易熔點時，物系溫度在一期間內保持不變。此現象稱爲**易熔停頓** (*eutectic halt*)，如圖 11-8 中第二條曲線之水平部份所示。當溫度低於易熔點時，卽進入純固態 Bi 與純固態 Cd 之兩相區域。此時物系有一自由度，自變數爲溫度。

冷卻一定量易熔混合物 (含 40 重量百分率之 Cd) 可得圖 11-8 之第三條曲線。在易熔點達到之前，並無任何固體析出，且此曲線的斜率並無不連續之處。但在易熔點亦有停頓的現象發生，且易熔停頓的時間最長。此時溶液中之 Bi 與 Cd 同時析出。而兩者的重量比爲 60:40 或 3:2。溫度再降則進入二純固相區域，此後冷卻曲線的斜率將不再突然改變。

對應於純 Cd 與 80% Cd 的冷卻區線分別類似對應於 0 % Cd 與 20% Cd 之冷卻曲線，如圖 11-8 之第五與第四曲線所示。

對一定量 Bi－Cd 混合物等速加熱可獲得**加熱曲線** (*heating curves*)。

繪製圖 11-7 的方法有二，一爲**熱分析法** (*thermal analysis*)，另一爲**飽和法** (*saturation method*)。熱分析法利用冷卻曲線或加熱曲線。若有充分多的冷卻或加熱曲線，則由各曲線所對應的組成，斜率突然改變之溫度，易溶停頓之溫度，以及純成分的熔點可獲得兩液線上之若干點，以線連接各點卽得相圖。飽和法乃決定各溫度下各成分在另一成分中的溶解度，然後繪製兩溶解度曲線 *CF* 與 *ER*。飽和法亦可用以決定二成分液系的相圖。

11-9　產生化合物之物系
(*System with Formation of Compound*)

在第九章討論相律時假設物系內不發生化學反應。若物系內發生 m 個獨立化學反應，則有 m 個添加的化學平衡式（見第十二章），故物系之自由度減少 m 個。一般言之，若出現於物系內的實際成分數為 n，發生於物系內的獨立化學反應數為 m，則物系之自由度（數）為

$$f=(n-m)-p+2 \qquad\qquad (11\text{-}9)$$

此乃吉布斯相律之一般式。若干教科書採用不同的定義。將相律所用的成分數 c 定義為 $(n-m)$，如此吉布斯相律的形式不變，而可應用於發生化學反應的物系。

$$f=c-p+2 \qquad\qquad (11\text{-}10)$$

$$c=n-m \text{（n 為總成分數，m 為獨立化學反應數）}$$

(11-9) 與 (11-10) 兩式均意謂：「自由度之數目等於描述一物系所需示強變數之數目減此等變數間之平衡關係數」。應用 (11-9) 與 (11-10) 兩式所得結果一致。

茲考慮鋅-鎂系的相平衡。其溫度-組成圖如圖 11-9 所示。化合物之形成通常造成物系之 TX 圖線之極大點。對應於此一極大溫度的組成為化合物的組成。若以莫耳分率表示濃度，此極大點可能發生於 $50\%, 33\%, 25\%$ 等，相當於化物的成分數目比 $1:1, 1:2, 1:3$ 等。

若一固體具有對應於極大點的組成，則當此固體在極大點的溫度熔解時，所產生的溶液組成與固體的組成無異。此一特殊熔點稱為**相稱熔點** (*congruent melting point*)。因此極大點 C 指示化合物之形成及相稱熔點。具有化合物組成的液體冷卻時，並不顯示易熔停頓 (*eutectic halt*)，其行為酷似一純化合物。

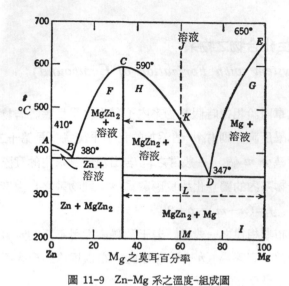

圖 11-9 Zn-Mg 系之溫度-組成圖

Zn-Mg 系內有一化學反應發生，而由此一化學反應產生一添加的成分 $MgZn_2$ 如此，$MgZn_2$ 之形成並不改變二成分物系的自由度。故當壓力固定時，

$$f=2-p+1$$

圖 11-9 所示之相圖可視爲由類似圖 11-7 之二相圖並排而成。右部由 $MgZn_2$ 與 Mg 所構成，左部由 Zn 與 $MgZn_2$ 所構成。

〔例 11-2〕0.6 莫耳 Mg 與 0.4 莫耳 Zn 混合而被熱至 $650°C$，如 J 點所示。所成溶液在恆壓下被冷卻至 $200°C$ 中，問在此冷卻過程中物系將發生何種相變化及自由度變化？

〔解〕此一冷卻過程如虛線 JL 所示。在 J 點僅有一溶液相，自由度爲 $f=2-p+1=2$，溫度與組成必須同時確定，物系的狀態才能完全決定。在 JK 之間，自由度不變，亦無新相產生。當溫度降至 K 點所對應的溫度 $470°C$ 時，固態 $MgZn_2$ 開始析出，溫度再降卽進入二相區域。在此區域中，$f=2-p+1=1$。溫度一指定，則兩相的組成已

決定。隨溫度之繼續降低，更多 $MgZn_2$ 析出，而溶液組成沿 KD 線移動（凝固點隨溶液中 Mg 濃度之增加而降低）。在 $400°C$，溶液的組成爲 74 莫耳% Mg 和 26 莫耳%Zn，固體的組成爲 33 莫耳%Mg 和 67 莫耳%Zn（或 $100\% \ MgZn_2$）。在易熔點 $347°C$，當液體含 74 莫耳%Mg 和 26 莫耳%Zn（易熔組成）時，所有溶液完全凝固，$MgZn_2$ 與 Mg 同時析出。此時物系的自由度爲 0。溫度低於 $347°C$ 以後不再發生相變化，而物系含有二純固體 Mg 與 $MgZn_2$。因所有 Zn 均出現於 $MgZn_2$，易溶混合物的組成（$MgZn_2$ 與 Mg 之莫耳%）可應用此一條件及 D 點所對應的 Mg 和 Zn 的莫耳百分率加以計算。在純固體 $MgZn_2$ 與純固體 Zn 的兩相區域內，自由度爲 1，溫度爲自變數。物系在 L 點所含 $MgZn_2$ 與 Mg 之相對量亦可應用前述所有 Zn 均出現於 $MgZn_2$ 的條件加以計算。其結果爲 0.4 莫耳 Mg 和 0.2 莫耳 $MgZn_2$。應注意，圖中所示連結線的線段比不得直接應用於槓桿定則以估計 $MgZn_2$ 與 Zn 的相對量。若使用以 $MgZn_2$ 和 Mg 的莫耳百分率爲基礎的溫度-組成圖，則可使用連結線的線段比以計算兩者的相對量。

11-10 具有不相稱熔點之物系
(*System with Incongruent Melting Point*)

若干化合物在一定溫度下分解並產生不同組成的液體（或溶液）。此現象稱爲**不相稱熔解** (*incongruent melting*)，此熔點稱爲**不相稱熔點**。圖 11-10 所示硫酸鈉-水系顯示不相稱熔解的現象。

純 $Na_2SO_4 \cdot 10H_2O$ 熱至 $32.38°C$ 時轉化成無水 Na_2SO_4 及組成爲 C 之溶液。曲線 BC 表示 $Na_2SO_4 \cdot 10H_2O$ 在水中之溶解度，CD 表示 Na_2SO_4 在水中之溶解度。

當純 Na_2SO_4、$Na_2SO_4 \cdot 10H_2O$ 及飽和溶液在一定壓力下互相平衡

時，物系爲不變系，如圖中 C 點所示。

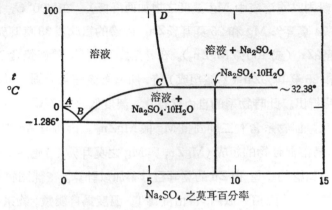

圖 11-10　$Na_2SO_4-H_2O$ 系之溫度-組成圖

11-11　固態溶體 (*Solid Solution*)

就相平衡而論，固態溶體與其他種溶體無異：它們只不過是含有多於一成分的相。相律只能指示相數，卻不能分別相的種類（氣、液、固相）。因此，大多數前述液-汽系及液-液系相圖均有其對應的固-液系及固-固系相圖。

固態溶體可基於其結構而分爲二類。溶質原子取代溶劑晶體中部份溶劑原子所形成的溶體稱爲**取代固態溶體** (*substitutional solid solution*)。例如，鎳 (*nickel*) 具有面心立方結構；若有部份鎳原子不規則地爲銅原子所取代，則可獲得一固態溶體。兩種原子的大小必須相差不大才能形成取代固態溶體。溶質原子佔用溶劑晶體的間隙 (*interstices*) 所形成的溶體稱爲**間充固態溶體** (*interstitial solid solution*)。例如，若干碳原子可佔用鎳晶體的空洞。溶質原子必須小於溶劑原子才可能有此種情形發生。

若干物系形成連續的固態溶體 (*continuous solid solution*)。 圖 11-11 所示金-鉑系爲一實例。 圖中上曲線表示溶液的平衡組成, 稱

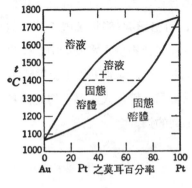

圖 11-11 金-鉑系之溫度-組成圖

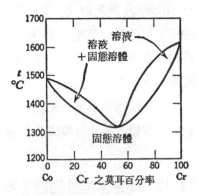

圖 11-12 鈷-鉻系之溫度-組成圖

爲**液線** (*liquidus curve*)。下曲線表示固態溶體的平衡組成, 稱爲**固線** (*solidus curve*)。在上曲線的上方, 兩金屬以溶液的形式存在。在下曲線的下方, 兩金屬以固態溶體的形式存在。上曲液爲溶液的凝固點曲線, 而下曲線爲固態溶體的熔點曲線。兩曲線之間的區域爲互呈平衡的溶液與固態溶體共存的兩相區域。 例如, 令含有 50 莫耳%金與 50 莫耳%鉑的混合物平衡於 1400°C, 將有兩相出現, 固相之組成爲 72 莫耳%鉑, 液相的組成爲 28 莫耳%金。

由圖 11-11 知一成分的熔點可能因另一成分 (雜質) 的出現而下降或上升, 例如鉑的熔點因少量金的出現而下降, 金的熔點因少量鉑的出現而上升。一純質固體有一敏銳的熔點 (*sharp melting point*); 換言之, 對一純質加熱, 純質在一定溫度下熔解, 且在熔解過程中溫度不變。含有雜質的物質在一溫度範圍內熔解, 其終熔點與初熔點不同。因此熔點 (或凝固點) 可作爲純度的判據。

固態溶體的凝固點曲線亦可能有一極小 (*minimum*) 點, 如圖 11-12 所示鈷-鉻系。此圖類似圖 11-4(b)。

　　合金 (*alloy*)、陶器 (*ceramics*)、及結構材料 (*structural material*) 的許多性質與固態溶體的出現有關。 鋼的硬化 (*hardening*) 與回火 (*tempering*) 涉及碳（少量）與碳-鋼化合物之固態溶體。高溫下穩定的固態溶體質地堅硬; 爲保持此硬度，可參照碳-鋼相圖製備適當組成的混合物並加熱至適當溫度，然後將此混合物浸入水或油中，使之驟冷 (*quenching*)。 如此，碳鋼將無時間形成較低溫下的平衡固體溶體。 再將此鋼熱至某一程度可使鋼有機會局部轉化成低溫下穩定的較軟固態溶體。 如此可製成許多種硬度不同的鋼。

11-12　局部溶混性固態溶體
(*Partial Miscibility of Solid Solutions*)

　　猶如二成分液-液系，二成分固-固系亦可能顯示局部溶混性。銀-銅系爲一實例。如圖 11-13 所示，在 $800°C$ 之下， 銅在銀中之溶解度爲 6 重量%，而銀在銅中之溶解度爲 2 重量%。在易熔點 (*eutectic point*)， 二飽和固態溶體，而非純銀與純銅，結晶析出。 α 與 β 區域爲固態溶體區域，因在此兩區域中各有一相，故自由度爲 2。

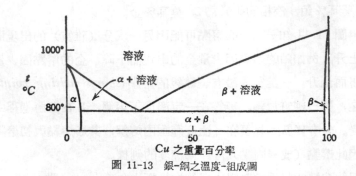

圖 11-13　銀-銅之溫度-組成圖

11-13　固-氣平衡　(*Solid-Gas Equilibrium*)

如前所述，完全相圖需要三座標。圖 11-14 示硫酸銅-水系之相圖。立體相圖〔圖 11-14(a)〕雖然完全，卻不便使用。為便於討論起見，可由立體圖製成三種平面圖，如圖 11-14(b)、(c)、(d) 所示。$CuSO_4-H_2O$ 系可能在不同情況下分別進行四獨立化學反應。各反應產生一增添的成分。在各情況下，物系之自由度數為 $f=2-p+1$。此四反應如下：

$$CuSO_4(飽和溶液)=CuSO_4 \cdot 5H_2O(s)+xH_2O(g)$$
$$CuSO_4 \cdot 5H_2O(s)=CuSO_4 \cdot 3H_2O(s)+2H_2O(g)$$
$$CuSO_4 \cdot 3H_2O(s)=CuSO_4 \cdot H_2O(s)+2H_2O(g)$$
$$CuSO_4 \cdot H_2O(s)=CuSO_4(s)+H_2O(g)$$

當二固體在一定溫度下與水蒸汽互呈化學平衡時，水蒸汽壓保持不變，此等平衡水蒸汽壓力稱為**解離壓力** (*dissociation pressures*)。只要水蒸汽壓力高於較低級水化物 (*hydrate*) 的解離壓力而低於次高級水化物的解離壓力，就有二鹽可與水蒸汽平衡共存於任何溫度。

當水蒸汽壓低於某水化物的解離壓力時，此水化物失水，其外層變為次低級的水化物或無水鹽 (*anhydrous salt*)，此現象稱為**風化** (*efflorescence*)。當水蒸汽壓超過飽和溶液的蒸汽壓時，水化物外層變為飽和溶液，此象現稱為**潮解** (*deliquescence*)。

茲玫慮恆溫 $50°C$ 下的 $CuSO_4-H_2O$ 系，如圖 11-14(b) 所示。當壓力低於 $4.5\ mm\ Hg$ 時，物系由無水 $CuSO_4$ 與水蒸汽所組成。物系含二成分及二相。因溫度固定，故自由度為 $f=2-2+1=1$。壓力可自由變化直至第二固相出現為止。當水蒸汽壓達到 $4.5\ mm\ Hg$ 時，一水化物 (*monohydrate*) $CuSO_4 \cdot H_2O$ 出現。此時物系含三成分及三

相。因有一平衡化學反應故 f 降至零。如此，在 $50°C$ 之下，壓力將保持於 $4.5\,mm\,Hg$，直至所有無水物全部變爲一水化物爲止。此一轉變在 P 點完成。一水化物與水蒸汽可共存於 $4.5\,mm\,Hg$ 與 $33\,mm\,Hg$ 間之任何壓力。 參閱圖 11-14(c)， 知此一範圍視溫度而定。 物系 $CuSO_4 \cdot 3H_2O \rightleftharpoons CuSO_4 \cdot H_2O + 2H_2O$ 在 $50°C$ 之解離壓力爲 $33\,mm\,Hg$。一水化物在 O 點完全轉化爲三水化物(*trihydrate*)，而三水化物

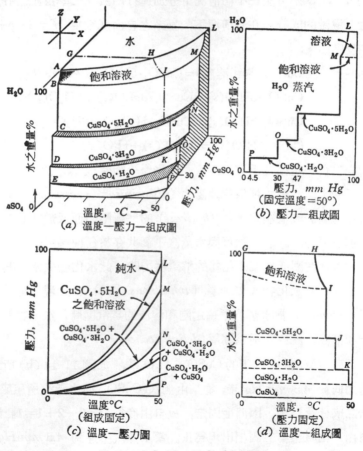

(*a*) 溫度—壓力—組成圖

(*b*) 壓力—組成圖
(固定溫度 $=50°$)

(*c*) 溫度—壓力圖
(組成固定)

(*d*) 溫度—組成圖
(壓力固定)

圖 11-14　$CuSO_4 - H_2O$ 系之相圖

之穩定範圍介於 33 與 *47 mm Hg* 之間。在 *47 mm Hg*，$CuSO_4 \cdot 5H_2O$ 開始產生，轉化在 *N* 點完成。$CuSO_4 \cdot 5H_2O$ 之穩定範圍自 47 至 90 *mm Hg*，達到 $CuSO_4$ 飽和水溶液之平衡蒸汽壓。

固-氣平衡的原理已被應用於定濕器 (*hygrostat*)。一物質的兩種水化物的混合物可用以獲得一定的水蒸汽壓。已知有許多種水化物鹽類可藉以獲得各種不同的水蒸汽壓。若空氣濕度 (*Humidity*) 所對應的水蒸汽壓大於混合物的平衡分壓，則過剩的水份為較低級的水化物所吸收。若空氣濕度過低，則較高級的水化物失水。如此空氣中水份含量得以保持不變。

11-14 三成分物系 (*Ternary System*)

就三成分物系而論，相律變為 $f=5-p$。若只有一相，則 $f=4$，故需使用四度空間相圖 (*four-dimensional phase diagrams*) 始能完全描述物系。若溫度與壓力同時固定，則 $f=3-p$，故可用平面圖表示物系。在恆溫恆壓下，

$$p=1 \quad f=2 \quad 雙變系$$
$$p=2 \quad f=1 \quad 單變系$$
$$p=3 \quad f=0 \quad 不變系$$

三成分物系在恆溫恆壓下的相圖通常以正三角形表示之。各頂點分別代表一純成分。自正三角形中任一點至三邊之垂直距離總和等於此三角形之高。自各頂點至對邊的距離等分為 100 份，對應於百分組成，而任一點所代表的組成可測量此點至三邊之距離而獲得。例如圖 11-15 中之 *F* 點所代表的總組成為 20 重量%醋酸 (*acetic acid*)，30重量%醋酸乙烯酯 (*vinyl acetate*)，及50重量%水。依此表示法，自一頂點至對邊上之一點所畫的直線，如圖 11-15 中之 *CH* 線，代表

另二成分相對量不變的各種可能混合物組成。

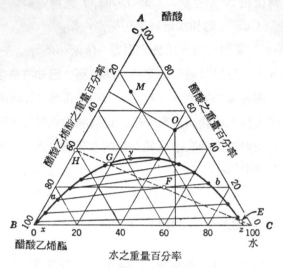

圖 11-15   水-醋酸-醋酸乙烯酯系在 25°C 及 1atm 之相圖

圖 11-15 為水-醋酸-醋酸乙烯酯系在 25°C 及 1atm 之相圖。將水緩慢加入醋酸乙烯酯中，組成沿 BC 向右移動。最初加入之水完全被溶解而形成均勻溶液。當更多水加入使組成達到 x 點時，開始有二液相出現，其中一相為被水飽和的醋酸乙烯酯溶液，另一相為被醋酸乙烯脂飽和的水溶液，後者之組成為 z，且其量甚小。加入更多水，則 z 相的相對量增加，而 x 相的相對量減小，但兩相的組成保持不變。最後當水的重量百分率超過 z 點時，只有一相存在，此相為醋酸乙烯酯的不飽和水溶液。

醋酸能與水完全溶混，亦能與醋酸乙烯酯完全溶混。若加入醋酸所得三成分物系的總組成位於曲線 xyz 之下，則醋酸分布於二液層，形成互呈平衡之二溶液，各溶液均含水、醋酸乙烯酯、及醋酸。例如，若總組成如 F 點所示，則互呈平衡之二相由連結線 (tie line)

aFb 之兩端點 a 與 b 所表示。 物系在 F 點所含 a 溶液量與 b 溶液量之比等於 Fb/aF。

圖中示出若干連結線，一般言之，諸連結線並不互相平行，或與三角形之一邊平行。連結線兩端點所代表的互呈平衡二相組成由實驗決定。加入更多醋酸，則二相的組成更接近，而連結線縮短。最後，當兩溶液的組成相同時，連結線縮成一點 y。 y 點稱為**臨界點**。再加入醋酸則產生單一均勻相。曲線下方為兩相區域，上方為單相區域。

將水加入組成為 H 之醋酸乙烯酯-醋酸溶液，則物系之總組成沿虛線 HC 移動。 在 HG 之間加入之水僅產生單一均勻液相，且液相中醋酸乙烯酯與醋酸之含量比恆為 HA/HB。在 G 點達到之後，加入更多水將產生二液相。 沿 GE 線加入更多水， 此兩相之組成逐漸改變，富於水之溶液相對量漸增，另一溶液之相對量漸減。然而，兩溶液加在一起，醋酸乙烯酯與醋酸之含量比仍然等於 HA/HB。自 E 至 C 僅有一均勻相出現。

曲線 xyz 下方為二相區域， 物系之自由度為 1 ， 只須指定一相中任一成分之重量百分率，即可完全敍述物系。該相中另一成分之重量百分率可由該已知百分率線與曲線 xyz 之交點求得。 而另一相之組成可由連結線另一端與曲線 xyz 之交點求得。 茲舉一例，假若二相中之一相含水 5%，則該相之組成如 a 點所示，而另一相之組成如 b 點所示。

11-15 一溶質在兩相間之分布
(*Distribution of a Solute between Two Phases*)

加一物質於二相液體混合物中，該物質通常以不同平衡濃度分布於二相中。醋酸在富於水的相中與在富於醋酸乙烯酯的相中的分布比

可利用圖 11-14 的數據加以計算。 由圖知醋酸在兩相中的濃度比隨加入的醋酸量而異。然而，若溶質加入之量相當小，則溶質在兩相中的濃度比爲一常數。此稱能斯特分布定律 (*Nernst distribution law*)。

當 α 與 β 兩相互呈平衡時，溶質 i 在兩相中之化學勢相等。

$$\mu_{i\alpha}=\mu_{i\beta} \tag{11-11}$$

將 (10-71) 式代入上式得

$$\mu^{\circ}{}_{i\alpha}+RT\ln a_{i\alpha}=\mu^{\circ}{}_{i\beta}+RT\ln a_{i\beta} \tag{11-12}$$

$$\ln\frac{a_{i\beta}}{a_{i\alpha}}=\frac{\mu^{\circ}{}_{i\alpha}-\mu^{\circ}{}_{i\beta}}{RT}$$

其中 a_i 爲成分 i 之活性 (*activity*)。在恆溫下，

$$\frac{a_{i\beta}}{a_{i\alpha}}=K \tag{11-13}$$

此處 $K=e^{(\mu^{\circ}i\alpha-\mu^{\circ}i\beta)/RT}$ 稱爲**分布係數** (*distribution coefficient*)。(10-13) 式適用於一般場合。若成分 i 之濃度相當小， 則其活性約等於其莫耳分率，故

$$\frac{X_{i\beta}}{X_{i\alpha}}=K \tag{11-14}$$

若以莫耳濃度 (*molarity*) C 取代 (11-14) 式之莫耳分率 X, 可得

$$\frac{C_{i\beta}}{C_{i\alpha}}=D \tag{11-15}$$

D 爲一常數，特稱爲**分布比** (*distribution ratio*)。其與 K 間之關係不難由濃度 C 與 X 之定義求得。

11-16 溶劑萃取法 (*Solvent Extraction Process*)

一般言之，有機化合物在有機溶劑中之溶解度大於其在水中之溶解度，故可利用有機溶劑將其自水溶液中抽出。假設最初有 V_a 升溶液含 W 克溶質，加入 V_b 升第二不溶混溶劑，並反覆振盪此混合物使

溶質分布達於平衡。假設原溶液中殘餘溶質量爲 W_1 克，則依 (11-15) 式

$$\frac{C_\beta}{C_\alpha}=\frac{\dfrac{W-W_1}{V_\beta}}{\dfrac{W_1}{V_\alpha}}=D \quad \therefore \quad W_1=W\frac{V_\alpha}{V_\alpha+DV_\beta} \quad (11\text{-}16)$$

此種萃取步驟重復 n 次之後，溶質殘餘量 W_n 爲

$$W_n=W\left(\frac{V_\alpha}{V_\alpha+DV_\beta}\right)^n \quad\quad\quad (11\text{-}17)$$

而溶質抽出之量爲

$$W-W_n=W\left[1-\left(\frac{V_\alpha}{V_\alpha+DV_\beta}\right)^n\right] \quad\quad (11\text{-}18)$$

　　溶劑萃取爲一重要分離法。無論在實驗室中（小規模）或在工業上（大規模）均有重要的應用。溶劑萃取常與部份蒸餾合併使用以分離共沸混合物的成分。

　　〔**例 11-3**〕有 $100\ ml$ 溶液含 2 克雜質。今欲以 $1000\ ml$ 溶劑萃取雜質。此溶劑僅溶解雜質。雜質在萃取液 (*extract*) 中與在原溶液中的分布比爲 2。(a) 以全部溶劑一次萃取之後，原溶液中殘餘雜質若干克？(b) 若以等量溶劑分 10 次萃取，原溶液中殘餘雜質若干克？

　　〔**解**〕以 α 表示原溶液，而以 β 表示萃取液，則

$$\frac{C_\beta}{C_\alpha}=D=2$$

　　(a) $n=1$，$V_\alpha=100\ ml$，$V_\beta=1000\ ml$，$W=2\ g$。雜質
　　　殘餘量 W_1 爲

$$W_1=W\frac{V_\alpha}{V_\alpha+DV_\beta}=2\times\frac{100}{100+2\times1000}=\frac{200}{2100}$$

$$=0.0476\ g$$

(b) $n=10$, $V_\alpha=100\ ml$, $V_\beta=\dfrac{1000\ ml}{10}=100\ ml$,

$W=2\ g$。雜質殘餘量 W_{10} 為

$$W_{10}=W\left(\frac{V_\alpha}{V_\alpha+DV_\beta}\right)^{10}=2\left(\frac{100}{100+200}\right)^{10}$$

$$=2\left(\frac{2}{3}\right)^{10}=0.0346\ g$$

習 題

11-1 下列數據為 $25°C$ 下水與正丙醇 (*n-propanol*) 在其溶液上之蒸汽分壓。試繪製一完全壓力-組成圖。與含 0.5 莫耳分率正丙醇的溶液互相平衡的蒸汽組成為何？

X(正丙醇)	P(水)	P(正丙醇)	X(正丙醇)	P(水)	P(正丙醇)
0	23.76	0	0.600	19.9	15.5
0.020	23.5	5.05	0.800	13.4	17.8
0.050	23.2	10.8	0.900	8.13	19.4
0.100	22.7	13.2	0.950	4.20	20.8
0.200	21.8	13.6	1.000	0.00	21.76
0.400	21.7	14.2			

〔答：X(正丙醇, 蒸汽)$=0.406$〕

11-2 在 $100°C$ 之下，苯之蒸汽壓為 $1357\ mm\ Hg$，甲苯之蒸汽壓為 $558\ mm\ Hg$。假設苯與甲苯形成理想溶液。若溶液在 $1\ atm$ 及 $100°C$ 下沸騰，求溶液及蒸汽之組成。

〔答：X(苯, 溶液)$=0.253$, X(苯, 蒸汽)$=0.451$〕

11-3 試由下列數據繪製一沸點圖 (溫度-組成圖)。欲自含 80 莫耳%醋酸之溶液獲得含 28 莫耳%醋酸之餾出物至少需若干理論板 (*theoretical plates*)。

$1\ atm$ 下之沸點, °C	118.1	113.8	107.5	104.4	102.1	100.0
莫耳%醋酸　溶液	100	90.0	70.0	50.0	30.0	0
蒸汽	100	83.3	57.5	37.4	18.5	0

〔答：3〕

11-4 由下列數據繪製苯-乙醇溶液之沸點圖。試估計共沸組成 (*azeotropic composition*)。在 1 *atm* 下分餾何種濃度範圍內之溶液可獲得純苯。

1*atm* 下之沸點	78	75	70	70	75	80
苯之莫耳分率						
溶液中	0	0.04	0.21	0.86	0.96	1.00
蒸汽中	0	0.18	0.42	0.66	0.83	1.00

11-5 純水 (A) 與純氯苯 (*Chlorobenzene*) (B) 之蒸汽壓數據如下:

t, °C	50	60	70	80	90	100	110
$P_A°$, $mm\,Hg$	93	149	234	355	526	760	1075
$P_B°$, $mm\,Hg$	42	66	98	145	208	293	403

(a) 假設氯苯與水完全不互相溶混 (*immiscible*)，試估計氯苯可在1*atm*下蒸汽蒸餾的溫度。(b) 求餾出物 (*distillate*) 中氯苯的重量百分率。

〔答: (a)91.2°C, 重量%B＝28.7%〕

11-6 一混合物含水及一有機物液體: 水與此一有機物液體完全不互相溶混。當大氣壓力爲 734 $mm\,Hg$ 時，此混合物於 90°C 沸騰。餾出物含 73 重量百分率之有機物。求此一有機物之分子量及其在 90°C 之蒸汽壓。

〔答: 122.9 $g/mole$; 208.2 $mm\,Hg$〕

11-7 萘 (*Naphthalene*) ($C_{10}H_8$)可在 99.3°C 及 1 *atm* 下蒸汽蒸餾。問需蒸汽若干磅以蒸出 2 磅萘。99.3° C 下之水蒸氣壓可由習題 11-5 的資料估計出。

11-8 參閱圖 11-2。當溫度 (a) 高於一指定混合物之最高沸點時，(b) 低於此混合物之最低沸點時，(c)等於此混合物之沸點時，物系有若干自由度？

11-9 氯仿與丙酮形成一極大沸點共沸混合物。在 760 $mm\,Hg$ 之壓力下，共沸組成爲 20 重量百分率丙酮〔見圖 11-14 (a)〕。今以一分餾塔蒸餾下列混合物。試指出在各場合所能獲得之餾出物與殘餘物。(a)10 重量%丙酮，(b) 20 重量%丙酮，(c) 80 重量%丙酮。

11-10 在 100°C 之下，正庚烷 (*n-heptane*) 之蒸汽壓爲 800 $mm\,Hg$，正己烷 (*n-hexane*) 之蒸汽壓爲 1836 $mm\,Hg$。兩者可完全互相溶混，且混合時形成近乎理想的溶液。試計算沸騰於 100°C 及 2.00*atm*之液體組成及所得蒸汽

之組成。

　〔答：液體：30.5 莫耳%正庚烷，蒸汽：16.0 莫耳%正庚烷〕

11-11 當圖 11-4(a) 與 (b) 所代表之物系具有共沸組成時，物系有若干自由度？

11-12 參閱圖 11-7。若物系含 80 重量% Cd，試述物系自 $400°C$ 冷卻至 $100°C$ 的過程中相及自由度之變化。

11-13 試繪製含 50 莫耳% Pt 之 Au-Pt 系自 $1800°C$ 至 $1000°C$ 之冷卻曲線。此冷卻曲線有無水平部份？

11-14 參閱圖 11-6(a)。試指出酚-水系在下列溫度及總組成情況下之自由度數。(a) $30°C$，20 重量%酚；(b) $30°C$，80 重量%酚；(c) $70°C$，63 重量%酚。

11-15 參閱圖 11-6(a)。(a) 在 $50°C$ 之下混合 50 克水及 50 克酚 (C_6H_5OH)，試估計各液層之組成（重量%酚）。(b) 各液層之重量為若干克？(c) 若再加入 100 克水，試估計各液層之重量及組成。

11-16 苯-異丁醇-水三成分物系在 $25°C$ 及 $1\ atm$ 之下所含互呈平衡二相之組成如下

含水量較大之相		含苯量較大之相	
異丁醇	水	異丁醇	苯
wt%	wt%	wt%	wt%
2.33	97.39	3.61	96.20
4.30	95.44	19.87	79.07
5.23	94.59	39.57	57.09
6.04	93.83	59.57	33.98
7.32	92.64	76.51	11.39

試以此等數據繪製三角相圖，並繪出連結線。(a) 混合 55% 水，20% 異丁醇，及 25% 苯所形成兩相之組成為何？(b) 加水於含有 80% 異丁醇之異丁醇-苯溶液，問第二相開始產生時主相之組成為何？

　〔答：(a) 水層：5.23%異丁醇，94.5%水

　　　　苯層：39.57%異丁醇，57.09%苯

(b) 10%水; 72%異丁醇; 18%苯〕

11-17 在 25°C 之下碘在四氯化碳中（β 相）與在水中（α 相）之分布比為 87。有一水溶液，每 100 *ml* 含碘 0.25 *g*。今將 50 *ml* 此種水溶液與 10 *ml* 四氯化碳混合。(a) 試計算碘在各相中之平衡濃度。(b) 試計算碘進入四氯化碳層之百分率。(c) 求第二次以 10 *ml* 四氯化碳萃取之後，碘在水中之濃度。

〔答: (a) $C_\alpha = 1.36 \times 10^{-4} g/ml$,　$C_\beta = 1.18 \times 10^{-2} g/ml$;　(b) 94.6%;

(c) $7.35 \times 10^{-6} g/ml$〕

11-18 H_3BO_3 在水中與在戊醇 (*amyl alcohol*) ($C_5H_{11}OH$) 中之分布比為 3.35 〔C(水)/C(戊醇)=3.35〕。今有莫耳濃度為 0.2 之 H_3BO_3 水溶液 50*ml*。(a) 問一次以 150 *ml* 戊醇能萃取若干莫耳 H_3BO_3? (b) 每次以 50 *ml* 戊醇分三次萃取能抽出若干莫耳 H_3BO_3?

第十二章 化 學 平 衡

許多化學反應並不完全，化學家早已熟悉並確認此一事實。此等反應進行至某一程度即停止，使相當量的反應物不受反應的影響。在某一指定溫度、壓力、及濃度的情況下，任何反應停止之點永遠不變。當一反應在其進行過程中達到此一階段時，此反應已達**平衡** (*equilibrium*)。

依化學動力學 (*chemical kinetics*)，化學平衡狀態並非完全靜止的狀態。平衡時，反應物消失的速率與反應物再生的速率相等；換言之，順反應 (*forward reaction*) 與逆反應 (*reverse reaction*) 的速率相等。在此情況下，物系並無可測知的變化。此種平衡稱為**動態的平衡** (*dynamic equilibrium*)。所有化學平衡與物理平衡的本質都是動態的。

化學平衡可分為二大類，亦即**均相平衡**(*homogeneous equilibria*)**與非均相平衡** (*heterogeneous equilibria*)。均相平衡發生於僅含一相之物系，例如僅含氣體、或單一液相、或單一固相的物系。另一方面，非均相平衡發生於含有多於一相的物系。固體與氣體間之平衡、液體與氣體間之平衡、固體與液體間之平衡、以及固體與固體間之平衡均屬非均相平衡。

12-1 化學平衡之條件
(*Condition for Chemical Equilibrium*)

茲考慮如下一般性反應：

$$aA+bB=cC+dD \qquad (12\text{-}1)$$

其中 a 莫耳 A 與 b 莫耳 B 反應而生成 c 莫耳 C 及 d 莫耳 D。

就反應 (12-1) 而論，吉布斯自由能變化爲

$$dG=VdP-SdT+\mu_A dn_A+\mu_B dn_B+\mu_C dn_C+\mu_D dn_D \qquad (12\text{-}2)$$

若不加入新物質，則依化學計量 (*stoichiometry*) 關係，任一成分（包括反應物與生成物）量之變化必伴生對應量的所有其他成分的變化。茲定義一稱爲**進行程度** (*degree of advancement*) 的變數 ξ 於次：

$$n_j-n_j{}^\circ=\nu_j\xi \text{（生成物）} \qquad (12\text{-}3)$$

$$n_i-n_i{}^\circ=-\nu_i\xi \text{（反應物）} \qquad (12\text{-}4)$$

此處所用下標 j 與 i 分別表示生成物與反應物的成分，n° 爲某成分的最初莫耳數，ν 爲某成分在反應式中的化學計量係數 (*stoichiometric coefficient*)。

$$dn_j=\nu_j d\xi; \quad dn_i=-\nu_i d\xi$$

將此二關係式應用於反應 (12-1) 得

$$-\frac{dn_A}{a}=-\frac{dn_B}{b}=\frac{dn_C}{c}=\frac{dn_D}{d}=d\xi \qquad (12\text{-}5)$$

此式意謂：進行程度 ξ 之增量 (*increment*) 等於一生成物成分莫耳數之增量除其在反應式中之化學計量係數或一反應物成分莫耳數增量除其負化學計量係數。將 (12-15) 式代入 (12-2) 式，在恆溫恆壓下，(12-2) 式變成

$$dG=(-a\mu_A-b\mu_B+c\mu_C+d\mu_D)d\xi \qquad (12\text{-}6)$$

平衡時，吉布斯自由能 G 必爲極小（見 8-13 節），亦卽

$$\left(\frac{dG}{d\xi}\right)_{T,P}=0$$

或 $\qquad \Delta G_{eq}=(c\mu_C+d\mu_D-a\mu_A-b\mu_B)_{eq}=0 \qquad (12\text{-}7)$

下標 (*subscript*)eq 指示平衡狀況。(12-7) 式爲化學平衡之條件。

12-2　氣體反應之平衡常數

(*Equilibrium Constants for Reactions of Gases*)

依 (10-71) 式, 化學勢 (*chemical potential*) μ_i 與活性(*activity*) a_i 有如下關係

$$\mu_i = \mu_i° + RT \ln a_i \tag{12-8}$$

此處 $\mu_i°$ 爲成分 i 在單位活性 ($a_i = 1$) 時之化學勢, 僅受溫度與壓力之影響。

將 (12-8) 式代入 (12-7) 式得

$$c\mu_C° + d\mu_D° - a\mu_A° - b\mu_B° = -RT \ln\left(\frac{a_C{}^c a_D{}^d}{a_A{}^a a_B{}^b}\right) \tag{12-9}$$

$$\Delta\mu° = -RT \ln K \tag{12-10}$$

此處 K 爲熱力學平衡常數 (*thermodynamic equilibrium constant*), 以反應物及生成物之活性表示之。

$$K = \frac{a_C{}^c a_D{}^d}{a_A{}^a a_B{}^b} \tag{12-11}$$

上式中之分子含生成物的活性, 分母含反應物的活性。

因反應物與生成物在其標準狀態 (活性等於 1 之狀態) 之化學勢 μ_i 等於其標準莫耳自由能 $\bar{G}_i$, 故 (12-9)式可改寫成

$$\Delta G° = -RT \ln K \tag{12-12}$$

一反應之標準自由能變化等於活性爲 1 之反應物轉化爲活性爲 1 的生成物所產生的自由能變化。$\Delta G°$ 可利用熱力學數據加以計算而無需由實驗直接測定。

若 $\Delta G°$ 爲負, K 值大於 1, 而在標準狀態之反應物可自然反應以產生在標準狀態的生成物。若 $\Delta G° = 0$, 在標準狀態的反應物與在標準狀態的生成物互相平衡, 而 $K = 1$。若 $\Delta G°$ 爲正, K 值小於 1,

而在標準狀態之反應物將不反應以產生在標準狀態的生成物。然而 $\Delta G°$ 為正並不意謂該反應不能用以生產一物質，蓋反應情況可改變以利順反應之進行，且一般反應並不在各成分之標準狀況下進行。

就氣體反應而論，

$$a_i = f_i \tag{12-13}$$

且

$$f_i = \gamma_i p_i \tag{12-14}$$

此處 f_i, p_i, 及 γ_i 分別表示成分 i 之逸壓 (*fugacity*)，分壓，及活性係數 (*activity coefficient*) (見 10-10 節)。故

$$K = \frac{a_C{}^c a_D{}^d}{a_A{}^a a_B{}^b} = \frac{f_C{}^c f_D{}^d}{f_A{}^a f_B{}^b} = \frac{\gamma_C{}^c \gamma_D{}^d}{\gamma_A{}^a \gamma_B{}^b} \ \frac{p_C{}^c p_D{}^d}{p_A{}^a p_B{}^b}$$

或

$$K = K_f = K_\gamma K_p \tag{12-15}$$

$$K_f = \frac{f_C{}^c f_D{}^d}{f_A{}^a f_B{}^b}; \ K_\gamma = \frac{\gamma_C{}^c \gamma_D{}^d}{\gamma_A{}^a \gamma_B{}^b}; \ K_p = \frac{p_C{}^c p_D{}^d}{p_A{}^a p_B{}^b} \tag{12-16}$$

此處 p_i 為成分 i 之平衡分壓。應注意，$a_i, \gamma_i, K_a, K_f, K_\gamma$, 及 K_p 皆無因次 (*dimensionless*)，而 f_i 與 p_i 有 *atm* 之單位。實際上 (12-13) 與 (12-16) 兩式為如下諸式之略：

$$a_i = f_i / f_i{}° = f_i / 1atm$$

$$K_f = \frac{(f_C / 1atm)^c (f_D / 1atm)^d}{(f_A / 1atm)^a (f_B / 1atm)^b}$$

$$K_p = \frac{(p_C / 1atm)^c (p_D / 1atm)^d}{(p_A / 1atm)^a (p_B / 1atm)^b}$$

此處 $f_i{}° = 1atm$ 為成分 i 之標準逸壓。使用 (12-16) 式時應取以 *atm* 表示之 f_i 值及 p_i 值。

若參加反應的氣體為理想氣體，則

$$f_i = p_i$$

$$\mu_i = \mu_i{}° + RT \ln p_i \tag{12-17}$$

$$K = K_p = \frac{p_C{}^c p_D{}^d}{p_A{}^a p_B{}^b} \tag{12-18}$$

此處 μ_i° 爲成分氣體 i 在 $1atm$ 之化學勢，僅爲溫度之函數。

　　求平衡常數 K_p 之值須知平衡化學反應式。茲以 $400°C$ 下氨之合成反應爲例。假設各氣體爲理想氣體。

$$N_2+3H_2=2NH_3$$

$$K_p=\frac{p_{NH_3}^2}{p_{N_2}p_{H_2}^3}=1.64\times10^{-4}$$

此處所用諸分壓以 atm 爲單位。若反應寫成如下形式：

$$\frac{1}{2}N_2+\frac{3}{2}H_2=NH_3$$

則

$$K_p=\frac{p_{NH_3}}{p_{N_2}^{1/2}\,p_{H_2}^{3/2}}=(1.64\times10^{-4})^{1/2}=1.28\times10^{-2}$$

又若將反應物與生成物在反應式中之位置互換，

$$2NH_3=N_2+3H_2$$

則

$$K_p=\frac{p_{N_2}p_{H_2}^3}{p_{NH_3}^2}=\frac{1}{1.64\times10^{-4}}=0.61\times10^4$$

　　顯然，若倒轉一反應，則平衡常數變爲原反應平衡常數之倒數；兩者之自由能變化具有同值，但正負號相反。

12-3　氣體反應之 $K_p, K_C,$ 與 K_x 間之關係

(Relations between $K_p, K_C,$ and K_x for Gaseous Reactions)

　　理想氣體反應的平衡常數可以反應物及生成物的平衡濃度表示之。令 C_i 爲每升氣體中所含氣體 i 的莫耳數（卽莫耳濃度）。將 $p_i=C_iRT$ 之關係代入 K_p 的表示式，得

$$K_p=K_C(RT)^{\Delta n}$$

$$K_C = \frac{C_C{}^c C_D{}^d}{C_A{}^a C_B{}^b} \qquad\qquad (12\text{-}20)$$

$$\Delta n = (c+d) - (a+b)$$

此處 Δn 爲反應式中氣體莫耳數變化（等於生成物之化學計量係數和減反應物化學計量和）。

若在一反應中，氣體莫耳數無變化，則 $\Delta n = 0$，而 $K_p = K_C$。有時以莫耳分率 X_i 表示平衡常數較爲便捷，

$$K_X = \frac{X_C{}^c X_D{}^d}{X_A{}^a X_B{}^b} \qquad\qquad (12\text{-}21)$$

K_X 與 K_p 有如下關係:

$$K_p = \frac{(X_C P)^c (X_D P)^d}{(X_A P)^a (X_B P)^b} = \frac{X_C{}^c X_D{}^d}{X_A{}^a X_B{}^b} P^{(c+d)-(a+b)}$$

$$= K_X P^{\Delta n}$$

此處 P 爲反應氣體之總壓。若有惰性氣體出現，亦可將 P 視爲出現氣體之總壓，但計算莫耳分率時應包括惰性氣體之莫耳數。理想氣體反應之 K_p 與 K_C 值不受總壓的影響。但若 $\Delta n \neq 0$，則因

$$K_X = K_p P^{-\Delta n}$$

K_X 將受總壓的影響。

〔例 12-1〕試由 K_p 計算反應 $N_2 + 3H_2 = 2NH_3$ 在 $400°C$ 之 $\Delta G°$。

〔解〕已知在 $400°C$ 之下，$K_p = 1.64 \times 10^{-4}$。假設諸反應氣體爲理想氣體，則 $K = K_p$

$$\Delta G° = -RT \ln K = -RT \ln K_p$$

$$= -(1.987 \; cal/K°\text{-}mole)(673.16°K) \ln 1.64 \times 10^{-4}$$

$$= 11,700 \; cal/mole$$

12-4　氣體反應 (*Gaseous Reactions*)

已有許多氣體反應被研究過。茲舉數例於次以展示氣體反應的研究方法及平衡常數的應用。

(1) **四氧化氮之解離** (*The dissociation of nitrogen tetroxide*)

四氧化氮之解離反應可以下式表示之:

$$N_2O_4 = 2NO_2$$

$$K_p = \frac{p_{NO_2}^2}{p_{N_2O_4}} \tag{12-23}$$

設解離度 (*degree of dissociation*) 為 α , 最初出現之 N_2O_4 莫耳數為 n_0, 則未解離之 N_2O_4 莫耳數為 $n_0(1-\alpha)$, NO_2 之莫耳數為 $2n_0\alpha$, 總莫耳數 $n_t = n_0(1-\alpha) + 2n_0\alpha = n_0(1+\alpha)$。

若 N_2O_4 與 NO_2 之總壓為 P, 則分壓為

$$p_{N_2O_4} = \frac{n_{N_2O_4}}{n_t}P = \frac{1-\alpha}{1+\alpha}P; \qquad p_{NO_2} = \frac{n_{NO_2}}{n_t} = \frac{2\alpha}{1+\alpha}P$$

故

$$K_p = \frac{\left(\frac{2\alpha}{1+\alpha}P\right)^2}{\frac{1-\alpha}{1+\alpha}P} = \frac{4\alpha^2 P}{1-\alpha^2} \tag{12-24}$$

在此反應中, 每莫耳 N_2O_4 解離產生 2 莫耳 NO_2。若體積保持不變, 則反應之進行使壓力增加。依勒沙特列原理 (*principle of Le Chatelier*), 減小壓力有利於 N_2O_4 之解離, 蓋 N_2O_4 解離能增加物系之壓力, 故有抵消此一外加因素的趨勢。

〔**例 12-2**〕1.588 克四氧化氮於 $25°C$ 之溫度下, 在 $500\ ml$ 之容器中部分解離 (*partially dissociated*) 產生 $760\ mm\ Hg$ 之總壓。(a) 試計算解離度 α 及 K_p。(b) 若總壓為 $0.5\ atm$, 求解離度。

〔解〕(a) 最初出現之 N_2O_4 莫耳數為

$$n_0 = \frac{1.588}{92.02}$$

$$PV = n_t RT = n_0(1+\alpha)RT$$

$$\therefore \quad \alpha = \frac{PV}{n_0 RT} - 1$$

已知: $P=1atm$; $V=0.5l$; $R=0.08205\ l\text{-}atm/°K\text{-}mole$;

$T = 298.16°K$

$$\alpha = \frac{1 \times 0.5 \times 92.02}{1.588 \times 0.08205 \times 298.16} - 1 = 1.1846 - 1 = 0.1846$$

$$K_p = \frac{4\alpha^2 P}{1-\alpha^2} = \frac{4 \times (0.1846)^2 \times 1}{1-(0.1846)^2} = 0.141$$

(b) 在同溫下, K_p 之值不變, 若 $P=0.5\,atm$

$$K_p = 0.141 = \frac{4\alpha^2 \times 0.5}{1-\alpha^2}$$

$$0.141(1-\alpha^2) = 2\alpha^2$$

$$\alpha = 0.257$$

可見減小壓力有增加解離度的效應。

(2) 五氯化磷之解離 (*The dissociation of phosphorus penta-chloride*)

若解離產生兩種不同生成物, (12-24) 式已不適用。茲以五氯化磷之解離反應展示 K_p 式之差別。

$$PCl_5 = PCl_3 + Cl_2$$

若最初有 1 莫耳 PCl_5, 則平衡時將有 $(1-\alpha)$ 莫耳 PCl_5, α 莫耳 PCl_3, 及 α 莫耳 Cl_2, α 為解離度。總莫耳數為

$$[1-\alpha] + \alpha + \alpha = 1+\alpha$$

若 PCl_5, PCl_3, 及 Cl_2 之總壓為 P, 則分壓為

$$p_{PCl_5} = \frac{1-\alpha}{1+\alpha}P; \quad p_{PCl_3} = \frac{\alpha}{1+\alpha}P; \quad p_{Cl_2} = \frac{\alpha}{1+\alpha}P$$

故

$$K_p = \frac{p_{PCl_3}p_{Cl_2}}{p_{PCl_5}} = \frac{\left(\dfrac{\alpha}{1+\alpha}P\right)\left(\dfrac{\alpha}{1+\alpha}P\right)}{\left(\dfrac{1-\alpha}{1+\alpha}\right)P}$$

$$= \frac{\alpha^2 P}{1-\alpha^2} \tag{12-25}$$

應注意此式與（12-24）式不同，此式缺一因數 4 。

依勒沙特列原理，增加三氣體之總壓將降低解離度，蓋不解離之 PCl_5 佔體積較小。若加入氯，p_{Cl_2} 增加，因 K_p 不變，p_{PCl_3} 必減小，而 p_{PCl_5} 必增加。加入 PCl_3 同樣可降低解離度。一般言之，任何物質之解離因其解離生成物之加入而被抑制。若諸氣體為理想氣體，在恆容下加入惰性氣體並不影響解離度，蓋涉及反應諸氣體之分壓不因其他氣體之出現而改變。然而，若在恆壓下加入惰性氣體，則解離度將受影響，此點將 12-5 節加以討論。

〔**例 12-3**〕有一體積為 3 升的容器，其內含有壓力為 0.5*atm* 的氯氣。將 0.1 莫耳五氯化磷加入此容器中，若溫度為 $250°C$，求五氯化磷之解離度。在 $250°C$ 之下，此反應之平衡常數 $K_p = 1.78$。

〔**解**〕設有 x 莫耳 PCl_5 分解，則

$$p_{PCl_5} = \frac{(0.1-x)RT}{V}; \quad p_{PCl_3} = \frac{xRT}{V}; \quad p_{Cl_2} = 0.5 + \frac{xRT}{V}$$

$$K_p = 1.78 = \frac{p_{PCl_3}p_{Cl_2}}{p_{PCl_5}} = \frac{\dfrac{xRT}{V}\left(0.5+\dfrac{xRT}{V}\right)}{(0.1-x)\dfrac{RT}{V}}$$

$$= \frac{x\left[0.5 + \dfrac{(0.08205)(523.1)x}{3}\right]}{0.1-x}$$

$$x = 0.0574 \, mole$$

$$\alpha = \frac{0.0574}{0.1} = 0.574$$

〔**例 12-4**〕有一容器體積爲 1 升,在 250°C 之下須加入若干莫耳 PCl₅ 才能產生 0.1 莫耳每升之氯濃度?

〔**解**〕在 250°C 之下,$K_p = 1.78$(見例 12-3)。

令 x = 須加入容器中之 PCl₅ 莫耳數

$$K_p = 1.78 = \frac{p_{PCl_3} p_{Cl_2}}{p_{PCl_5}} = \frac{\left(0.1 \dfrac{RT}{V}\right)\left(0.1 \dfrac{RT}{V}\right)}{(x - 0.1) \dfrac{RT}{V}}$$

$$= \frac{0.1^2}{(x - 0.1)}\left(\frac{RT}{V}\right)$$

$$= \frac{(0.01)(0.08205)(523.16)}{(x - 0.1)(1)}$$

$$x = 0.341 \, mole$$

(3) 碘化氫之解離 (*The dissociation of hydrogen iodide gas*)

碘化氫之解離反應爲氣體平衡之另一古典實例。

$$2HI(g) = H_2(g) + I_2(g)$$

泰勒與克利斯特 (*Taylor and Crist*) 二氏充碘化氫氣體於已知體積之石英容器至一指定壓力,並將石英容器置於溫度爲 425.1°C 之恆溫器 (*thermostat*) 中加熱數小時直至平衡建立爲止。然後驟冷石英容器,並以硫代硫酸鈉 (*sodium thiosulfate*) 滴定所產生之碘。氫之平衡濃度與碘同。碘化氫之初濃度減碘平衡濃度之兩倍卽得碘化氫之平衡濃度。以莫耳每升計之平衡濃度列於表 6-1。表中前三組數據係以純碘化氫開始實驗而獲得者。最後五組數據係由平衡之另一邊開始而獲得者。開始時容器中含碘與氫氣。首先稱量碘量並測定氫之壓力。俟平衡達成之後再滴定碘量。由平衡之兩側開始所獲得的平衡常數

K_C 值相當一致，顯示每次實驗均達平衡。

表 12-1　698.2°K 下氫、碘、與碘化氫間之平衡

$$K_C = \frac{C_{H_2}C_{I_2}}{C_{HI}{}^2}$$

$C_{I_2} \times 10^3$ *mole/l*	$C_{H_2} \times 10^3$ *mole/l*	$C_{HI} \times 10^3$ *mole/l*	$K_C \times 10^2$
0.4789	0.4789	3.531	1.840
1.1409	1.1409	8.410	1.840
0.4953	0.4953	3.655	1.832
1.7069	2.9070	16.482	1.827
1.2500	3.5600	15.588	1.831
0.7378	4.5647	13.544	1.835
2.3360	2.2523	16.850	1.853
3.1292	1.8313	17.671	1.835

　　假設容器最初含 a 莫耳氫與 b 莫耳碘，平衡時產生 $2x$ 莫耳碘化氫，則平衡時有 $(a-x)$ 莫耳氫及 $(b-x)$ 莫耳碘出現。

　　平衡常數 K_C 為

$$K_C = \frac{(a-x)(b-x)}{4x^2} \tag{12-26}$$

上式兩端各乘 $4x^2$ 可得 x 之二次方程式，解之得

$$x = \frac{a+b-\sqrt{(a-b)^2+16abK_C}}{2(1-4K_C)}$$

　　因 HI 之解離並不改變莫耳數，增加壓力將不改變此一氣體反應之平衡。若以各成分之分壓表示平衡常數，可得

$$\frac{p_{H_2}p_{I_2}}{(p_{HI})^2} = K_p$$

若物系之總壓增加 n 倍，各反應氣體之壓力同時增加 n 倍，因此，

$$\frac{(np_{H_2})(np_{I_2})}{n^2(p_{HI})^2} = \frac{p_{H_2}p_{I_2}}{(p_{HI})^2} = K_p$$

此式與上式同。因反應式中氣體反應物與氣體生成物之莫耳數相等，

亦卽 $\Delta n=0$, 故 $K_p=K_C=K_X$。

(4) **氨之平衡** (*The amonia equilibrium*)

氨之平衡爲較複雜的氣體平衡。

$$N_2+3H_2=2NH_3$$

此一反應式中之生成物莫耳數小於反應物之莫耳數。依勒沙特列原理, 增加壓力可增加轉化率 (*conversion*)。因此工業上製造氨盡量採用高壓 〔例如克勞德法 (*Claude process*) 採用 1000 *atm*, 哈柏法 (*Haber process*) 採用 100–250 *atm*〕。又此一反應爲放熱反應。依勒沙特列 原理, 降低溫度可提高轉化率。但依化學動力學, 溫度太低則反應太 慢而不實用。故實際上採用一最適溫度 (*Optimum temperature*)。此 溫度須高到能導致充分高的反應速率, 同時須低到足以導致可接受的 轉化率。氨之合成所用溫度介於400與 500°C 之間。此外又使用催化 劑 (*catalyst*) (例如鐵粉) 以加速反應。**催化劑能加速平衡之達成, 但不能改變平衡位置。**

〔**例 12-5**〕(a) 3 份氫與 1 份氮混合以合成氨。在 400°C 及 10 *atm* 之平衡情況下, 獲得 3.85%體積之氨。試計算 K_p。(b) 在同溫 下須有若干 *atm* 之總壓始能獲 5 %體積之氨?(c) 令 3 份氫與 1 份 氮平衡於 50 *atm* 及 400° 能獲得若干%體積之氨?

〔**解**〕(a) 無論有多少氨形成, 氫與氮的體積比總是保持 3 比 1 。氫與氮所佔 100%–3.85%=96.15%體積中, 四分之三屬於氫, 四分之一屬於氮。故

$$K_p=\frac{p_{NH_3}{}^2}{p_{N_2}p_{H_2}{}^3}=\frac{(0.0385\times10)^2}{\left[\frac{1}{4}(0.9615)(10)\right]\left[\frac{3}{4}(0.9615)(10)\right]^3}$$

$$=1.64\times10^{-4}$$

(b) 在同溫下, K_p 之值不變。設總壓爲 P。若氨佔 5 %體積, 則

$$p_{NH_3}=0.05\ P;\ \ P_{N_2}=\frac{1}{4}\times0.95\ P;\ \ p_{H_2}=\frac{3}{4}\times0.95\ P$$

$$K_p=1.64\times10^{-4}=\frac{(0.05\ P)^2}{(0.2375\ P)(0.7125\ P)^3}=\frac{0.0025\ P^2}{0.0859\ P^4}$$

$$P^2=\frac{0.0025}{0.000164\times0.0859}=177.5$$

$$P=13.3\ atm$$

(c) 總壓等於 50 *atm*, 亦即

$$p_{H_2}+p_{N_2}+p_{NH_3}=50$$

$$p_{H_2}=3p_{N_2};\ \ p_{NH_3}=50-p_{N_2}$$

$$K_p=1.64\times10^{-4}=\frac{p_{NH_3}{}^2}{p_{N_2}p_{H_2}{}^3}=\frac{(50-4p_{N_2})^2}{(p_{N_2})(3p_{N_2})^3}$$

$$=\frac{(50-4p_{N_2})^2}{27p_{N_2}{}^4}$$

$$\frac{50-4p_{N_2}}{p_{N_2}{}^2}=\sqrt{0.000164\times27}=6.65\times10^{-2}$$

$$p_{N_2}=10.62,\ \ p_{H_2}=(3)(10.62)=31.86$$

$$p_{NH_3}=50-(10.62+31.86)=7.52$$

$$氨所佔體積百分率=\frac{p_{NH_3}}{50}\times100\%=\frac{7.52}{50}\times100\%=15.0\%$$

12-5 惰性氣體對平衡之影響
(*Effect of Inert Gases on Equilibrium*)

前述所有氣體平衡的實例僅涉及直接參加反應的氣體。然而平衡混合物中常含有不參加反應的氣體。習慣上稱此等不參加反應的氣體為惰性氣體 (*inert gases*)。顯然此等氣體的出現對熱力學平衡常數 K 毫不影響。但若混合氣體不是理想氣體，則惰性氣體的出現將多少改變活性係數 γ 及 K_γ，因此 K_p 亦將改變。即使在理想氣體的場合，

雖然 K_p 不受影響，在一定總平衡壓力下惰性氣體的出現仍然能影響反應物與生成物的分壓，因此反應的程度將受影響。茲舉一例於次以展示惰性氣體對反應程度的影響。

〔**例 12-6**〕光氣 (*phosgene*) 能解離成一氧化碳與氯，

$$COCl_2(g) = CO(g) + Cl_2(g)$$

在 394.8°C 下，此反應之 $K_p = 0.0444$。(a) 假設最初只有 $COCl_2$ 出現，平衡時亦無其他氣體介入。若平衡總壓為 1*atm*，求解離度 α。(b) 假設反應在氮出現的情況下達成平衡。平衡時總平衡壓力仍為 1*atm*，氮的分壓為 0.4*atm*，求解離度 α，並將此結果與 (a) 項作一比較。

〔**解**〕(a) 設最初出現之 $COCl_2$ 莫耳數為 n_0，平衡時解離度為 α，則平衡時 $COCl_2$ 之莫耳數為 $n_0(1-\alpha)$，CO 與 Cl_2 之莫耳數皆為 $n_0\alpha$，總莫耳數為 $n_0(1-\alpha) + 2n_0\alpha = n_0(1+\alpha)$。平衡分壓為

$$p_{COCl_2} = \frac{n_0(1-\alpha)}{n_0(1+\alpha)} P = \frac{1-\alpha}{1+\alpha}$$

$$p_{Cl_2} = \frac{n_0\alpha}{n_0(1+\alpha)} P = \frac{\alpha}{1+\alpha} = p_{CO}$$

$$K_p = 0.0444 = \frac{p_{CO} p_{Cl_2}}{p_{COCl_2}} = \frac{\alpha^2}{(1-\alpha)(1+\alpha)} = \frac{\alpha^2}{1-\alpha^2}$$

$$\alpha = 0.206$$

(b) $COCl_2, Cl_2, CO$ 之總壓 $P = 1 - 0.4 = 0.6atm$

$$p_{COCl_2} = \frac{1-\alpha}{1+\alpha} \times 0.6, \quad p_{Cl_2} = p_{CO} = \frac{\alpha}{1+\alpha} \times 0.6$$

$$K_p = 0.0444 = \frac{p_{CO} \, p_{Cl_2}}{p_{COCl_2}} = \frac{\alpha^2(0.6)}{(1-\alpha^2)}$$

$$\alpha = 0.262$$

在指定的情況下，氮之出現使光氣的解離量增加 5.6 %。

藉勒沙特列原理可在質上預言惰性氣體對反應程度的效應。

光氣之分解使氣體莫耳數增加。在一指定總壓下，惰性氣的出現降低反應物與生成物的分壓，其效應猶如降低平衡氣體的壓力，因此有利於反應之進行，蓋反應之進行有增加總壓的趨勢。若反應之進行使莫耳數減小（$\Delta n < 0$），如氨之合成的場合，則在一指定總壓下，惰性氣體的出現將降低反應的程度。基此，若反應之 Δn 等於零，則惰性氣體的出現對反應的程度應無影響（假設諸氣體為理想氣體）。

12-6　反應之自由能變化及生成自由能

(*Free Energy Change for A Reactions and Free Energy of Formation*)

如第七章所述，物質的標準狀態常定為一大氣壓下的狀態。通常以一小圓圈為上標（*superscript*）指示標準狀態。

猶如內能與焓一般，自由能的絕對值無法決定。為計算方便起見，通常採用一相對標準。依慣例，**在 25°C 及 1atm 下，元素在其最穩定形式的自由能定為零**。

在一化學反應中的自由能變化 ΔG 為

$$\Delta G = G（生成物）- G（反應物） \tag{12-27}$$

同理，標準反應自由能變化 $\Delta G°$ 為

$$\Delta G° = G°（生成物）- G°（反應物）$$

求 $\Delta G°$ 之法至少有二：(1) 測定平衡常數，然後應用 (12-12) 式計算 $\Delta G°$；(2) 應用下式由 $\Delta H°$ 與 $\Delta S°$ 求 $\Delta G°$，

$$\Delta G° = \Delta H° - T\Delta S° \tag{12-28}$$

許多化學反應進行甚慢，不易以實驗方法直接作平衡測量，在此場合第二方法尤其重要。

〔**例 12-7**〕試計算如下反應在 25°C 之平衡常數。

$$C（石墨）+ 2H_2(g) = CH_4(g)$$

〔解〕由表 7-1 得 $\Delta H° = -17,889$ *cal*。由表 8-1, 得

$$\Delta S° = 44.50 - 2(31.211) - 1.3609$$

$$= -19.28 cal/°K$$

$$\Delta G° = \Delta H° - T\Delta S° = -17.889 - (298.16)(-19.28)$$

$$= -12,140 cal$$

由 (12-12) 式

$$\Delta G° = -RT \ln K$$

$$K = e^{-\Delta G°/RT} = e^{\frac{12140}{(1.987)(298.16)}} = 8.1 \times 10^8$$

此一反應在室溫下之平衡常數甚大。換言之，此一反應在熱力學上甚佔優勢 (*favorable*)。但以動力學 (*kinetics*) 言，在室溫下此一反應之速率甚慢，故不實用。

為便於計算 $\Delta G°$ (反應) 起見，已製成標準生成自由能表。一化合物的**標準生成自由能** (*standard free energy of formation*) 為由在 $25°C$ 及標準狀態的元素反應生成在 $25°C$ 及標準狀態的化合物所伴生的自由能變化。以 $\Delta \bar{G}°_{f,298°}$ 或 $\Delta \bar{G}°_f$ 表示之。例如

$$H_2(1atm, 298°K) + \frac{1}{2}O_2(1atm, 298°K) \longrightarrow$$

$$H_2O(g; 1atm, 298°K)$$

$$\Delta \bar{G}°_{f,298°} = -54,638 \ cal/mole$$

$$C(s, 石墨; 1atm, 298°K) + O_2(1atm, 298°K) \longrightarrow$$

$$CO_2(g; 1atm, 298°K)$$

$$\Delta G°_{f,298°} = -94,259.8 \ cal/mole$$

若干物質的標準生成自由能列於表 12-2, 由標準生成自由能可計算標準反應自由能，例如

$$aA + bB \longrightarrow cC + dD$$

$$\Delta G° = c\Delta \bar{G}°_{f,C} + d\Delta \bar{G}°_{f,D} - a\Delta \bar{G}°_{f,A} - b\Delta \bar{G}°_{f,B} \quad (12\text{-}29)$$

已知 ΔG° 即可應用 (12-12)式計算平衡常數。

〔**例 12-8**〕試計算下列反應在 $25^\circ C$ 之 ΔG° 及 K_p。

$$CO(g) + H_2O(g) = CO_2(g) + H_2(g)$$

〔**解**〕使用表 12-2 之數據得

$$\Delta G^\circ = \Delta \bar{G}^\circ_{f,CO_2(g)} + \Delta G^\circ_{f,H_2(g)} - [\Delta \bar{G}_{f,CO(g)} + \Delta \bar{G}^\circ_{f,H_2O(g)}]$$

$$= -94.2598 + 0 - (-32.8079 - 54.6357)$$

$$= -6.8162 \quad k\,cal$$

$$\Delta G^\circ = -RT \ln K$$

$$= -(1.987)(298.16) \ln K$$

$$K = 1.02 \times 10^5$$

假設各反應物與生成物皆爲理想氣體，則

$$K_p = \frac{p_{H_2} \, p_{CO_2}}{p_{CO} \, p_{H_2O}} = K = 1.02 \times 10^5$$

表 12-2 物質在 $25^\circ C$ 之標準生成自由能 ($\Delta \bar{G}^\circ_f$, $kcal/mole$)

元 素 及 無 機 化 合 物			
$O_3(g)$	39.06	C (s, 礦石)	0.6850
$H_2O(g)$	−54.6357	$CO(g)$	−32.8079
$H_2O(l)$	−56.6902	$CO_2(g)$	−94.2598
$HCl(g)$	−22.769	$PbO_3(s)$	−52.34
$Br_2(g)$	0.751	$PbSO_4(s)$	−193.89
$HBr(g)$	−12.72	$Hg(g)$	7.59
$HI(g)$	0.31	$AgCl(s)$	−26.224
S (單斜晶)	0.023	$Fe_2O_3(s)$	−177.1
$SO_2(g)$	−71.79	$Fe_3O_4(s)$	−242.4
$SO_3(g)$	−88.52	$Al_2O_3(s)$	−376.77
$H_2S(g)$	−7.892	$UF_6(g)$	−485
$NO(g)$	20.719	$UF_6(s)$	−486
$NO_2(g)$	12.390	$CaO(s)$	−144.4
$NH_3(g)$	−3.976	$CaCO_3(s)$	−269.78
$HNO_3(l)$	−19.100	$NaF(s)$	−129.3
$P(g)$	66.77	$NaCl(s)$	−91.785
$PCl_3(g)$	−68.42	$KF(s)$	−127.42
$PCl_5(g)$	−77.59	$KCl(s)$	−97.592

有 機 化 合 物			
甲烷，$CH_4(g)$	-12.140	丙烯，$C_3H_6(g)$	14.990
乙烷，$C_2H_6(g)$	-7.860	1-丁烯，$C_4H_8(g)$	17.217
丙烷，$C_3H_5(g)$	-5.614	乙炔，$C_2H_2(g)$	50.000
正丁烷，$C_4H_{10}(g)$	-3.754	甲醛，$CH_2O(g)$	-26.3
異丁烷，$C_4H_{10}(g)$	-4.296	乙醛，$CH_3CHO(g)$	-31.96
正戊烷，$C_5H_{12}(g)$	-1.96	甲醇，$CH_8OH(l)$	-39.73
正己烷，$C_6H_{14}(g)$	0.05	乙醇，$CH_3CH_2OH(l)$	-41.77
正庚烷，$C_7H_{16}(g)$	2.09	甲酸，$HCO_2H(l)$	-82.7
正辛烷，$C_8H_{18}(g)$	4.14	醋酸，$CH_3CO_2H(l)$	-93.8
苯，$C_6H_6(g)$	30.989	草酸 $(CO_2H)_2(s)$	-166.8
苯，$C_6H_6(l)$	29.756	四氯化碳，$CCl_4(l)$	-16.4
乙烯，$C_2H_4(g)$	16.282	甘氨酸，$H_2NCH_2CO_2H(s)$	-88.61

12-7 温度對自由能變化之影響
(*Influence of Temperature on Free-Energy Change*)

使用表 12-2 所列標準生成自由能 $\Delta \bar{G}°$，之數據可計算許多反應在 $25°C$ 之標準自由能變化 $\Delta G°$，然後可進而應用 (12-12)式由 ΔG。計算熱力學平衡常數K。然而大多數用於工業生產的化學反應並不在室溫下進行。不同溫度下的標準反應自由能變化可應用吉布斯-亥姆霍茲方程式〔(8-68)式〕加以計算。

$$\left[\frac{\partial(\Delta G/T)}{\partial T} \right]_P = -\frac{\Delta H}{T^2} \tag{12-30}$$

已知在 $25°C$ 的反應熱 $\Delta H_{298}°$，即可應用下式計算在任一溫度T的反應熱 ΔH_T，

$$\Delta H_T = \Delta H_{298} + \int_{298}^{T} \Delta C_P dT \tag{12-31}$$

此處 ΔC_P 等於諸生成物之 $\bar{C}_P$ 與其在反應式中之莫耳數之積的

總和減諸反應物之 $\bar{C}_P$ 與其在反應式中之莫耳數之積的總和。因

$$\bar{C}_P = a + bT + cT^2$$

故　　　　　$$\Delta C_P = \Delta a + \Delta bT + \Delta cT^2 \tag{12-32}$$

若使用不定積分 (*indefinite integral*) 求以 T 表示的 ΔH_T，可得

$$\Delta H_T = \int \Delta C_P dT + I \tag{12-33}$$

此處 I 爲一積分常數 (*integration constant*)。將 (12-32) 式代入 (12-33) 式得

$$\Delta H_T = I + \Delta aT + \frac{\Delta b}{2}T^2 + \frac{\Delta c}{3}T^3 \tag{12-34}$$

應注意 I 並非 ΔH 在 $0°K$ 之值。I 之值可利用一已知之 ΔH_T 如 $\Delta H_{298°}$ 計算之。

由 (12-30) 式，在恆壓下，

$$\int d\left(\frac{\Delta G}{T}\right) = -\int \frac{\Delta H_T}{T^2} dT$$

$$= -\int \frac{1}{T^2}\left(I + \Delta aT + \frac{\Delta b}{2}T^2 + \frac{\Delta c}{3}T^3\right)dT$$

$$\frac{\Delta G}{T} = \frac{I}{T} - \Delta a \ln T - \frac{\Delta b}{2}T - \frac{\Delta c}{6}T^2 + J$$

此處 J 爲一積分常數，可應用一已知之 ΔG 如 $\Delta G_{298°}$ 計算之。上式兩端各乘以 T 得

$$\Delta G = I - \Delta aT \ln T - \frac{\Delta b}{2}T^2 - \frac{\Delta c}{6}T^3 + JT \tag{12-35}$$

〔例 **12-9**〕試計算 $1000°K$ 下水煤氣反應 (*water-gas reaction*) 之 $\Delta G°$ 及平衡常數。

$$C(石墨) + H_2O(g) = CO(g) + H_2(g)$$

石墨之 $\bar{C}_P = 3.81 + 1.56 \times 10^{-3}T$。

〔**解**〕由表 12-2 得

$$\Delta G°_{298°}=(-32.8079+0)-(0-54.6357)$$

$$=21.8278\,kcal$$

由表 7-1得

$$\Delta H°_{298°}=(-26.4157+0)-(0-57.7979)$$

$$=31.3822\,kcal$$

由表 6-1 及石墨之 $\bar{C}_P$ 得

$$\Delta C_P=\bar{C}_{P.H_2}+\bar{C}_{P.CO}-\bar{C}_{P.H_2O}-\bar{C}_{P.C}$$

$$=2.29-2.30\times10^{-3}T-0.077\times10^{-7}T^2$$

$$\Delta a=2.29,\ \Delta b=-2.30\times10^{-3},\ \Delta c=-0.077\times10^{-7}$$

$$\Delta H_T=I+\Delta aT+\frac{\Delta b}{2}T^2+\frac{\Delta c}{3}T^3$$

$$=I+2.29\,T-\frac{2.30}{2}\times10^{-3}T^2-\frac{0.077}{3}\times10^{-7}T^3$$

將 $T=298.16°K$ 及 $\Delta H°_{298°}=31382.2$ 代入上式得

$$I=31382.2-(2.29)(298.16)+1.15\times10^{-3}(298.16)^2$$

$$+0.026\times10^{-7}(298.10)^3$$

$$=30801\,cal$$

$$\Delta G°=I-\Delta aT\ln T-\frac{\Delta b}{2}T^2-\frac{\Delta c}{6}T^2+JT$$

將 $T=298.16, \Delta G°_{298°}=21827.8\,cal$ 及 $I=30801\,cal$ 代入上式得

$$21827.8=30801-(2.29)(298.16)(5.798)$$

$$-\frac{1}{2}(-2.30\times10^{-3})(298.16)^2$$

$$-\frac{1}{6}(-0.077\times10^{-7})(298.16)^3+298.16J$$

$$J=-17.4$$

故 $$\Delta G°=30801-2.29T\ln T+1.15\times10^{-3}T^2$$

$$+0.013\times10^{-7}T^3-17.4T$$

將 $T=1000°K$ 代入上式得

$$\Delta G°_{1000°}=-1330\ cal$$

$\Delta G°_{1000°}$ 爲負，故水煤氣反應在 $1000°K$ 之高溫下爲一自然反應。在 $1000°K$ 之平衡常數可應用下式加以計算

$$\Delta G°_{1000°}=-RT\ln K_p=-1330=-(1.987)(1000)\ln K_p$$
$$K_p=1.96$$

12-8　溫度對化學平衡之影響

(*Influence of Temperature on Chemical Equilibrium*)

如前所述，已知一反應在 $25°C$ 之平衡常數卽可應用 (12-12) 式計算 $\Delta G°_{298°}$。再應用上節的方法可求得其他溫度下的 $\Delta G°$ 及平衡常數。若反應熱在某溫度範圍內保持不變，則由在一溫度之已知 K_p 計算另一溫度之 K_p 的方法較爲簡單，如下所述。

依吉布斯-亥姆霍茲方程式，在恆壓下

$$\frac{\partial(\Delta G°/T)}{\partial T}=-\frac{\Delta H°}{T^2}$$

代入 $\Delta G°=-RT\ln K_p$ 之關係得

$$\frac{\partial\ln K_p}{\partial T}=\frac{\Delta H°}{RT^2} \tag{12-36}$$

若 $\Delta H°$ 不受溫度的影響，則此式之不定積分爲

$$\ln K_p=\frac{-\Delta H°}{RT}+C \tag{12-37}$$

$$log\ K_p=\frac{-\Delta H°}{2.303\ RT}+C' \tag{12-38}$$

此處 C 與 C' 爲積分常數。依此方程式，若 $\Delta H°$ 爲一常數，$log\ K_p$ 對 $1/T$ 作圖所得直線之斜率爲 $-\Delta H°/2.303\ R$。

表 12-3 所列實驗數據爲反應 $N_2(g)+O_2(g)=2NO(g)$ 在不同

溫度下的平衡常數。

表 12-3 反應 $N_2(g)+O_2(g)=2NO(g)$ 之平衡常數

溫度, $^\circ K$	1900	2000	2100	2200	2300	2400	2500	2600
$K_p \times 10^4$	2.31	4.08	6.86	11.0	16.9	25.1	36.0	50.3

利用表 12-3 的數據, 以 $log\,K_p$ 爲縱座標, 以 $1/T$ 爲橫座標作圖, 得一直線, 如圖 12-1 所示。此直線之斜率等於 -9510。在1900 與 $2600^\circ K$ 間的反應焓 ΔH° 可由斜率算出。

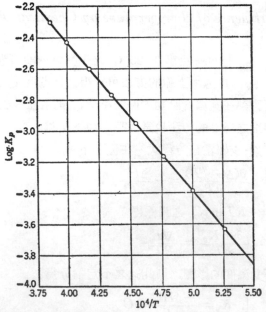

圖 12-1 反應 $N_2(g)+O_2(g)=2NO(g)$ 之平衡常數與溫度間之關係

斜率$=-\Delta H^\circ/2.303R$

$\Delta H^\circ = -(-9510)(2.303)(1.987) = 43,500\ cal$

(12-38) 式中之積分常數 C' 等於此直線之截距, 其值亦可由在某一溫度之 K_p 值算出。在溫度範圍1900—$2600^\circ K$ 內, 可以下式表示 K_p

值：

$$log\, K_p = \frac{-43,500}{(2.303)(1.987)T} + 5.365$$

在溫度 T_1 與 T_2 之間積分 (12-37) 式得

$$\ln \frac{K_{p_2}}{K_{p_1}} = \frac{\Delta H°(T_2 - T_1)}{RT_1 T_2} \qquad\qquad (12\text{-}39)$$

應用此式可由對應於二溫度 T_1 與 T_2 之平衡常數 K_{p_1} 與 K_{p_2} 計算反應焓 $\Delta H°$，亦可由對應於一溫度之 K_p 及 $\Delta H°$ 計算對應於另一溫度之 K_{p}。

〔**例 12-10**〕試由表 12-3 所列反應 $N_2(g) + O_2(g) = 2\,NO(g)$ 在 $2000°K$ 與 $2500°K$ 之平衡常數計算此反應之焓變化。

〔解〕　　$\ln \dfrac{K_{p,2500°}}{K_{p,2000°}} = \ln \dfrac{3.60 \times 10^{-3}}{4.08 \times 10^{-4}} = \dfrac{\Delta H°(2500 - 2000)}{(1.897)(2500)(2000)}$

　　　　$\Delta H° = 43,300\ cal$

〔**例 12-11**〕在 $690°C$ 之下反應 $CO(g) + H_2O(g) = CO_2(g) + H_2(g)$ 之 K_p 為 10.0，$\Delta H°$ 為 $-10,200\ cal$，若在 $800°K$ 下將 0.400 莫耳 CO 與 0.200 莫耳 H_2O 混合於體積等於 5 升之容器，求各氣體之平衡分壓。

〔解〕　　$\ln \dfrac{K_{p,800°}}{K_{p,690°}} = \dfrac{\Delta H°(800 - 690)}{R(690)(800)}$

　　　　　　$= \dfrac{(-10,200)(110)}{(1.987)(690)(800)} = -1.015$

　　　$K_{p,800°} = 0.359 K_{p,690°} = 3.59$

設有 x 莫耳 CO_2 或 H_2 產生，則

$$K_{p,800°} = 3.59 = \frac{p_{CO_2}\ p_{H_2}}{p_{CO}\ p_{H_2O}}$$

$$= \frac{\dfrac{xRT}{V}\ \dfrac{xRT}{V}}{\dfrac{(0.4-x)RT}{V}\ \dfrac{(0.2-x)RT}{V}} = \frac{x^2}{(0.4-x)(0.2-x)}$$

$$x = 0.167 \ mole$$

$$p_{CO_2} = p_{H_2} = \frac{xRT}{V} = \frac{(0.167)(0.08205)(800)}{5} = 2.19 \ atm$$

$$p_{CO} = \frac{(0.233)(0.08205)(800)}{5} = 3.07 \ atm$$

$$p_{H_2O} = \frac{(0.033)(0.08205)(800)}{5} = 0.045 \ atm$$

12-9 化學反應之自然性

(*Spontaneity of Chemical Reactions*)

平衡常數可以 $\Delta H°$ 及 $\Delta S°$ 表示之。由 (12-12) 式

$$K = e^{-\Delta G°/RT} = e^{\Delta S°/R - \Delta H°/RT}$$

由此式知若 $(T\Delta S° - \Delta H°) > 0$ 則 $K > 1$，亦卽處於標準狀態下的反應物能自然轉化爲處於標準狀態下的生成物。 若 $\Delta H°$ 爲負而 $\Delta S°$ 爲正，反應必可自然發生。若 $\Delta H°$ 爲正而 $\Delta S°$ 爲負，則反應不能自然發生，但其逆反應卻可自然發生。若 $\Delta H°$ 與 $\Delta S°$ 的正負號相同，則反應是否能自然發生胥視 $\Delta S°, \Delta H°$，及 T 的大小而定。依 (12-37)式 (及勒沙特列原理)，若反應爲放熱反應 ($\Delta H°$ 爲負)，降低溫度有增加反應自發性的趨勢; 反之，若反應爲吸熱反應 ($\Delta H°$ 爲正)，提高溫度有增加反應自發性的趨勢。

以上的討論是關於處於標準狀態下的反應物是否能自然轉變爲處於標準狀態下的生成物。然而基於熱力學及動力學上的理由，一般實際反應 (工業上以及實驗室所作的反應) 並不是將處於標準狀態 ($a_i = 1$) 下的反應物轉變爲處於標準狀態 ($a_i = 1$) 下的生成物。再者，平衡之達成可能費時，大多數實用反應並不進行到平衡達成。

如此，一實際反應是否可自然發生取決於 ΔG 而非 $\Delta G°$。就假想

反應 $\quad aA+bB=cC+dD \quad$ 而論,

$$\Delta G=c\bar{G}_C+d\bar{G}_D-a\bar{G}_A-b\bar{G}$$

因 $\qquad \bar{G}_i=\bar{G}_i{}^\circ+RT\ln a_i$

$$\Delta G=\Delta G^\circ+RT\ln\frac{a_C{}^c a_D{}^d}{a_A{}^a a_B{}^b} \qquad (12\text{-}40)$$

此處 ΔG 爲當 a 莫耳活性爲 a_A 的 A 與 b 莫耳活性爲 a_B 的 B 轉化爲 c 莫耳活性爲 a_C 的 C 與 d 莫耳活性爲 a_D 的 D 時所發生的自由能變化。應注意此處之 a_i 未必等於 1；換言之，各成分未必處於其標準狀態。平衡時 $\Delta G=0$。$\Delta G^\circ=-RT\ln K$。

若 ΔG° 爲正，處於標準狀態的生成物將不自然反應以產處於標準狀態下的生成物。但增減反應物或生成物的壓力或濃度以破壞反應平衡有可能使 ΔG 之值小於零並使反應自然進行。

〔**例 12-12**〕試計算在 $25^\circ C$ 下由壓力爲 $10atm$ 的 $N_2O_4(g)$ 製造壓力爲 $1atm$ 的 $NO_2(g)$ 所發生的自由能變化。

〔**解**〕由例 12-2 知反應 $N_2O_4(g)=2NO_2(g)$ 在 $25^\circ C$ 之 $K=0.141$。

$$\Delta G^\circ=-RT\ln K=-(1.987)(298.16)\ln(0.141)=1161$$

此處以人爲方法分別將 N_2O_4 與 NO_2 之壓力保持於 $10atm$ 與 $1atm$。此二壓力並非平衡壓力，故 $\Delta G\neq0$。由 (12-40) 式，

$$\Delta G=\Delta G^\circ+RT\ln\frac{p_{NO_2}{}^2}{p_{N_2O_4}}$$

（假設 NO_2 與 N_2O_4 爲理想氣體）

$$=1161+(1.987)(298)\ln\frac{1^2}{10}=-212\,cal$$

故知此程序爲自然程序。若能繼續保持 N_2O_4 之分壓於 $10atm$，並設法繼續移去反應生成物 NO_2，使其分壓保持於 $1atm$，則此一製造方法在熱力學上「有可能」(*thermodynamically feasible*)。

12-10 涉及固體之平衡 (*Equilibria Involving Solids*)

若反應涉及純固體 (或不溶混的純液體) 和一種或多種氣體, 則可用氣體的分壓表示平衡常數。例如, 就反應

$$CaCO_3(s) = CaO(s) + CO_2(g)$$

而論, 應用 (12-11) 式, 熱力學平衡常數爲

$$K = \frac{a_{cao} a_{co_2}}{a_{caco_3}} \tag{12-41}$$

若二氧化碳爲一理想氣體, 則其活性可以其壓力表示之 ($a = f/f° = p/1atm$)。又因**純固體之活性定爲1**, 若氧化鈣與碳酸鈣爲純固體, 則

$$K_p = p_{co_2} \tag{12-42}$$

只要平衡時有固相 (或液相) 的存在, 此種反應的平衡常數不受純固相 (或液相) 的影響。在各種溫度下, $CaCO_3$ 與 CaO 上的 CO_2 平衡壓力列於表 12-4。

表 12-4 碳酸鈣之解離壓力

溫度, °C	500	600	700	800
壓力, *atm*	9.3×10^{-5}	2.42×10^{-3}	2.92×10^{-2}	0.220
溫度, °C	897	1000	1100	1200
壓力, *atm*	1.00	3.871	11.50	28.68

在恆溫下, 若 $CaCO_3$ 上的 CO_2 分壓力小於 K_p, 所有 $CaCO_3$ 將解離爲 CaO 與 CO_2。此一分壓稱爲**解離壓力** (*dissociation pressure*)。若 CO_2 分壓高於 K_p, 則所有 CaO 轉化爲 $CaCO_3$。將 $CaCO_3$ 或 CaO 置於一密閉容器中, 化學平衡可建立。如此, 在一定溫度下, 只要有 $CaCO_3$, CaO, 及 CO_2 同時存在, CO_2 的壓力可保持於 K_p值。

　　若有固態或液態溶體形成，平衡位置決定於溶體中各成分的活性。

12-11　溶液中之反應平衡
(*Reaction Equilibrium in Solution*)

　　(10-71) 式〔或 (12-8) 式〕亦適用於溶液。因此，就溶液中之假想反應　$aA+bB=cC+dD$　而論

$$\Delta G^\circ = -RT \ln K$$

$$K = \frac{a_C{}^c a_D{}^d}{a_A{}^a a_B{}^b} \tag{12-43}$$

熱力學平衡常數 K 以反應物及生成物在溶液中之活性表示之。在10-10節討論溶質的活性時採用莫耳分率的濃度標準 (*concentration scale*)。依類似方法亦可採用其他濃度標準如莫耳濃度 (*molarity*) 與重量克分子濃度 (*molality*) 標準以表示溶質的活性。以各種濃度標準表示的溶質活性 a_i 如下所示〔見 (10-82) 式〕：

$a_i = \gamma_i X_i$ （莫耳分率濃度標準）

$a_i = \gamma_i C_i$ （莫耳濃度標準）

$a_i = \gamma_i m_i$ （重量克分子濃度標準）

其中 X_i，C_i 及 m_i 分別爲成分 i 在溶液中的莫耳分率、莫耳濃度 (*molarity*)、及重量克分子濃度 (*molality*)。上三式中 a_i 與 γ_i 分別代表以各種不同濃度標準爲基礎的溶質活性與活性係數。雖然我們在上三式中使用相同的符號 a_i 與 γ_i，應注意 a_i 與 γ_i 在三式中之值各不相同。將上三式代入 (12-43) 式得

$$K = \frac{\gamma_C{}^c \gamma_D{}^d}{\gamma_A{}^a \gamma_B{}^b} \cdot \frac{X_C{}^c X_D{}^d}{X_A{}^a X_B{}^b} = K_\gamma K_X$$

（莫耳分率濃度標準） $\tag{12-44}$

$$K = \frac{\gamma_C{}^c \gamma_D{}^d}{\gamma_A{}^a \gamma_B{}^a} \frac{C_C{}^c C_D{}^d}{C_A{}^a C_B{}^b} = K_r K_C$$

（莫耳濃度標準） (12-45)

$$K = \frac{\gamma_C{}^c \gamma_D{}^d}{\gamma_A{}^a \gamma_B{}^b} \frac{m_C{}^c m_D{}^d}{m_A{}^a m_B{}^b} = K_r K_m$$

（重量克分子濃度標準） (12-46)

此處 ΔG° 代表標準狀態下 ($a=1$) 的反應物反應生成標準狀態下的生成物所引起的自由能變化。既然以各種濃度標準爲基礎的溶質標準狀態各不相同，ΔG°, K, 及 K_r 在 (12-44)，(12-45)，及 (12-46) 式中之值各異。茲舉一例，對應於 (12-44) 式的ΔG° 是基於莫耳分率濃度標準的活性爲 1 的 a 莫耳 A 與 b 莫耳 B 反應生成基於莫耳分率濃度標準的活性爲 1 的 c 分子 C 與 d 分子 D 所伴生的自由能變化。

當各成分的濃度甚小時，$K_r=1$，而 $K=K_x$，或 $K=K_C$，或 $K=K_m$，視所用濃度標準而定。或者在反應物的某種濃度範圍內，各成分的活性係數可能爲一常數。在此場合可使用 K_x, K_C, 或 K_m。此三者爲**濃度平衡常數** (concentration equilibrium constants)，又稱**表觀平衡常數** (apparent equilibrium constants)。

溶液中反應的平衡常數K顯著地受溶劑的影響，儘管溶劑不直接參加反應，蓋溶劑對反應物活性及生成物活性的影響並不相同。

〔**例 12-13**〕(a) 1莫耳醋酸在 $25°C$ 下與 1 莫耳乙醇混合，在平衡達到之後以標準鹼溶液滴定此一混合物，發現已有 0.667 莫耳醋酸發生反應。

$$CH_3CO_2H + C_2H_5OH = CH_3CO_2C_2H_5 + H_2O$$

試計算莫耳分率表觀平衡常數 K_x。(b) 在 $25°C$ 下將 0.5 莫耳乙醇加入 1 莫耳醋酸中，問平衡時有若干莫耳酯 (ester) 形成？

〔**解**〕(a) 平衡時有 0.667 莫耳 H_2O, 0.667莫耳 $CH_3CO_2C_2H_5$,

(1-0.667) 莫耳醋酸，及 (1−0.667) 莫耳乙醇。總莫耳數 n_t 為

$$n_t = 0.667 + 0.667 + (1 - 0.667) + (1 - 0.667) = 2$$

$$K_x = \frac{X_{CH_3CO_2C_2H_5} \, X_{H_2O}}{X_{CH_3CO_2H} \, X_{C_2H_5OH}}$$

$$= \frac{(0.667/2)(0.66/2)}{[(1-0.667)/2][(1-0.667)/2]}$$

$$= 4.00$$

(b) 設平衡時有 x 莫耳 $CH_3CO_2C_2H_5$ 形成，此時亦有 x 莫耳 H_2O, $(0.5-x)$ 莫耳乙醇，及 $(1-x)$ 莫耳醋酸出現。總莫耳數為1.5。

$$K_x = \frac{(x/1.5)(x/1.5)}{[(1-x)/1.5][(0.5-x)/1.5]}$$

$$= \frac{x^2}{(1-x)(0.5-x)} = 4.00$$

$$3x^2 - 6x + 2 = 0 \quad \text{或} \quad x^2 - 2x + \frac{2}{3} = 0$$

$$x = 1 \pm \sqrt{1 - \frac{2}{3}} = 1 \pm 0.577$$

$$x = 0.423 \quad \text{或} \quad 1.577 \text{ 莫耳}$$

x 有二根，其中一根1.577多於乙醇原來的莫耳數，此為不可能之事，應予捨棄。故實際上將有 0.423 莫耳酯與 0.423 莫耳水形成。

12-12　固體與溶液間之平衡：溶解度
(*Equilibria between Solids and Solubions：Solubility*)

將一固體物質浸於一液體中，則該物質分子自固體表面進入液體，致使濃度增加直至平衡達成為止。 此時該物質溶解的速率等於沉積 (*deposition*) 的速率。此一平衡濃度稱為**溶解度** (*solubility*)，或**飽和濃度** (*saturation concentration*)。物質 A 的溶解程序可以下式表示之：

$$A(s) + 溶劑 = A(飽和溶液)$$

假設被溶解的 A 的活性等於其在溶液中的莫耳分率 X_A，且固態 A 與
溶劑的活性皆等於 1，則平衡常數 K 爲   (12-47)

$$K = X_A$$

若 A 在飽和溶液中的微分溶解熱 (*differential heat of solution*) 爲
$\Delta \bar{H}_{sat}$，應用 (12-36) 式可得

$$\frac{\partial \ln K}{\partial T} = \frac{\partial \ln X_A}{\partial T} = \frac{\Delta \bar{H}_{sat}}{RT^2} \qquad (12\text{-}48)$$

假設 $\Delta \bar{H}_{sat}$ 不受溫度的影響，由 (12-48) 式可導出類似 (12-37)
及 (12-39) 式的關係式。如此可由各種不同溫度下的溶解度數據估計
$\Delta \bar{H}_{sat}$，或由某一溫度下的已知溶解度及 $\Delta \bar{H}_{sat}$ 求另一溫度下的溶解
度。

12-13 溶質在二不互溶溶劑中之平衡 (*Equilibria of a Solute in Two Immiscible Solvents*)

溶質在二不互溶的溶劑間的平衡亦可用本章所推導的方法加以
討論。溶質 A 在二液相間的平衡可以下式表示之：

$$A(溶液 1) = A(溶液 2)$$

假設溶質 A 在溶液 1 與 2 中之活性等於其在溶液 1 與 2 中的莫耳分率
X_1 與 X_2。則平衡常數 K 爲

$$K = \frac{X_2}{X_1} \qquad (12\text{-}49)$$

此式與 (11-14) 式無異。

若溶質 A 在溶劑 1 中以單體 (*monomer*) A 的形式存在，而在溶
劑 2 中以雙體 (*dimer*) 或聚合體 (*polymer*) A_n 的形式存在，則其平

衡式與平衡常數爲

$$nA(溶液 1) = A_n(溶液 2)$$

$$K = \frac{X_2}{X_1^{\,n}} \qquad\qquad (12\text{-}50)$$

其中 X_2 爲 A_n 在溶液 2 中之莫耳分率，X_1 爲 A 在溶液 1 中之莫耳分率。

若以莫耳濃度 C 表示，可得分布比 (*distribution ratio*) D 爲

$$D = \frac{C_2}{C_1^{\,n}}$$

茲舉一例。苯甲酸 (*benzoic acid*) 在水中的解離度甚小而可忽視，可假設完全以單體存在。但在苯中幾乎完全以雙體存在。在 $20°C$ 下，苯甲酸在 H_2O 與 C_6H_6 間的分布數據如下所示，

C_{H_2O}	$C_{C_6H_6}$	$D = C_{C_6H_6}/C^2_{\,H_2O}$
0.0150	0.242	1.08×10^3
0.0195	0.412	1.08×10^3
0.0289	0.970	1.16×10^3

其中 C_{H_2O} 爲苯甲酸 C_6H_5COOH 在水中的莫耳濃度，$C_{C_6H_6}$ 爲苯甲酸的雙體 $(C_6H_5COOH)_2$ 在苯中的莫耳濃度。可見當濃度小時 D 可視爲一常數。

習　　題

12-1　勒沙特列原理 (*Le Chatelier's principle*) 意謂: 當一物系的平衡受一外加因素的擾亂時，物系將依抵銷此一外加因素的方向而起變化。試應用勒沙特列原理預測 (a) 降低壓力及 (b) 降低溫度對平衡混合物組成的影響。

(a) $CO_2(g) + H_2(g) = CO(g) + H_2O(g)$　　　　$\Delta H° = 10.838\ kcal$

(b) $H_1O(g) + C(s) = CO(g) + H_2(g)$　　　　　$\Delta H° = 31.382\ kcal$

(c) $CO_2(g) = CO + \frac{1}{2}O_2(g)$　　　　　　　$\Delta H° = 67.536\ kcal$

(d) $CO(g) + Cl_2(g) = COCl_2(g)$　　　　　　$\Delta H° = -28.884$

(e) $SO_2(g) + \frac{1}{2}O_2(g) = SO_3(g)$　　　　　　$\Delta H° = -23.49$

12-2 水煤氣反應 (*water shift reaction*) $CO_2(g) + H_2(g) = H_2O(g) + CO(g)$
在 $1259°K$ 之 K_p 為 1.6。(a) 若 CO_2 與 H_2 混合成含有 70 莫耳% CO_2
的混合物，然後平衡於 $1259°K$，求平衡混合物中 CO_2, H_2, H_2O，及 CO
的莫耳分率，假設總壓為 $1atm$。(b) 解此題時是否必要知悉總壓？(c) 假
設以總壓為 $1atm$ 的實驗決定 K_p，然後以此 K_p 計算總壓為 $100atm$ 的
平衡濃度，壓力之不同對總壓為 $100atm$ 的計算的有效性有何影響。

〔答： (a)CO_2:47%; H_2:7%; H_2O:23%; CO:23%〕

12-3 試證明，就反應 $A(g) + B(g) = 2C(g)$ 而論，若所有氣體皆為理想氣體，
則 K_x 不受總壓的影響。

12-4 反應 $SO_2(g) + \frac{1}{2}O_2(g) = SO_2(g)$ 在 $25°C$ 之 $K_p = 1.7 \times 10^{12}$。試計算反
應 $2SO_3(g) = 2SO_2(g) + O_2(g)$ 在 $25°C$ 之 K_p 與 K_C。

〔答： $K_p = 0.35 \times 10^{-24}$, $K_C = 1.4 \times 10^{-26}$〕

12-5 在 $25°C$ 之下，反應 $N_2O_4(g) = 2NO_2(g)$ 之 K_p 為 0.141。若在同溫下
將 1 克 N_2O_4 置於預先抽空且體積為 1 升的容器中，求容器中之壓力。假設
N_2O_2 與 NO_2 皆為理想氣體。　　　　　　〔答： $0.351\ atm$〕

12-6 在 $800°C$ 下，反應 $I_2(g) = 2I(g)$ 之 $K_p = 1.060 \times 10^{-2}$。問在何種總壓下
只有 1.0% I_2 不解離成原子？

〔答： $5.38 \times 10^{-6} atm$〕

12-7 在 $27°C$ 之下，反應 $A(g) + B(g) = AB(g)$ 之 $\Delta G° = -2000\ cal$。在何
種總壓下原來含有等莫耳數 A 與 B 的混合物將有 40% 轉化為 AB？

〔答： $0.063\ atm$〕

12-8 在 $100°C$ 下，氣體反應 $COCl_2(g) = CO(g) + Cl_2(g)$ 之 K_p 為 6.7×10^{-9}。
若最初只有光氣出現，試計算在同溫及 $2\ atm$ 的總壓下一氧化碳的平衡分
壓。(因解離度甚小，光氣的分壓可視為等於總壓。)

〔答： $1.16 \times 10^{-4}\ atm$〕

12-9 在 $727°C$ 之下，反應 $SO_2(g)+\frac{1}{2}O_2=SO_3(g)$ 的平衡常數 K_p 爲

$$K_p=\frac{p_{SO_3}}{p_{SO_2} \cdot p_{O_2}^{1/2}}=1.85$$

(a) 當氧的平衡分壓等於 0.3 atm 時，p_{SO_3}/p_{SO_2} 爲若干？

(b) 當氧的平衡分壓等於 0.6 atm 時，p_{SO_3}/p_{SO_2} 爲若干？

(c) 在恆容下充入氮氣以增加總壓對平衡有何影響？假設各氣體皆爲理想氣體。

〔答：(a) 1.01，(b) 1.44，(c) 無影響〕

12-10 就反應 $Cl_2(g)=2Cl(g)$ 而論，$K_{p,1400°}=8.80\times10^{-4}$，$K_{p,1800°}=1.06\times 10^{-1}$。在若干 atm 之總壓與 $1400°K$ 下反應之解離度 α 之值等於其在 1 atm 之總壓與 $1800°K$ 下之值？

〔答：$8.30\times10^{-3}atm$〕

12-11 將純氨置於一容器中，並對容器加熱使氨依反應 $NH_3(g)=\frac{1}{2}N_2(g)+\frac{3}{2}H_2$ 分解。試證明在平衡時

(a) $\quad p_{NH_3}=\frac{1-\alpha}{1+\alpha}P$

(b) $\quad p_{N_2}=\frac{\frac{1}{2}\alpha}{1+\alpha}P$

(c) $\quad p_{H_2}=\frac{\frac{3}{2}\alpha}{1+\alpha}P$

(d) $\quad K_p=\frac{3^{3/2}}{4}\cdot\frac{\alpha^2 P}{1-\alpha^2}$

式中 α 爲解離度，P 爲總壓。

12-12 試應用勒沙特列原理 (*Le Chatelier's principle*) 預測下列各項對氨之解離反應 〔$NH_3(g)=\frac{1}{2}N_2(g)+\frac{3}{2}H_2(g)$〕 的平衡組成有何影響。(a) 只提高溫度，(b) 只降低溫度，(c) 只增加總壓，(d) 只減小總壓，(e) 加氫以增加總壓。

12-13 在 $3000°K$ 與 $0.01atm$ 之下，氫在反應 $H_2(g)=2H(g)$ 中的解離

度爲 0.0903。試計算 K_p, K_C, K_x, 及 $\Delta G°_{3000°}$ (反應)。

〔答: $K_p=3.3\times10^{-4}$; $K_x=3.3\times10^{-2}$; $K_C=1.3\times10^{-6}$;

$\Delta G°_{3000°}$ (反應) $=47.9kcal$〕

12-14 (a) 在 $448°C$ 下, 反應 $H_2(g)+I_2(g)=2HI(g)$ 的濃度平衡常數 $K_C=$ 50.5。若有 0.050 莫耳 H_2 與 0.050 莫耳 I_2 混合於一容器中, 並平衡於 $448°C$, 求平衡時 H_2, I_2, 及 HI 之莫耳數。

〔答: 0.011 莫耳 H_2, 0.011 莫耳 I_2, 0.078 莫耳 HI〕

12-14 (b) $CO_2(g)$, $H_2(g)$, $H_2O(g)$, 及 $CO(g)$ 在 $25°C$ 之標準生成熱 $\Delta\bar{H}°_{f,298°}$ 與第三定律 $\bar{S}°_{298°}$ 如下所示:

	$CO_2(g)$	$H_2(g)$	$H_2O(g)$	$CO(g)$
$\Delta\bar{H}°_{f,298°}(cal/mole)$	−94,051.8	0	−57,797.9	−26,415.7
$\Delta\bar{S}°_{298°}(cal/°K-mole)$	51.061	31.211	45.106	47.301

求水煤氣反應 $CO_2(g)+H_2(g)=H_2O(g)+CO(g)$ 在 $25°C$ 之 K_p, K_C, 及 K_x。

〔答: $K_p=K_C=K_x=1.00\times10^{-5}$〕

12-15 (a) 試由下列數據計算尿素 (urea) $CO(NH_2)_2(s)$ 的標準形成自由能 $\Delta\bar{G}_{f,298°}$:

$CO_2(g)+2NH_2(g)=H_2O(g)+CO(NH_2)_2(s)$ $\Delta G°_{298°}=456cal$

$H_2O(g)=H_2(g)+\frac{1}{2}O_2(g)$ $\Delta G°_{298°}=54,636\ cal$

$C(石墨)+O_2(g)=CO_2(g)$ $\Delta G°_{298°}=94,260\ cal$

$N_2(g)+3H_2(g)=2NH_3(g)$ $\Delta G°_{298°}=-7752\ cal$

(b) 試由尿素的生成熱 $\Delta\bar{H}°_{f,298°}=-79,634cal/mole$ 及生成 $\Delta\bar{S}°_{f,298°}=-109.05cal/°K-mole$ 計算 $\Delta\bar{G}°_{f,298°}$。

〔答: (a) −46,920, (b) −47,126 $cal/mole$〕

12-16 試由下列數據計算氨反應 $\frac{1}{2}N_2(g)+\frac{3}{2}H_2(g)=NH_3(g)$ 在 $1000°K$ 之 $\Delta G°$。

$\Delta G°_{298°}=-3,980\ cal$, $\Delta H°_{298°}=-11,040\ cal$

$$C_{P,N_2}=6.4492+1.4125\times10^{-3}\ T-0.807\times10^{-7}T^2$$

$$C_{P,H_2}=6.9469-0.1999\times10^{-3}\ T+4.808\times10^{-7}T^2$$

$$C_{P,NH_3}=6.189+7.887\times10^{-3}\ T-7.28\times10^{-7}T^2$$

〔答：$\Delta G^{\circ}{}_{1000^{\circ}}=15,340\ cal$〕

12-17 反應 $Br_2(g)=2Br(g)$ 在四溫度之 K_p 值如下所示：

$T,^{\circ}K$	1123	1173	1223	1273
$K_p\times10^3$	0.403	1.40	3.28	7.1

試以繪圖法決定此反應在 $1200^{\circ}K$ 之 ΔH°。

〔答：$55\ k\,cal$〕

12-18 氫之解離反應 $H_2(g)=2H(g)$ 在 $1800^{\circ}K$ 與 $2000^{\circ}K$ 的 K_p 值分別爲 1.52×10^{-7} 與 3.10×10^{-6}。求此溫度範圍內的 ΔH°。

12-19 反應 $2SO_3(g)=2SO_2(g)+O_2(g)$ 在 $25^{\circ}C$ 之 $\Delta H^{\circ}=46,980\ cal$，$\Delta\bar{G}=33,460\ cal$。假設 ΔH° 不隨溫度變化，求此反應在 $600^{\circ}K$ 之 ΔG° 及 $SO_3(g)$ 之解離度 α。

〔答：$\alpha=6.3\times10^{-3}$〕

12-20 反應 $N_2(g)+3H_2(g)=2NH_3(g)$ 在 $400^{\circ}C$ 之 $K_p=1.64\times10^{-4}$。(a) 求 ΔG°。(b) 若 N_2 與 H_2 之壓力分別保持於 $10\ atm$ 與 $30\ atm$，且不斷移去 NH_3，使其分壓保持於 $3\ atm$，求 ΔC。(c) 在 (b)項之情況下，此反應是否爲自然反應。

12-21 氨基甲酸銨 (*ammonium carbamate*) 依下式解離

$$(NH_2)CO(ONH_4)(s)=2NH_3(g)+CO_2(g)$$

當過量之氨基甲酸銨置於事先抽空的容器中，所產生的 NH_3 分壓爲 CO_2 分壓的兩倍，且 $(NH_2)CO(ONH_4)$ 的分壓甚小而可忽視。試證

$$K_p=(p_{NH_3})^2p_{CO_2}=\frac{4}{27}P^3$$

此處 P 爲總壓。

12-22 在 $0^{\circ}C$ 下，氯仿 (*chloroform*) 溶液中反應 $N_2O_4=2NO_2$ 的莫耳分率平衡常數 K_x 等於 4.5×10^{-7}（若 N_2O_4 之莫耳分率小於0.1）。今將0.02莫耳

N$_2$O$_4$ 溶於 1 莫耳氯仿中，問平衡時有若干莫耳 NO$_2$ 產生？

〔答: $9.6 \times 10^{-5} mole$〕

12-23 在稀苯溶液中，苯甲酸 (*benzoic acid*) 依下式締合 (*associate*) 成雙體 (*dimer*)：

$$2C_6H_5COOH = (C_6H_5COOH)_2$$

在 43.9°C 下，此反應之 $K_C = 2.7 \times 10^2$，所用濃度標準為莫耳濃度 (*molarity*)。試計算 $\Delta G°$ 並說明其意義。

〔答: $\Delta G° = -3530\ cal$。這是基於莫耳濃標的活性為 1 的 2 莫耳單體 (*monomer*) 變為基於莫耳濃標的活性為 1 的 1 莫耳雙體所引起 的自由能變化〕

12-24 反應 $CO_2(g) + C(s) = 2CO(g)$ 在 1273°K 及 30 *atm* 的總壓下平衡時，有17莫耳%的氣體為 CO_2。(a) 若總壓為 20 *atm*，CO_2 將佔若干莫耳% ？(b) 加入 N$_2$ 對平衡有何影響？ (c) 在若干 *atm* 之總壓 (CO_2 與 CO 之總壓)下，氣體將含25莫耳% CO_2？

〔答: (a)12.5%，(b) (假設諸氣體為理想氣體)無影響，(c) 54*atm*〕

第十三章　化學動力學

化學動力學 (*chemical kinetics*) 爲物理學之一部門，其主要課題爲反應速率與反應機構的研究。**速率** (*rate*) 爲每單位時間所產生生成物之量或每單位時間所消耗反應物之量。**機構** (*mechanism*) 爲由反應物變成生成物的過程中所經歷的步驟 (*steps*)。熱力學指示生成物與反應物間的能關係、反應進行的方向、及平衡位置，但不供給有關反應速率與反應步驟的資料。

依熱力學，若在一反應中標準自由能大量減小，則在平衡時生成物的濃度遠大於反應物的濃度，故可保證優良的**產率** (*yield*)。然而熱力學無法說明反應步驟的詳情和達成平衡的速率。在這方面，化學動力學可輔助熱力學的不足。我們可以說：「熱力學說明平衡，動力學說明速率」。所謂一反應在熱力學上佔優勢 (*favorable thermodynamically*) 亦即該反應的平衡轉化率 (*conversion*) 高；所謂一反應在動力學上佔優勢 (*favorable kinetically*) 亦即該反應的速率大。

13-1　反應速率之測定
(*Experimental Measurement of Reaction Rate*)

恆溫下的反應速率 R 通常以濃度 C 隨時間 t 的變化率 dC/dt 表示之。依化學計量 (*stoichiometry*) 關係，以不同反應物或生成物爲基礎的反應速率之間有一簡單的關係。依慣例，反應速率 R 通常取正值。如此，就反應

$$A + 2B = AB_2$$

而論, 速率 R 爲

$$R = -\frac{d[A]}{dt} = -\frac{1}{2}\frac{d[B]}{dt} = \frac{d[AB_2]}{dt} \tag{13-1}$$

其中 $[A],[B]$, 及 $[AB_2]$ 分別代表化學物種 (*chemical species*) A, B, 及 AB_2 的濃度, 以莫耳每升計。求反應速率的方法是在不同時間測量濃度或與濃度有關的物理性質。因此而有化學方法與物理方法。化學方法是在不同時間驟冷反應混合物以停止反應然後直接測定一反應物或生成物的濃度。物理方法是在反應過程中繼續測量與濃度有關的物理性質, 諸如: 對某一特殊波長的光的吸收與旋光性、電導性、及壓力等。

13-2 反應級 (*Reaction Order*)

一般言之, 化學反應的速率決定於反應物的濃度。然而反應速率亦可能受生成物或其他不出現於反應式的其他物種的影響。通常可以一微分方程式將反應速率表示爲影響速率之各物種濃度的函數。此一微分方程式稱爲**速率定律** (*rate law*)。若速率決定於化學物種 A_1, $A_2, A_3, \cdots\cdots A_m$ 的濃度, 且速率方程式可寫成如下形式:

$$R = k[A_1]^{n_1}[A_2]^{n_2}[A_3]^{n_3}\cdots\cdots[A_m]^{n_m} \tag{13-2}$$

則對 A_1 而言, 反應的級 (*order*) 數爲 n_1; 對 A_2 而言, 反應的級數爲 n_2, 等等。反應的總級 (*over order*) 數等於 (13-2) 式中諸濃度的指數和, 亦卽

總級數 $= n_1 + n_2 + n_3 + \cdots\cdots + n_m$

(13-2) 式右端之常數 k 稱爲**速率常數** (*rate constant*)。

反應的級數可能爲整數或分數, 而且對各物種而言的級數未必等於其出現於反應式中的莫耳數。茲舉數例於次。

五氧化氮的分解反應

$$N_2O_5 \rightarrow 2NO_2 + \frac{1}{2} O_2$$

合乎如下速率定律:

$$R = -d[N_2O_5]/dt = k[N_2O_5]$$

故為**一級反應** (*first-order reaction*)。二氧化氮的分解反應

$$2NO_2 \rightarrow 2NO + O_2$$

遵循如下速率定律:

$$R = -d[NO_2]/dt = k[NO_2]^2$$

故為**二級反應** (*second-order reaction*)。三甲胺 (*triethylamine*) 與溴乙烷 (*ethyl bromide*) 在苯溶液中的反應,

$$(C_2H_5)_3N + C_2H_5Br \rightarrow (C_2H_5)_4NBr$$

符合如下方程式:

$$R = -d[C_2H_5Br]/dt = k[C_2H_5Br][(C_2H_5)_3N]$$

此為二級反應。就 C_2H_5Br 而論為一級, 就 $(C_2H_5)_3N$ 而論亦為一級, 總級數為二。在 $450°C$ 下, 乙醛 (*acetaldehyde*) 的氣相分解反應

$$CH_3CHO \rightarrow CH_4 + CO$$

適合如下速率方程式,

$$R = -d[CH_3CHO]/dt = k[CH_3CHO]^{3/2}$$

此反應為 1.5 級反應。

　　應注意, 一反應的速率定律只能藉動力學實驗研究加以決定, 而不能由化學反應式導出。

13-3　**一級反應** (*First-order Reactions*)

　　茲攷慮如次一級反應:

$$A \longrightarrow 生成物$$

其速率方程式爲

$$R = -\frac{d[A]}{dt} = k[A] \tag{13-3}$$

由上式知一級反應速率常數 k 具有時間倒數的因次 (*dimensions*); 一級反應速率常數常以秒$^{-1}$計。上式可改寫成

$$-\frac{d[A]}{[A]} = kdt \tag{13-4}$$

若A在反應開始時 ($t=0$) 的濃度爲 $[A]_0$, 而在其後任一時間 t 的濃度爲 $[A]$, 則

$$-\int_{[A]_0}^{[A]} \frac{d[A]}{[A]} = k\int_0^t dt$$

$$\ln \frac{[A]_0}{[A]} = kt \tag{13-5}$$

故A在任一時間的濃度爲

$$[A] = [A]_0 e^{-kt} \tag{13-6}$$

或 $$\ln[A] = -kt + \ln[A]_0 \tag{13-7}$$

或 $$log[A] = \frac{-kt}{2.303} + log[A]_0 \tag{13-8}$$

如此, 若以 $log[A]$ 對 t 作圖可得一直線, 且此直線之斜率爲 $-k/2.303$, 截距爲 $log[A]_0$。

如前所述, 五氧化氮的分解反應爲一級反應。五氧化氮在惰性溶劑中的反應速率較易測定。$450°C$ 下, 五氧化氮在四氯化碳中分解的實驗數據列於表 13-1。表中所列 k 值係得自(13-5)式者。依(13-5)式, 只須知悉在任二時間的濃度比卽可求得一級速率常數 k。然而, 實驗數據難免有其誤差 (*uncertainty* 或 *error*)。假若所用的二數據點之一有大誤差, 則由 (13-5) 求 k 將導致嚴重的錯誤。因此, 求 k 的最佳方法爲繪圖法。表 13-1 之數據繪於圖 13-1。圖 13-1(a) 係以

表 13-1　N₂O₅ 在 CCl₄ 溶液中分解之實驗數據（溫度爲 45°C）

t, sec	$\frac{[N_2O_5]}{mole/l}$	$log\ [N_2O_5]$	$k \times 10^4$, sec^{-1} (得自13-5式)
0	2.33	0.367	
184	2.08	0.318	6.14
319	1.91	0.281	6.23
526	1.67	0.223	6.32
867	1.36	0.133	6.23
1198	1.11	0.045	6.20
1877	0.72	−0.143	6.27
2315	0.55	−0.250	6.25
3144	0.34	−0.469	6.14

$[N_2O_5]$ 對時間 t 所作之圖。可見 $[N_2O_5]$ 隨時間降低，而在時間趨近於無窮大時趨近於零。圖 13-1(b) 係以 $log[N_2O_5]$ 對時間 t 所作之圖。所得直線的斜率爲 $-2.66 \times 10^{-4}\ sec^{-1}$。此斜率乘 2.303 即得 $k = 6.22 \times 10^{-4}\ sec^{-1}$。因此直線爲最能適合所有數據點的最佳直線，故由其斜率所算出的 k 值最佳。

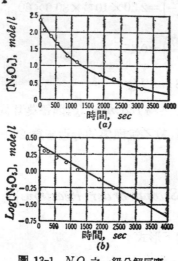

圖 13-1　N_2O_5 之一級分解反應

一反應之**半生期** (*half-life*) 爲一反應物消耗一半所需時間， 以 $t_{1/2}$ 表示之。將 $[A] = \frac{1}{2}[A]_0$, $t = t_{1/2}$ 代入 (13-5) 式得

$$\ln 2 = kt_{1/2}$$

或 $\qquad t_{1/2} = 0.69315/k$ $\qquad\qquad\qquad$ (13-9)

如此， 一級反應的半生期與初濃度無關。 一般言之， 非一級反應的半生期視反應物的初濃度而定。 此點亦可用以決定一反應是否爲一級反應。

〔**例13-1**〕偶氮甲烷 (*azomethane*) 在 $298.4°C$ 依下式分解，

$$CH_3NNCH_3(g) \longrightarrow C_2H_6(g) + N_2(g)$$

此反應爲一級反應， 且 $k = 2.50 \times 10^{-4}\ sec^{-1}$。若偶氮甲烷的初壓爲200 *mm Hg*, 經30.0 分之分解後反應物與各生成物之分壓爲若干 *mm Hg*?

〔**解**〕以偶氮甲烷的分壓 p 代替 (13-5) 式中之濃度， 並代入初壓 $p_0 = 200$ 得

$$\ln\left(\frac{200}{p}\right) = 2.50 \times 10^{-4} \times 30.0 \times 60$$

$$\ln\left(\frac{200}{p}\right) = 0.45$$

$$p = 128\ mm\ Hg$$

30分後偶氮甲烷的分壓爲 $128\ mm\ Hg$。因每莫耳偶氮甲烷分解產生一莫耳乙烷與一莫耳氮， 故乙烷與氮的分壓皆爲 $200 - 128 = 72\ mm\ Hg$。

13-4 二級反應 (*Second-order Reactions*)

二級反應常有如下形式

$$2A \longrightarrow \text{生成物} \qquad\qquad\qquad (13\text{-}10)$$

其反應速率為

$$R = -\frac{d[A]}{dt} = k[A]^2 \qquad (13\text{-}11)$$

由上式知二級反應速率常數 k 的因次 (*dimension*) 為 [*liter mole⁻¹ sec⁻¹*]。 (13-11) 可改寫成如下形式:

$$-\frac{d[A]}{[A]^2} = k\,dt \qquad (13\text{-}12)$$

若 $t=0$ 時之濃度為 $[A]_0$,而在任一時間 t 之濃度為 $[A]$,積分上式得

$$\frac{1}{[A]} = kt + \frac{1}{[A]_0} \qquad (13\text{-}13)$$

或　　　　　$$[A] = \frac{[A]_0}{1 + kt[A]_0} \qquad (13\text{-}14)$$

如此,若以 $1/[A]$ 對 t 作圖可得一直線。所得直線之斜率等於二次速率常數 k,截距等於 $1/[A]_0$。由 (13-13) 式得二次反應之半生期 $t_{1/2}$ 為

$$t_{1/2} = \frac{1}{k[A]_0} \qquad (13\text{-}15)$$

可見二次反應的半生期與初濃度成反比。

另一類二次反應有如下形式:

$$aA + bB \longrightarrow \text{生成物} \qquad (13\text{-}16)$$

其速率方程式為

$$R = -\frac{d[A]}{dt} = -\frac{b}{a}\,\frac{d[B]}{dt} = k[A][B] \qquad (13\text{-}17)$$

若 $a=b$, $[A]_0=[B]_0$, 則兩速率定律 (13-17) 與 (13-11) 無異,而 (13-12) 至 (13-15) 式可應用於此一場合。

今假設 $a \neq b$, 或 $[A]_0 \neq [B]_0$。令 x 代表 A 的濃度在任一時間

t 之內減小之量，亦卽

$$x=[A]_0-[A]$$

則
$$[A]=[A]_0-x; \quad [B]=[B]_0-\frac{b}{a}x; \quad \frac{d[A]}{dt}=-\frac{dx}{dt}$$

而速率方程式變爲

$$\frac{dx}{dt}=k([A]_0-x)\left([B]_0-\frac{b}{a}x\right)$$

$$\frac{dx}{([A]_0-x)\left([B]_0-\frac{b}{a}x\right)}=k\,dt$$

應用部份分數法 (*method of partial fractions*) 積分上式得

$$kt=\frac{a}{b[A]_0-a[B]_0}\ln\frac{([A]_0-x)[B]_0}{[A]_0\left([B]_0-\frac{b}{a}x\right)}$$

$$=\frac{a}{b[A]_0-a[B]_0}\ln\frac{[A][B]_0}{[A]_0[B]} \tag{13-18}$$

若化學計量係數 a 與 b 均爲 1，上式可簡化爲

$$\ln\frac{[A][B]_0}{[A]_0[B]}=([A]_0-[B]_0)kt \tag{13-19}$$

或
$$log\frac{[A][B]_0}{[A]_0[B]}=\frac{([A]_0-[B]_0)}{2.303}kt \tag{13-20}$$

如此，若以 $log\{([A][B]_0)/([A]_0[B])\}$ 對 t 作圖可得斜率等於 $([A_0]-[B]_0)\,k/2.303$ 之一直線。

酯 (*ester*) 在鹼溶液中之皂化 (*saponification*) 爲二級反應之實例。

$$CH_3COOC_2H_5+OH^-\longrightarrow CH_3COO^-+C_2H_5OH$$

此一反應在 $25°C$ 之實驗數據列於表 13-2。其中之 k 值係得自 (13-20) 式者。k 值亦可藉繪圖法決定之。

表 13-2 醋酸乙酯 (*ethyl acetate*) 在 $25°C$ 之水解數據

$[A]_0 = NaOH$ 之初濃度 $= 0.00980\ mole/l$

$[B]_0 = CH_3COOC_2H_5$ 之初濃度 $= 0.00486\ mole/l$

時間 sec	$[A]$ mole/l	$[B]$ mole/l	$log\dfrac{[A][B]_0}{[A]_0[B]}$	k $l\ mole^{-1}sec^{-1}$
0	0.00980	0.00486	—	—
178	0.00892	0.00398	0.0412	0.108
273	0.00864	0.00370	0.0640	0.109
531	0.00792	0.00297	0.1208	0.106
866	0.00724	0.00230	0.1936	0.104
1510	0.00645	0.00151	0.3266	0.101
1918	0.00603	0.00109	0.4390	0.106
2401	0.00574	0.00080	0.5518	0.107

【例13-2】 試以繪圖法由表 13-2 之數據決定二級速率常數 k。

〔解〕 利用表 13-2 之數據作圖得一直線，如圖 13-2 所示。所得直線之斜率爲 $2.29 \times 10^{-4} sec^{-1}$。由（13-20）式

$$2.29 \times 10^{-4} = \frac{([A]_0 - [B]_0)}{2.303} k$$

$$k = \frac{2.303 \times 2.29 \times 10^{-4}}{0.00980 - 0.00486} = 0.107\ l\ mole^{-1}sec^{-1}$$

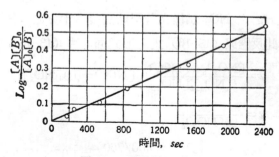

圖 13-2 醋酸乙酯之水解

〔**例13-3**〕HI 在 $600°K$ 依如下速率方程式分解:

$$-\frac{d[HI]}{dt}=k[HI]^2$$

$$k=4.00\times10^{-6}l\ mole^{-1}sec^{-1}$$

假設無逆反應, 問在 $600°K$ 及一大氣壓下每秒有若干 HI 分子分解?

〔**解**〕在 $1atm$ 及 $600°K$ 下

$$[HI]=\frac{n}{V}=\frac{P}{RT}=\frac{1.00}{0.082\times600}=2.03\times10^{-2}mole/l$$

由 (13-11) 式

$$-\frac{d[HI]}{dt}=k[HI]^2=4.00\times10^{-6}(2.03\times10^{-2})^2$$

$$=16.5\times10^{-10}mole/l\text{-}sec$$

設 N 爲分子數, 則

$$-\frac{dN}{dt}=16.5\times10^{-10}\times0.602\times10^{24}$$

$$=9.9\times10^{14}molecule/sec$$

〔**例13-4**〕二氧化氮之分解反應

$$2NO_2\longrightarrow2NO+O_2$$

爲二級反應。在 $600°K$, $k=6.3\times10^3ml\ mole^{-1}sec^{-1}$。問同溫下初壓爲 $400\ mm\ Hg$ 之 NO_2 試樣在若干時間後有十分之一分解。

〔**解**〕此反應與 (13-10) 式之形式同。由 (13-13) 式

$$t=\frac{[NO_2]_0-[NO_2]}{k[NO_2]_0[NO_2]},\ [NO_2]=0.9[NO_2]_0$$

$$t=\frac{1}{9k[NO_2]_0}$$

因 $$[NO_2]_0=\frac{P}{RT}=\frac{(400/760)}{82.06\times600}=1.07\times10^{-5}mole/ml$$

故 $$t = \frac{1}{9 \times 6.3 \times 10^2 \times 1.07 \times 10^{-5}} = 16.5\,sec$$

13-5 三級反應 (*Third-order reactions*)

三級反應可能有如下三類型。

$$3A \longrightarrow 生成物 \tag{13-21}$$

$$2A + B \longrightarrow 生成物 \tag{13-22}$$

$$A + B + C \longrightarrow 生成物 \tag{13-23}$$

第一類反應的速率方程式最簡單，有如下形式:

$$R = -\frac{d[A]}{dt} = k[A]^3 \tag{13-24}$$

積分之

$$\int_{[A]_0}^{[A]} \frac{d[A]}{[A]^3} = -k \int_0^t dt$$

$$kt = \frac{1}{2}\left(\frac{1}{[A]^2} - \frac{1}{[A]_0^2}\right) \tag{13-25}$$

若將 $t = t_{1/2}$，$[A] = \frac{1}{2}[A]_0$ 代入上式，可得此類三級反應的半生期爲

$$t_{1/2} = \frac{3}{2k[A]_0^2} \tag{13-26}$$

假設反應 (13-22) 中之 A 在任何時間 t 的濃度爲 $([A]_0 - 2x)$，則 B 在同時的濃度爲 $([B]_0 - x)$。故速率方程式爲

$$\frac{-d[B]}{dt} = \frac{dx}{dt} = k([A]_0 - 2x)^2([B]_0 - x) \tag{13-27}$$

同理，假設反應 (13-23) 之反應物在任一時間 t 之濃度爲 $([A]_0 - x), ([B]_0 - x), ([C]_0 - x)$，則速率方程式爲

$$\frac{-d[A]}{dt} = k([A]_0 - x)([B]_0 - x)([C]_0 - x) \tag{13-28}$$

(13-27) 與 (13-28) 兩式可藉部份分數法加以積分，惟其手續較爲繁複。

以下三反應爲三級反應之實例。

$$2NO+O_2 \longrightarrow 2NO_2$$
$$2NO+Br_2 \rightarrow 2NOBr_2$$
$$2NO+Cl_2 \rightarrow 2NOCl$$

13-6　零級反應 (*Zero-order Reaction*)

若反應速率不受反應物濃度的影響，則反應爲零級反應 (*zero-order reaction*)。此種情形之發生可能由於濃度以外的某種因素限制反應速率。光的強度可能限制光化學反應 (*photochemical reaction*) 的速率，反應物在相間移動的速率也可能限制反應的速率。

當一物質強烈地被吸附 (*absorbed*) 於一觸媒 (*catalytic*) 表面時，其異構化 (*isomerization*) 或分解不受時間與濃度的影響，而反應爲零級反應。

$$-\frac{d[A]}{dt}=k \tag{13-29}$$

積分上式得

$$[A]_0-[A]=kt \tag{13-30}$$

若以 $[A]$ 對 t 作圖可得斜率爲 $-k$ 之一直線。

以 $t=t_{1/2}$, $[A]=\frac{1}{2}[A]_0$ 代入上式，可得反應的半生期。

$$t_{1/2}=\frac{1}{k}\left([A]_0-\frac{[A]_0}{2}\right)=\frac{[A]_0}{2k} \tag{13-31}$$

〔**例 13-5**〕測定恆容恆溫下的壓力上升可獲得氨在鎢 (*tungsten*) 上的分解速率。此反應爲

$$2NH_3(g) \longrightarrow N_2(g) + 3H_2(g)$$

在 $1100°C$ 下測得反應半生期與氨的初壓 P_0 如下:

$P_0, mm\ Hg$	265	130	58
$t_{1/2}, min$	7.6	3.7	1.7

(a) 證明反應爲一級的,並計算在 $1100°C$ 之 k。(b) 若將初壓爲 $200\ mm\ Hg$ 的氨置於含有鎢且溫度爲 $1100°C$ 的密閉堅固容器中, 則 3 分後總壓爲若干 $mm\ Hg$?

〔解〕(a) 因恆溫下濃度與壓力成正比。假若此一反應爲一級的, (13-31) 式可改爲成如下形式:

$$k = \frac{P_0}{2t_{1/2}}$$

以三組 P_0 與 $t_{1/2}$ 的數據代入上式得

$P_0, mm\ Hg$	265	130	58
$t_{1/2}, min$	7.6	3.7	1.7
$k, mm\ Hg\ min^{-1}$	17.42	17.56	17.1

所得三 k 值差別不大, 可視此類爲一常數, 故反應爲一級的。取三值的平均得 $k = 17.36 mm\ Hg\ min^{-1}$

(b) $P = P_0 - kt$

$$P_0 = 200, \quad t = 3\ min$$
$$P = 200 - 17.36 \times 3 = 147.9\ mm\ Hg$$

13-7　反應級之決定法

(*Determination of the Order of a Reaction*)

決定反應級的方法有數種, 茲分述於次:

(1) 代入公式法

若一反應為一級、二級、三級、或零級反應，則將整個反應過程所得數據代入對應的方程式如 (13-5)、(13-13)、(13-18)、或 (13-30) 等式，可得不變的 k 值。

(2) 繪圖法

反應級常可用濃度的各種函數對 t 作圖而加以決定。 例如， 若 $log\,C$ 對 t 之圖為一直線〔(13-8) 式〕， 則反應為一級的；若 $\frac{1}{C}$ 對 t 之圖為一直線〔(13-13) 式〕， 則反應為二級的； 若 $\frac{1}{C^2}$ 對 t 之圖為一直線〔(13-25) 式〕， 則反應為三級的； 若 C 對 t 之圖為一直線，〔(13-30) 式〕，則反應為 0 級的。

(3) 半生期法

一級反應的半生期不受初濃度的影響〔(13-9) 式〕，二級反應的半生期與初濃度成反比， 等等。利用此等關係亦可能決定反應級。

(4) 最初速率法及孤立法

(*Initial-rate method and Isolation Method*)。

每次增加一反應物的濃度而將其他反應物的濃度保持不變。測量最初速度可獲得有關反應級的資料。另一方法是大量加入一反應物以外的所有其他反應物，使其在反應過程中幾乎保持不變。例如， A、B、C 為反應物，而速率方程式為

$$\frac{dx}{dt} = k([A]_0 - x)^l ([B]_0 - x)^m ([C]_0 - x)^n$$

欲「孤立」 A 可加入過量的 B 與 C，使反過程中 $([B]_0 - x)$ 與 $([C]_0 - x)$ 幾乎保持不變，則上式可改寫成

$$\frac{dx}{dt} = k'([A]_0 - x)^l$$

如此可決定對 A 而言的反應級 l 。同理， 分別孤立 B 與 C 可求得 m 與

n。總反應級爲 $(l+m+n)$。

〔例 13-6〕草酸根離子 (*oxalate ion*) 與氯化汞 (*mercuric chloride*) 間之化學反應爲

$$2HgCl_2 + C_2O_4^{2-} = 2Cl^- + 2CO_2 + Hg_2Cl_2$$

在 $100°C$ 下，Hg_2Cl 生成的最初速率（以 $mole/l\text{-}min$ 計）如下：

	$[HgCl_2]$, $(mole/l)$	$[K_2C_2O_4]$, $(mole/l)$	$dx/dt \times 10^4$
(1)	0.0836	0.202	0.26
(2)	0.0836	0.404	1.04
(3)	0.0418	0.404	0.53

求此反應之級。

〔解〕參閱實驗數據。由第一實驗至第二實驗，草酸根離子的濃度加倍，而最初速率增加至 $1.04/0.26 = 4$ 倍。因此速率比例於 $[C_2O_4^{2-}]^2$。由第二實驗至第三實驗，$HgCl_2$ 的濃度減半，而最初速率亦減半，故速率與 $[HgCl_2]$ 成正比。速率方程式爲

$$dx/dt = k[HgCl_2][C_2O_4^{2-}]^2$$

反應之總級數爲 3。

13-8　複雜反應 (*Complex Reactions*)

前述零級、一級、二級、及三級反應假設諸反應物僅參與一化學反應，且反應僅依一方向（順反應）及一步驟進行。此等反應屬於**簡單反應** (*simple reactions*)。然而大多數反應經一系列步驟而進行。此等反應稱爲**複雜反應** (*complex reactions*)。重要複雜反應包括涉及**平行步驟** (*parallel steps*)、**連續步驟** (*consecutive steps*)、及**可逆步驟** (*reversible steps*)者。茲討論三類較簡單的複雜反應於次。

(1) **平行一級反應** (*Parallel first-order reaction*)

因一物質或許在熱力學上有可能產生許多種生成物，平行反應常發生。

最簡單的平行反應爲

$$A \xrightarrow{k_1} B \qquad (13\text{-}32)$$

$$A \xrightarrow{k_2} C$$

就 A 而論，速率方程式爲

$$-\frac{d[A]}{dt} = k_1[A] + k_2[A] = (k_1+k_2)[A] \qquad (13\text{-}33)$$

如此，A 的消失速率爲一級的。基於前述一級反應的討論可得

$$[A] = [A]_0 e^{-(k_1+k_2)t} \qquad (13\text{-}34)$$

B 的速率方程式爲

$$\frac{d[B]}{dt} = k_1[A] = k_1[A]_0 e^{-(k_1+k_2)t} \qquad (13\text{-}35)$$

積分之得

$$[B] = \frac{-k_1[A]_0}{k_1+k_2} e^{-(k_1+k_2)t} + 常數 \qquad (13\text{-}36)$$

若 $t=0$ 時，$[B]=0$，則積分常數爲 $k_1[A]_0/(k_1+k_2)$。而

$$[B] = \frac{k_1[A]_0}{k_1+k_2}[1 - e^{-(k_1+k_2)t}] \qquad (13\text{-}37)$$

由上式可見，當 $t=\infty$ 時，A 轉化爲 B 的分率爲 $k_1/(k_1+k_2)$。若 $[C]_0=0$，則依同法可得

$$[C] = \frac{k_2[A]}{k_1+k_2}[1 - e^{-(k_1+k_2)t}] \qquad (13\text{-}38)$$

當 $t=\infty$ 時，$[C]=[A]_0 k_2/(k_1+k_2)$。（13-37）式除（13-38）式得

$$\frac{[B]}{[C]} = \frac{k_1}{k_2} \qquad (13\text{-}39)$$

無論何時，兩成分的產量比等於其速率常數比。

(2) **連續一級反應** (*Consecutive first-order reaction*)

一反應的生成物可能更進一步反應而產生另一種生成物，例如

$$A \overset{k_1}{\longrightarrow} B \overset{k_2}{\longrightarrow} C$$

各成分產生的速率爲

$$\frac{d[A]}{dt} = -k_1[A] \tag{13-40}$$

$$\frac{d[B]}{dt} = k_1[A] - k_2[B] \tag{13-41}$$

$$\frac{d[C]}{dt} = k_2[B] \tag{13-42}$$

假設 $t=0$ 時，$[A]=[A]_0$，$[B]=0$，$[C]=0$。積分 (13-40) 式得

$$[A] = [A]_0 e^{-k_1 t} \tag{13-43}$$

將此式代入 (13-41) 式得

$$\frac{d[B]}{dt} = k_1[A]_0 e^{-k_1 t} - k_2[B] \tag{13-44}$$

上式爲一非齊次線性常微分方程式 (*non-homogeneous linear ordinary differential equation*)（見微分方程或應用數學課本）。積分之可得

$$[B] = \frac{k_1[A]_0}{k_2 - k_1}[e^{-k_1 t} - e^{-k_2 t}] \tag{13-45}$$

因 B 與 C 之初濃度皆爲零，在任何時間，$[A]_0 = [A] + [B] + [C]$。如此

$$[C] = [A]_0 - [A] - [B]$$

$$= [A]_0 \left\{ 1 + \frac{1}{k_1 - k_2}(k_2 e^{-k_1 t} - k_1 e^{-k_2 t}) \right\} \tag{10-46}$$

若 $[A]_0 = 1 mole/l$，$k_1 = 0.1/hr$，$k_2 = 0.05/hr$，則 A, B，及 C 在各時間的濃度如圖 13-3 所示。

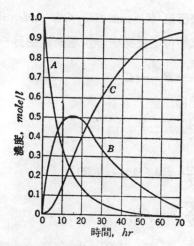

圖 13-3　連續一級反應: $A \xrightarrow{k_1} B \xrightarrow{k_2} C$；$k_1 = 0.10/hr, k_2 = 0.05/hr$

放射性元素 (*radioactive elements*) 的核反應 (*nuclear reactions*) 之中不乏連續一級反應的實例。若在反應過程中分析A可得曲線A；分析最後生成物可得曲線C；分析中間生成物(*intermediate product*) B可得曲線B。由圖 13-3 或由 (13-43),(13-45), 及 (13-46) 三式知,〔A〕總是隨時間降低,〔C〕總是隨時間增加,而〔B〕最初隨時間增加,至一極大之後隨時間降低。當時間趨近於無窮大時,〔A〕與〔B〕皆趨近於零,而〔C〕趨近於〔A〕。(13-45) 式對 t 微分, 並令 $d〔B〕/dt = 0$ 可求得〔B〕的極大發生的時間 t_{max}, 然後將 t_{max} 之值代入 (13-45) 式即得〔B〕的極大值〔B〕$_{max}$。其結果爲

$$t_{max} = \frac{\ln\dfrac{k_1}{k_2}}{k_1 - k_2}$$

$$〔B〕_{max} = \frac{k_1〔A〕_0}{k_2 - k_1}[e^{-k_1 t_{max}} - e^{-k t_{max}}]$$

（3）可逆一級反應 (*Reversible first-order reactions*)

所有化學反應皆爲**可逆反應** (*reversible reactions*)，亦卽**順反應**
(*forward reaction*) 與**逆反應**(*reverse reaction*)同時發生。若逆反應
速率甚小而可忽略，則只考慮順反應。本章迄此爲止所討論的反應皆**屬**
於此種情形。若逆反應的速率不可忽視，則反應稱爲**可逆反應** (*reversible reactions*)。最簡單的可逆反應爲可逆一級反應：

$$A \underset{k_2}{\overset{k_1}{\rightleftarrows}} B$$

其速率方程式爲

$$\frac{d[A]}{dt} = -k_1[A] + k_2[B] \tag{13-47}$$

平衡時，$d[A]/dt = 0$，$[A]$ 與 $[B]$ 的平衡值分別以 $[A]_{eq}$ 與 $[B]_{eq}$
表示之。假設最初只有 A 出現，則

$$\frac{[B]_{eq}}{[A]_{eq}} = \frac{[A]_0 - [A]_{eq}}{[A]_{eq}} = \frac{k_1}{k_2} = K \tag{13-48}$$

$$[A]_{eq} = \frac{k_2}{k_1 + k_2}[A]_0 = \frac{[A]_0}{1+K} \tag{13-49}$$

其中 K 爲平衡常數。

以$[B] = [A]_0 - [A]$ 代入 (13-47) 式得

$$\frac{d[A]}{dt} = -k_1[A] + k_2([A]_0 - [A]) \tag{13-50}$$

平衡時

$$k_1[A]_{eq} = k_2([A]_0 - [A]_{eq})$$

或 $$k_1 = \frac{k_2([A]_0 - [A]_{eq})}{[A]_{eq}}$$

將此一關係式代入 (13-50) 式得

$$\frac{d[A]}{dt} = \frac{k_2[A]_0}{[A]_{eq}}([A]_{eq} - [A]) \tag{13-51}$$

積分之得

$$\int_{[A]_0}^{[A]} \frac{d[A]}{[A]_{eq}-[A]} = \frac{k_2[A]_0}{[A]_{eq}} \int_0^t dt$$

$$\ln\frac{[A]_{eq}-[A]_0}{[A]_{eq}-[A]} = \frac{k_2[A]_0}{[A]_{eq}}t = (k_1+k_2)t \qquad (13\text{-}52)$$

最後一式係應用 (13-49) 式而獲得者。

若以 $-\ln([A]-[A]_{eq})$ 對 t 作圖可得一直線，其斜率等於 (k_1+k_2)。再應用平衡關係 (13-48) 式即可求得 k_1 與 k_2。

複雜反應可能由以上三類反應及其他步驟所組成。其速率方程式常不易求解。在特殊情況下，由於其限制速率的步驟 (*rate-limiting step*) 爲零級、一級、二級、或三級的而使複雜反應像是零級、一級、二級、或三級的。

13-9 機構與分子數 (*Mechanism and Molecularity*)

許多反應經一系列步驟而進行。此等個別步驟可稱爲**基本反應** (*elementary reactions*)。此等步驟的詳情稱爲**反應機構** (*mechanism of reaction*)。討論機構時須提及各步驟的**分子數** (*molecularity of the steps*)。假若一步驟涉及 1, 2, 或 3 分子的反應物，則此步驟分別稱爲**單分子** (*unimolecular*)，**雙分子** (*bimolecular*)，或**三分子** (*termolecular*) **步驟**。

一分子重新安排 (*rearrange*) 或分裂爲二部份的步驟爲**單分子步驟**，例如

$$\begin{array}{c} H_2C\!-\!CH_2 \\ |\quad\ | \\ H_2C\!-\!CH_2 \end{array} \longrightarrow 2CH_2\!=\!CH_2$$

二分子互相碰撞而發生反應的步驟爲**二分子步驟**，例如

$$H_2 + I_2 \longrightarrow 2HI$$

三分子同時碰在一起而發生的反應步驟為**三分子步驟**，例如

$$2NO+O_2 \longrightarrow 2NO_2$$

各反應步驟（或基本反應）的級數等於分子數。但對總反應而言，分子數與級不可混淆。**分子數係指個別反應步驟所涉及的反應物分子數目而言；級係指總反應速率方程式（速率定律）中濃度的指數而言**，是由實驗決定的。假若一反應僅包括一步驟，則反應的級數等於該步驟的分子數。此為一特殊情形。

一反應的機構並非獨一無二的。可能同時有二種以上的機構同樣能圓滿解釋一反應的動力學。動力學數據可用來決定機構。一滿意的機構須能導致觀察所得的速率定律（總反應的速率方程式）且能圓滿解釋淨化學變化（*net chemical change*）。若反應發生於氣相中，氣體動力論（見第三章）可用以預測機構中各步驟的情形。例如，若二分子因碰撞而發生反應，則氣體動力動預測反應速率與二氣體分壓之積或濃度之積成正比。

欲得一機構之速率定律須寫出各反應物及中間生成物的速率方程式並同時解出各速率方程式。當然，單分子步驟的速率方程式為一級的，二級步驟的速率方程式為二級的；但生成物的最後速率方程式（速率定律）可能更複雜或顯示低於某一步驟的級數。茲以臭氧（*Ozone*）的分解反應為例加以說明。

臭氧分解反應的化學計量式為

$$2O_3 \longrightarrow 3O_2$$

假若此一反應為一雙分子基本反應，則應遵循如下速率定律：

$$\frac{-d[O_3]}{dt} = k[O_3]^2$$

但實際上實驗顯示速率定律為

$$\frac{-d[O_3]}{dt} = \frac{k[O_3]^2}{[O_2]}$$

有了這些資料可建議如下機構:

$$O_3 \underset{k_2}{\overset{k_1}{\rightleftharpoons}} O_2 + O$$

$$O + O_3 \xrightarrow{k_3} 2O_2$$

假設最後一步驟速率低, 爲決定速率的步驟, 而可逆步驟的速率甚高, 因而經常保持於平衡狀態; 換言之, 第一基本反應的順反應速率與逆反應速率相等,

$$k_1[O_3] = k_2[O_2][O]$$

$$[O] = \frac{k_1}{k_2}[O_3]/[O_2] = K[O_3]/[O_2]$$

其中 $K = k_1/k_2$, 爲可逆步驟的平衡常數。慢步驟 (第二步驟) 的速率即 O_3 的分解速率,

$$\frac{-d[O_3]}{dt} = k_3[O][O_3] = \frac{k_2 K[O_3]^2}{[O_2]} = \frac{k[O_3]^2}{[O_2]}$$

此處 $k = k_2 K$。 此機構導致觀察到的速率定律, 故爲合理的機構。

13-10 溫度對速率之影響

(*Dependence of Rate Constants on Temperature*)

若溫度範圍不大, 溫度對速率常數的影響可以阿雷紐司 (*Arrhenius*) 所建議的經驗式 (*empirical equation*) 表示之。

$$k = se^{-Ea/RT} \tag{13-53}$$

其中 s 稱爲頻率因素 (*frequency factor*), E_a 稱爲活化能 (*activation energy*)。 s 之單位與 k 同。上式可改寫成對數形式,

$$\ln k = \frac{-E_a}{RT} + \ln s \tag{13-54}$$

或 $$log\,k = -\frac{E_a}{2.303\,RT} + log\,s \qquad (13\text{-}55)$$

依 (13-55) 式，若以 $log\,k$ 對 $1/T$ 作圖，可得斜率為 $-E_a/2.303R$ 之一直線。(13-54) 式對 T 微分得

$$\frac{d\ln k}{dT} = \frac{E_a}{RT^2} \qquad (13\text{-}56)$$

當 $T=T_1$ 時 $k=k_1$，當 $T=T_2$ 時，$k=k_2$，在此二界限間積分上式得

$$\ln\frac{k_2}{k_1} = \frac{E_a}{R}\left(\frac{T_2-T_1}{T_1T_2}\right) \qquad (13\text{-}57)$$

或 $$log\frac{k_2}{k_1} = \frac{E_a}{2.303R}\left(\frac{T_2-T_1}{T_1T_2}\right) \qquad (13\text{-}58)$$

此式與 (12-39) 式具有相同的形式。

五氧化氮在氣相中的分解反應速率常數 k 與絕對溫度 T 間的關係示於圖 13-4。所得 $log\,k$ 對 $1/T$ 之直線斜率為 $-5400/°K$，E_a 之

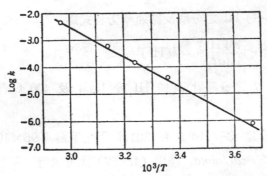

圖 13-4　N_2O_5 氣相分解反應之 $log\,k$ 對 $1/T$ 圖

值為 $-2.303R(-5400)=24,700\,cal/mole$。由 (13-55) 式，

$$log\,k = -\frac{24,700}{2.303 \times 1.987}\,\frac{1}{T} + log\,s$$

將直線上任一點之 $log\,k$ 與 $1/T$ 值代入上式可算出 $log\,s$ 之值。其

結果爲 $\log s = 13.638$。上式可化爲

$$k = 4.3 \times 10^{13} e^{-24,700/1.987T}$$

此式與 (13-53) 式具有同一形式。

〔例 13-7〕 HI 分解反應之速率常數 k 在 $321.4°C$ 之值爲 $3.95 \times 10^{-6} l/mole\text{-}sec$, 在 $300.0°C$ 之值爲 $1.07 \times 10^{-6} l/mole-sec$。求活化能 ΔE_a。

〔解〕 $E_a = \dfrac{RT_1T_2}{T_2 - T_1} \ln \dfrac{k_2}{k_1}$

已知: $R = 1.987\ cal/°K-mole$; $T_1 = 573.16°K$;

$\quad\quad T_2 = 594.56°K$; $k_1 = 1.07 \times 10^{-6}\ l/mole-sec$;

$\quad\quad k_2 = 3.95 \times 10^{-6}\ l/mole-sec$

$E_a = \dfrac{1.987(573.16)(594.56)}{594.56 - 573.16} \ln \dfrac{3.95}{1.07}$

$\quad = 41,300\ cal/mole$

〔例 13-8〕 Hl 之分解反應速率方程式爲

$$-\frac{d[\text{HI}]}{dt} = k[\text{HI}]^2$$

試利用例 13-7 之資料計算 純 HI 於 $1atm$ 及 $400°C$ 下分解1%所需時間。

〔解〕 由例 13-7 知 k 在 $321.4°C$ 之值爲 $3.95 \times 10^{-6} l/mole-sec$, $E_a = 41,300 cal/mole$。應用 (13-57) 式可求得 k 在 $400°C$ 之值。

$$\ln \left(\frac{k}{3.95 \times 10^{-6}} \right) = \frac{41,300(673.16 - 594.56)}{1.987(673.16)(594.56)} = 4.05$$

$$k = 57.2 \times 3.95 \times 10^{-6} = 2.26 \times 10^{-4}\ l/mole-sec$$

HI 之分解反應爲二級反應。分解 1% 時, $[\text{HI}] = 0.99 [\text{HI}]_0$。應用 (13-13) 式得

$$t = \frac{1}{k}\left(\frac{1}{[\text{HI}]} - \frac{1}{[\text{HI}]_0}\right) = \frac{1}{k}\frac{[\text{HI}]_0 - [\text{HI}]}{[\text{HI}][\text{HI}]_0}$$

$$= \frac{1}{k}\frac{0.01[\text{HI}]_0}{0.99[\text{HI}]_0^2} = \frac{1}{2.26 \times 10^{-4}}\frac{0.01}{0.99[\text{HI}]_0} = \frac{44.8}{[\text{HI}]_0}$$

因　　　$$[\text{HI}]_0 = \frac{P}{RT} = \frac{1.00}{0.08205 \times 673.16}\,mole/l$$

$$t = (44.8)(0.08205)(673.16) = 2470\,sec$$

13-11　活化能（*Activation Energy*）

假若反應涉及二分子或更多分子，可假設反應發生之前諸反應分子必須互相接觸；換言之，此等分子必須互相碰撞。假若碰撞爲反應的充分條件，反應速率必等於碰撞速率。然而，由實驗結果推算所得經歷反應的分子數目與由氣體動力論推算所得經歷碰撞的分子數目相比，後者常比前者大 10 的許多次方倍。因此可假設分子須具特殊高能方能在碰撞時進行反應；換言之，分子須活化（*activated*）方能反應。在一指定溫度下，活化能愈高，涉及充分高能而能引起反應的碰撞數目愈小，因此反應愈慢。我們可想像每一反應步驟中涉及一活化錯合體（*activated complex*）X^*。活化錯合體既非反應物，亦非生成物，而是一種具有高能的分子組態（*molecular configuration*）。

就一基本反應 $A \rightleftharpoons B$ 而論，活化錯合體 X^* 的短暫存在可以下式表示之：

$$A \rightleftharpoons X^* \rightleftharpoons B$$

A 轉化爲 B 之前須先活化至 X^*。同理，B 之轉化爲 A 亦須經過此一活化錯合體。順反應（*forward reaction*）與逆反應（*reverse reaction*）均經過同一活化錯合體。

A, X^*，及 B 所具相對能（*relative energy*）示於圖 13-5。圖中

之 E_a 爲由 A 形成 X^* 所吸收之能。因 B 所具之能低於 A，在 $X^* \rightarrow$ B 的過程中放出之熱大於在 $A \rightarrow X^*$ 的過程中所吸收之熱。如此，ΔE 爲總反應 $A \rightarrow B$ 所放出的熱。恆容卡計測量法可用以決定 ΔE。圖 13-5 所示反應 $A \rightarrow B$ 之 ΔE 爲負。

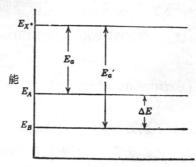

圖 13-5 反應物 A，生成物 B，及活化錯合體 X^* 之能階

因順反應與逆反應均經過同一活化錯合體的狀態，由圖可見逆反應的活化能 E_a' 與順反應的活化自由能 E_a。之間有如下關係

$$E_a - E_a' = E_B - E_A = \Delta E \qquad (13\text{-}59)$$

在本例中 $\Delta E = E_B - E_A$ 爲負，故順反應 $A \rightarrow B$ 爲放熱反應 (*exothermic reaction*)，而逆反應 $B \rightarrow A$ 爲吸熱反應 (*endothermic reaction*)。

爲便於討論起見，我們假設前述反應爲恆容反應。若反應進行於恆壓下，則總能變化應爲 ΔH。

就順反應 $A \xrightarrow{k} B$ 與逆反應 $A \xleftarrow{k'} B$ 而論，阿雷紐司方程式分別爲

$$\frac{d\ln k}{dT} = \frac{E_a}{RT^2} \quad 與 \quad \frac{d\ln k'}{dT} = \frac{E_a'}{RT^2} \qquad (13\text{-}60)$$

兩式相減得

$$\frac{d(\ln k - \ln k')}{dT} = \frac{E_a - E'}{RT^2} \qquad (13\text{-}61)$$

因 $\Delta E = E_a - E_a'$, $k/k' = K$, 故上式變為

$$\frac{d \ln K}{dT} = \frac{\Delta E}{RT^2} \qquad (13\text{-}62)$$

若反應進行於恆壓而非恆容下，上式之 ΔE 應改為 ΔH。可見阿雷紐司方程式與 (12-8) 節所推導的熱力學方程式 〔(12-36) 式〕相符。

13-12　氣相反應之碰撞論
(*Collision Theory of Gas Reactions*)

我們在第三章氣體動力論一節中導出每立方厘米中同類氣體分子每秒的碰撞數 Z_{11} 的公式 〔(3-53) 式〕:

$$Z_{11} = \frac{1}{\sqrt{2}} \pi (n'')^2 \sigma^2 \overline{v} \qquad (13\text{-}63)$$

其中 σ 為碰撞半徑，n'' 為每 cm^3 體積中之分子數，$\overline{v}$ 為分子的平均速度。依 (3-50) 式

$$v = \left(\frac{8RT}{\pi M} \right)^{1/2}$$

M 為分子量。(13-63) 式可改寫為

$$Z_{11} = 2 \left(\frac{\pi RT}{M} \right)^{1/2} \sigma^2 (n'')^2 \qquad (13\text{-}64)$$

假若分子無需活化能，一碰撞即發生反應，則氣體反應的二級速率常數可由 (13-64) 式算出。二級速率常數 k 的單位為 $l/mole\text{-}sec$。因濃度 C 的單位為 $mole/l$，n'' 的單位為 $molecules/cm^3$，故 $C = 10^3 n''/N$，N 為亞佛加厥數 (*Avogadro's number*)。又若 dC/dt 以 $mole/l\text{-}sec$ 計，因 Z_{11} 以 $molecules/cm^3\text{-}sec$ 計，$dC/dt = (10^3/N)Z_{11}$ 如此，二級速率之定義為

$$k = \frac{dC/dt}{C^2} = \frac{10^3 Z_{11}/N}{(10^3/N)^2 (n'')^2} = \frac{N Z_{11}}{10^3 (n'')^2} \qquad (13\text{-}65)$$

若以 (13-64) 式代入 (13-65) 式可求得二次反應速率常數。然而實驗證實由 (13-65)式所推算的 k 值遠大於實際的 k 值。此一事實指示並非每一碰撞皆可導致反應。基於下述二理由，一碰撞可能不引起反應: (1) 分子動能太小而不能在碰撞時供給足夠的活化能，(2) 碰撞分子的相對位向 (*orientation*) 不適當，因而不能發生反應。

假若分子具有高動能，碰撞時此動能可轉變爲分子的內能，因而使分子活化。由氣體動力論可證明能供給活化能E_a的碰撞在所有碰撞中所佔的分率等於 $e^{-Ea/RT}$。 此一因數稱爲**波滋曼因數** (*Boltzmann factor*)。

卽使反應物分子之一具有足夠能量撞擊其他分子,反應未必發生,除非兩者的位向適當。因此須考慮**方位因數** (*steric factor*) p。同時計及波滋曼因數與方位因數, 二級反應速率常數 k 變爲

$$k=\frac{NZ_{11}p}{10^3(n'')^2}e^{-Ea/RT}$$

$$=2\times10^{-3}Np\left(\frac{\pi RT}{M}\right)^{1/2}\sigma^2e^{-Ea/RT} \qquad (13\text{-}66)$$

〔**例 13-9**〕碘化氫的氣相分解反應爲二級的。 其活化能 E_a 爲 45.6 *kcal/mole*, 碰撞直徑 σ 爲 3.5 A。假設方位因數 p 爲 1, 試利用 (13-66) 式計算二級速率常數 k 在 393.7°C 之值。

〔**解**〕 $k=2\times10^{-3}Np\left(\frac{\pi RT}{M}\right)^{1/2}\sigma^2e^{-Ea/RT}$

已知: $N=6.023\times10^{23}/mole$; $p=1$;

$R=8.314\times10^7erg/°K\text{-}mole=1.987cal/°K\text{-}mole$;

$M=127.9g/mole$; $\sigma=3.5\times10^{-8}cm$, $T=666.86°K$

$k=2(10^{-3}l/cm^3)(6.023\times10^{23}/mole)$

$\times\left(\frac{\pi\times8.314\times10^7}{127.9}cm^2/sec^2\right)^{1/2}$

$$\times (3.5\times 10^{-8}cm)^{2}e^{-4,5600/(1.987\times 666.86)}$$

$$=0.6\times 10^{-4}l/mole\text{-}sec$$

實驗值爲 $2.6\times 10^{-4}l/mole\text{-}sec$，因 E_a 的小誤差能導致 k 的大誤差，所得估計算已相當滿意。

13-13 絕對反應速率論

(*The Theorg of Absolute Reaction Rates*)

　　絕對反應速率論常稱爲**過渡狀態論** (*transition-state theory*)。此理論假設分子在進行反應前必先形成活化錯合體 (*activated complex*)，活化錯合體與反應物互相平衡，而且任何反應的速率皆等於活化錯合體變成反應生成物的速率。此種活化錯合體爲中間體 (*intermediate*)，可視爲介於反應物狀態與生成物狀態間的過渡狀態。就 A 與 B 的反應而論，假想的步驟可以下式表示之:

$$\underset{\text{反應物}}{A+B}\rightleftharpoons \underset{\substack{\text{活化}\\\text{錯合體}}}{(AB)^{*}}\longrightarrow \text{生成物}$$

艾齡 (*Eyring*) 證明無論反應級與反應分子數 (*molecularity*) 爲何，任何反應的平衡常數 k 爲

$$k=\frac{RT}{Nh}K^{*} \tag{13-67}$$

其中 R 爲氣體常數，等於 $8.314\times 10^{7}ergs/°K\text{-}mole$；$N$ 爲亞佛加厥數；h 爲普蘭克常數 (*Planck's constant*)，等於 $6.625\times 10^{-27}erg\text{-}sec$；$T$ 爲絕對溫度；K^{*} 爲由反應物形成活化錯合體的平衡常數。基於熱力學，

$$lnK^{*}=-\frac{\Delta G^{*}}{RT}=-\frac{(\Delta H^{*}-T\Delta S^{*})}{RT} \tag{13-68}$$

此處 $\Delta G^*, \Delta H^*$, 及 ΔS^* 分別為活化自由能 (*activation free energy*)，活化焓 (*activation enthalpy*)，及活化熵 (*activation entropy*)。將 (13-68) 式代入 (13-67) 式得

$$k = \frac{RT}{Nh} e^{\Delta S*/R} e^{-\Delta H*/RT} \tag{13-69}$$

若在一指定溫度下的 k 與 ΔH^* 為已知數，則可應用 (13-69) 式求 ΔS^*。

此處所導入的活化熵觀念較諸碰撞論所用的方位因數觀念更進一步。惟兩者之間有一定的關係。若活化錯合體具有高度規則性，其熵較小，亦卽 ΔS^* 較小，則有效碰撞的方位條件較嚴格，因此方位因數 p 較小。反之，若活化錯合體的組態較紊亂，其熵較大，p 亦較大。

13-14 氣體分解反應之機構 (*Mechanism of Gaseous-Decomposition Reactions*)

活化錯合體的觀念可用來解釋一級氣體分解反應。在反應過程中，進行反應的分子藉碰撞而自其他分子獲取活化能。因碰撞數與濃度的平方成正比，此一反應似乎應為二級反應。然而林第曼 (*Linde-mann*) 於 1922 年證明碰撞活化亦可能導致一級速率。

茲考慮氣體 A 的分解反應:

$$A \longrightarrow B + C$$

藉如下機構可解釋此反應可能為一級反應。

(a) $$A + A \underset{k_2}{\overset{k_1}{\rightleftharpoons}} A^* + A$$

(b) $$A^* \overset{k_3}{\longrightarrow} B + C$$

此機構包括一連續步驟及一逆步驟。首先，兩個普通的 A 分子互相碰撞，其中之一分子將大量的能移至另一分子，使其活化，如步驟（1）的順反應所示。A^* 代表活化了的 A 分子。一部份活化分子分解成生成物分子，如步驟 (b) 所示。另一部份活化分子在碰撞過程中失去多餘之能而變爲普通的 A 分子，如步驟 (a) 的逆反應所示。B 與 A^* 的速率爲

$$\frac{d[B]}{dt}=k_3[A^*] \tag{13-70}$$

$$\frac{d[A^*]}{dt}=k_1[A]^2-k_2[A^*][A]-k_3[A^*] \tag{13-71}$$

假設 A^* 處於一穩恆狀態 (*steady state*)，亦卽 A^* 產生的速率與消耗的速相等，而使 $[A^*]$ 保持不變或 $d[A^*]/dt=0$。由 (13-71) 式得

$$[A^*]=\frac{k_1[A]^2}{k_2[A]+k_3}$$

將此一關係式代入 (13-70) 式得

$$\frac{d[B]}{dt}=\frac{k_1k_3[A]^2}{k_2[A]+k_3} \tag{13-72}$$

若 $[A]$（或 A 的分壓）甚大，以致於 k_3 遠小於 $k_1[A]$ 而可忽略，則速率定律變爲

$$\frac{d[B]}{dt}=k[A] \qquad \text{（高濃度或高壓）} \tag{13-73}$$

其中 $k=k_1k_3/k_2$，此爲一級速率。在另一極端，$[A]$（或 A 的分壓）甚小，以致於 $k_2[A]$ 遠小於 k_3 而可忽略，則速率定律變爲

$$\frac{d[B]}{dt}=k_1[A]^2 \qquad \text{（低濃度或低壓）} \tag{13-74}$$

此爲二級速率。因無速率常數 k_1, k_2, k_3 的資料，故無法預測一級或二級速率定律在何種濃度範圍內有效。

13-15　連鎖反應與游離基反應

(*Chain Reactions and Free Radical Reactions*)

連鎖機構 (*chain mechanism*) 可用來解釋許多**光化學反應** (*photochemical reactions*)、**爆炸性反應** (*explosive reactions*)、及**聚合反應** (*polymerization*)。本節討論普通連鎖反應、游離基反應、分支連鎖反應、及聚合反應。

(1) **普通連鎖反應** (*Ordinary chain reactions*)

連鎖反應由三基本步驟所構成: **引發** (*initiation*)、**傳播** (*propagation*)、及**禁制** (或**終止**) (*prohibition or termination*)。茲以 H_2 與 Br_2 間的反應為例加以解釋。

實驗顯示反應 $H_2 + Br_2 = 2HBr$ 在 $200°C$ 與 $300°C$ 間的速率定律為

$$\frac{d[HBr]}{dt} = \frac{k[H_2][Br_2]^{1/2}}{1 + k'[HBr]/[Br_2]} \qquad (13\text{-}75)$$

此一速率可藉如下連鎖機構加以解釋。

引發步驟:

(a)　　　　$Br_2 \xrightarrow{k_1} 2Br$

傳播步驟:

(b)　　　　$Br + H_2 \xrightarrow{k_2} HBr + H$

(c)　　　　$H + Br_2 \xrightarrow{k_3} HBr + Br$

禁制或終止步驟:

(d)　　　　$H + HBr \xrightarrow{k_4} H_2 + Br$

(e)　　　　$2Br \xrightarrow{k_5} Br_2$

步驟(a)與(e)方向相反,可合併為一可逆步驟。同理,步驟(b)與(d)亦然。因此只有三基本獨立化學反應,只需三速率方程式卽可描述此連鎖機構。

連鎖開始於步驟(a)。當 Br 原子在步驟(a)形成時,步驟(b)與(c)卽可進行以產生生成物分子並再生 Br 原子。Br 與 H 稱為**連鎖擔體** (*chain carriers*)。步驟(d)及(e)的效果與步驟(b)及(c)相反,禁制生成物的形成,並打斷連鎖。

HBr, H, 及 Br 的速率方程式為

$$\frac{d[\text{HBr}]}{dt} = k_2[\text{Br}][\text{H}_2] + k_3[\text{H}][\text{Br}_2] - k_4[\text{H}][\text{HBr}]$$

$$(13\text{-}76)$$

$$\frac{d[\text{H}]}{dt} = k_2[\text{Br}][\text{H}_2] - k_3[\text{H}][\text{Br}_2] - k_4[\text{H}][\text{HBr}]$$

$$(13\text{-}77)$$

$$\frac{d[\text{Br}]}{dt} = k_1[\text{Br}_2] + k_3[\text{H}][\text{Br}_2] + k_4[\text{H}][\text{HBr}]$$
$$- k_2[\text{Br}][\text{H}_2] - k_5[\text{Br}]^2 \qquad (13\text{-}78)$$

H 與 Br 為短命的中間體 (*intermediates*)。 應用穩恆狀態的原理, 令 $d[\text{H}]/dt$ 與 $d[\text{Br}]/dt$ 等於零。然後解 (13-77) 與 (13-78) 兩式得

$$[\text{Br}] = \left\{ \frac{k_1[\text{Br}_2]}{k_5} \right\}^{1/2}, \quad [\text{H}] = \frac{k_2(k_1/k_5)^{1/2}[\text{H}_2][\text{Br}_2]^{1/2}}{k_3[\text{Br}_2] + k_4[\text{HBr}]}$$

將 [Br] 與 [H] 的表示式代入 (13-76) 式得

$$\frac{d[\text{HBr}]}{dt} = \frac{2k_2(k_1/k_5)^{1/2}[\text{H}_2][\text{Br}_2]^{1/2}}{1 + \left(\dfrac{k_4}{k_3}\right)\dfrac{[\text{HBr}]}{[\text{Br}_2]}} \qquad (13\text{-}79)$$

此式與 (13-75) 式具有相同的形式。比較兩式得 $k = 2k_2(k_1/k_5)^{1/2}$ 及 $k' = k_4/k_3$。

H_2 與 Cl_2 間的反應機構與上述機構類似。惟 Cl_2 與 H_2 間之反應對光甚敏感。此現象可藉 Cl_2 之吸收光加以解釋，蓋光能加强 Cl_2 之分解爲原子。此一論題爲光化學反應之一部份，本書不予考慮。

(2) **游離基反應** (*Free-radical reactions*)

許多有機分子的分解反應爲一級反應。此等反應可基於**游離基** (*free radical*) 中間體的連鎖機構加以解釋。游離基卽具有一不成對**價電子** (*unpaired valence electron*) 的**分子斷片** (*molecule fragments*)。前述原子中間體 H 與 Br 可視爲最簡單的游離基。

茲以甲烷的分解機構爲例加以解釋。

$$2CH_4 \longrightarrow C_2H_6 + H_2$$

游離基在開始步驟中形成，

$$CH_4 \longrightarrow CH_3 + H$$

此步驟繼之以傳播步驟:

$$CH_3 + CH_4 \longrightarrow C_2H_6 + H$$
$$H + CH_4 \longrightarrow CH_3 + H_2$$

並因下一步驟而終止:

$$H + CH_3 \longrightarrow CH_4$$

假設游離基中間體處於穩恆狀態，亦卽 $d[CH_3]/dt$ 與 $d[H]/dt$ 皆等於零，所求得的速率定律就 CH_4 而論爲一級的，此與觀測的速率定律一致。

(3) **分支連鎖反應** (*Branching-chain Reactions*)

假若傳播步驟的速率遠大於終止步驟，則生成物形成的總速率可能甚大。假若有一傳播步驟每消耗一連鎖擔體 (*chain carrier*) (卽基) 可產生二連鎖擔體，額外的基 (*radical*) 可更進一步傳播連鎖或者在終止步驟中被消滅。假若不被消滅，連鎖的傳播以及生成物的形成速率可能趨近於無窮大，因而產生爆炸。氫的氧化爲一實例。氫氧反應

涉及下列諸步驟:

(a)　　　　$H_2 \longrightarrow 2H$

(b)　　　　$H+O_2 \longrightarrow OH+O$

(c)　　　　$OH+H_2 \longrightarrow H_2O+H$

(d)　　　　$O+H_2 \longrightarrow OH+H$

在引發步驟(a)產生H之後，H在傳播步驟(b)與 O_2 反應而產生二連鎖擔體 OH 與 O。OH 與O更進一步傳播連鎖，以產生生成物並再生 H 與 OH， 如步驟(c)與(d)所示。 步驟(b)稱爲**連鎖分支步驟**(*chain-branching step*)。每個產生於步驟(a)的H原子由於步驟(b),(c),(d)而產生3個基（H 與 OH）。如上所述，此等 H 與 OH 固然可能再傳播連鎖，但另一方面， H 和 OH 基亦可能與器壁W 碰撞而消滅，如下二式所示

(e)　　　　$OH+W \longrightarrow$ 副產物

(f)　　　　$O+W \longrightarrow$ 副產物

假若每個來自 H_2 的 H 原子所產生的三個基之中有二個以上消滅於器壁，則游離基的增加不再是幾何的，如此將無爆炸。在此場合各游離基處於穩恆狀態，其濃度保持不變。圖 13-6 示氫與氧依化學計量（二份氫與一份氧）的混合物的爆炸極限 (*explosion limits*)。無爆炸的區域卽游離基處於穩恆狀態的區域。

(4) 聚合反應 (*Polymerization*)

聚合反應與正常連鎖反應不同。其活化反應物並不再生 (*regenerated*)，故無連鎖擔體。然而在許多場合,其總過程仍可有效地以引發、傳播、及終止三步驟加以分析。茲舉一例。假設 P_r 爲含有 r 分子單體 (*monomer*) 的**活潑聚合體** (*reactive polymer*)；M_{r+n}爲含有 ($r+n$) 分子單體的**不活潑聚合體** (*inactive polymer*)。聚合過程可以下列反應描述之，其中 M 爲單體原料，P_1 爲單體的活潑形式 。

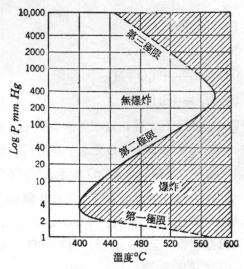

圖 13-6 氫與氧之化學計量混合物之爆炸極限

引發步驟:

$$M \longrightarrow P_1$$

傳播步驟:

$$M + P_1 \longrightarrow P_2$$

$$M + P_2 \longrightarrow P_3$$

$$\cdots\cdots\cdots\cdots$$

$$M + P_{r-1} \longrightarrow P_r$$

終止步驟:

$$P_r + P_n \longrightarrow M_{n+r}$$

$$P_{r-1} + P_n \longrightarrow M_{r-1+n}$$

$$\cdots\cdots\cdots\cdots\cdots\cdots$$

13-16　觸媒作用　(*Catalysis*)

一化學反應可能由於加入不出現於化學計量式之一物質而改變其速率。 例如二氧化錳可加速氯酸鉀之放出氧，不飽和烴類 (*unsaturated hydrocarbons*) 可在鎳的存在下氫化，二氧化硫能在鉑的存在下氧化成三氧化硫。以上程序中外加物質在反應之後保持不變而可再度使用。**能改變化學反應速率而本身在最後不起化學變化的任何物質稱爲觸媒或催化劑** (*catalyst*)。改變化學反應速率的現象，無論是增加速率或降低速率，均稱爲**觸媒作用** (*catalysis*)。能加速化學反應的物質稱爲**正觸媒** (*positive catalyst*)；能禁制化學反應的物質稱爲**負觸媒** (*negative catalyst*)。前述諸反應所用觸媒皆爲正觸媒。溴能禁制 (降低反應速率) 甲烷與氯的反應，爲負觸媒之一例。如前所述，一組反應物可能進行數種反應。適當地選用正觸媒與負觸媒可使所要反應佔優勢。

基於熱力學的觀點,觸媒並不能改變反應物與生成物間的能關係。例如反應自由能、反應熱、及反應熵不因觸媒的加入而改變。觸媒的主要作用在改變活化能，從而改變反應速率〔見 (13-53) 式〕。

觸媒既然不能改變反應的 ΔG°，當然亦不改變平衡常數 K 或影響平衡位置。因此，若順反應速率增加，逆反應速率必亦增加；換言之，順反應速率常數 k_1 與逆反應速率常數同時增加而 k_1/k_2 保持不變。如此，觸媒可加速反應平衡的達成。

一般言之，觸媒的效應常隨其濃度增加，儘管有時並不如此。再者，觸媒的濃度常出現於速率方程式中。這提示觸媒可能作爲反應物參加反應，但在反應步驟完成時再生。

若觸媒與反應物系形成一相， 則反應稱爲均相觸媒反應 (*homo-*

geneous catalytic reactions)。若觸媒另成一相，例如反應物系爲氣體或溶液而觸媒爲固體，則反應稱爲**非均相觸媒反應** (*heterogeneous catalytic reactions*)。茲舉一均相觸媒反應於次。

乙醛 (*acetadehyde*) CH_3CHO 依二級反應自行分解，其活化自由能爲 45,500 *cal*。但若加入碘蒸汽，可發現其速率方程式爲 $-d[CH_3CHO]/dt = k[CH_3CHO][I_2]$，此處之 k 在 $518°C$ 之值約比無碘存在時大 10,000 倍。而且活化能降爲 32,500 *cal*。此一觀察結果可用如下機構解釋之。

$$CH_3CHO + I_2 \longrightarrow CH_3I + HI + CO$$

$$CH_3I + HI \longrightarrow CH_4 + I_2$$

乙醛不直接分解成甲烷和一氧化碳。碘參加第一步驟而在第二步驟中再生。第一步驟較慢，因而有效地控制反應速率。此種機構降低活化能，因而加速反應。

觸媒可能因少量其他物質的存在而失去效用，此種現象稱爲**觸媒之毒化** (*poisoning of catalysts*)。能使觸媒失去效用的物質稱爲**觸媒毒** (*catalytic poisons*)。

酵素（或**酶**）(*enzyme*) 能促進生物體內的化學反應，爲一種特殊觸媒。

〔**例 13-10**〕鉑表面 HI 的分解速率常數在 $563°C$ 爲 $1.05 \times 10^{-3} sec^{-1}$，在 $670°C$ 爲 $2.68 \times 10^{-3} sec^{-1}$。求此一觸媒反應的活化能，並與 HI 的熱分解活化能 44.0 *kcal* 作一比較。

〔**解**〕由 (13-57) 式

$$\ln \frac{k_2}{k_1} = \frac{E_a}{R} \left(\frac{T_2 - T_1}{T_1 T_2} \right)$$

$$E_a = \frac{1.987(943.16 - 836.16)}{943.16 - 836.16} \ln \frac{2.68}{1.53} = 14 \, kcal$$

與 44.0 *kcal* 相比，觸媒 Pt 的出現使活化能降低。

習　　題

13-1 在 100°C 下，氣體反應 $A \rightarrow 2B + C$ 為一級反應。由純 A 開始，10.0 分後總壓為 176.0 *mm Hg*，而在長時間後總壓為 270.0 *mm Hg*。求 (a) A 之初壓，(b) 10.0 分後 A 的分壓，(c) 反應速率常數，(d) 反應半生期。

〔答：(d) 10.7*min*〕

13-2 放射性同位素 (*radioactive isotope*) 的蛻變 (*decay*) 為一級反應。若 N 為在時間 t 的放射性核數目，則蛻變速率為

$$-\frac{dN}{dt} = kN$$

(a) 證明 $\ln(N_0/N) = kt$，N_0 為放射性核的最初數目。(b) 證明半生期為 $t_{1/2} = \frac{1}{k} ln\, 2$。

13-3 一人造放射性同位素依一級速率定律蛻變，其半生期為 15 *min*。問 80% 試樣蛻變需時若干？

13-4 下列數據係得自氧化乙烯 (*ethylene oxide*) 在 414.5°C 的氣相分解反應：

$$\underset{\displaystyle O}{CH_2 - CH_2} \longrightarrow CH_4 + CO$$

時間，*min*	0	5	7	9	12	18
總壓，*mm Hg*	116.51	122.56	125.72	128.74	133.23	141.37

證明此分解反應遵循一級速率定律，並計算平均速率常數

〔答：$k = 0.0123\ min^{-1}$〕

13-5 在 25°C 之下，N_2O_5 分解反應的半生期為 5.7*hr*，且不受 N_2O_5 初壓的影響。試計算 (a) 速率常數，(b) 90% N_2O_5 分解所需時間。

13-6 假設反應 $A \rightarrow B$ 依雙分子機構 $2A \rightarrow A + B$ 進行。其速率常數 $k = 5.0 \times 10^{-6} l/mole$-*sec*，且 A 之初濃度 $[A]_0 = 0.10\ mole/l$。求 A 的濃度降至 $0.050\ mole/l$ 所需的時間。

〔答：550 *hr*〕

13-7 下列數據係得自 NO_2 在 $600°C$ 的分解反應:

$$NO_2 \longrightarrow NO + \frac{1}{2}O_2$$

時間, *sec*	0	50	100	200
$[NO_2]$, *mole/l*	0.0100	0.0076	0.0064	0.0045

求反應級,並計算速率常數。

〔答: 二級, $0.61l/mole\text{-}sec$〕

13-8 反應 $CH_3CH_2NO_2 + OH^- \longrightarrow H_2O + CH_3CHNO_2^-$ 爲二級反應。在 $0°C$ 之 k 爲 $39.1\ l/mole\text{-}min$。在一水溶液中硝基乙烷 (*nitroethane*) 的初濃度爲 $0.004\ mole/l$, NaOH 的初濃度爲 $0.005\ mole/l$。求 90% 硝基乙烷反應所需的時間。

〔答: $26.3min$〕

13-9 過氧化氫在微酸性溶液中與硫代硫酸根離子 (*thiosulfate ion*) 依下式反應:
$$H_2O_2 + 2S_2O_3^{2-} - 2H^+ \longrightarrow 2H_2O + S_4O_6^{2-}$$

在 pH 5 與 pH 6 的範圍內,反應速率不受氫離子濃度的影響。在 $25°C$ 與 pH 5 的情況下獲得下列數據:

初濃度: $[H_2O_2] = 0.03680\ mole/l$; $[S_2O_3^{2-}] = 0.02040\ mole/l$

時間, *min*	16	36	43	52
$[S_2O_3^{2-}] \times 10^3$	10.30	5.18	4.16	3.13

(a) 求反應級, (b) 求速率常數。

〔答: (a)二級, (b)$8.3 \times 10^{-3}l/mole\text{-sec}$〕

13-10 A 的溶液與等體積 B 的溶液混合, A 與 B 的最初莫耳數相等, 且反應 $A + B \rightarrow C$ 發生。一小時後有 $75\%\ A$ 反應。若反應 (a) 就 A 而論爲一級, 就 B 而論爲零級, (b) 就 A 或 B 而論皆爲一級, (c) 就 A 或 B 而論皆爲零級, 問二小時後尚有若干% A 未反應?

〔答: (a)6.25%, (b)14.3%, (c)50%〕

13-11 若 A 的分解爲 n 級反應, 且 $n \neq 1$。試證明

$$kt = \frac{1}{n-1}\left[\frac{1}{[A]^{n-1}} - \frac{1}{[A]_0^{n-1}}\right]$$

$$t_{1/2} = \frac{2^{n-1}-1}{(n-1)k[A]_0^{n-1}}$$

13-12 反應 $2NO_2 + F_2 \longrightarrow 2NO_2F$ 的二級速率常數 k 在 $27.7°C$ 之值爲 $4.8 \times 10^4\ ml/mole\text{-}sec$，在 $50.4°C$ 之值爲 $1.35 \times 10^5\ ml/mole\text{-}sec$。求頻率因數 s 與活化能 E_a。

〔答：$s = 3.9 \times 10^{11}\ ml/mole\text{-}sec$，$E_a = 9.5\ kcal$〕

13-13 當碘甲烷 (*methyl iodide*) 與吡啶 (*pyridine*) 溶解於苯中時，兩者發生反應。反應對各反應物而言均爲一級。在 $40°C$，$k = 0.352 \times 10^{-4}\ l/mole\text{-}sec$；在 $60°C$，$k = 1.46 \times 10^{-4}\ l/mole\text{-}sec$。(a) 求 E_a。(b) 假設各反應物的初濃度皆爲 $1 mole/l$，求吡啶在 $0°C$ 下消耗三分之一所需時間。

〔答：(a) $14.7 kcal$，(b) $444,000 sec$〕

13-14 有一一級反應，其速率常數爲

$$k = se^{-Ea/RT},\quad s = 5 \times 10^{13}\ sec^{-1},\quad E_a = 25,000\ cal/mole。$$

問在何種溫度下，此反應的半生期爲 (a) 1 分，(b) 30 天？

〔答：(a) $76°C$，(b) $-4°C$〕

13-15 在 $300°K$ 下，溫度每升高 $10°C$，一反應的速率加倍，求此反應之活化能。

13-16 一氣相反應機構如下所示：

$$A \underset{k_2}{\overset{k_1}{\rightleftharpoons}} B$$

$$B + C \overset{k_3}{\longrightarrow} D$$

假設 B 的濃度遠比 A, C，及 D 爲小，且 B 處於穩恆狀態 ($d[B]/dt = 0$)。試證明此反應在高壓下爲一級的，而在低壓下爲二級的。

〔答：$d[A]/dt = k_1 k_3 [A][C]/(k_2 + k_3[C])$〕

13-17 反應 $A + B \rightarrow D$ 僅在觸媒 C 存在時發生。由實驗發現

$$\frac{d[D]}{dt} = k[A][B][C]$$

試證此速率定律可用如下機構解釋之:

$$A+C \underset{k_2}{\overset{k_1}{\rightleftharpoons}} I$$

$$I+B \overset{k_3}{\longrightarrow} D+C$$

假設可逆步驟達成平衡。

第 十 四 章

電解質溶液之電導與離子之遷移率

電化學 (*electrochemistry*) 爲物理化學之一部門，其目的在研究電與化學現象間的關係。基於原子觀點，凡是化學反應均涉及電，因此化學卽電化學。狹義的電化學係指有關電解質溶液及發生於其內的化學反應的研究。電化學無論在理論方面或實用方面均極具重要性，本章以及隨後兩章將討論有關電化學的各種論題。

14-1 基本電學定律 (*Fundamental Laws of Electricity*)

每單位時間流過一導電體 (*conductor*) 的電量稱爲電流強度 (*strength of electric current*)。依歐姆定律 (*Ohm's law*)，流過一導電體的電流強度 I、此導電體兩端之電位差 (*difference in potentials*) ε、及此導電體之電阻 (*resistance*) R 三者之間有如下關係：

$$I = \frac{\varepsilon}{R} \tag{14-1}$$

此處 I 的單位爲安培 (*ampere*)； ε 的單位爲伏特 (*volt*)； R 的單位爲歐姆 (*ohm*)

電單位系統有四種：公制電磁單位 (*cgs electromagnetic units*, 簡寫爲 *emu*)、公制靜電單位 (*cgs electrostatic units*, 簡寫爲 *esu*)、絕對單位 (*absolute units*)、及國際單位 (*international units*)。電磁單位係以磁體 (*magnets*) 的排斥或吸引定律爲基礎； 靜電單位係以電荷 (*electric charges*) 間的庫倫定律 (*Coulomb's Law*) 爲基礎。

絕對單位導自 *emu* 單位。此四電單位系統的比較列於表 14-1。絕對
電單位值與國際電單位值相差甚小, 在實用上無須加以區別, 除在特殊
場合之外, 此後本書將不區別絕對單位與國際單位。

表 14-1　各種電單位系統之比較 (同列上諸量相等)

絕對單位	國際單位	電磁單位 (*cgs emu*)	靜電單位 (*cgs esu*)
1 伏特 (*volt*)	0.999670 伏特	1×10^8	1/300
1 安培 (*ampere*)	1.000165 安培	1×10^{-1}	2.9978×10^9
1 歐姆 (*ohm*)	0.999505 歐姆	1×10^9	$1/9 \times 10^{-11}$
1 庫倫 (*coulomb*)	1.000165 庫倫	1×10^{-1}	2.9978×10^9
1 瓦特 (*watt*)	0.999835 瓦特	1×10^7	0.9993×10^7
1 焦耳 (*joule*)	0.999835 焦耳	1×10^7	0.9993×10^7

　　電量 (*quantity of electricity*) 的單位爲**庫倫** (*coulomb*)。 1 庫
倫卽一安培電流每秒所傳送的電量。若 Q 爲電量 (庫倫), I 爲電流
強度 (安培), t 爲時間 (秒), 則

$$Q = It \qquad (14\text{-}2)$$

另一常用電量單位爲**法拉第** (*faraday*) ℱ。一法拉第等於 96,490 絕
對庫倫。實用上取 1ℱ=96500 *coul* 已足够準確。

　　強度爲 I (安培) 的電流通過電位下降爲 ε (伏特) 的電阻 t 秒
所作的電功 w (焦耳), 可以**焦耳定律** (*Joule's law*) 表示之:

$$w = \varepsilon It = \varepsilon Q \qquad (14\text{-}3)$$

電功 w 以**焦耳** (*joules*) 計。一焦耳爲 1 安培電流在一伏特電位差之
下流通一秒所作的功。焦耳與其他能單位有如下關係:

$$1 \, joule \, (絕對) = 1 \times 10^7 \, ergs = 0.2390 \, cal \qquad (14\text{-}4)$$

　　作功的速率稱爲**功率** (*power*)。電流所作的功率以**瓦特** (*watts*)
計。 一 瓦特爲每秒作功 一 焦耳的功率。 設功率爲 p (*watts*), 依
(14-3) 式

$$p = \varepsilon I = \frac{\varepsilon Q}{t}$$

較大的功率單位爲**仟瓦** (*kilowatt*)，等於 1000 瓦特。

14-2　電　解　(*Electrolysis*)

　　含有離子而能導電的溶液或熔液如硝酸銀的水溶液及熔融的**氯化鈉**等稱爲**電解質** (*electrolytes*)。能在水中電離的物質亦稱爲電解質。電解質之解離特稱爲電離 (*ionization*)。

　　電解 (*electrolysis*) 卽電流所引起的化學變化。 電解化學變化由於電子自電解質 (*eletrolyte*) 傳至電極 (*electrodes*) 或自電極傳至電解質而發生。電極可能參加化學變化，或者電極可能不活潑而只作爲電子的來源或去處。接至外電源負端的電極供應電子至電解池 (*electrolytic cell*)，稱爲**陰極** (*cathode*)。另一電極爲**陽極** (*anode*)，電子經陽極離開電解池。

　　電子流所引起的若干典型化學變化列於表 14-2。 各種電解質 (*electrolyte*)（進行反應的物質）藉發生於兩極的化學變化及離子 (*ions*) 在其內的移動而導電。

　　法拉第 (*Faraday*) 於 1834 年以二定律敍述電解過程中產生的物質量與電量間的關係: (1) 在一電極產生的物質量與電解過程中所通過的電量成正比，(2) 等量電流於電解過程中所析出的物質量與該物質的當量 (*equivalent weight*) 成正比。

　　以上二**法拉第電解定律**可以下式概述之:

$$\frac{m}{A} = \frac{It}{z\mathfrak{F}} = \frac{Q}{z\mathfrak{F}} \tag{14-5}$$

此處 m 爲在一電極放出之一元素質量，A 爲該元素之克原子量，z 爲該元素離子之電荷數。A/z 等於元素之當量。產生一克當量之任何物質

表 14-2 電解所引起之若干化學變化

陰極	主要陰極反應	水溶液電解質	主要陽極反應	陽極
Pt	$e+H^+ \rightleftharpoons \frac{1}{2}H_2$	H_2SO_4	$OH^- \rightleftharpoons \frac{1}{4}O_2 + \frac{1}{2}H_2O + e$	Pt
Pt	$e+H^+ \rightleftharpoons \frac{1}{2}H_2$	稀 HCl	$OH^- \rightleftharpoons \frac{1}{4}O_2 + \frac{1}{2}H_2O + e$	Pt
Pt	$e+H^+ \rightleftharpoons \frac{1}{2}H_2$	濃 HCl	$Cl^- \rightleftharpoons \frac{1}{2}Cl_2 + e$	Pt
Ag	$e+H^+ \rightleftharpoons \frac{1}{2}H_2$	HCl	$Cl^- + Ag \rightleftharpoons AgCl + e$	Ag
Pt	$e+Ag^+ \rightleftharpoons Ag$	$AgNO_3$	$OH^- \rightleftharpoons \frac{1}{4}O_2 + \frac{1}{2}H_2O + e$	Pt
Ag	$e+Ag^+ \rightleftharpoons Ag$	$AgNO_3$	$Ag \rightleftharpoons Ag^+ + e$	Ag

所需電量等於一亞佛加厥數 (N) 電子之電荷量 (e)。此一電荷量稱為一法拉第 (*faraday*) $\mathfrak{F}$, 等於 96490 絕對庫倫；亦卽

$$\mathfrak{F} = Ne = 96,490 \ abs \ coul$$

仔細測量電解池的化學反應量可精確決定通過該電解池的電量, 此種測定電流量的裝置稱爲**庫倫計** (*coulometer*)。 銀庫倫計 (*silver coulometer*) 爲其一例。在硝酸銀的水溶液中架設二鉑電極。在電流通過 $AgNO_3$ 溶液之後測定陰極所增加的重量。陰極反應爲

$$Ag^+ + e \longrightarrow Ag$$

每通過 1 法拉第的電量使 一 克原子量（或克當量）之銀附着於陰極上。因此，一庫倫電量對應於

$$\frac{107.870}{96,500} = 1.118 \times 10^{-3} \ 克銀$$

〔**例 14-1**〕 電解 $CuSO_4$ 溶液時，惟一陰極反應爲 $2e+Cu^{++} \longrightarrow Cu$。若電流強度爲 3.00 *amp*，問沉積 (*deposit*) 1g 之 Cu 需時若干秒。

〔**解**〕 由 (14-5) 式

$$t=\frac{mz\,\mathfrak{F}}{AI}$$

已知:　$A=127.18\,g$;　$z=2$;　$m=1g$;　$I=3.00\,amp$

$\qquad =3.00\,coul/sec$;　$\mathfrak{F}=96490\,coul$

$$t=\frac{1(2)(96490)}{3(127.18)}=1012\,sec$$

14-3　電解質溶液之電導 (*Conductance of Solutions of Electrolytes*)

　　電解質溶液的導電能力稱爲電解質導電性 (*electrolytic conductivity*)，或簡稱**電導** (*conductance*)。

　　電解質溶液與金屬的導電情形有所不同。金屬的導電主要是藉電子的移動。在電解質水溶液中，主要的電流擔體 (*carriers*) 爲能移動的離子。金屬的導電性隨溫度之增加而降低。然而在電解質溶液的場合，由於溫度之增加使溶液的黏度以及離子的水合 (*hydration*) 程度減小，因而使離子較容易在溶液中移動。因此，溫度愈高電解質溶液的導電性愈大。電解質溶液導電與金屬導電第三不同之處是前者常伴生電解化學反應。

　　均勻導體的電阻 R 與其長度 l 成正比，而與其截面積 A 成反比，

$$R=\frac{rl}{A}=\frac{l}{\kappa A} \tag{14-6}$$

其中比例常數 (*proportionality constant*) r 稱爲電阻率 (*specific resistance*) 而比例常數 κ (r 的倒數) 稱爲**電導率** (*specific conductance*) 或導電性 (*conductivity*)。 R 的單位爲歐姆 (*ohm*)，電阻率 r 的單位爲 *ohm cm*，而電導率 κ 的單位爲 $ohm^{-1}cm^{-1}$。電阻率卽單位立方體物質當其邊長等於 $1\,cm$ 時的電阻; **電導率等於電阻率的**

倒數。

　　電導（*conductance*）為電阻 R 的倒數，以 L 表示之，其單位為 ohm^{-1}〔有時寫做姆歐（*mho*）〕。實用上，先測定溶液的電阻，然後再由電阻計算電導。將一電解質溶液加入具有二電極的電導池（*conductance cell*）中，其電阻以惠斯頓電橋（*Wheatstone bridge*）測量之。測定電解質水溶液的電導所用的電導池電極通常為鉑製者。對電導池施以交流電壓以避免因電解所引起的電解質溶液化學組成及電極的變化，並避免電極附近的濃度變化。其所以能達到此目的是因為一方向的電流所引起的電解反應，當電流方向改變時其方向亦改變，如此正反方向電解反應互相抵消而無淨電解反應之發生。

　　如（14-6）式所示，對一指定電解質溶液而言，電阻隨電極的尺寸及兩極間的距離而異；換言之，R（或 κ）視 l/A 而定。一電導池的 l/A 稱為**池常數**（*cell constant*），以 k 表示之。習慣上不直接由已知的 l 和 A 決定 k，而是藉測量電導率已知的電解質溶液（如適當濃度的 KCl 溶液）電阻來決定 k。（14-6）式可改寫為

$$\kappa = \frac{1}{R}\ \frac{l}{A} = \frac{k}{R} = L k \tag{14-7}$$

其中 L 為電導。

　　在討論電解質溶液時常提及**當量電導**（*equivalent conductance*）Λ。若電導池兩極間的距離為 $1\ cm$，而電極面積大到可將含有一克當量溶質的溶液置於其間，則所測得的電導為當量電導 Λ。若 C 為以當量每升計的濃度，則每 $c\ m^3$ 體積含 $C/1000$ 當量，而含有一當量溶質的體積為 $1000/C\ cm^3$。因 κ 為一 cm^3 溶液的電導，Λ（等於 $1000/C\ cm^3$ 溶液的電導）為

$$\Lambda = \frac{1000\ \kappa}{C} \tag{14-8}$$

當量電導 Λ 的單位為 $cm^2/equiv\text{-}ohm$。

〔**例 14-2**〕$0.0200M$（莫耳濃度）氯化鉀溶液具有電導率0.002768 ohm^{-1} cm^{-1}。以此溶液充滿一電導池，在 $25°C$ 下以一惠斯頓電橋測得其電阻為 $82.40\,ohms$。同一電導池充滿 $0.0050\,N$（當量濃度）的硫酸鉀溶液時，其電阻為 $326.0\,ohms$。(a) 求池常數 k，(b) 求此 K_2SO_4 溶液之電導率 κ。

〔解〕(a) $k = \kappa R = (0.002768\,ohm^{-1}\,cm^{-1})(82.40\,ohms)$

$\qquad\qquad = 0.2281\,cm^{-1}$

(b) $\kappa = \dfrac{k}{R} = \dfrac{0.2281\,cm^{-1}}{326.0\,ohm} = 6.997\times10^{-4}\,ohm^{-1}cm^{-1}$。

〔**例 14-3**〕試由例 14-2 之資料計算 $0.005\,N$ 硫酸鉀溶液的當量電導 Λ。

〔解〕 $\Lambda = \dfrac{1000\kappa}{C} = \dfrac{(1000cm^3/l)(6.997\times10^{-4}\,ohm^{-1}cm^{-1})}{(0.005\,equiv/l)}$

$\qquad\qquad = 139.9\,cm^2/equil\text{-}ohm$

若干電解質溶液在 $25°C$ 的當量電導列於表 14-3。圖 14-1 所示四曲線為 $KCl, CaCl_2, LaCl_3$，及 $HC_2H_3O_2$ 在 $25°C$ 之當量電導數據對當量濃度的平方根$\sqrt{C}$作圖所得者。基於導電性，電解質可分為二大類。強電解質如鹽酸、硝酸、硫酸及其鹽類具有高當量電導，且其當量電導隨溶液之稀釋而增加之量不大。弱電解質如醋酸及氨水具有低當量電導，且其當量電導隨溶液之稀釋而大量增加。

外推至零濃度所得當量電導值稱為**無限稀釋當量電導**（*equivalent conductance at infinite dilution*）Λ_0。強電解質當量電導之外推相當容易，但弱電解質當量電導之外推殆為不可能之事，蓋其曲線在低濃度區域甚陡，其測定值變為極不準確。弱電解質當量電導之決定通常使用間接法（後述）。

弱電解質當量電導之隨濃度之增加而降低主要是由於電離度（*degree of ionization*）之降低；強電解質當量電導之隨濃度之增加而小

表 14-3 電解質溶液在 25°C 之當量電導 Λ（以 $cm^2\,equiv^{-1}\,ohm^{-1}$ 計）

濃度, N ($equiv/l$)	NaCl	KCl	NaI	KI	HCl	AgNO$_3$	CaCl$_2$	NaC$_2$H$_3$O$_2$	HC$_2$H$_3$O$_2$
0.0000	126.5	149.9	126.9	150.3	426.1	133.4	135.8	91.0	(390.6)
0.0005	124.5	147.8	125.4	—	422.7	141.4	131.9	89.2	67.7
0.001	123.7	146.9	124.3	—	421.4	130.5	130.4	88.5	49.2
0.005	120.6	143.5	121.3	144.4	415.8	127.2	124.2	85.7	22.9
0.01	118.5	141.3	119.2	142.2	412.0	124.8	120.4	83.8	16.3
0.02	115.8	138.3	116.7	139.5	407.2	121.4	115.6	81.2	11.6
0.05	111.1	133.4	112.8	135.0	399.1	115.7	108.5	76.9	7.4
0.10	106.7	129.0	108.8	131.1	391.3	109.1	102.5	72.8	5.2

註：醋酸爲一弱電解質，其無限稀溶液之當量電導係以間接法決定者。本表所列其他電解質皆爲强電解質。

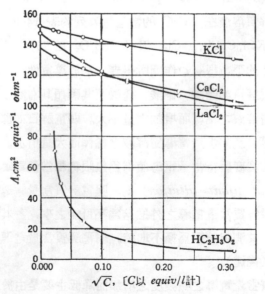

圖 14-1 典型電解質水溶液之當量電導對濃度平方根之圖線

量降低則由離子際吸引力（*interionic attractions*）所致。依據的拜-胡克爾理論（*Debye-Hückel theory*），強電解質濃度愈大，離子際吸引力愈強。此等吸引力使各離子有被一層帶相反電荷的離子包圍的趨勢。周圍離子層對中心離子產生一種拉力，使其遷移率（*mobility*）降低。翁沙爵（*Onsager*）以理論證明此種效應在稀溶液中隨 $\sqrt{C}$ 而增加。因電導直接隨離子的遷移率而改變，強電解質的當量電導亦隨 $\sqrt{C}$ 而作線性變化，亦卽

$$\varLambda = \varLambda_0 - b\sqrt{C} \tag{14-9}$$

其中 b 爲一實驗常數，與水的介電常數（*dielectric constant*）、絕對溫度、及水的黏度有關。此理論與實驗結果相符，如圖 14-1 所示。

　　科耳勞奇（*Kohlrausch*）觀察許多種電解質之 $\varLambda_0$ 而得如次結論：在無限稀釋的情況下，所有電解質完全解離，且離子際效應消失，各離子獨立遷移，並貢獻一定部份的當量電導。如此，在無限稀釋的情況下，一電解質的 $\varLambda_0$ 等於陽離子的**當量離子電導**（*equivalent ionic conductance*）l_0^+ 與陰離子的當量離子電導 l_0^- 之和：

$$\varLambda_0 = l_0^+ + l_0^- \tag{14-10}$$

此定律稱爲**科耳勞奇離子獨立遷移定律**（*Kohlrausch's law of the independent migration of ions*）。此定律可用以計算弱電解質的無限稀釋當量電導 $\varLambda_0$。

　　〔例 14-4〕試計算醋酸在 $25°C$ 之 $\varLambda_0$。已知如下數據：

$$\varLambda_0(\text{HCl}) = 426.1,\ \varLambda_0(\text{NaC}_2\text{H}_3\text{O}_2) = 91.0,\ \varLambda_0(\text{NaCl}) = 126.5$$

〔解〕$[l_0(\text{H}^+) + l_0(\text{Cl}^-)] + [l_0(\text{Na}^+) + l_0(\text{C}_2\text{H}_3\text{O}_2^-)] - [l_0(\text{Na}^+)$
$\qquad + l_0(\text{Cl}^-)] = l_0(\text{H}^+) + l_0(\text{C}_2\text{H}_3\text{O}_2^-)$

$$\varLambda_0(\text{HCl}) + \varLambda_0(\text{NaC}_2\text{H}_3\text{O}_2) - \varLambda_0(\text{NaCl}) = \varLambda_0(\text{HC}_2\text{H}_3\text{O}_2)$$

$$\varLambda_0(\text{HC}_2\text{H}_3\text{O}_2) = 426.1 + 91.0 - 126.5 = 390.6\ cm^2/equiv\text{-}ohm$$

14-4 阿雷紐司電離論 (*The Arrhenius Ionization Theory*)

阿雷紐司 (*Svante Arrhenius*) 於 1887 年綜合當時已有的電導性數據而獲得電解質行為之一新理論。他認為溶質在溶液中解離 (*dissociate*)，最後離子與不解離的溶質分子達成平衡。強酸與強鹼幾乎完全解離。當時凡特霍甫正在研究滲透壓，其滲透壓數據頗能符合阿雷紐司的新理論。凡特霍甫發現若非電解質稀溶液的滲透壓為 $(\pi)_0$，則同重量克分子濃度電解質溶液的滲透壓 π 為

$$\pi = i(\pi)_0 \quad [\text{見 (10-64) 式}]$$

此處 i 稱為凡特霍甫因數 (*van't Hoff factor*)。強電解質之 i 值接近整數值。

因此阿雷紐司將解離度 (*degree of dissociation*) α 寫成

$$\alpha = \frac{\Lambda}{\Lambda_0} \tag{14-11}$$

若每分子溶質完全解離可得 ν 離子，則實際上 1 分子溶質解離後所得粒子數（包括未解離之分子、陰離子及陽離子）為 $i = 1 - \alpha + \nu\alpha$ [見 (10-61) 式]。因此

$$\alpha = \frac{i-1}{\nu-1} \tag{14-12}$$

由 (14-11) 與 (14-12) 所算出的弱電解質電離度頗相符合。

俄斯特瓦爾德 (*Ostwald*) 計算電離平衡常數而獲得連關當量電導 Λ 與濃度的定律，此一定律稱為**稀釋定律** (*dilution law*)。就電解質 AB 而論，若解離率為 α，莫耳濃度為 C，則

$$AB \rightleftharpoons A^+ + B^-$$
$$C(1-\alpha) \quad \alpha C \quad \alpha C$$

電離平衡常數為

$$K = \frac{\alpha^2 C}{(1-\alpha)}$$

利用 (14-11) 式得如下稀釋定律:

$$K = \frac{\Lambda^2 C}{\Lambda_0 (\Lambda_0 - \Lambda)} \qquad (14\text{-}13)$$

弱電解質稀溶液頗能遵循此一定律。

〔例 14-5〕在 $25°C$ 之下，0.001028 N 醋酸溶液之當量電導為 48.15 $cm^2/ohm\text{-}equiv$。如例 14-4 所示，醋酸之無限稀釋當量電導為 390.6 $cm^2/ohm\text{-}equiv$。求醋酸在此濃度下之解離度及醋酸之電離常數。

〔解〕 $\alpha = \dfrac{\Lambda}{\Lambda_0} = \dfrac{48.15}{390.6} = 0.1232$

$$K = \frac{\alpha^2 C}{1-\alpha} = \frac{(0.1232)^2 (0.001028)}{0.8768} = 1.781 \times 10^{-5}$$

14-5　遷移數與遷移率(*Transport Numbers and Mobilities*)

雖然電流在溶液中的傳送是由於陽離子與陰離子的遷移(*migration*)，兩類離子所帶電流的比率未必相等。例如在稀硝酸溶液中，硝酸根離子只攜帶 16% 的總電流，氫離子攜帶其餘 84% 的總電流。

溶液中某一指定離子所攜電流的分率稱為該離子的**遷移數** (*transport number* 或 *transference number*)。依科耳勞奇方程式〔(14-10) 式〕，無限稀溶液中陽離子的遷移數 t_0^+ 與陰離子的遷移數 t_0^- 分別為

$$t_0^+ = \frac{l_0^+}{\Lambda_0}, \quad t_0^- = \frac{l_0^-}{\Lambda_0} \qquad (14\text{-}14)$$

溶液中某一指定離子在單位電場 (*unit electric field*) 中的移動速度稱為該離子的**遷移率** (*mobility*)，以 u 表示之。所謂**單位電場**即電

位依電場方向每 *cm* 改變1伏特者。

　各種離子所攜電流的分率直接與其速率有關。設有二平行金屬板相距 *d cm*，其間含有某種電解質溶液，如圖 14-2 所示。今在兩板間施以 ε 伏特之電位差。令陽離子（*cation*）在溶液中之遷移速度為 v^+ *cm/sec*，電荷數為 z^+，離子數目為 n^+。同樣令陰離子（*anion*）之速度、電荷數及離子數目分別為 v^- *cm/sec*, z^- 及 n^-。陽離子每分所輸送之電量（卽陽離子遷移所引起的電流）等於距離陰極板 v^+ *cm* 範圍內的所有電量，或體積 *ABCDEFGH* 之內所含的電量。此一體積內所含陽離子的數目等於 n^+v^+/d。因各陽離子之電荷數為 z^+，且每單位電荷之電量為一電子之電量 e，陽離子所攜帶之電流為

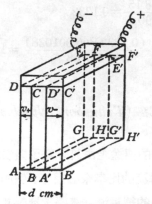

圖 14-2　電流與離子速度之關係

$$I^+ = \frac{n^+v^+z^+e}{d} \tag{14-15}$$

同理，陰離子攜往陽極板之電流為

$$I^- = \frac{n^-v^-z^-e}{d} \tag{14-16}$$

兩種離子所攜帶之總電流為

$$I = I^+ + I^- = \frac{n^+v^+z^+e + n^-v^-z^-e}{d} \tag{14-17}$$

因該電解質爲電中性，$n^+z^+=n^-z^-$，故

$$I=\frac{n^+z^+e(v^++v^-)}{d} \tag{14-18}$$

由 (14-15) 與 (14-18) 兩式得陽離子所携總電流的分率 t^+ 爲

$$t^+=\frac{I^+}{I}=\frac{n^+v^+z^+e}{n^+z^+e(v^++v^-)}=\frac{v^+}{v^++v^-} \tag{14-19}$$

同理，由 (14-16) 與 (14-18) 兩式得陰離子所携總電流的分率 t^- 爲

$$t^-=\frac{I^-}{I}=\frac{n^-v^-z^-e}{n^+z^+e(v^++v^-)}=\frac{n^+z^+ev^-}{n^+z^+e(v^++v^-)}$$

$$=\frac{v^-}{v^++v^-} \tag{14-20}$$

t^+ 與 t^- 分別爲陽離子與陰離子的遷移數。(14-19) 式除 (14-20) 式得

$$\frac{t^+}{t^-}=\frac{v^+}{v^-} \tag{14-21}$$

可見離子的遷移數或其所携總電流的分率與其絕對速度成正比。此外應注意

$$t^++t^-=1 \tag{14-22}$$

14-6　希托夫定則 (*Hittorf's Rule*)

當電流通過電解質溶液時，電極附近之溶液濃度而改變，其改變程度直接與離子速度有關。圖 14-3 中之虛線將溶液池分爲三室——陰極室、中室及陽極室。(a) 表示未通電流前的離子情況，各＋號及一號分別指示一當量陽離子與一當量陰離子。

今假設陽離子速度 (或遷移率) 爲陰離子速度 (或遷移率) 的三倍，$v^+=3v^-$，或 $u^+=3u^-$。令 4 ℱ 電量通過溶液池。如此，4 當量之陰離子在陽極放電，4 當量之陽離子在陰極放電。因陽離子的速

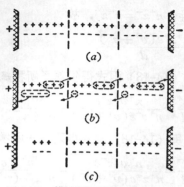

圖 14-3 離子遷移所引起之濃度變化

度為陰離子的三倍，陽離子自左至右携帶 $3\mathfrak{F}$ 之電量至陰極，而
離子自右至左携帶 $1\mathfrak{F}$ 之電量至陽極。兩種離子所携帶的總電量為
$4\mathfrak{F}$。此種傳電情形如（b）所示。最後情形如（c）所示。陽極室中
失去陽離子的當量數 $\Delta N^+ = 6-3 = 3$，陰極室中失去陰離子的當量數
$\Delta N^- = 6-5 = 1$。此等濃度變化比恰等於離子的速度比或遷移數比，

$$\frac{\Delta N^+}{\Delta N^-} = \frac{v^+}{v^-} = \frac{t^+}{t^-} \tag{14-23}$$

此一關係稱為**希托夫定則** (*Hittorf's rule*)。

假設通過溶液池之電量為 Q，則有 $Q/\mathfrak{F}$ 當量之陽離子在陰極
放電（或沉積於陰極），$Q/\mathfrak{F}$ 當量之陰離子在陽極放電，且 $Q/\mathfrak{F} = \Delta N^+ + \Delta N^-$。(14-23) 式兩端各加 1 得

$$\frac{\Delta N^+}{\Delta N^+ + \Delta N^-} = \frac{\Delta N^+}{Q/\mathfrak{F}} = \frac{t^+}{t^+ + t^-} = t^+$$

因此 $\qquad t^+ = \frac{\Delta N^+}{Q/\mathfrak{F}}, \quad t^- = \frac{\Delta N^-}{Q/\mathfrak{F}}$ $\qquad$ (14-24)

14-7 遷移數之測定 (*Determination of Transport Numbers*)

遷移數 t^+ 與 t^- 可藉三種不同實驗方法測量之：（a）希托夫法

(*the Hittorf method*)，(b) 移動境界法 (*moving boundary me-thod*)，及 (c) 測量電動勢 (*electromotive force*)。本節僅考慮前二法。

(1) 希托夫法 (*The Hittorf method*)

希托夫法所用儀器示於圖 14-4，其中 *A* 爲離子遷移池(*transport cell*)；*C* 爲銀庫倫計 (*silver coulometer*)；*B* 爲電池；*R* 爲可變電阻；*M* 爲毫安培計 (*milliammeter*)。調節毫安培計可獲得所欲電流

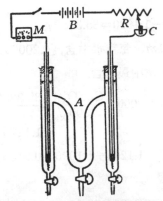

圖 14-4　希托夫法之遷移數實驗儀器

值。由毫安培計的讀數可粗略估計通過溶液的電量。庫倫計可精確測量通過溶液的電量。充電解質溶液於遷移池並接通電流，俟電解進行相當長時間使電極附近之濃度充分改變之後停止電流。然後洩出一電極室或兩電極室之溶液，稱量並分析之。通過之電量可由庫倫計陰極增加之重量加以計算。若溶液之原來濃度已知，可忽略中室溶液，否則須稱量並分析中室溶液以獲知其原來之組成。應用（14-24）式可算出離子之遷移數。茲舉一例以展示其計算法。

〔**例 14-6**〕一溶液槽內含初濃度爲 0.2000m（重量克分子濃度）之 $CuSO_4$ 溶液。今以二電極電解此溶液。然後稱量並分析陰極室溶

液，發現此溶液重 36.4340 g 且含銅 0.4415 g。庫倫計陰極由於銀之
沉積而增加 0.0405 g 之重量。試由此等數據計算 Cu^{++} 及 SO_4^{--} 之
遷移數。

〔解〕107.87 g 銀之沉積對應於 1 F 之電量，故

$$Q=0.0405/107.87=0.000375 \text{ F}$$

36.4340 g 之陰極室溶液含 0.4415 g 之銅，對應於

$$0.4415 \times CuSO_4/Cu = 1.1090 \ g \ CuSO_4$$

故此溶液含水

$$36.4340 - 1.1090 = 35.3250 \ g$$

因最初濃度爲 0.2000 m，每克水中含〔$0.2000 \times Cu SO_4/1000$〕$g$
$CuSO_4$。故 35.3250g 水中最初含

$$35.3250\left(0.2000 \times \frac{CuSO_4}{1000}\right) = \frac{35.3250 \times 0.2000 \times 159.60}{1000}$$
$$= 1.1276 \ g \ CuSO_4$$

陰極室中 $Cu SO_4$ 損失 1.1276—1.1090=0.0186 g，故陰極室溶液中
失去陰離子之當量數爲

$$\Delta N^- = 2 \times 0.0186/159.60 = 0.000233$$

SO_4^{--} 之遷移數爲

$$t^- = t(SO_4^{--}) = \frac{\Delta N^-}{Q/\text{F}} = \frac{0.000233}{0.000375} = 0.621$$

Cu^{++} 之遷移數爲

$$t^+ = t(Cu^{++}) = 1 - 0.621 = 0.379$$

(2) 移動境界法 (*The moving boundary method*)

移動境界法係直接觀測離子在電場內的移動速度，而不觀測電極
附近的濃度變化。圖 14-5 示此法所用儀器。假設待測遷移數的電解
質爲 *AB* 之溶液，則須選擇含有共同陰離子的電解質溶液，例如 *CB*
溶液，另一條件爲 C^+ 離子之速率須小於A^+離子。將 *CB* 溶液置於

溶液管之下方，而將 AB 溶液置於 CB 溶液
之上，兩溶液之間有一明顯的境界。當電流
通過溶液管時，陰離子 B^- 朝陽極下移而陽
離子 A^+ 與 C^+ 朝陰極上移。因 A^+ 之速度
大於 C^+，C^+ 離子不可能超過 A^+ 離子。
又當 C^+ 離子開始落後時，境界下方的溶液
變稀而每單位長度之電位下降（*potential
drop*）增加，使 C^+ 離子加速移動。如此 C^+
離子亦不過份落後，而明顯的境界得以維持。
由境界移動的速度可算出 A^+ 離子之遷移數。
CB 溶液稱爲跟隨溶液（*following solu-
tion*）。

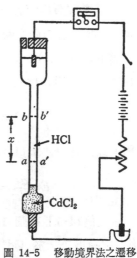

圖 14-5　　移動境界法之遷移
　　　　　數實驗儀器

　　茲舉一例，若欲測量鹽酸中 H^+ 離子的遷移數，可選擇 $CdCl_2$
溶液爲跟隨溶液，蓋 Cd^{++} 離子之速率小於 H^+ 之速率。假設在一
時間內，通過之電量爲 Q 庫倫，而境界自 aa' 移至 bb'，aa' 與 bb'
間管之體積爲 V cc，鹽酸之濃度爲 C 當量/升，則陽離子 H^+ 携
往陰極之電量爲 $V \times C \times \mathfrak{F}/1000$ 庫倫。此數除以總電量即得陽離子
H^+ 之遷移數 t^+，

$$t^+ = \frac{V \times C \times \mathfrak{F}}{1000\,Q} \tag{14-25}$$

　　境界移動速度即**離子速度** v。離子之遷移率 u 可由境界在時間 t
之內移動之距離 x 及電場強度 $E = d\varepsilon/dx$ 算出。依定義，離子之遷移
率 u 爲

$$u = \frac{v}{d\varepsilon/dx} = \frac{x}{t(d\varepsilon/dx)} = \frac{x}{tE} \tag{14-26}$$

習慣上 x 以 *cm* 計，t 以 *sec* 計，而 $d\varepsilon/dx$ 以 *volt/cm* 計，因此
遷移率 u 之單位爲 *cm²/volt-sec*。

若電解質溶液管之截面積爲 $A\ cm^2$，通過此管之電流强度爲 I *amperes*，管方向之每 cm 電位下降可由歐姆定律算出。茲考慮管之兩截面，如圖 14-5 之 aa' 與 bb'，其間之距離爲 $x\ cm$，電位下降爲 ε，則應用 (14-1) 與 (14-6) 兩式可得

$$\frac{\varepsilon}{I}=R=\frac{x}{\kappa A} \quad 或 \quad \frac{\varepsilon}{x}=\frac{I}{A\kappa}$$

因 ε 以伏特計，x 以 cm 計，故 ε/x 等於電場强度 $E(volt/cm)$，

$$E=\frac{d\varepsilon}{dx}=\frac{I}{A\kappa} \tag{14-27}$$

〔例14-7〕在圖 14-5 所示實驗中以 KCl 溶液代替 HCl 溶液，K^+ 之速度亦大於 Cd^{++}。當通以 5.21 $ma(milliampare)$ 之電流時，兩溶液之境界在 67 min 之內移動 4.64 cm。溶液管之截面積爲 0.230 cm^2，在 $25°C$ 之電導率爲 $\kappa=0.0129\ ohm^{-1}cm^{-1}$。試計算電場强度及鉀離子之遷移率。

〔解〕已知：$I=5.21\ ma=0.00521\ amp$; $A=0.230\ cm^2$;

$\kappa=0.0129\ ohm^{-1}cm^{-1}$; $x=4.64\ cm$; $t=67\ min$

$=4020\ sec$

故
$$\frac{d\varepsilon}{dx}=\frac{I}{A\kappa}=\frac{0.00521\ amp}{(0.230\ cm^2)(0.0129\ ohm^{-1}cm^{-1})}$$
$$=1.76\ volts/cm$$

$$u^+=u(K^+)=\frac{x}{t(d\varepsilon/dx)}=\frac{(4.64\ cm)}{(4020\ sec)(1.76\ volts/cm)}$$
$$=65.5\times10^{-5}\ cm^2/volt\text{-}sec$$

離子的遷移數 t^+ 與 t^- 亦可由離子的遷移率 u^+ 與 u^- 求得，

$$t^+=\frac{u^+}{u^++u^-}, \quad t^-=\frac{u^-}{u^++u^-} \tag{14-28}$$

若干陽離子在 $25°C$ 下在水溶液中之遷移數示於表 14-4。

表 14-4　25°C 下陽離子在水溶液中之遷移數

溶液	AgNO₃	BaCl₂	LiCl	NaCl	KCl	KNO₃	LaCl₃	HCl
當量濃度								
0.01	0.4648	0.4400	0.3289	0.3918	0.4902	0.5084	0.4625	0.8251
0.05	0.4664	0.4317	0.3211	0.3876	0.4899	0.5093	0.4482	0.8292
0.10	0.4682	0.4253	0.3168	0.3854	0.4898	0.5103	0.4375	0.8314
0.50		0.3986	0.300		0.4888		0.3958	
1.00		0.3792	0.287		0.4882			

14-8　離子遷移率與電導之關係 (*Relation between Ion Mobilities and Conductane*)

若電解質溶液只含兩種離子，則通過溶液的總電流等於陽離子與陰離子所携帶電流的總和。設 c^+ 與 c^- 分別爲每 cm^3 溶液所含陽離子與陰離子的莫耳數，z^+ 與 z^- 分別爲陽離子與陰離子的電荷數，u^+ 與 u^- 分別爲陽離子與陰離子的遷移率。每 cm^3 溶液中含 z^+c^+ 當量陽離子及 z^-c^- 當量陰離子。若施以 $1volt/cm$ 之電場，則邊長爲 $1cm$ 之立方體溶液中每個陽離子在 $1sec$ 之內移動 u^+cm，每個陰離子在 $1sec$ 之內移動 u^-cm。因此每秒有 $z^+c^+u^+$ 當量陽離子自此立方體輸出，同時有 $z^-c^-u^-$ 當量陰離子依反方向自此立方體輸出。又每當量離子携帶 $1\mathfrak{F}$ 之電量，故得

$$\kappa = \mathfrak{F}(z^+c^+u^+ + z^-c^-u^-) \qquad (14\text{-}29)$$

〔例 14-8〕在 25°C 下 0.100 N 氯化鈉溶液中鈉離子與氯離子之遷移率分別爲 42.6×10^{-5} 與 $68.0 \times 10^{-5} cm^2/volt\text{-}sec$。求此溶液之電導率 κ。

〔解〕$NaCl \longrightarrow Na^+ + Cl^-$

氯化鈉爲强電解質,可假設氯化鈉在 $0.100N$ 的濃度下完全解離,亦卽 $\alpha=1$。 則每升溶液含 Na^+ 及 Cl^- 各 0.1 當量, 或 $c^-=c^+=\dfrac{0.1}{1000}$。

$$\kappa = \mathfrak{F}(z^+c^+u^+ + z^-c^-u^-)$$

$$= \frac{(96,500)(0.100)[(42.6\times10^{-5}) + (68.0\times10^{-5})]}{1000}$$

$$= 0.01067 \; ohm^{-1} \; cm^{-1}$$

因 C 爲溶質以當量每升計之濃度, 若解離率爲 α, 則

$$z^+c^+ = z^-c^- = \frac{\alpha C}{1000}$$

將以上關係及 (14-29) 式代入 (14-9) 式得

$$\Lambda = \alpha\,\mathfrak{F}(u^+ + u^-) = \alpha\,\mathfrak{F}\,u^+ + \alpha\,\mathfrak{F}\,u^- \tag{14-30}$$

此式提示在一定濃度下之 Λ 可表示成類似 (14-10) 式之形式:

$$\Lambda = l^+ + l^- \tag{14-31}$$

$$l^+ = \alpha\mathfrak{F}u^+, \qquad l^- = \alpha\,\mathfrak{F}\,u^- \tag{14-32}$$

此處 l^+ 與 l^- 爲對應於 Λ 的濃度下陽離子與陰離子的當量電導。由 (14-31) 與 (14-32) 可導出遷移數與遷移率之關係,

$$t^+ = \frac{l^+}{\Lambda}, \qquad t^- = \frac{l^-}{\Lambda} \tag{14-33}$$

在無限稀釋的情況下, $\alpha=1$, 故 (14-30),(14-31) 及 (14-32) 三式變爲

$$\Lambda_0 = \mathfrak{F}\,u_0{}^+ + \mathfrak{F}\,u_0{}^- \tag{14-34}$$

$$\Lambda_0 = l_0{}^+ + l_0{}^- \tag{14-35}$$

$$l_0{}^+ = \mathfrak{F}\,u_0{}^+, \qquad l_0{}^- = \mathfrak{F}\,u_0{}^- \tag{14-36}$$

此處 $u_0{}^+$ 與 $u_0{}^-$ 分別爲陽離子與陰離子在無限稀釋下的遷移率。假設在一定濃度下與在無限稀釋下的遷移率相等, $u^+=u_0{}^+, u^-=u_0{}^-$, 則由(14-30)與(14-33)兩式可導出阿雷紐司解離度方程式〔(14-11)式〕。

利用（14-30）與（14-33）兩式之關係可由當量電導及遷移數計算遷移率。若干結果示於表 14-5。

表 14-5　　25°C 下離子在無限稀水溶液中之遷移率

陽離子	遷移率（$cm^2/volt\text{-}sec$）	陰離子	遷移率（$cm^2/volt\text{-}sec$）
H^+	36.30×10^{-4}	OH^-	20.52×10^{-4}
K^+	7.62×10^{-4}	SO_4^{--}	8.27×10^{-4}
Ba^{++}	6.59×10^{-4}	Cl^-	7.91×10^{-4}
Na^+	5.19×10^{-4}	NO_3^-	7.40×10^{-4}
Li^+	4.01×10^{-4}	HCO_3^-	4.61×10^{-4}

14-9　氫離子與氫氧離子之遷移率 (*Mobilities of Hydrogen and Hydroxyl Ion*)

由表 14-5 可見除氫離子與氫氧離子之外，離子在水溶液中之遷移率均在 1×10^{-4} 與 $10 \times 10^{-4} cm^2/volt\text{-}sec$ 之間。氫離子與氫氧離子的遷移率分別為 36.30×10^{-4} 與 $20.52 \times 10^{-4} cm^2/volt\text{-}sec$，遠大於其他離子的遷移率。顯然其遷移機構 (*transport mechanisms*) 與一般離子不同。

氫離子的特別高遷移率只發現於帶氫氧基的溶劑 (*hydroxylic solvents*) 如水與醇類。在此類溶劑中，氫離子強烈地溶合 (*solvate*)，例如在水中水合成鋞離子 (*hydronium ion*) OH_3^+。一般認為 OH_3^+ 離子能將一質子傳給鄰近的水分子，

$$\underset{+}{H-O-H} + O-H \longrightarrow H-O + \underset{+}{H-O-H}$$

OH_3^+ 將一H^+ 傳出之後變成一水分子（上式右端之水分子），此一水分子隨卽轉向，以便自另一 OH_3^+ 接受一質子。

$$\begin{array}{ccc} \text{H} & & \text{H} \\ | & \longrightarrow & | \\ \text{H—O} & & \text{O—H} \end{array}$$

氫氧離子的高遷移率亦被認爲係由氫氧離子與水分子間的質子傳送（*proton transfer*）所致。

$$\begin{array}{ccccc} \text{H} & \text{H} & & \text{H} & \text{H} \\ | & | & \longrightarrow & | & | \\ \text{O} & + \text{H—O} & & \text{O—H} & + \text{O} \end{array}$$

14-10 電導測量之應用 (*Application of Conductance Measurements*)

電導之測量在化學及化學工業上有廣泛的應用，例如用於分析與濃度控制及用以獲得有關電解質行爲的資料。茲討論三種應用於次。

(1) **決定難溶鹽類之溶解度** (*Determination of the solubility of difficultly soluble salts*)

電導可簡單而方便地用來決定難溶鹽類如硫酸鋇或氯化銀的溶解度。其手續如次。先製備此種鹽的飽和水溶液，其中水的電導率 κ_{H_2O} 爲已知數。其次測量該飽和溶液的電導率 κ_s。此一電導率爲水電導率與鹽電導率之和，故鹽之電導率 κ_{salt} 爲

$$\kappa_{salt} = \kappa_s - \kappa_{H_2O} \tag{14-37}$$

由 κ_{salt} 可求得當量電導如次：

$$\Lambda = \frac{100\,\kappa_{salt}}{C}$$

此處 C 爲該鹽之當量濃度，亦卽鹽之溶解度。因難溶鹽類之溶液極稀，且鹽類爲強電解質，實質上 Λ 必等於 Λ_0，故上式可改寫爲

$$C = \frac{100 \, \kappa_{salt}}{\Lambda_0} \qquad (14\text{-}38)$$

查表可得 Λ_0 值。因此由飽和溶液之測量電導率可計算 C。

(2) **決定電離度** (*Determination of degree of ionization*)

弱電解質電離度之決定爲物理化學與分析化學之重要問題。由此等資料可計算電解質的電離常數 (*ionization constants*)。此一課題將於次章詳細討論。此處僅說明水的電離度估計法。

水無論經過何種精製手續仍然顯示一定的電導，儘管其值甚小。純水在數種溫度下的電導率示於表 14-6。

表 14-6　純水之電導率

$t^\circ C$	$\kappa(ohm^{-1}cm^{-1})$
0	0.14×10^{-7}
18	0.40×10^{-7}
25	0.58×10^{-7}
34	0.89×10^{-7}
50	1.76×10^{-7}

由此一事實可斷定水爲一弱電解質，且依下式電離，

$$H_2O = H^+ + OH^-$$

欲求電離度 α 須知 Λ。就水而論，(14-8) 式可改寫爲

$$\Lambda = \kappa \times V_e$$

其中 V_e 爲含一當量水之體積 (以 cm^3 計)，V_e 必等於水之分子量除水之密度。例如在 $25^\circ C$ 之下，

$$\Lambda = (0.58 \times 10^{-7})\frac{18.016}{0.9971}$$

$$= 1.05 \times 10^{-6}$$

又水之 Λ_0 爲 H^+ 與 OH^- 之當量離子電導總和。已知 $l_0(H^+) = 349.8$，$l_0(OH^-) = 198$。因此

$$\alpha = \frac{\Lambda}{\Lambda_0} = \frac{1.05 \times 10^{-6}}{547.8} = 1.9 \times 10^{-9}$$

(3) 電導滴定 (*Conductometric titrations*)

電導測量亦可用以決定各種滴定之終點 (*end point*)。 首先考慮以強鹼如氫氧化鈉滴定強酸如鹽酸的情形。在加入鹼之前，酸溶液中含有較多遷移率高的氫離子，故具高電導。加入鹼之後，H^+ 逐漸消失，其傳電作用爲速度較慢的陽離子所取代，故溶液之電導逐漸降低，直至酸與鹼之當量相等時爲止。再加入鹼則導入過剩的 OH^- 離子，因而使電導升高。其滴定曲線如圖 14-6 之曲線 *ABC* 所示。線段 *AB* 指示酸鹽混合物之電導，*BC* 指示鹽與過剩鹼混合物之電導。極小點 *B* 爲滴定之終點。

若以強鹼滴定弱酸如醋酸，則滴定曲線如圖 14-6 之曲線 *A′B′C′* 所示。因酸爲弱酸，其電導較小。加入鹼後，導電性弱之酸轉化爲具有高度電離率之鹽，故其電導沿線段 *A′B′* 上升。酸被中和之後再加入過剩之鹼將使電導上升更快，如線段 *B′C′* 所示。

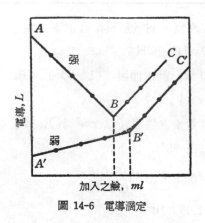

圖 14-6 電導滴定

依照上述推理方法可繪出其他類型酸鹼電導滴定曲線的型式。

習　題

14-1 令一強度不變之電流通過一碘庫倫計 (*iodine coulometer*) 二小時，發現該庫倫計中含有 0.0020 當量放出之 I_2。求通過該庫倫計之電流強度。

〔答: 0.027*amp*〕

14-2 通 2 *amp* 之電流於 NaOH 溶液 1½ 小時應能放出 O_2 若干 *cc*？設溫度爲 27°C，總壓爲 1 *atm*。

〔答: 688.8 *cc*〕

14-3 在 25°C 之下以 0.02 N 氯化鉀溶液 ($\kappa = 0.002768\ ohm^{-1}\ cm^{-1}$) 充滿一電導池，測得其電阻爲 457.3 *ohms*。然後以每升含 0.555 *g* $CaCl_2$ 之氯化鈣溶液充滿該電導池，並測得其電阻爲 1050 *ohms*。求 (a) 該電導池之池常數，(b) $CaCl_2$ 溶液之電導率，(c) $CaCl_2$ 在此濃度下之當量電導。

〔答: (a) 1.266 cm^{-1}，(b) $1.206 \times 10^{-3}\ ohm^{-1}cm^{-1}$，
(c) 120.5 $cm^2/equiv\text{-}ohm$〕

14-4 今欲以一電導儀器測量稀氯化鈉溶液之濃度。若池中之電極各具 1 cm^2 之面積且相距 0.2 *cm*，試計算在 25°C 及下列各濃度下之電阻: (a) 1 *ppm* (*part per million*,即每百萬份重量溶液中含一份 NaCl)，(b) 10 *ppm*，(c) 100 *ppm*。

〔答: (a) 92,700 *ohms*，(b) 9320 *ohms*，(c) 950 *ohms*〕

14-5 試由下列在 25°C 下的數據求氯化鉀之 Λ_0 值。

當量/升	0.05	0.01	0.005	0.001	0.0005
當量電導	100.11	107.32	109.40	112.40	113.15

〔答: 114.3 $cm^2/equiv\text{-}ohm$〕

14-6 丙酸 (*propionic acid*) 在 25°C 及無限稀釋下的當量電導爲 385.6 $cm^2/equiv\text{-}ohm$，電離常數爲 1.34×10^{-5}。試計算 0.05 N 丙酸 (*propionic acid*) 在 25°C 下之當量電導。

〔答: 6.32 $cm^2/equiv\text{-}ohm$〕

14-7 一氯醋酸鈉 (*sodium monochloroacetate*) 在 25°C 之 Λ_0 爲 89.8 $cm^2/$

equiv-ohm。試計算一氯醋酸（*monochloroactic acid*）在 25°C 之 Λ_0
（參考例 14-4 之數據）。

〔答：389.4 *cm²/equiv-ohm*〕

14-8　在一希托夫池中電解 Li Cl 溶液。通過 0.05000 $\mathfrak{F}$ 之電量後陽極室中
Li Cl 之質量減小 0.6720 *g*。試計算 Li$^+$ 離子之遷移數 t^+。

14-9　每克水含有 0.00739 *g* AgNO$_3$ 之 Ag NO$_3$ 溶液於銀電極間電解。在一實
驗過程中 0.078 *g* Ag 電渡於陰極上。在實驗之後陽極室含 23.14 *g* H$_2$O
及 0.236 *g* AgNO$_3$。求 Ag$^+$ 及 NO$_3^-$ 離子之遷移數。

〔答：$t^+=0.47$〕

14-10　今欲以境界移動法決定離子在 1.000 *N* KCl 溶液中之遷移數。0.80 *N*
BaCl$_2$ 溶液作爲跟隨溶液。若電流爲 0.0142 *amp*，境界在 1675 *sec* 內掃
過 0.1205 *cc* 之體積。求 K$^+$ 及 Cl$^-$ 離子之移動數。

〔答：$t^+=0.49$〕

14-11　在一境界移動實驗中使用 0.1 *N* 鹽酸溶液（$\kappa=0.0424$ *ohm⁻¹cm⁻¹*），並以
鈉離子跟隨氫離子。管之截面積爲 0.3*cm²*。若電流強度爲 3 *ma*，境界在
1 小時內移動 3.08 *cm*。試計算 (a) 氫離子之遷移率，(b) 氫離子之遷移
數，(c) 氯離子之遷移率，及 (d) 電場強度。

〔答：(a) 363×10⁻⁵ *cm²/volt-sec*，(b) 0.826，(c) 76.6×10⁻⁵ *cm²/*
volt-sec，(d) 0.236 *volt/cm*〕

14-12　25.0 *cc* NaC$_2$H$_3$O$_2$ 溶液先稀釋至 300 *cc*，然後以 0.0972 *N* HCl 溶液滴
定之。所獲得的滴定數據如下：

所用 HCl 溶液體積	電導×10⁴
10.0 *cc*	3.32
15.0 *cc*	3.38
20.0 *cc*	3.46
45.0 *cc*	4.64
50.0 *cc*	5.85
55.0 *cc*	7.10

問原來 NaC$_2$H$_3$O$_2$ 溶液的濃度爲若干　莫耳/升。

第十五章　離子活性與離子平衡

　　離子平衡理論在分析及工業上有極重要的應用。討論氣體平衡及溶液中非離子反應時，各成分的活性常可以其濃度近似之。然而處理離子平衡、若干溶液動力學及電動勢時，以濃度代替活性常引起嚴重的誤差。本章先討論離子活性，然後討論離子平衡。

15-1　離子活性 (*Ion Activities*)

　　我們已於第十章討論過非電解質溶液成分的活性。溶液中電解質標準狀態的定義與非電解質相似，均是基於亨利定律的假想狀態。習慣上常以重量克分子濃度 (*molality*, 簡寫為 m) 指定電解質的濃度。電解質的標準狀態為，一大氣壓下電解質濃度為 1 重量克分子濃度，且電解質仍能如在無限稀溶液中一般遵循亨利定律的狀態。

　　若電解質的濃度為 m，活性為 a，則濃度與活性之間有如下關係：

$$a = \gamma m \tag{15-1}$$

其中 γ 為活性係數 (*activity coefficient*)。當 m 趨近於 0 時，γ 趨近於 1，而 a 趨近於 m。

　　因電解質在溶液中解離成離子。為方便計通常以離子活性表示電解質整體的活性。設有一單價一單價電解質 BA 如 NaCl 依下式解離：

$$BA = B^+ + A^-$$

設離子 B^+ 與 A^- 之活性分別為 a_+ 與 a_-，則電解質 BA 之活性

a 定為

$$a=a_+a_-=a^2_\pm \tag{15-2}$$

$$a_\pm=\sqrt{a}=\sqrt{a_+a_-} \tag{15-3}$$

其中 $a_\pm$ 稱為該電解質的**幾何平均活性** (*geometric mean activity*) 或簡稱為**平均活性**。

(15-2) 式意含個別離子標準狀態的定義。若令反應 $BA=B^++A^-$ 之 ΔG° 為 0，則平衡常數 K 為

$$K=\frac{a_+a_-}{a}=e^{-\Delta G^\circ/RT}=1$$

上式直接導致 (15-2) 式。換言之，為方便計選擇 A^+ 與 B^- 的標準狀態使解離反應之 $\Delta G^\circ=0$ (見 12-2 節)。

(15-2) 式可加以推廣使之適用於較複雜的電解質 B_xA_y。設 $B_x A_y$ 依下式解離:

$$B_xA_y=xB^{z+}+yA^{z-} \tag{15-4}$$

其中 z_+ 與 z_- 為二離子的電荷數。電解質 B_xA_y 整體的活性 a 定為

$$a=a_+^x a_+^y \tag{15-5}$$

令一分子 B_xA_y 解離所得總離子數為 $\nu=x+y$，則平均活性 $a_\pm$ 定為

$$a_\pm=\sqrt[\nu]{a}=\sqrt[\nu]{a_+^x a_-^y} \tag{15-6}$$

離子活性與其濃度有如下關係:

$$a_+=\gamma_+m_+ \tag{15-7a}$$

$$a_-=\gamma_-m_- \tag{15-7b}$$

此處 m_+ 與 m_- 為兩離子之濃度，以克離子每仟克溶劑計; γ_+ 與 γ_- 為兩離子之活性係數。將 (15-7a) 與 (15-7b) 兩式代入 (15-5) 式得

$$a=(\gamma_+m_+)^x(\gamma_-m_-)^y$$

$$=(\gamma_+^x\gamma_-^y)(m_+^x m_-^y) \tag{15-8}$$

由 (15-6) 式，平均活性變爲

$$a_\pm = \sqrt[\nu]{a} = \sqrt[\nu]{(\gamma_+^x \gamma_-^y)(m_+^x m_-^y)}$$
$$= (\gamma_+^x \gamma_-^y)^{1/\nu}(m_+^x m_-^y)^{1/\nu} \qquad (15\text{-}9)$$

因數 $(\gamma_+^x \gamma_-^y)^{1/\nu}$ 稱爲電解質之**平均活性係數**(*mean activity coefficient*)，以 $\gamma_\pm$ 表示之，亦卽

$$\gamma_\pm = (\gamma_+^x \gamma_-^y)^{1/\nu} \qquad (15\text{-}10)$$

同樣，因數 $(m_+^x m_-^y)^{1/\nu}$ 稱爲電解質之**平均重量克分子濃度** (*mean molality*)，以 $m_\pm$ 表示之；換言之，

$$m_\pm = (m_+^x m_-^y)^{1/\nu} \qquad (15\text{-}11)$$

以平均重量克分子濃度及平均活性係數表示 (15-8) 與 (15-9) 兩式
得

$$a_\pm = a^{1/\nu} = \gamma_\pm m_\pm \qquad (15\text{-}12)$$
$$a = a_\pm^\nu = (\gamma_\pm m_\pm)^\nu \qquad (15\text{-}13)$$

若離子 B^{x+} 與 A^{x-} 均來至同一鹽 $B_x A_y$，且 $B_x A_y$ 之濃度爲 m，則 $m_+ = xm$, $m_- = ym$

$$a_\pm = a^{1/\nu} = \gamma_\pm[(xm)^x(ym)^y]^{1/\nu}$$
$$= (x^x y^y)^{1/\nu} \gamma_\pm m \qquad (15\text{-}14)$$
$$a = a_\pm^\nu = (x^x y^y)\gamma_\pm^\nu m^\nu \qquad (15\text{-}15)$$

應用 (15-14) 與 (15-15) 兩式可將重量克分子濃度轉換爲活性，或將活性轉換爲重量克分子濃度。就 1-1（單價—單價）型電解質如 NaCl 而論，$x=1$, $y=1$, $\nu=2$，故

$$a_\pm = (1\times1)^{1/2}\gamma_\pm m = \gamma_\pm m$$
$$a = a_\pm^2 = \gamma_\pm^2 m^2$$

就 2-1 型電解質如 $BaCl_2$ 而論，$x=1$, $y=2$, $\nu=3$，故

$$a_\pm = (1\times2^2)^{1/3}\gamma_\pm m = \sqrt[3]{4}\,\gamma_\pm m$$
$$a = a_\pm^3 = 4\gamma_\pm^3 m^3$$

若干型電解質之 m 及 $\gamma_\pm$ 與 $a_\pm$ 及 a 間之關係列於表 15-1。

表 15-1 m 及 $\gamma_\pm$ 與 a 及 $a_\pm$ 間之關係

電解質類型	實例	x	y	ν	$m_\pm$	$a_\pm=\gamma_\pm m_\pm$	$a=a^\nu{}_\pm$
1—1	NaCl	1	1	2	m	$\gamma_\pm m$	$\gamma_\pm{}^2 m^2$
2—2	CuSO$_4$	1	1	2	m	$\gamma_\pm m$	$\gamma_\pm{}^2 m^2$
3—3	AlPO$_4$	1	1	2	m	$\gamma_\pm m$	$\gamma_\pm{}^2 m^2$
1—2	Na$_2$SO$_4$	2	1	3	$\sqrt[3]{4}\,m$	$\sqrt[3]{4}\,\gamma_\pm m$	$4\gamma_\pm{}^3 m^3$
2—1	BaCl$_2$	1	2	3	$\sqrt[3]{4}\,m$	$\sqrt[3]{4}\,\gamma_\pm m$	$4\gamma_\pm{}^3 m^3$
1—3	Na$_3$PO$_4$	3	1	4	$\sqrt[4]{27}\,m$	$\sqrt[4]{27}\,\gamma_\pm m$	$27\gamma_\pm{}^4 m^4$
3—1	La(NO$_3$)$_3$	1	3	4	$\sqrt[4]{27}\,m$	$\sqrt[4]{27}\,\gamma_\pm m$	$27\gamma_\pm{}^4 m^4$
2—3	Ca$_3$(PO$_4$)$_2$	3	2	5	$\sqrt[5]{108}\,m$	$\sqrt[5]{108}\,\gamma_\pm m$	$108\gamma_\pm{}^5 m^5$
3—2	La$_2$(SO$_4$)$_3$	2	3	5	$\sqrt[5]{108}\,m$	$\sqrt[5]{108}\,\gamma_\pm m$	$108\gamma_\pm{}^5 m^5$

15-2 電解質活性係數之決定法 (*Determination of Activity Coefficients of Electrolytes*)

根據 (15-14) 與 (15-15) 兩式，欲將重量克分子濃度轉換成活性須知電解質在各種濃度的平均活性係數。此等活性係數可得自蒸氣壓下降、凝固點下降、沸點上升、滲透壓、溶解度、及電動勢等之測量。本書將在適當的場合討論溶解度法及電動勢法，其他方法則不予討論。

所有活性係數之決定法均基於如下假設：

$$當\ m\to0\ 時,\quad \frac{m_\pm}{a_\pm}=\gamma_\pm=1$$

換言之，在無限稀溶液中，離子的活性等於其濃度。基此，在零濃度之下，所有電解質的活性係數均等於 1。當濃度自零逐漸增加時，活性係數首先降至 1 以下而達到一極小值，然後漸增，其值可能升至遠

大於 1 。圖15-1示若干電解質之平均活性係數，其中以 $\gamma_\pm$ 對 $\sqrt{m}$ 作圖。雖然在較高濃度下，各種電解質的 $\gamma_\pm$ 各不相同，在較低濃度下 $\gamma_\pm$ 曲線依各型電解質所特有的方式收斂至 1 。

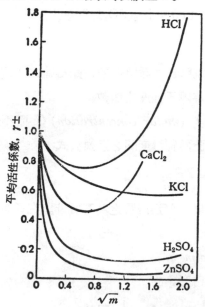

圖 15-1　電解質在 25°C 之平均活性係數

15-3　離子強度 (*The Ionic Strength*)

　　許多離子溶液性質取決於離子電荷間之靜電互作用 (*electrostatic interaction*)。一對雙價離子間之靜電力 (*electrostatic force*) 四倍於一對單價離子間之靜電力。路易斯 (*G. N. Lewis*) 定義**離子強度** (*ionic strength*) I 於次：

$$I = \frac{1}{2}\sum m_i z_i{}^2 \tag{15-16}$$

其中 m_i 與 z_i 分別為第 i 種離子的克離子濃度與電荷數。i 包括所

有出現於溶液中之離子。

茲舉一例。$1.00\ m$ NaCl 溶液之離子強度爲 $I=\frac{1}{2}[(1.00)(1)^2+$

$(1.00)(1)^2]=1.00$。$1.00\ m$ La$_2$(SO$_4$)$_3$ 溶液之離子強度爲 $I=\frac{1}{2}[2(3)^2$

$+3(2)^2]=15.0$。

在稀溶液中，電解質之活性係數、難溶鹽之溶解度、離子反應速率及其他有關性質爲離子強度之函數。

若使用莫耳濃度 (*molar concentration*) C 而不使用重量克分子濃度 m，則可應用此兩種濃度間之互換公式：

$$C=\frac{m\rho}{1+mM}$$

其中 ρ 爲溶液之密度，M爲溶質之莫耳質量。在稀溶液的場合，上式簡化爲

$$C=\rho_0 m$$

其中 ρ_0 爲溶劑之密度。故

$$I=\frac{1}{2}\sum m_i z_i^2=\frac{1}{2\rho_0}\sum C_i z_i \qquad (15\text{--}17)$$

15-4 阿雷紐司電離論之缺陷 (*Defects of The Arrhenius Ionization Theory*)

如 14-4 節所述，阿雷紐司電離論頗能符合弱電解質的電離數據。但若用以解釋强電解質的行爲則强電解質呈現許多反常現象。弱電解質如醋酸等頗能合乎俄斯瓦爾德稀釋定律，强電解質如二氯醋酸 (*dichloroacetic acid*) 却不密切遵循稀釋定律。得自電導比 (*conductance ratio*) 的强電解質解離度 α 並不與得自凡特霍甫 i 因數者一致，

且所謂强電解質的「電離常數」其實並非常數。强電解質稀溶液的吸收光譜 (*absorption spectra*)（見 18-4 節）並不顯示未解離分子的證據。其他如强酸的中和熱亦與電離論所預期者有所出入。

　　的拜 (*Debye*) 與胡克爾 (*Hückel*) 於1923年推出一新理論。此一理論可用以解釋强電解質的行爲，且已成爲近代强電解質理論的基礎。的拜與胡克爾假設在强電解質溶液中溶質完全解離成離子，而表面看來解離度小於 100% 的現象則完全以溶液中離子互相間的吸引與排斥作用解釋之。

15-5　的拜-胡克爾理論 (*Debye-Hückel Theory*)

　　電解質之活性强烈地受濃度的影響。在稀溶液中，離子間的作用力爲簡單的庫倫吸引力或拒斥力 (*Coulombic attraction or repulsion*)。在無限稀釋 (*infinite dilution*) 的情況下，離子在電解質溶液中的分布可謂完全無規則，蓋離子相距甚遠，其間之互作用力甚小，而電解質之活性係數爲 1。然而在較高濃度下，離子間之距離較小，庫倫吸引力與拒斥力變爲重要。依庫倫定律 (*Coulomb's law*)，

$$F=\frac{1}{D}\left(\frac{q_1 q_2}{r_2}\right) \tag{15-18}$$

其中 q_1 與 q_2 爲電荷之大小，r 爲兩電荷間之距離，D爲介電常數 (*dielectric constant*)（見 18-5 節）。由於此等作用力，陽離子的濃度在陰離子附近較高，而陰離子的濃度在陽離子附近較高。一離子與其周圍帶相反電荷的離子層之間的吸引力使電解質的活性係數降低。離子電荷愈高此種效應愈大。又溶劑的介電常數愈小離子在其內的靜電互作用力愈大，故此種效應亦愈大。

　　離子的熱運動 (*thermal motion*) 有減輕其被異電性離子層包圍

的趨勢。的拜與胡克爾 (*Debye and Hückel*) 創立一理論以解釋稀
電解質溶液中的此種現象，二氏獲得如下適用於稀溶液的極限定律
(*limiting law*)：

$$\ln \gamma_i = \frac{-e^3 z_i{}^2}{(DkT)^{3/2}} \sqrt{\frac{2\pi NI}{1000}} \tag{15-19}$$

其中 $\gamma_i =$ 離子 i 之活性係數

$\quad z_i =$ 離子 i 之電荷數（不計其電性）

$\quad e =$ 一電子之電量 $= 4.803 \times 10^{-10}$ 靜電單位 (*eu*)

$\quad D =$ 溶液之介電常數（水在 $298°K$ 之 $D = 78.56$）

$\quad N =$ 亞佛加厥數 $= 6.023 \times 10^{23}$

$\quad k =$ 頗滋曼常數 $= 1.3805 \times 10^{-16} erg\ deg^{-1}$

$\quad I =$ 溶液之離子強度

　上式意謂離子在稀溶液中之活性係數僅視其電荷、溶液之離子強
度、溶液之介電常數及溫度而定。因此在同一稀溶液中，電荷數相同的
離子（陽離子及離子）無論其化學性質如何均具有相同的活性係數。

　在一定溫度下，(15-19) 式可改寫爲

$$\log \gamma_i = -A z_i^2 \sqrt{I} \tag{15-20}$$

其中 A 爲一常數，就 $25°C$ 之水溶液而論 $A = 0.509$。

　(15-20) 式提供單一離子活性係數的計算法。但由實驗所能決
定者爲平均離子活性係數 $\gamma_\pm$。依 (15-10) 式，電解質 $B_x A_y$ 之平均
離子活性係數爲 $\gamma_\pm = (\gamma_+{}^x\ \gamma_-{}^y)^{1/\nu}$。取其對數得

$$\log \gamma_\pm = \frac{1}{\nu}(x \log \gamma_+ + y \log \gamma_-) \tag{15-21}$$

　陽離子與陰離子的個別活性係數 γ_+ 與 γ_- 可由 (15-20) 式求
得。(15-21) 式可改寫爲

$$\log \gamma_\pm = -A \sqrt{I} \left(\frac{xz^2_+ + yz^2_-}{\nu}\right) \tag{15-22}$$

但溶液爲電中性，故 $xz_+=yz_-$。將此關係式代入 (15-22) 式得

$$\log \gamma_\pm = -Az_+z_-\sqrt{I} \qquad (15\text{-}23)$$

　　的拜一胡克爾理論在解釋電解質溶液性質方面極具價值。此爲低濃度下的極限定律，猶如理想氣體定律爲低壓下的極限定律。在離子強度小於 0.01 的場合，此一定律頗能與實驗數據相符，如圖 15-2 所示。此圖以 $\log \gamma_\pm$ 爲縱座標而以 $\sqrt{I}$ 爲標座標。同型電解質之平均離子活性係數數據點均落在一直線上或位於該直線附近。

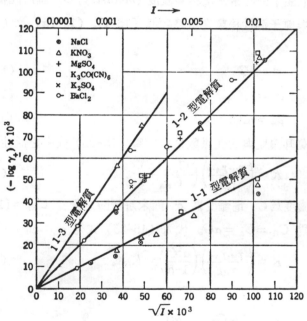

圖 15-2　的拜-胡克爾極限定律圖線

15-6　弱酸之電離常數 (*Ionization Constants of Weak Acids*)

　　如前所述，強電解質完全解離。因此我們只須攷慮弱電解質的電離平衡 (*ionization equilibria*)，亦卽弱酸與弱鹼的電離。

弱單價酸 (*weak monobasic acid*) 如醋酸之電離平衡可以下式表示之:

$$HA = H^+ + A^-$$

其熱力學電離常數 K 為

$$K = \frac{a_{H^+} a_{A^-}}{a_{HA}} \tag{15-23}$$

在一定溫度下 K 為一常數。

討論酸鹼平衡時常使用莫耳濃度 (*molarity*) C。基於此種濃度標準, 溶質與離子活性係數之定義類似 (15-1), (15-7*a*) 及 (15-7*b*) 三式:

$$a = \gamma C \tag{15-24a}$$

$$a_+ = \gamma_+ C_+ \tag{15-24b}$$

$$a_+ = \gamma_- C_- \tag{15-24c}$$

若以莫耳濃度與活性係數之積代替 (15-23) 式中之活性可得

$$K = \left(\frac{\gamma_{H^+} \gamma_{A^-}}{\gamma_{HA}} \right) \left(\frac{C_{H^+} C_{A^-}}{C_{HA}} \right) \tag{15-25}$$

若酸之總濃度為 C, 電離度為 α, 則未解離酸之濃度 $C_{HA} = (1-\alpha)C$, 離子濃度為 $C_{H^+} = C_{A^-} = \alpha C$。代入 (15-25) 式得

$$K = \left(\frac{\gamma_{H^+} \gamma_{A^-}}{\gamma_{HA}} \right) \left(\frac{\alpha^2 C}{1-\alpha} \right) = K_r K_a \tag{15-26}$$

其中

$$K_a = \frac{C_{H^+} C_{A^-}}{C_{HA}} = \frac{\alpha^2 C}{1-\alpha} \tag{15-27}$$

為以濃度為基礎的**酸電離常數** (*ionization constant of acid*), 而

$$K_r = \frac{\gamma_{H^+} \gamma_{A^-}}{\gamma_{HA}} \tag{15-28}$$

為活性係數比 (*ratio of activity coefficients*)。在稀溶液的場合, 活性係數接近 1, K_r 亦接近 1, 因此 K_a 幾乎等於 K。或者活性係數

比 K_r 爲一常數，因此在一定溫度下稀弱酸之電離常數 K_a 爲一常數。

　　多價酸（*polyvalent acids*）含有二個或二個以上可電離的氫，其電離並非單步驟者。例如硫酸 H_2SO_4 依二步驟電離，而磷酸 H_3PO_4 依三步驟電離。茲以 H_2A 表示**二價酸**（*dibasic acid*）。此種酸依如下二步驟電離:

$$H_2A = H^+ + HA^-$$

$$HA^- = H^+ + A^{--}$$

第一步驟與第二步驟之電離常數分別以 K_{a1} 與 K_{a2} 表示之:

$$K_{a1} = \frac{C_{H^+} C_{HA^-}}{C_{H_2A}} \tag{15-29}$$

$$K_{a2} = \frac{C_{H^+} C_{A^{--}}}{C_{HA^-}} \tag{15-30}$$

任何二價酸的第一電離程度遠較第二電離程度爲大。三價酸的第一電離程度大於第二電離，而第二電離程度又大於第三電離程度。各步電離均達成一眞正平衡。在 H_2SO_4 的場合第一步電離爲完全者，換言之，H_2SO_4 爲一强酸。但 HSO_4^- 之電離則不完全，因此 H_2SO_4 無 K_{a1} 而有 $K_{a2} = C_{H^+} C_{SO_4^{--}}/C_{HSO_4^-}$。對所有多價酸而論，

$$K_{a1} >> K_{a2} (>> K_{a3})$$

例如 H_3PO_4 在 $25°C$ 之電離常數爲 $K_{a1} = 7.5 \times 10^{-3}, K_{a2} = 6.2 \times 10^{-8}, K_{a3} = 4.8 \times 10^{-13}$。若干弱酸之電離常數列於表 15-2。

表 15-2　弱酸在 $25°C$ 之電離常數

酸	化學式	K_{a1}	K_{a2}	K_{a3}
砷酸	H_3AsO_4	5.0×10^{-3}	8.3×10^{-8}	6×10^{-10}
硼酸	H_3BO_3	5.80×10^{-10}		
碳酸	H_2CO_3	4.52×10^{-7}	4.69×10^{-11}	
氫氰酸	HCN	7.2×10^{-10}		

碘酸	HIO_3	1.67×10^{-1}		
磷酸	H_3PO_4	7.52×10^{-3}	6.23×10^{-8}	4.8×10^{-13}
亞磷酸	H_3PO_3	1.6×10^{-2}	7×10^{-7}	
硫酸	H_2SO_4	強酸	1.01×10^{-2}	
亞硫酸	H_2SO_3	1.72×10^{-2}	6.24×10^{-8}	
蟻（甲）酸	$HCOOH$	1.77×10^{-4}		
醋（乙）酸	CH_3COOH	1.85×10^{-5}		
丙酸	C_2H_5COOH	1.34×10^{-5}		
氯乙酸	$CH_2ClCOOH$	1.38×10^{-3}		
二氯乙酸	$CHCl_2COOH$	5×10^{-2}		
苯酸	C_6H_5COOH	6.29×10^{-5}		
草酸	$(COOH)_2$	5.02×10^{-2}	5.18×10^{-5}	
酚	C_6H_5OH	1.20×10^{-10}		

15-7 弱鹼之電離常數 (*Ionization Constants of Weak Bases*)

弱鹼 BOH 如氫氧化銨依下式電離

$$BOH \longrightarrow B^+ + OH^-$$

其熱力學電離常數 K 為

$$K = \frac{a_{B^+} a_{OH^-}}{a_{BOH}} \tag{15-31}$$

而濃度電離常數為

$$K_b = \frac{C_{B^+} C_{OH^-}}{C_{BOH}} \tag{15-32}$$

K_b 與 K 之間的關係如下：

$$K = K_r K_b \tag{15-33}$$

其中活性係數比 $K_r = \frac{\gamma_{B^+} \gamma_{OH^-}}{\gamma_{BOH}}$。與弱酸的場合相似，在低濃度下，$K_r$ 接近 1 或幾乎為一常數，故在定溫下可將 K_b 視為一常數。若干弱鹼在 $25°C$ 之電離常數列於表 15-3。

表 15-3　弱鹼在 25°C 之電離常數

鹼	化學式	K_b
氫氧化銨 (*Ammonium hydroxide*)	NH_4OH	1.81×10^{-5}
氫氧化銀 (*Silver hydroxide*)	$AgOH$	1.1×10^{-4}
甲胺 (*Methyl amine*)	$(CH_3)NH_2$	4.38×10^{-4}
二甲胺 (*Dimethyl amine*)	$(CH_3)_2NH$	5.12×10^{-4}
三甲胺 (*Trimethyl amine*)	$(CH_3)_3N$	5.21×10^{-5}
乙胺 (*Ethyl amine*)	$(C_2H_5)NH_2$	5.6×10^{-4}
苯胺 (*Aniline*)	$(C_6H_5)NH_2$	3.83×10^{-10}
聯胺 (*Hydrazine*)	$NH_2 \cdot NH_2$	3×10^{-5}
吡啶 (*Pyridine*)	C_6H_5N	1.4×10^{-9}
尿素 (*Urea*)	$CO(NH_2)_2$	1.5×10^{-14}

15-8　一般化酸鹼觀念 (*Generalized Concept of Acids and Bases*)

我們平常所說的酸是指能在溶液中產生氫離子的物質而言，而鹼是指能在溶液中產生氫氧離子的物質而言。雖然此等狹義的定義在討論水溶液的某些方面尚能滿足需要，但却無法解釋所有發現於水中及非水溶劑 (*nonaqueous solvents*) 中的現象。

一般認為氫離子為被除去一電子的氫原子，亦即一質子 (*proton*)。然而布倫斯特 (*Bronsted*) 已證明反應

$$H^+ + H_2O(l) = H_3O^+$$

的自由能變化甚大且為負值，故此反應的平衡常數必亦甚大。如此所謂 H^+ 離子在水介質中可說是不存在。我們所想像的氫離子實際上是被水合的質子 (*hydrated proton*) H_3O^+。H_3O^+ 稱為**鋞離子** (*hydronium ion*)。尚有許多研究結果顯示質子確實被水合。

以上觀察結果促使布倫斯特與勞利 (*Lowry*) 提出新的酸鹼觀念。

他們將酸定義爲能將一質子施其他物質 (鹼) 的物質, 而將鹼定義爲能自其他物質 (酸) 接受一質子的物質。 換言之, 酸爲質子施體 (*proton donor*) 而鹼爲質子受體 (*proton acceptor*)。根據此一新觀念, 當酸放出一質子時必有一鹼接受此一質子, 其逆亦眞。茲舉一例以闡釋新舊酸鹼觀念的差別。依照此兩種觀念, 醋酸爲一酸。然而舊觀念將醋酸的電離視爲如下程序:

$$CH_3COOH = H^+ + CH_3COO^-$$

較新的一般化觀念則以下式表示醋酸的電離。

$$CH_3COOH + H_2O = H_3O^+ + CH_3COO^-$$

在後式中醋酸將一質子施與一水分子而形成一鏗離子及一醋酸根離子。如此水在此一程序中當作一鹼。 又因 H_3O^+ 本身必爲一酸, 故 CH_3COO^- 必爲一鹼。如此,任何酸鹼反應必定產生另一酸及另一鹼; 亦卽

$$酸_1 + 鹼_1 = 酸_2 + 鹼_2$$

鹼$_2$由酸$_1$而來, 故稱爲酸$_1$的**共軛鹼** (*conjugate base*)。 同理, 酸$_2$由鹼$_1$而來, 故稱爲鹼$_1$的**共軛酸** (*conjugate acid*)。酸$_1$與鹼$_2$或鹼$_1$與酸$_2$稱爲**共軛對** (*conjugate pair*)。

推廣此一新觀念可得下列一般化酸在水中的電離式:

酸$_1$		鹼$_1$			酸$_2$		鹼$_2$
HCl	$+$	H_2O	$=$		H_3O^+	$+$	Cl^-
$HCOOH$	$+$	H_2O	$=$		H_3O^+	$+$	$HCOO^-$
HSO_4^-	$+$	H_2O	$=$		H_3O^+	$+$	SO_4^{--}
NH_4^-	$+$	H_2O	$=$		H_3O^+	$+$	NH_3
$C_6H_5NH_3^+$	$+$	H_2O	$=$		H_3O^+	$+$	$C_6H_5NH_2$
H_3O^+	$+$	H_2O	$=$		H_3O^+	$+$	H_2O
H_2O	$+$	H_2O	$=$		H_3O^+	$+$	OH^-
H_2SO_3	$+$	H_2O	$=$		H_3O^+	$+$	HSO_3^-

$$HSO_3^- \quad + \quad H_2O \quad = \quad H_3O^+ \quad + \quad SO_3^{--}$$

由上列實例可見除通常被認爲酸的物質之外，H_3O^+，H_2O，NH_4^+，$C_6H_5NH_3^+$ 及其他質子施體亦爲酸。又鹼不僅是具有一氫氧基的物質，抑且包括酸的陰離子、水、**氨**、苯胺 HSO_3^- 及其他質子受體。水可作爲一酸亦可作爲一鹼，視反應情況而定。換言之，水具有**兩性** (*amphoteric*)。同理，HSO_3^- 亦具有兩性。符合布倫斯特一勞利酸鹼定義的酸與鹼分別稱爲**布倫斯特酸** (*Bronsted acid*) 與**布倫斯特鹼** (*Bronsted base*)。

更晚近的學說爲**路易斯學說** (*Lewis theory*)。根據此一學說，**鹼爲能施與一對電子以形成一配位鍵** (*coordinate bond*) **的任何物質，酸爲能接受一對電子以形成一配位鍵的任何物質**。布倫斯特一勞利學說的應用僅限於質子的轉移，因此僅適用於含有氫的酸。路易斯學說的應用較爲廣泛。例如

$$\begin{array}{ccccc}
F & & H & & F\ H \\
F:\overset{..}{\underset{..}{B}} & + & :\overset{..}{N}:H & \longrightarrow & F:\overset{..}{\underset{..}{B}}:\overset{..}{N}:H \\
F & & H & & F\ H
\end{array}$$

$$\quad 酸 \qquad\qquad 鹼 \qquad\qquad 配位錯合體 (\textit{Coordinated complex})$$

此處三氟化硼爲酸，雖然它不含有氫，而**氨**爲鹼，儘管它含有氫。符合路易斯定義的酸與鹼分別稱**路易斯酸** (*Lewis acid*) 與**路易斯鹼** (*Lewis base*)。

雖然布倫斯特一勞利學說較舊酸鹼學說廣泛，但在一般酸鹼平衡計算上使用舊學說較爲便捷。因此在計算時可假設 H^+ 不水合，且可直接使用舊酸鹼電離式。

15-9 水的離子積 (*The Ion Product of Water*)

水可依下式自行電離:

$$H_2O+H_2O=H_3O^++OH^-$$

爲簡便計，習慣上以下式表示水的電離

$$H_2O=H^++OH^-$$

其熱力學平衡常數爲

$$K=\frac{a_{H^+}\,a_{OH^-}}{a_{H_2O}} \qquad (15\text{-}33)$$

因水的電離極其輕微，在任何水溶液中水的活性爲一常數，故可併入 K。

$$K'_w=K_{a_{H_2O}}=a_{H^+}\,a_{OH^-} \qquad (15\text{-}34)$$

此式指示在任何水溶液中，氫離子與氫氧離子兩者必同時出現，且兩離子的活性積必爲一常數。在低離子強度的情況下，$a_{H^+}=C_{H^+}$，$a_{OH^-}=C_{OH^-}$。氫離子濃度與氫氧離子濃度的積稱爲水的**離子積** (*ion product*) 或**水常數** (*water constant*) K_w。

$$K_w=C_{H^+}\,C_{OH^-}$$

K_w 之值僅受溫度的影響。K_w 在數種溫度下之值列於表 15-4。在 $25°C$ 下水常數爲 1.008×10^{-4}（通常取 1×10^{-14}）。

$$K_w=C_{H^+}\,C_{OH^-}=1\times10^{-14} \qquad (15\text{-}35)$$

表 15-4　水常數值

溫度, °C	K_w
0	0.114×10^{-14}
10	0.292
25	1.008
40	2.919
60	9.614

在純水中 H^+ 與 OH^- 的濃度相等，故 $C_{H^+}=C_{OH^-}=1\times10^{-7}$ 莫耳/升（或克離子/升）。在 $25°C$ 下具有此種 H^+ 或 OH^- 濃度的水

溶液稱為中性溶液。若水中含有其他物質（如酸或鹼），則 H⁺ 與 OH⁻
的濃度未必相等。例如在 0.001 *M* NaOH 水溶液中 $C_{OH^-}=0.001$（因
NaOH 在此低濃度下完全電離）。故 H⁺ 的濃度為

$$C_{H^+}=\frac{K_w}{C_{OH^-}}=\frac{1\times10^{-14}}{1\times10^{-3}}=1\times10^{-11}\ mole/l$$

$C_{H^+}>1\times10^{-7}\ mole/l$ 的溶液稱為**酸性溶液**，$C_{H^+}<1\times10^{-7}\ mole/l$ 的
溶液稱為**鹼性溶液**。

15-10　羥標值與 p 記號 (pH *value and p-notation*)

　　氫離子（或嚴格言之鋞離子）濃度為溶液之一重要性質，故常須
決定並記錄溶液的 C_{H^+}，尤其是近乎中性的溶液。使用10的負指數記
號頗為笨拙。為避免此一不便之處，索倫遜（*Sorenson*）於1909年提
出一個較為便利的方法。此法以氫離子濃度的負對數表示氫離子濃度。
氫離子的負對數值稱為溶液的**羥標值**或 **pH 值**（pH *value* 或 pH）。

$$\text{pH}=-\log C_{H^+}$$

如此，中性溶液的 pH 值為 7（$=-\log 10^{-7}$）。若將同樣慣例應用於
C_{OH^-} 則得中性溶液的 pOH 值亦為 7。酸性溶液之 pH< 7，而鹼性
溶液之 pH >7。

　　p 記號亦可用以表示各種常數。例如應用 p 記號於 (15-35) 式得

$$pK_w=-\log K_w=\text{pH}+\text{pOH}$$
$$=-\log C_{H^+}+-\log C_{OH^-}=14$$

或　　　　　　pH+pOH=14　　　　　　　　　　(15-36)

此式適用於25°*C*下的任何水溶液，為一極有用的關係式。

　　〔例15-1〕一0.10*M* 醋酸溶液中有1.36％之醋酸電離，試計算此
酸之 K_a 及 pK_a 值

〔解〕醋酸依下式電離:

$$CH_3COOH = H^+ + CH_3COO^-$$

$$K_a = \frac{C_{H^+} \cdot C_{CH_3COO^-}}{C_{CH_3COOH}} \tag{1}$$

但　　　$C_{H^+} = C_{CH_3COO^-} = 0.10 \times 0.0136 = 0.0013 \ mole/l$

　　　$C_{CH_3COOH} = 0.10 - 0.00136 = 0.09864 \ mole/l$

故　　　$K_a = \frac{(0.00136)^2}{0.09864} = 1.85 \times 10^{-5} \ mole/l$

　　　$pK_a = -\log(1.85 \times 10^{-5}) = -0.27 + 5 = 4.73$

〔例15-2〕試計算 0.3M 醋酸溶液之 pH 值。已知 $K_a = 1.85 \times 10^{-5}$。

〔解〕$K_a = 1.85 \times 10^{-5} = \frac{C_{H^+} \cdot C_{CH_3COO^-}}{C_{CH_3COOH}}$

因 $C_{H^+} = C_{CH_3COO^-}$, $C_{CH_3COOH} = 0.30 - C_{H^+}$

故　　　$1.85 \times 10^{-5} = \frac{(C_{H^+})^2}{0.30 - C_{H^+}} \tag{2}$

　　　$(C_{H^+})^2 + 1.85 \times 10^{-5} C_{H^+} - 5.55 \times 10^{-6} = 0 \tag{3}$

上式具有二次式 $ax^2 + bx + c = 0$ 的形式, 其根爲

$$x = \frac{-b \pm \sqrt{b^2 - 4ac}}{2a}$$

解 (3) 式可得 C_{H^+}。但因 K_a 甚小, C_{H^+} 必亦甚小, 尤其與此酸的總濃度 0.3M 相比更顯得小。故可忽略 (2) 式分母中之 C_{H^+} 以求近似解。於是 (2) 式變爲

$$1.85 \times 10^{-5} = \frac{(C_{H^+})^2}{0.30}$$

$$C_{H^+} = 2.25 \times 10^{-3} \ mole/l$$

$$pH = -\log C_{H^+} = 2.63$$

讀者應解(3)式並與近似法作一比較以證明本例中之近似法合理。

15-11　共同離子效應與緩衝溶液 (*Common Ion Effect and Buffer Solutions*)

設一溶液的惟一溶質爲一弱單價酸，其總濃度爲 C。若 α 爲其電離度，則依 (15-27) 式

$$K_a = \frac{\alpha^2 C}{1-\alpha} \qquad\qquad (15\text{-}27)$$

上式對 α 求解得

$$\alpha = \frac{-K_a + \sqrt{(K_a)^2 + 4K_a C}}{2C} \qquad\qquad (15\text{-}37)$$

若 K_a 值小，α 值必亦小，故 (15-27) 式中之分母實質上等於 1。如此，求 α 的公式簡化爲

$$\alpha = \sqrt{\frac{K_a}{C}} \qquad (K_a \text{ 值小}) \qquad (15\text{-}38)$$

一獲得 α 即可求得 C_{HA}，C_{H^+} 及 C_{A^-}。依同法可計算鹼的解離度。

假設弱酸或弱鹼溶液中含有另一物質，該物質能產生與弱電解質（弱酸或弱鹼）共同的離子，則弱電解質的電離度被抑制。茲舉一例加以說明。假設一溶液含有 C 莫耳濃度之醋酸及 C' 莫耳濃度之醋酸鈉。醋酸與醋酸鈉的電離式爲

$$CH_3COOH = OH^+ + CH_3COO^-$$

$$CH_3COONa = Na^+ + CH_3COO^-$$

若醋酸鈉的濃度小，則醋酸鈉完全解離。設 α 爲醋酸的解離度，則 $C_{HA} = C(1-\alpha)$，$C_{H^+} = C\alpha$。但因醋酸與醋酸鈉的電解均產生醋酸根離子 CH_3COO^-（共同離子），故 $C_{CH_3COO^-} = (C\alpha + C')$，其中 $C\alpha$ 來自 CH_3COOH 的部份電離，C' 來自 CH_3COONa 的完全電離。將各種濃度代入 K_a 的表示式得

$$K_a = \frac{C_{H^+} \cdot C_{A^-}}{C_{HA}} = \frac{(C\alpha)(C\alpha + C')}{C(1-\alpha)} = \frac{\alpha(C\alpha + C')}{(1-\alpha)} \quad (15\text{-}39)$$

故得 $$\alpha = \frac{-(C' + K_a) + \sqrt{(C' + K_a)^2 + 4K_aC}}{2C}$$

因 K_a 小（$= 1.85 \times 10^{-5}$），α 亦小，故可取 $(1-\alpha) = 1$ 及 $C\alpha + C' = C'$。如此 (15-39) 式簡化為

$$K_a = C'\alpha$$

$$\alpha = \frac{K_a}{C'} \quad (15\text{-}40)$$

比較 (15-39) 式與 (15-40) 式，可見 α 在後式中較小。

上例說明共同離子的出現使弱酸（或弱鹼）的電離度降低。此為**共同離子效應**（*common-ion effect*）之一例。因 α 降低，$C_{H^+} = \alpha C$ 亦降低，故知共同離子的出現可改變 pH 值（在本例中 pH 值增加）。

共同離子之另一重要應用為**緩衝溶液**（*buffer solutions*）。若一溶液含有一酸及能完全電離的此酸之鹽或含有一鹼及能完全電離的此鹼之鹽，此溶液可抵抗 pH 值的改變；換言之，將酸或鹼加入此溶液並不顯著改變此溶液的 pH 值。此等溶液稱為緩衝溶液（*buffer solutions* 或 *buffers*）。弱酸 HA 的 K_a 為

$$K_a = \frac{C_{H^+} \cdot C_{A^-}}{C_{HA}}$$

取其對數得

$$\log K_a = \log C_{H^+} + \log \frac{C_{A^-}}{C_{HA}}$$

$$pK_a = pH - \log \frac{C_{A^-}}{C_{HA}}$$

$$pH = pK_a + \log \frac{C_{A^-}}{C_{HA}} \quad (15\text{-}41)$$

可見改變鹽的濃度（或 C_{A^-}）可獲得所要的 pH 值。此為緩衝溶液的重要特性之一。此外，緩衝溶液有相當的 A^- 貯備，可與加入此溶液的 H^+ 反應，故能抵抗**酸度**（*acidity*）的增加。同理，此溶液亦有相

當的 HA 貯備可與加入的 OH⁻ 反應，故亦可抵抗酸度的減小。讀者應解習題 15-14，15-15 及 15-16 以確實了解此一現象。

緩衝溶液用於須知溶液 pH 值的場合或溶液 pH 值須保持不變的場合。許多種不同 pH 值的緩衝溶液已被製成。

15-12　指示劑 (*Indicators*)

決定 pH 值的方法有二：(1) 指示計法，(2) 電位法。本節簡述指示劑法，電位法將於 16-13 節加以討論。

一般言之，**指示劑** (*indicator*) 為某種能指示反應進行程度的信號系統 (*signal system*)。酸鹼指示劑為組成複雜的有機酸及有機鹼。此等指示劑在稀溶液中呈現兩種不同的強烈顏色。因加入溶液的指示劑量甚微，指示劑本身對溶液的 C_{H^+} 並無可感測的影響。

茲以兩種通常使用的指示劑說明指示作用：其一為**指示劑酸** (*indicator acid*)——**酚酞** (*phenolphthalein*)，以 HIn 表示之；另一為**指示劑鹼** (*indicator base*)——**甲基橙** (*methyl orange*)，以 In 表示之。

就酚酞而論

$$HIn = H^+ + In^-$$
（無色）　　　　（紅）

$$K_a = \frac{C_{H^+} C_{In^-}}{C_{HIn}}$$

或　　　　$$pH = pK_a + \log \frac{C_{In^-}}{C_{HIn}}$$

酚酞為單色指示劑。假設在極稀溶液中，當 $C_{In^-} = C_{HIn}$ 時 In⁻ 的紅色為肉眼可見者，$pH = pK_a$。因 pK_a 指示 pH，故以 pK_{Ind} 表示 pK_a 而稱之為**指示劑常數** (*indicator constant*)。酚酞的 pK_{Ind} 等於 9.3。因此酚酞指示鹼溶液。

對甲基橙而言，

$$In + H_2O = InH^+ + OH^-$$
（黃）　　　　　（紅）

$$pOH = pK_b + \log \frac{C_{InH^\cdot}}{C_{In}}$$

甲基橙爲雙色指示劑。若當 $C_{InH^\cdot}$ 等於 C_{In} 時，轉變後的顏色（黃）爲肉眼可見者，則

$$pOH = pK_b$$

因我們希望 $pK_{Ind} = pH$ 指示 pH 值，故

$$pK_{Ind} = 14 - pK_b = pH$$

甲基橙的 pK_{Ind} 爲 3.5。故此一指示劑指示酸性溶液。

其他尚有許多種指示劑，各指示劑在不同 pH 值變色。因此利用一系列不同指示劑可測量溶液的 pH 值。

15-13　水解　(*Hydrolysis*)

最爲人所熟悉的反應

$$酸 + 鹼 \longrightarrow 鹽 + 水$$

稱爲「**中和**」(*neutralization*)。一般言之，此一名詞並不恰當，因其意謂：若有合乎化學計量之一酸與一鹼互相反應，則所形成鹽的水溶液爲中性者，亦卽其 pH 值爲 7。此一陳述可能正確，亦可能不正確，視參加反應之酸與鹼的性質而定。例如強酸如鹽酸與相同當量的強鹼如氫氧化鈉反應總是產生眞正中性的溶液。然而，當一弱酸如醋酸被一強鹼如氫氧化鈉「中和」時，可發現最後溶液不爲中性而係鹼性者。再者，當一弱鹼如氫氧化銨被一強酸如鹽酸「中和」時，最後溶液爲酸性者。在某一場合最後溶液爲鹼性而在另一場合爲酸性的現

象係由「中和」所產生的鹽與水反應而破壞中性所致。鹽類在水中與水反應而破壞中性的現象稱爲**水解**（*hydrolysis*）。茲舉數種典型的情形討論於次。

(1) **强酸與强鹼之鹽**（*Salts of strong acids and strong bases*）

氯化鈉爲强酸 HCl 與强鹼 NaOH 反應所產生的鹽，可作爲一實例。此鹽以 Na^+ 及 Cl^- 離子的形式存在於水中。若 Na^+ 及 Cl^- 與水反應

$$Na^+ + H_2O = NaOH + H^+$$

$$Cl^- + H_2O = HCl + OH^-$$

其生成物爲 NaOH 及 HCl，然而 NaOH 與 HCl 爲强電解質，在水中完全解離成 Na^+, Cl^-, H^+ 及 OH^-。H^+ 與 OH^- 再結合成水。換言之，水解的生成物亦卽反應物，而溶液物種的性質不變。因此可以說强酸與强鹼所生之鹽並不水解，且此鹽之溶液實質上爲中性。

(2) **弱酸與强鹼之鹽**（*Salts of weak acids and strong bases*）

當一弱酸與一强鹼所生成的鹽如醋酸鈉溶於水中時，鹼的陽離子(Na^+)將不水解，其理如前所述。但弱酸的陰離子 (CH_3COO^-) 將與水反應而生成充分不解離的弱酸（醋酸）。其結果爲醋酸根離子之水解:

$$CH_3COO^- + H_2O = CH_3COOH + OH^-$$

此一反應產生氫氧離子而使溶液變爲鹼性。

一般言之，一弱酸 HA 與一强鹼 BOH 所生成的鹽 BA 的水解係由該弱酸陰離子的水解所致。此陰離子的水解可以下式表示之:

$$A^- + H_2O = HA + OH^- \tag{15-42}$$

此反應之濃度平衡常數 K_h 爲

$$K_h = \frac{C_{HA}\, C_{OH^-}}{C_{A^-}} \tag{15-43}$$

K_h 稱爲離子 A^- 的水解常數（*hydrolysis constant*）。此常數決定

A^- 與 H_2O 反應以生成 HA 與 OH^- 的程度。而 K_h 的大小又決定於弱酸 HA 的電離常數 K_a 與水常數 K_w。茲證明於次。

$$K_a = \frac{C_{A^-} C_{H^+}}{C_{HA}}, \quad K_w = C_{H^+} C_{OH}$$

兩式相除再應用 (15-43) 式得

$$K_h = \frac{K_w}{K_a} \tag{15-44}$$

依反應 (15-42)，HA 與 OH^- 依相同的莫耳數產生，亦卽 C_{HA} $= C_{OH^-}$。代入 (15-43) 式得

$$K_h = \frac{C^2_{OH^-}}{C_{A^-}} = \left(\frac{K_w}{C_{H^-}}\right)^2 \frac{1}{C_{A^-}} = \frac{K_w}{K_a}$$

或

$$C_{H^+} = \sqrt{\frac{K_w K_a}{C_{A^-}}} \tag{15-45}$$

〔例15-3〕試計算 CH_3COONa 之 K_h。若 CH_3COONa 溶液之濃度為 $0.10M$，求溶液之 pH 值。已知 CH_3COOH 之 $K_a = 1.85 \times 10^{-5}$。

〔解〕 $$K_h = \frac{K_w}{K_a} = \frac{1.0 \times 10^{-14}}{1.85 \times 10^{-5}} = 5.405 \times 10^{-10}$$

$$C_{H^+} = \sqrt{\frac{K_w K_a}{C_{A^-}}}$$

可假設 CH_3COONa 完全解離。因 K_h 小，(15-42) 式的水解度 (*degree of hydrolysis*) 亦小，故 $C_{A^-} = 0.10M$。

$$C_{H^+} = \sqrt{\frac{1.0 \times 10^{-14} \times 1.85 \times 10^{-5}}{0.10}} = 1.36 \times 10^{-9} \; mole/l$$

$$pH = -\log C_{H^+} = 9 - 0.13 = 8.87$$

pH 值大於 7，可見此溶液為鹼性。

(3) **強酸與弱鹼之鹽** (*Salts of strong acids and weak bases*) 氯化銨為此類鹽之一實例。其強酸根陰離子並不水解，但弱鹼

BOH 之陽離子 B^+ 依下式水解:

$$B^+ + H_2O = BOH + H^+$$

此一反應產生不解離（解離度甚小）的弱鹼分子及氫離子，故此鹽之水溶液爲酸性。在此場合，水解常數 K_h 爲

$$K_h = \frac{C_{BOH}\ C_{H^+}}{C_{B^+}} \tag{15-46}$$

上式之分子與分母各乘以 C_{OH^-} 得

$$K_h = \left(\frac{C_{BOH}}{C_{B^+}\ C_{OH^+}}\right)(C_{H^+}\ C_{OH^-})$$

上式右端第一括弧內的數量爲弱鹼 BOH 電離常數的倒數 $1/K_b$〔見 (15-32) 式〕。再者，$K_w = C_{H^+}\ C_{OH^-}$。故得如下關係:

$$K_h = \frac{K_w}{K_b} \tag{15-47}$$

又 B^+ 的水解產生等莫耳數 H^+ 與 BOH，故 $C_{H^+} = C_{BOH}$。代入 (15-46) 式得

$$K_h = \frac{C^2_{H^+}}{C_{B^+}} = \frac{K_w}{K_b}$$

或
$$C_{H^+} = \sqrt{\frac{K_w\ C_{B^+}}{K_b}} \tag{15-48}$$

〔**例15-4**〕求 $0.10M$ NH_4Cl 溶液之 K_h 及 pH 值。NH_4Cl 之 $K_b = 1.81 \times 10^{-5}$

〔解〕$K_h = \dfrac{K_w}{K_b} = \dfrac{1.0 \times 10^{-14}}{1.81 \times 10^{-5}} = 5.52 \times 10^{-10}$

可假設 NH_4Cl 在 $0.10\ M$ 的濃度下完全電離，因 K_h 值小，B^+（卽 NH_4^+）的水解度亦小，故 $C_{B^+} = 0.10$。

$$C_{H^+} = \sqrt{\frac{K_w\ C_{B^+}}{K_b}} = \sqrt{\frac{1.0 \times 10^{-14} \times 0.10}{1.81 \times 10^{-5}}} = 7.4 \times 10^{-6}\ mole/l$$

$$pH \doteq -\log(7.4 \times 10^{-6}) = 5.13$$

pH 值小於 7 , 此溶液爲酸性

(4) **弱酸與弱鹼之鹽** (*Salts of weak acids and weak bases*)

若鹽爲弱酸 HA 與弱鹼 BOH 的反應生成物如醋酸銨，則此鹽的陽離子與陰離子兩者均被水解。其反應式爲

$$B^+ + A^- + H_2O = BOH + HA \tag{15-49}$$

此鹽溶液是否爲酸性或鹼性決定於弱酸 HA 與弱鹼 BOH 的相對强度。因 a_{H_2O} 通常爲一常數，故水解常數定爲

$$K_h = \frac{C_{BOH} \; C_{HA}}{C_{B^+} \; C_{A^-}} \tag{15-50}$$

上式右端之分子與分母各乘以 $C_{H^+} \; C_{OH^-}$ 可獲得如下關係式:

$$K_h = \frac{K_w}{K_b K_a} \tag{15-51}$$

15-14 溶度積 (*Solubility Product*)

有一特別重要的非均相離子平衡 (*heterogeneous ionic equilibrium*) 涉及難溶鹽在水中的溶解度。令 BA 代表一單一單價低溶解度物質。在水中加入足量的 BA 並振盪之以獲得飽和溶液。因 BA 爲離子物質且其溶解度甚低， 故可將溶於水中的 BA 視爲完全電離。固體 BA 與離子 B^+ 及 A^- 之間達成平衡。

$$BA(s) = B^+ + A^- \tag{15-52}$$

此反應之熱力學平衡常數爲

$$K = \frac{a_{B^+} \; a_{A^-}}{a_{BA(s)}}$$

固體爲一純相，其活性可定爲 1 。上式簡化爲

$$K_s = a_{B^+} \; a_{A^-} \tag{15-53}$$

在一定溫度下 K_s 爲一常數， 稱爲**熱力學溶度積** (*thermodynamic*

solubility product)。若以濃度與活性係數之積表示活性，(15-53)
式變爲

$$K = (\gamma_+ \gamma_-)(C_{B^+} C_{A^-})$$
$$= \gamma_{\pm}^2 K_{sp}$$

其中　　　$K_{sp} = C_{B^+} C_{A^-}$　　　　　　　　　　(15-54)

K_{sp} 稱爲溶度積。當離子濃度甚小或離子強度甚小時，離子活性係數
爲 1，則 K_{sp} 爲一常數。

更一般化的情形爲

$$B_x A_y(s) = xB^{z+} + yA^{z-}$$　　　　　　　　(15-55)

熱力學溶度積 K_s 與溶度積爲

$$K_s = a_{B^{z^+}}{}^x\ a_{A^{z^-}}{}^y$$　　　　　　　　(15-56)

$$K_{sp} = C_{B^{z^+}}{}^x\ C_{A^{z^-}}{}^y$$　　　　　　　(15-57)

例如

$$Ca_3(PO_4)_2(s) = 3Ca^{++} + 2PO_4^{---}$$

$$K_s = a_{Ca^{++}}{}^3\ a_{PO_4^{---}}{}^2$$

$$K_{sp} = C_{Ca^{++}}{}^3\ C_{PO_4^{---}}{}^2$$

顯然一物質的溶解度與溶度積之間有一關係，此關係視物質的構造而
定。茲舉一例。

〔例15-5〕試計算 CaF_2 飽和水溶液中 Ca^{++} 的濃度，已知
　　　　　$K_{sp} = 4.9 \times 10^{-11}$。

〔解〕　　$CaF_2(s) = Ca^{++} + 2F^-$

由上式知 $C_{F^-} = 2C_{Ca^{++}}$

$$K_{sp} = C_{Ca^{++}}\ C_{F^-}{}^2 = 4.9 \times 10^{-11}$$

$$C_{Ca^{++}}(2C_{Ca^{++}})^2 = 4C^3{}_{Ca^{++}} = 4.9 \times 10^{-11}$$

$$C_{Ca^{++}} = 2.3 \times 10^{-4}\ mole/l$$

故 $C_{F^-} = 4.6 \times 10^{-4}\ mole/l$，而 CaF_2 之溶解度等於 $C_{Ca^{++}}$（因 1

莫耳 CaF_2 產生 1 莫耳 Ca^{++})，或 $2.3 \times 10^{-4} mole/l$。

須知溶度積乃是實驗值。決定 K_{sp} 的最直進方法如次。將鹽加入大量的水中並劇烈攪拌之直至飽和溶液形成為止。量取一定體積的清澈溶液，蒸發溶液之水份並稱量殘餘物。然後計算莫耳濃度及溶度積。另一方法為電化學法。此法將於下章加以討論。若干物質在 $25°C$ 的溶度積列於表15-5。溶度積原理亦可應用於若干難溶的氫氧化物。此等氫氧化物的溶度積亦列於表中。

表 15-5 物質在 $25°C$ 之溶度積

物質	K_s	物質	K_s
$Al(OH)$	3.7×10^{-15}	HgI_2	3.2×10^{-29}
$BaSO_4$	1.08×10^{-10}	$AgBr$	7.7×10^{-13}
$CaCO_3$	8.7×10^{-9}	$AgCl$	1.56×10^{-10}
$CuS(18°)$	8.5×10^{-45}	AgI	1.5×10^{-16}
$Fe(OH)_3(18°)$	1.1×10^{-36}	Ag_2CO_3	6.15×10^{-12}
$Fe(OH)_2(18°)$	1.64×10^{-14}	Ag_2CrO_4	9×10^{-12}
PbI_2	1.39×10^{-8}	Ag_2S	1.6×10^{-49}
$Mg(OH)_2(18°)$	1.2×10^{-11}	$SrCO_3$	1.6×10^{-9}
$HgBr_2$	8×10^{-20}	$TlCl$	2.02×10^{-4}

15-15 鹽效應與溶解度 *(Salt Effects and Solubility)*

由 (15-54) 與 (15-57) 兩式可見在一鹽溶液中加入含有共同離子的物質，則此鹽的溶解度將降低。茲舉一例於次。

〔例15-6〕一0.10 M NaF 溶液為 CaF_2 所飽和。試計算 CaF_2 在此溶液中之溶解度。已知 CaF_2 之 $K_{sp} = 4.9 \times 10^{-11}$。

〔解〕NaF 完全電離，故 $C_{F^-} = 0.10 mole/l$ (忽略由 CaF_2 電離而得的氟離子濃度，由例 15-5 可見此離子濃度與 0.10 相比顯得很小)。

$$K_{sp}=C_{Ca^{++}}C^2_{F^-}=C_{Ca^{++}}\times(10^{-1})^2=4.9\times10^{-11}$$

$$C_{Ca^{++}}=4.9\times10^{-9}mole/l=CaF_2\ 之溶解度$$

將此結果與例15-5作一比較，可見 CaF_2 的溶解度因共同離子效應而大大地減小。假若我們希望使 Ca^{++} 自含有 F^- 的溶液中沉澱，可加入過剩的 F^-。

在溶液化學中，溶度積原理在預言沉澱方面甚具價值。因在一飽和溶液中構成所論及物質的離子的濃度（或濃度的適當數乘方）積爲一常數，任何試圖藉增加此等濃度以超過此常數之擧可能導致一過飽和溶液及沉澱物。姑稱由實驗測得的離子濃度積爲**離子積** (*ion product*)。比較此值與 K_{sp} 可作如下結論:

(1) 離子積< K_{sp}。溶液爲不飽和者，無沉澱物之形成，且任何呈現的沉澱物將被溶解。

(2) 離子積> K_{sp}。溶液爲過飽和者，且沉澱將發生。

(3) 離子積= K_{sp}。溶液爲飽和者，無沉澱物之形成，且任何加入的沉澱物將不溶解。

〔例15-7〕在 $18°C$ 之下將 $100\ ml$ 之 $0.020M$ 氫氧化鈉溶液與 $100\ ml$ 之 $0.20M$ 硝酸鎂混合。問 $Mg(OH)_2$ 是否將沉澱。

〔解〕

$$Mg(OH)_2(s)=Mg^{++}+2OH^-$$

查表 15-5 得 $Mg(OH)_2$ 的溶度積爲

$$K_{sp}=C_{Mg^{++}}C^2_{OH^-}=1.2\times10^{-11}$$

$$C_{OH^-}=0.020\times\frac{100}{200}=0.010\ mole/l$$

$$C_{Mg^{++}}=0.20\times\frac{100}{200}=0.1\ 0mole/l$$

離子積$=10^{-1}\times(10^{-2})^2=10^{-5}>K_{sp}$

故知將有 $Mg(OH)^2$ 之沉澱。

務須認識溶度積關係的使用有若干限制。在以上數例中我們假設各離子的活性係數爲 1，K_{sp} 方爲常數。實際上，呈現於溶液中的他種離子（非共同離子）對溶度積亦有可感測的效應。此一現象可藉離子活性解釋之。茲舉一例加以討論，並藉此說明離子活性之一測定法——溶解度法。

圖15-3示在 $25°C$ 下加入氯化鉈 TlCl 溶液中的 TlNO₃, KCl, K₂SO₄, ZnSO₄ 及 NaC₂H₃O₂ 對 TlCl 溶解度的影響。由此圖可發現

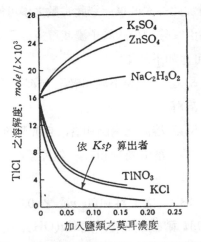

圖 15-3 $25°C$ 下鹽對 TlCl 溶解度的影響

與溶度積原理不符的現象。TlCl 在 $25°C$的溶度積爲

$$K_{sp} = C_{Tl^+} C_{Cl^-} = 2.02 \times 10^{-4} \qquad (15\text{-}58)$$

應注意此 K_{sp} 值係將 TlCl 單獨溶於水中而獲得者。基於 (15-58) 式由共同離子效應算出的 TlCl 溶解度由圖中最下方之曲線表示。加入 TlNO₃ 與 KCl 對 TlCl 溶解度的影響顯然小於由共同離子效應算出者。若 K_{sp} 爲眞正的常數，則 TlNO₃ 與 KCl 曲線應與圖中最下方之曲線重疊。再者圖中上方三曲線表示不含共同離子的電解質實際上能增加 TlCl 的溶解度。此一現象亦與溶度積原理不符。

若考慮 TlCl 的熱力學溶度積則上述現象可獲得解釋。

$$K_s = a_{Tl^+} a_{Cl^-} = (C_{Tl^+} C_{Cl^-})(\gamma_{Tl^+} \gamma_{Tl^-})$$

$$= \gamma_{\pm}^2 K_{sp} \tag{15-59}$$

此處 $\gamma_{\pm}$ 為 TlCl 的平均活性係數，K_{sp} 為溶度積。因 K_s 必為一眞正的常數，依（15-59）式，除非 $\gamma_{\pm}=1$，K_{sp} 不為常數。然而除離子強度等於零的場合之外，$\gamma_{\pm}$ 不等於 1，且 $\gamma_{\pm}$ 隨離子強度而改變，因此，K_{sp} 必亦為離子強度的函數。

（15-59）式可改寫成

$$K_{sp} = \frac{K_s}{\gamma_{\pm}^2} \tag{15-60}$$

若離子強度不過份高，離子活性係數小於 1，在此離子強度下，K_{sp} 必大於 K_s。因 TlCl（或其他單一單價物質）的溶解度等於 $\sqrt{K_{sp}}$，在其他鹽的存在下溶解度亦必較大。由此可見，雖然熱力學溶度積 K_s 保持不變，理論預溶度積 K_{sp} 與溶解度應隨離子強度之增加而增加，此與本例的情形符合。上述理論亦可解釋何以在共同離子的存在下觀測所得溶解度大於假設活性係數為 1 而由 K_{sp} 算出者。

溶解度之隨加入的鹽類濃度變化而變化可用來決定被溶鹽在各種離子強度下的活性係數。今仍以氯化鉈為例說明由溶解度決定活性係數的手續。令 S_0 代表 TlCl 在純水中的溶解度，S 代表加入不含共同離子的電解質時的 TlCl 溶解度，$\gamma_{\pm 0}$ 與 $\gamma_{\pm}$ 分別代表 TlCl 在以上兩溶液中的平均活性係數。在一定溫度下 K_s 為一常數，故有

$$K_s = S_0^2 \gamma_{\pm 0}^2 = S^2 \gamma_{\pm}^2 \tag{15-61}$$

取對數得

$$\log S = \log \gamma_{\pm 0} S_0 - \log \gamma_{\pm} \tag{15-62}$$

求 $\gamma_{\pm 0}$，S_0 之法如次。對溶液總離子強度的平方根 $\sqrt{I}$ 繪 $\log S$ 值之圖線，並將所得圖線外推至 $\sqrt{I}=0$，在零離子強度下 $\gamma_{\pm}=1$，

或 $\log \gamma_\pm = 0$，故 $\log S$ 軸上的截距等於 $\log \gamma_{\pm 0} S_0$ 之值。已知 $\log$ $\gamma_{\pm 0} S_0$ 之值卽可依（15-61）式求得各種離子強度下的 $\gamma_\pm$ 值。

　　觀察表15-6中的數據可幫助瞭解此一手續。表中第一行示 KNO$_3$ 加入的濃度，第二行示 TlCl 在各種 KNO$_3$ 濃度下的溶解度$(mole/l)$，第三行示離子強度 $I = \frac{1}{2}$〔$C_{K^+}(1)^2 + C_{NO_3^-}(1)^2 + S_{Tl^+}(1)^2 + S_{Cl^-}$ $(1)^2$〕$=(C+S)$。由 $\log S$ 對 $\sqrt{I}$ 之圖線得 $\gamma_{\pm 0} S_0 = 0.01422$。將 $\gamma_{\pm 0} S_0$ 除以各種離子強度下的 S 得示於第四行的活性係數。最後一行示由 $K_s = \gamma_\pm^2 S^2$ 算出的 TlCl 熱力學溶度積。猶如所預期者，K_s 爲一常數。

表 15-6　TlCl 在 KNO$_3$ 存在下的溶解度 $(t=25°C)$

KNO$_3$ 之濃度 C	TlCl 之溶解度 S	$I=(C+S)$	TlCl 之平均活性係數 $\gamma_\pm$	$K_s = \gamma_\pm^2 S^2$
0	0.01607	0.01607	0.885	2.02×10^{-4}
0.02	0.01716	0.03716	0.829	2.02×10^{-4}
0.05	0.01826	0.06826	0.779	2.02×10^{-4}
0.16	0.01961	0.11961	0.725	2.02×10^{-4}
0.30	0.02312	0.32313	0.615	2.02×10^{-4}
1.00	0.03072	1.03072	0.463	2.02×10^{-4}

15-16　溫度對離子平衡之影響 (*Influence of Temperature on Ionic Equilibria*)

　　猶如其他平衡常數一般，離子平衡常數隨溫度而改變。其隨溫度之變化如下式所示：

$$\frac{d\ln K}{dT} = \frac{\Delta H°}{RT^2} \tag{15-61}$$

應用此式可計算離子反應熱 $\Delta H°$，或者若已知在一溫度下的 $\Delta H°$，則可估計在另一溫度下的 K 值。

15-17　離子反應中之鹽效應 (*Salt Effect in Ionic Reactions*)

溶液中涉及非電解質或涉及非電解質與離子的反應速率常數實質上不因電解質的出現而受影響。另一方面，離子間的反應速率常數卻隨溶液的離子強度而改變。離子強度影響離子反應速率常數的情形視反應離子的電荷而定。此種鹽效應 (*salt effect*) 可藉過渡狀態論 (*transition-state theory*) 加以解釋（見 13-13 節）。

茲考慮二離子 A^{z_A} 與 B^{z_B} 間的反應，z_A 與 z_B 為離子電荷數。此一反應經過一活化錯合體 (*cativated complex*) 而進行，且活化錯合體與反應物互相平衡。因此反應速率與錯合體的濃度成正比。如此，A^{z_A} 與 B^{z_B} 間的反應可以下式表示之:

$$A^{z_A}+B^{z_B}\Longleftrightarrow [(AB)^{(z_A+z_B)}]^* \xrightarrow{k'} \text{生成物} \qquad (15\text{-}62)$$

　　　　反應物　　　　　　活化錯合體

其中 (z_A+z_B) 為活化錯合體的電荷。例如

$$Fe^{+++}+I^- \Longleftrightarrow [(FeI)^{2+}]^* \longrightarrow Fe^{++}+\frac{1}{2}I_2$$

令 C_X 為活化錯合體在任何時間 t 的濃度，則反應速率為

$$-\frac{dC_A}{dt}=k'C_X \qquad (15\text{-}63)$$

又因錯合體與反應物互相平衡，熱力常數 K 為

$$K=\frac{a_X}{a_A a_B}=\frac{\gamma_X C_X}{(\gamma_A C_A)(\gamma_B C_B)} \qquad (15\text{-}64)$$

其中 a_X 與 γ_X 分別為錯合體的活性與活性係數。重新安排上式可得

$$C_X=(KC_A C_B)\frac{\gamma_A \gamma_B}{\gamma_X}$$

將此一關係代入 (15-63) 式得

$$-\frac{dC_A}{dt}=(k'KC_AC_B)\frac{\gamma_A\gamma_B}{\gamma_x}=\left(k_0\frac{\gamma_A\gamma_B}{\gamma_x}\right)C_AC_B \qquad (15\text{-}65)$$

其中 $k_0=k'K$ 為眞正的反應速率常數。

　　將一般速率方程式應用於上式反應可得

$$-\frac{dC_A}{dt}=kC_AC_B \qquad\qquad\qquad (15\text{-}66)$$

比較 (15-65) 與 (15-66) 兩式可見由實驗決定的「速率常數」 k 實際上並非眞正的速率常數 k_0，而是

$$k=k_0\frac{\gamma_A\gamma_B}{\gamma_x} \qquad\qquad\qquad (15\text{-}67)$$

因帶電的反應物與錯合體的活性係數取決於溶液的離子強度 I，所謂「速率常數」 k 亦將是 I 的函數。在稀溶液的場合，活性係數可藉的拜一胡克爾理論估計之。依 (15-20) 式，

$$\log\gamma_i=-Az_i^2\sqrt{I} \qquad\qquad\qquad (15\text{-}20)$$

(15-67) 式兩端取對數並應用 (15-20) 式得

$$\log\frac{k}{k_0}=\log\gamma_A+\log\gamma_B-\log\gamma_x$$

$$=A[-z_A^2-z_B^2+(z_A+z_B)^2]\sqrt{I}$$

$$=2Az_Az_B\sqrt{I} \qquad\qquad\qquad (15\text{-}68)$$

依 (15-68) 式，$\log k/k_0$ 對 $\sqrt{I}$ 所繪得之圖線必為一直線，且其斜率等於 $(2Az_Az_B)$；換言之，其斜率僅視反應離子的電荷數積 z_Az_B 而定。

　　由實驗數據所繪得 $\log k/k_0$ 對 $\sqrt{I}$ 之各種圖線示於圖 15-4。其結果符合 (15-68) 式所預期者。

　　應注意當 $z_Az_B=0$ 時，亦即在非電解質與非電解質或非電解質與離子反應的場合，鹽效應實質上為零。非電解質與離子反應之一例為

$$CH_3ICOOH + CNS^- \longrightarrow CH_2(CNS)COOH + I^-$$

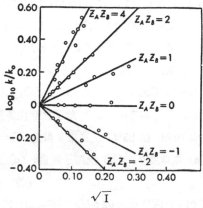

圖 15-4　離子反應中之鹽效應

若 $z_A z_B$ 爲正, 如在下式所示反應的場合:

$$CH_2BrCOO^- + S_2O_3^{--} \rightarrow CH_2(S_2O_3)COO^- + Br^- \qquad (z_A z_B = +2)$$

鹽效應爲正效應, 亦卽 k 隨離子強度增加。 最後, 若 $z_A z_B$ 爲負, 如在下式所示反應的場合:

$$[Co(NH_3)_5Br]^{++} + OH^- \rightarrow [Co(NH_3)_5OH]^{++} + Br^- \qquad (z_A z_B = -2)$$

鹽效應爲負效應, 亦卽 k 隨離子強度之增加而減小。

習　題

注意: 在下列各題中若資料不足而無法決定強電解質的離子活性, 可假設離子活性等於離子濃度。

15-1　試由下列數據計算各溶液之平均重量克分子濃度 $m_\pm$、平均離子活性 $a_\pm$ 及鹽之活性。

溶液	重量克分子濃度	平均活性係數
$K_3Fe(CN)_6$	0.010	0.571
$CdCl_2$	0.100	0.219
H_2SO_4	0.050	0.397

15-2 求下列各溶液之離子強度: (a) 0.1 M NaCl, (b) 0.1 M $Na_2C_2O_4$, (c) 0.1 M $CuSO_4$, (d) 含有 0.1 M Na_2HPO_4 及 0.1 M NaH_2PO_4 之溶液。

〔答: (a) 0.1 (b) 0.3 (c) 0.4 (d) 0.4〕

15-3 試利用的拜一胡克爾極限定律計算 0.01 M $K_3Fe(CN)_6$ 水溶液在 25°C 之平均離子活性係數, 並與觀測值 0.808 作一比較。

15-4 一水溶液含 0.002 M $CoCl_2$ 及 0.002 M $ZnSO_4$。試利用的拜一胡克爾極限定律計算 25°C 下此溶液中 Zn^{++} 離子之活性係數。

15-5 丙酸 (*propionic acid*) 在 25°C 之電離常數為 $K_a = 1.34 \times 10^{-5}$。求 0.01 莫耳溶液之 (a) 電離度 α, (b) 氫離子濃度, (c) 該溶液之 pH 值。

〔答: $\alpha = 0.0364$〕

15-6 一水溶液含 0.01 M 丙酸及 0.02 M 丙酸鈉。求 25°C 下之 (a) 丙酸電離度, (b) 氫離子濃度, (c) pH 值。

15-7 一溶液含 0.05 M 苯酸 (*benzoic acid*) 及 0.10 M 苯酸鈉。其在 25°C 之 pH 值為 4.50。求苯酸之電離常數 K_a。

15-8 試計算下列溶液在 25°C 之 pH 與 pOH: (a) 0.01M H_2SO_4; (b) 0.001 M $NaHSO_4$; (c) 0.01 M NH_4OH。

〔答: (a) pH = 2.73〕

15-9 求 25°C 下 0.10 M H_3PO_4 溶液中 H^+, H_3PO_4, $H_2PO_4^-$, HPO_4^{--} 及 PO_4^{---} 之濃度。

15-10 試寫出下列各反應式的平衡常數K。

(a) $AgBr(s) + 2NH_4OH = Ag(NH_3)_2^+ + Br^- + 2H_2O(l)$

(b) $IO_3^- + 5I^- + 6H^+ = 3H_2O(l) + 3I_2(s)$

(c) $H^+ + HCO_3^- = H_2O(l) + CO_2(g)$

15-11 試計算 (a) KCN 在 25°C 之水解常數, (b) 0.50 M KCN 溶液之水解度, (c) 0.50 M KCN 溶液中 OH^- 離子之濃度。

15-12 試計算在 25°C 下 PbI_2 在 (a) 純水中, (b) 0.04 MKI 水溶液中, (c) 0.04 M $Pb(NO_3)_2$ 水溶液中之溶解度。

15-13 $AgBrO_3$ 在 25°C 之熱力學溶度積為 5.77×10^{-5}。試應用的拜一胡克爾

極限定律計算其在（a）純水中，（b）0.01 M KBrO$_3$ 中之溶解度。

〔答：（a）0.0084　（b）0.0051 *mole/l*〕

15-14 在 25°C 之下將 2 克醋酸鈉加入 500 *ml* 之 0.10M 醋酸溶液中。試計算最後溶液之 pH 值。假設溶液體積不變。

15-15 在 15-14 題所述最後溶液中加入 4×10^{-3} 莫耳 NaOH。假設溶液體積不變，試計算其 pH 值。

15-16 在 15-14 題所述最後溶液中加入 4×10^{-3} 莫耳 HCl。假設溶液體積不變，試求其 pH 值。

15-17 Mg(OH)$_2$ 在 18°C 之 $K_{sp}=1.2\times10^{-11}$。求 Mg(OH)$_2$ 在 10^{-3}M NaOH 溶液中之溶解度。

〔答：1.1×10^{-5}*mole/l*〕

15-18 AgCl 之 $K_{sp}=1.56\times10^{-10}$。將 50 *ml* $C_{Ag^+}=3.0\times10^{-4}$ M 之溶液加入 100 *ml* $C_{Cl^-}=2.0\times10^{-6}$ M 之溶液中，問 AgCl 沉澱物是否產生？

15-19 在一溶液中，Cl$^-$ 之濃度為 10^{-4}M，CrO$_4^{-2}$ 之濃度為 10^{-4}M。將一極稀之銀鹽溶液慢慢滴入。問下列兩種鹽之中何者先沉澱：AgCl 或 Ag$_2$CrO$_4$？

Ag$_2$CrO$_4$ 之 $K_{sp}=9\times10^{-12}$。

第十六章　化學電池與電動勢

　　化學電池 (*chemical cells*) 或電化學電池 (*electrochemical cells*) 又稱伽伐尼電池 (*Galvanic cells*)，在廣泛的應用中有其重要性。在日常生活中我們所熟悉可携帶的能源如乾電池、水銀電池 (*mecurry cell*) 及鉛蓄電池等即為其應用。目前正在開發中的燃料電池 (*fuel cell*) 被視為在不久的將來極有希望的能源。在實驗室中化學電池可用以決定伴生化學反應的熱力學性質變化。例如化學電池的電動勢 (*electromotive force*, 簡寫為 *emf*) 直接與反應中的吉布斯自由能變化有所關聯。其他決定 ΔG (反應) 的方法則屬於間接方法。

16-1　電化學電池 (*Electrochemical Cells*)

　　在一電化學電池中，化學反應能在電流發生的情況下進行。反應物分別位於兩室中，各室含有一電極 (*electrode*) 及一電解質。離子可穿過電解質而自一室移至另一室。電解質可能亦可能不含出現於兩室中的離子。在外部連接兩電極使電子能自一極流至另一極，則在每電極各有一化學反應發生。該電池的總化學反應即為兩電極反應之和。電極為一導電體，它可能供給化學上不活潑的表面，反應物在此表面獲得電子或失去電子，或者它本身亦可能為反應物之一。電極通常為固體如鉑、銅、或石墨等，但汞齊 (*amalgams*) 亦可使用。

　　電池的兩室各稱為一半電池 (*half cell*)。一電極浸入一電解質溶液構成一半電池。發生於各室中的反應稱為半反應 (*half reaction*)。發生於陰極的半反應為一氧化反應，一還原形式 (*reduced form*) 的物

種 (*species*) *Red* 在陰極放出電子 (*ne*) 以形成一氧化形式 (*oxidized form*) 的物種 *Ox*,

$$Red = Ox + ne \quad \text{（陰極）} \tag{16-1}$$

發生於陽極的半反應為一還原反應，一氧化形式的物種 *Ox'* 在陽極獲得電子而變成一還原形式的物種 *Red'*,

$$Ox' + ne = Red' \quad \text{（陽極）} \tag{16-2}$$

兩半反應相加得電池的總反應，

$$Red + Ox' = Red' + Ox \tag{16-3}$$

茲舉一例。圖 16-1 所示丹尼爾電池 (*Daniel cell*) 為一典型電化學電池。左室含一鋅電極（陰極）及 $1.0\,m$ $ZnSO_4$ 溶液。右室含一銅電極（陽極）及 $1.0\,m$ $CuSO_4$ 溶液。兩室間設一多孔栓以隔離兩溶液。此一多孔栓容許電接觸 (*electric contact*) 但可防止兩溶液由互相擴散所引起的過份混合。對應於 (16-1) 式的陰極室半反應為

$$Zn = Zn^{+2} + 2e$$

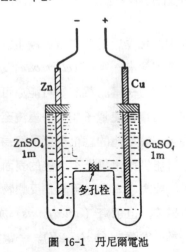

圖 16-1　丹尼爾電池

而對應於 (16-2) 式的陽極半反應為

$$Cu^{+2}+2e=Cu$$

總電池反應為

$$Zn+Cu^{++}=Zn^{++}+Cu \qquad\qquad (16\text{-}4)$$

若經由一電阻接通兩極則電子自陰（鋅）極流至陽（銅）極而產生電流。 同時鋅極上的鋅放出電子而變成 Zn^{+2} 而銅極附近的 Cu^{+2} 離子獲電子變成銅而堆積於銅極上。書寫電池反應式通常依照自然反應 (*spontaneous reaction*) 的方向。例如自左而右為反應（16-4）自然發生的方向。**電池反應自然發生時電池放電**(*discharge*)。**電池兩電極間的電位差**（*potential differencc*）稱為該電池的**電動勢**(*electromotive force, emf*)。電動勢之所以發生是由於陰極室中還原形式的物種 *Red* （例如 Zn）失去電子的趨勢大於陽極室中還原形式的物種 *Red'*（例如 Cu）。圖 16-1 所示電池的類型只是許多電池類型中的一種。 關於電池的分類將於 16-11 節加以討論。

16-2　可逆電池 (*Reversible Cell*)

若在電池的外電路 (*external circuit*) 所施的逆電壓 (*opposing voltage*) 低於電池的 *emf*，電池反應依自然反應方向進行，此時電池放電。但若所施的逆電壓高於電池的 *emf*，則電池反應依反方向進行。 此時各半電池的反應方向倒轉， 電流的方向亦倒轉， 而電池充電 (*charged*)。若外加逆電壓等於電池的 *emf*， 則逆電壓與電池的 *emf* 互相平衡， 電池反應亦呈平衡狀態，因而無電流通過電池。若在平衡點附近改變外加逆電壓一無窮小量卽可反轉電池反應(或電流)的方向，則該電池為一**可逆電池** (*reversible cell*)。討論電池熱力學**時**所提及的電池皆為可逆電池。我們無法準確地以熱力學處理不可逆**電池。**

電池不可逆性 (*irreversibility*) 的來源之一為液體接合 (*liquid junction*)，例如圖 16-1 所示電池中 $ZnSO_4$ 與 $CuSO_4$ 溶液間的境界。只要有液體接合存在電池卽產生接合電位(*junction potential*)。接合電位為不可逆電位。因此這類電池為不可逆電池。我們將在本章稍後再度提及接合電位。

消除接合電位的方法之一為使用**鹽橋** (*salt bridge*)。鹽橋為含有一濃鹽溶液的連接管。所用的鹽通常為KCl。鹽溶液常做成膠狀（使用膠質）以減小其與兩半電池溶液之混合。如此接合電位幾乎可完全消除，而不可逆效應減至可忽略的程度（見 16-11 節）。

消除不可逆效應的最佳方法是避免液體接合，使用單一電解質溶液。例如圖 16-3 所示魏斯頓標準電池只使用一 $CdSO_4$ 溶液，惟此一溶液亦為難溶的 Hg_2SO_4 所飽和。甚至在無液體接合的電池中，電極附近由反應所引起的電解質濃度變化亦可能導致小的不可逆效應。

16-3 可逆電動勢與可逆電功

(*Reversible emf and Reversible Electrical Work*)

可逆電池具有**可逆電動勢** (*reversible emf*)。如前所述，當電池為外加逆電所平衡時，無淨電池反應之進行，亦無電流通過電池。電池的可逆電動勢 ε 的大小卽等於此一平衡逆電位。我們必須強調電池必須可逆地作電功才能獲最大的電功。然則一化學電池如何可逆地作電功？外電路必須供給實質上與此電池的平衡電動勢相等的逆電壓（逆電壓僅比可逆 *emf* 小一無窮小量）。此時電流的推動力趨近於零，而電流亦趨近於零。電池迫使電子面對此一抗拒（逆）電壓通過外電路卽獲得最大電功或可逆電功。令 w_{el} 代表電池所作的可逆電功，則得

如下關係：

$$w_{el} = 逆電位差 \times 通過此逆電位差的總電量$$
$$= \varepsilon \times (nNe)$$
$$= \varepsilon \times n \, \mathfrak{F}$$
$$= n \, \mathfrak{F} \, \varepsilon$$

其中N為亞佛加厥數（*Avogadro's number* $=6.03\times10^{23}$），e為一電子的電荷，$\mathfrak{F}$為一法拉第（*faraday*）（等於一亞佛加厥數電子的總電荷），n為電池反應中的電子當量數（*number of equivalent*）。應注意n與書寫電池反應式的方式有關。例如，對應於（16-4）式，$n=2$，但若將（16-4）式寫成 $\frac{1}{2}Zn + \frac{1}{2}Cu^{++} = \frac{1}{2}Zn^{++} + \frac{1}{2}Cu$，則所涉及的電子當量數為 $n=1$。因 $1\,\mathfrak{F} = 96500\,coul$，$1\,coul-volt = 1\,joule$，$1\,cal = 4.184\,joule$，故可以 cal 表示 w_{el} 如下式所示

$$w_{el} = n\,\mathfrak{F}\,\varepsilon = n\varepsilon \times 23.06\,kcal \qquad (16\text{-}5)$$

16-4 電池電動勢之測量

(*Measurement of Electromotive Force of A Cell*)

電池的電動勢定為當經過電池的電流趨近於零時的電極電位差。依據此一定義，須在無電流經過電池外電路的情況下才能測得真正的電動勢。若使用普通伏特計（*voltmeter*）而有電流 I 經過電池，則必有IR的電位下降發生，此處 R 為電池的內電阻（*internal resistance*），結果測得的電極電位差必較真正值小。此外電流將改變電池附近的濃度因而改變電動勢。

測量電動勢所用的儀器為**電位計**（*potentiometer*）。以電位計測量電動勢時，經過電池的電流小到可忽略的程度，故可測得實質上與真

正電動勢無異的電動勢。電位計的基本線路如圖 16-2 所示。其中滑線電阻已校正過，每一接觸點均對應於某一伏特值。以推拉式開關接通標準池電池（推入 S 位置），將滑線電阻調到標準電池的伏特讀數，並調節變阻器直至無電流經過電流計 (*galvanometer*) G 為止。

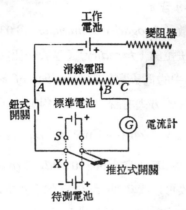

圖 16-2 直讀式電位計基本線路圖

此時 AB 間的電位差（滑線電阻上 AB 部份的 IR）恰好平衡標準電池的 *emf*。 在此過程中僅輕按鈕式開關以觀察是否有電流通過電流計， 隨卽放鬆開關。 如此可避免電池中的化學變化。 然後接通 *emf* 未知的電池（推拉式開關在推入 X 位置），再移動滑線電阻的接觸點直至無電流通過電流計為止。由滑線電阻的新位置可直接讀出待測電池的 *emf*。

所使用的標準電池須具有已知的一定 *emf*。常用標準電池為**魏斯頓標準電池** (*Weston standard cell*)，其構造如圖 16-3 所示。電池反應為

$$Cd(s) + Hg_2SO_4(s) + \frac{8}{3}H_2O(l)$$

$$= CdSO_4 \cdot \frac{8}{3}H_2O + 2Hg(l)$$

當電池放電時上式之反應發生。當電流通過電池（充電）時逆反應發生。此一電池爲可逆電池。電池中的溶液經常爲 $CdSO_4 \cdot \frac{8}{3}H_2O$ 所飽和。其電動勢（以伏特計）不變且可依下式算出:

$$\varepsilon = 1.01845 - 4.05 \times 10^{-5}(t-20) - 9.5 \times 10^{-7}(t-20)^2$$

其中 t 爲溫度 $°C$。在 $20°C$ 時，$\varepsilon = 1.01845$ 伏特; 在 $25°C$ 時，$\varepsilon = 1.01832$ 伏特。 ε 的微小溫度係數爲此標準電池的優點之一。

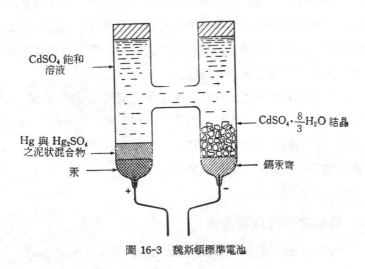

圖 16-3　魏斯頓標準電池

16-5　自由能與可逆電動勢

(*Free Energy and Reversible emf*)

如 8-14 節所述，在恆溫恆壓下物系除 PV 功（膨脹或壓縮功）之外所能作的可逆功 w_{net} 等於物系自由能的減少量。電池除 PV 功（電功通常不作 PV 功）之外所能作的可逆功爲電功 w_{el}，依(8-54)與 (16-5) 兩式得

$$\Delta G = -w_{net} = -w_{el}$$
$$= -n\mathcal{F}\varepsilon$$
$$= -n\varepsilon \times 23.06 \quad kcal \ (\varepsilon \text{ 以伏特計}) \tag{16-6}$$

此處 ΔG 為電池反應的吉布斯自由能變化。已知反應之 ΔG 即可預測藉此反應在電池所能獲得的最大 *emf*。最大 *emf* 亦即可逆 *emf*，僅能在極限的情況下（當電池如前所述可逆操作時）才能獲得。假若我們短路（*short*）一電池，其化學反應能即隨電子之流過外導電體而轉變為熱。電池之應用使一化學有可能可逆或近乎可逆地進行，蓋在實驗室可做到抗拒此一反應並建立一平衡的地步。平常的自然不可逆反應如氫在火焰中燃燒並無此一特色。

我們已在第八章提過，在恆溫恆壓下任何自然反應的 ΔG 為負，任何非自然反應的 ΔG 為正，而在反應平衡時 $\Delta G = 0$。如此，依 (16-6)，任何自然反應的 ε 必為正，任何非自然反應的 ε 為負，而當反應處於平衡狀態時其 ε 必等於零。

16-6　電極之極性與電池式

(*Polarity of an Electrode and Cell Diagram*)

使用電位計測量電池電動勢時，電位計必須供應一逆電壓以平衡電池的電動勢。因此，**接至電位計負端的電極必為陰極，而接至電位計正端的電極必為陽極**（見圖 16-2）。又因陰極電子過剩而陽極缺乏電子，在電池外電路中電子必自陰極流至陽極。

讀者已知悉放出電子的反應為氧化反應而吸取電子的反應為還原反應。因此**氧化反應必發生於陰極而還原反應必發生於陽極**。氧化反應與還原反應相加即得電池反應。為簡便計，提及一電池時常使用一電池式（*cell diagram*）。茲舉一例。設有一電池之一半電池由浸於一

第十六章　化學電池與電動勢　*449*

鋅離子溶液的鋅電極所構成，另一半電池由浸於一鎘離子溶液的鎘電極所構成，兩半電池藉一鹽橋連接。兩半反應及總電池反應如下所示:

$$Zn(s) = Zn^{+2} + 2e \text{（氧化反應）}$$

$$Cd^{+2} + 2e = Cd(s) \text{（還原反應）}$$

$$Zn(s) + Cd^{+2} = Zn^{+2} + Cd(s) \text{（電池反應）}$$

此一電池的電池式如下所示:

$$\overset{\displaystyle -\quad\quad e\quad\quad +}{\underset{}{\xrightarrow{\hspace{3cm}}}}$$
$$Zn|Zn^{+2}\ ||Cd^{+2}|Cd$$

其中單垂線指示兩相（如金屬鋅與鋅鹽溶液）接觸的境界。雙垂線表示兩半電池在電學上藉一鹽橋而互相接觸。若兩溶液直接以多孔壁互相接合，則以單垂線代替雙垂線。**電極成分**（如 Zn 與 Cd）**總是寫在電池式的最左端或最右端**。此點在本例中表示 Zn 與 Cd^{+2} 位於電池反應式的左端。**又氧化反應或陰極室的成分**（如 Zn 與 Zn^{+2}）**總是寫在電池式的左方**，而還原反應或陽極室的成分（如 Cd^{++} 與 Cd）**總是寫在右方**，應注意這與電池在實驗中擺佈的方式無關。有時在某些成分之後附加括弧以註明其濃度或活性。我們特別在此電池式上方加箭號及正負號以指示電子在外電路的流動方向及電極的**極性**（*polarity*），通常並不示出此等記號。

16-7　電池反應熵與焓

(*Entropy and Enthalpy of Cell Reactions*)

自由能與電動勢間的關係式〔(16-6) 式〕構成熱力學與電化學間的橋樑。電池反應熵變化可由電動勢的**溫度係數** (*temperature cœfficient*) 求得。依 (8-56) 式

$$\left(\frac{\partial G}{\partial T}\right)_P = -S \tag{8-56}$$

若分別以 ΔG 與 ΔS 代替上式中的 G 與 S 得

$$\left(\frac{\partial \Delta G}{\partial T}\right)_P = -\Delta S \tag{16-7}$$

此式為吉布斯一亥姆霍茲方程式的另一形式（見 8-16 節）。將（16-6）式代入（16-7）式得

$$\Delta S = n\,\mathfrak{F}\left(\frac{\partial \varepsilon}{\partial T}\right)_P = n\left(\frac{\partial \varepsilon}{\partial T}\right)_P \times 23.06\ kcal/°K$$

$$(\varepsilon\ 以\ volt\ 計) \tag{16-8}$$

依（8-48）式，在恆溫下，

$$\Delta H = \Delta G + T\Delta S \tag{16-9}$$

將（16-6）與（16-8）兩式代入（16-9）式得

$$\Delta H = -n\mathfrak{F}\varepsilon + n\,\mathfrak{F}\,T\left(\frac{\partial \varepsilon}{\partial T}\right)_P$$

$$= \left[-n\varepsilon + nT\left(\frac{\partial \varepsilon}{\partial T}\right)_P\right] \times 23.06\ kcal\ (\varepsilon\ 以\ volt\ 計) \tag{16-10}$$

因此在一系列不同溫度下測量電池的可逆電動勢即有可能求得電池反應的 $\Delta G, \Delta S$, 及 ΔH。因電學測量可做得極準確，由此法決定熱力學數量常較平衡常數的直接決定法或反應焓的卡計決定法更為精確。

〔**例 16-1**〕如下電池在 $25°C$ 之電動勢為 0.67533 *volts*，且電動勢之溫度係數為 $-6.5 \times 10^{-4}\ volt/°K$

$$\text{Cd}\,|\,\text{CdCl}_2 \cdot 2\frac{1}{2}\text{H}_2\text{O}\,|\,飽和溶液\,|\,\text{AgCl}\,|\,\text{Ag} \tag{16-11}$$

求如下反應在 $25°C$ 之 ΔG, ΔS, 及 ΔH。

$$\text{Cd}(s) + 2\text{AgCl}(s) + 2\frac{1}{2}\text{H}_2\text{O}$$

$$= 2\text{Ag}(s) + \text{CdCl}_2 \cdot 2\frac{1}{2}\text{H}_2\text{O}(s) \tag{16-12}$$

〔解〕已知:　$n=2$；　$T=298.18°K$；　$\varepsilon=0.67533\ volts$；

$$\left(\frac{\partial \varepsilon}{\partial T}\right)_P = -6.5\times10^{-4}\ volt/°K$$

$$\Delta G = -n\varepsilon\times23.06kcal = -(2)(0.67533)(23.06)kcal$$

$$= -31.15\ kcal$$

$$\Delta S = n\left(\frac{\partial \varepsilon}{\partial T}\right)_P \times 23.06\ kcal/°K$$

$$= (2)(-6.5\times10^{-4})\times23.06\ kcal/°K$$

$$= -0.03kcal/°K = -30.0\ cal/°K$$

$$\Delta H = \left[-n\varepsilon + nT\left(\frac{\partial \varepsilon}{\partial T}\right)_P\right]\times23.06\ kcal$$

$$= [-(2)(0.67533)-(2)(298.18)(6.5\times10^{-4})]$$

$$(23.06)\ kcal$$

$$= -40.090\ kcal$$

由直接卡計測量法測得此反應之反應熱為 $\Delta H = -39.530\ kcal$。

16-8　單極電位與電池電動勢之決定法(*Determination of Single Electrode Potentials and Cell emf's*)

如前所述，一電池的電動勢為其兩半電池個別電極的電位差。因此有必要決定**單極電位** (*single electrode potential*)。單極電位有一不幸的特點：無法以實驗決定其絕對值。然而我們可選擇一標準半電池並任意規定一標準電位，如此可藉一鹽橋或一溶液連接任一半電池與該標準電池，由此兩半電池的電位差及標準半電池的標準電位決定任一半電池的相對單極電位。選來作為比較標準的半電池為**標準氫半電池**。標準氫半電池由浸於酸（例如 HCl）溶液的氫—鉑電極所構成（參閱圖 16-4）。氫氣泡在一大氣壓下通過表面附有鉑黑（*platinum* black)（細鉑粉）的鉑電極。鉑黑用來供給大接觸面積以催化半電池反應。所用溶液爲其中氫離子活性等於 1 者。其半電池式 (half-cell diagram) 爲

$$Pt|H_2(1atm)|H^+(a=1)$$

或　　　　　　$$Pt|H_2(1atm)|HCl(a_{H^+}=1)$$

其半電池反應爲

$$\frac{1}{2}H_2(g)=H^++e$$

在任何溫度下**標準氫半電池的單極電位定爲零**。若將此氫標準半電池與另一半電池連接以構成一電池並比較此兩半電池的電位差卽可獲得另一半電池的單極電位。若第二半電池中各物質均在其標準狀態下；換言之，其活性爲 1，則觀察到的 *emf* 爲第二半電池的**電池標準電極電位** (standard electrode potential)ε°。若干半電池反應的標準電極電位列於表 16-1。應注意本書遵照國際純粹及應用化學聯合會 *IUPAC* (International Union of Pure and Applied Chemistry) 所推荐的慣例列出**標準還原電位** (standard reduction potentials)。表中各半電池反應均寫成還原反應的形式。其標準電位的正負號相當於將標準氫半電池寫在電池式左端所獲得電池標準 *emf* 的正負號。例如電池

$$Pt|H_2(1atm)|H^+(a=1)\ ||Sn^{+2}(a=1)|Sn$$

的電池反應爲

$$H_2(g)+Sn^{+2}=2H^++Sn\qquad ε° （反應） =-0.136\,volt$$

右半電池的還原反應爲

$$Sn^{+2}+2e=Sn\quad ε°（半電池） =-0.136\,volt$$

若干物理化學敎科書仍採用標準氧化電位 (standard oxidation potentials)。就一半電池而論，氧化反應爲還原反應之逆，標準氧化電位與標準還原電位的數值相同而正負號相反。

　　再回到還原電位。由表 16-1 可見元素的陽電性(*electropositive*) 愈大，其還原電位的負性 (*nagativity*) 愈大。陽電性最大的鋰具有失

表 16-1 標準電極 (還原) 電位

電極 (半電池)	半反應	ε° (*volts*)
Li|Li$^+$	Li$^+$+e=Li	-3.045
K|K$^+$	K$^+$+e=K	-2.925
Cs|Cs$^+$	Cs$^+$+e=Cs	-2.923
Ba|Ba^{+2}	Ba^{+2}+2e=Ba	-2.90
Ca|Ca^{+2}	Ca^{+2}+2e=Ca	-2.87
Na|Na$^+$	Na$^+$+e=Na	-2.714
Mg|Mg^{+2}	Mg^{+2}+2e^-=Mg	-2.37
Al|OH$^-$,Al(OH)$_4^-$	Al(OH)$_4^-$+3e=Al+4OH$^-$	-2.35
Pt|H$_2$|H$^-$	$\frac{1}{2}$H$_2$+e=H$^-$	-2.25
Al|Al^{+3}	Al^{+3}+3e=Al	-1.66
Zn|OH$^-$,Zn(OH)$_4^{-2}$	Zn(OH)$_4^{-2}$+2e=Zn+4OH$^-$	-1.216
Fe|OH$^-$,Fe(OH)$_2$	Fe(OH)$_2$+2e=Fe+2OH$^-$	-0.877
Zn|Zn^{+2}	Zn^{+2}+2e=Zn	-0.763
Cr|Cr^{+3}	Cr^{+3}+3e=Cr	-0.74
Fe|Fe^{+2}	Fe^{+2}+2e=Fe	-0.440
Pt|Cr^{+2}, Cr^{+3}	Cr^{+3}+e=Cr^{+2}	-0.41
Cd|Cd^{+2}	Cd^{+2}+2e=Cd	-0.403
Tl|Tl$^+$	Tl$^+$+e=Tl	-0.336
Ag|AgI|I$^-$	AgI+e=Ag+I$^-$	-0.1519
Sn|Sn^{+2}	Sn^{+2}+2e=Sn	-0.136
Pb|Pb^{+2}	Pb^{+2}+2e=Pb	-0.126
Pt|O$_2$|H$_2$O$_2$,OH$^-$	O$_2$+2H$_2$O+2e=H$_2$O$_2$+2OH$^-$	-0.076
Pt|H$_2$|H$^+$	2H$^+$+2e=H$_2$	0
Pt|Sn^{+2}Sn^{+4}	Sn^{+4}+2e=Sn^{+2}	$+0.15$
Pt|Cu$^+$, Cu^{+2}	Cu^{+2}+e=Cu$^+$	$+0.153$
Ag|AgCl|Cl$^-$	AgCl+e=Ag+Cl$^-$	$+0.2225$
Hg|Hg$_2$Cl$_2$|Cl$^-$	Hg$_2$Cl$_2$+2e=2Hg+2Cl$^-$	$+0.2676$
Cu|Cu^{+2}	Cu^{+2}+2e=Cu	$+0.337$
Cu|Cu$^+$	Cu$^+$+e=Cu	$+0.522$
Pt|I$_2$|I$^-$	I$_2$+2e=2I$^-$	$+0.5356$
Pt|MnO$_4^-$, MnO$_4^{-2}$	MnO$_4^-$+e=MnO$_4^{-2}$	$+0.564$
Pt|MnO$_2$|MnO$_4^-$, OH$^-$	MnO$_4^-$+2H$_2$O+3e=MnO$_2$+4OH$^-$	$+0.588$
Hg|Hg$_2$SO$_4$(s)|SO$_4^{-2}$	Hg$_2$SO$_4$+2e=2Hg(l)+SO$_4^{-2}$	$+0.6141$
Pt|O$_2$|H$_2$O$_2$, H$^+$	2H$^+$+O$_2$+2e=H$_2$O$_2$	$+0.682$
Pt|Fe^{+2}, Fe^{+3}	Fe^{+3}+e=Fe^{+2}	$+0.771$
Hg|Hg$_2^{+2}$	Hg$_2^{+2}$+2e=2Hg	$+0.789$

$Ag \mid Ag^+$	$Ag^+ + e = Ag$	$+0.7991$
$Pt \mid NO \mid NO_3^-,\ H^+$	$NO_3^- + 4H^+ + 3e = NO + 2H_2O$	$+0.96$
$Pt \mid I_2 \mid IO_3^-,\ H^+$	$IO_3^- + 6H^+ + 5e = \frac{1}{2}\,I_2 + 3H_2O$	$+1.195$
$Pt \mid MnO_2 \mid Mn^{+2},\ H^+$	$MnO_2 + 4H^+ + 2e^- = Mn^{+2} + 2H_2O$	$+1.23$
$Pt \mid Tl^+,\ Tl^{+3}$	$Tl^{+3} + 2e = Tl^+$	$+1.247$
$Pt \mid Cr^{+3},\ Cr_2O_7^{-2},\ H^+$	$Cr_2O_7^{-2} + 14H^+ + 6e = 2Cr^{+3} + 7H_2O$	$+1.33$
$Pt \mid Cl_2 \mid Cl^-$	$Cl_2 + 2e = 2Cl^-$	$+1.3595$
$Pt \mid Cl_2 \mid ClO_3^-,\ H^+$	$ClO_3^- + 6H^+ + 5e = \frac{1}{2}\,Cl_2 + 3H_2O$	$+1.47$
$Pt \mid Mn^{+2},\ MnO_4^-,\ H^+$	$MnO_4^- + 8H^+ + 5e = Mn^{+2} + 4H_2O$	$+1.51$
$Pt \mid Ce^{+3},\ Ce^{+4}$	$Ce^{+4} + e = Ce^{+3}$	$+1.61$
$Pt \mid MnO_2,\ H^+$	$MnO_4^- + 4H^+ + 3e = MnO_2 + 2H_2O$	$+1.695$
$Pt \mid H_2O_2,\ H^+$	$H_2O_2 + 2H^+ + 2e = 2H_2O$	$+1.77$
$Pt \mid Co^{+2},\ Co^{+3}$	$Co^{+3} + e = Co^{+2}$	$+1.82$
$Pt \mid SO_4^{-2},\ S_2O_8^{-2}$	$S_2O_8^{-2} + 2e = 2SO_4^{-2}$	$+2.01$

去電子的最大趨勢; 換言之, 最易氧化, 因此其還原反應的 $\Delta G°$ 為正, 而 $\varepsilon°$ 為負。應用表 16-1 所列標準還原電位數據可計算電池的標準 *emf*。茲舉一例, 電池

$$Cu \mid Cu^{+2} \;\mid\mid\; Ag^+ \mid Ag$$

的半電池反應為

右半電池: $Ag^+ + e = Ag(s),\quad \varepsilon° = +0.7991\ volt$

左半電池: $Cu^{+2} + 2e = Cu(s);\quad \varepsilon° = +0.337\ valt$

將右半電池反應式乘以 2 (但電極電位 $\varepsilon°$ 則不乘以 2) 再減以左半電池反應式可得總電池反應式:

$$2Ag^+ + Cu(s) = 2Ag(s) + Cu^{+2},\quad \varepsilon° = +0.462\ volt \qquad (16\text{-}12)$$

電池反應的 $\varepsilon° = 0.7991 - (+0.337) = 0.462\ volt$。 另一方法 (常用方法) 是將左半電池反應式寫成氧化反應的形式, 但應注意標準氧化電極電位等於負標準還原電位。

左半電池: $Cu(s) = Cu^{+2} + 2e,\quad -\varepsilon° = -0.337\ volt$

如此, 將右半反應 (還原反應) 式乘以 2 再加以左半反應 (氧化反應) 式得總電池反應式。所得電池反應的標準 *emf*, $\varepsilon° = 0.7991 + (-0.337) = 0.462\ volt$ 不變。 此一數值指示當各物質皆在其標準狀態

（活性爲 1 ）時上述總電池反應爲自然反應。該反應的標準自由能爲

$$\Delta G° = -n\mathfrak{F}\varepsilon° = -n\varepsilon° \times 23.06 \ kcal$$

$$= -2(0.462) \times 23.06$$

$$= -21.31 \ kcal \qquad (16\text{-}13)$$

如前所述，任一電池中有一半反應爲氧化反應而另一半反應爲還原反應。依慣例，寫電池式以計算電池的標準 emf 時，將進行氧化反應的半電池寫在左端而將進行還原反應的半電池寫在右端。 我們可由兩半電池在表 16-1 中的相對位置決定何者應寫在左方——位置較高者爲左半電池。 如此可獲得由半電池標準還原電位計算電池標準 emf $\varepsilon°$（電池）的公式如下:

$$\varepsilon°（電池）= \varepsilon°（右半電池）-\varepsilon°（左半電池）$$

或　　　　　　　$\varepsilon° = \varepsilon_R° - \varepsilon_L°$ 　　　　　　　　　(16-14)

其中 $\varepsilon_L°$ 與 $\varepsilon_R°$ 分別爲左右半電池的 $\varepsilon°$。要從兩半反應式獲得平衡的總電池反應式（如一般寫法）必須平衡在總反應中獲得與失去的電子數。 雖然 $\Delta G°$ 的絕對值與 n 成正比， $\varepsilon_L°$ ， $\varepsilon_R°$ 及 $\varepsilon°$（電池）則與反應所涉及的電子數無關。例如表 16-1 所列半電池反應 $Ca^{+2} + 2e = Ca$ 的 $\varepsilon°$（半電池）$= -2.87 \ volt$。在此式中所涉及的電子數爲 2 。此式亦可寫成 $\frac{1}{2}Ca^{+2} + e = \frac{1}{2}Ca$，其 $\varepsilon°$（半電池）仍爲 $-2.87volt$，儘管所涉及的電子數變爲 1 。又如將 (16-12) 式寫成

$$Ag^+ + \frac{1}{2}Cu(s) = Ag(s) + \frac{1}{2}Cu^{+2}, \ \varepsilon° = 0.462 \ volt$$

則 $\Delta G° = -n\mathfrak{F}\varepsilon° = -1(0.462) \times 23.06 = -10.65 \ kcal$，但電池 emf $\varepsilon°$ 仍爲 $0.462 \ volt$。

標準電極電位及標準電池電動勢亦可用以計算化學平衡常數。依 (12-12) 式， $\Delta G° = -RT \ln K$，其中 K 爲熱力學平衡常數。就任一

假想反應 $aA+bB=cC+dD$ 而論

$$K=\frac{a_C^c a_D^d}{a_A^a a_B^b} \qquad\qquad (16\text{-}15)$$

(16-14) 式可改寫為

$$\varepsilon^\circ=\frac{RT}{n\mathfrak{F}}\ln K=\frac{RT}{n\mathfrak{F}}\ln\frac{a_C^c a_D^d}{a_A^a a_B^b} \qquad\qquad (16\text{-}16)$$

若溫度為 $25°C$，將 $R=8.314\,joules/°K\text{-}mole$，$\mathfrak{F}=96500\,coul/equiv$ 代入上式並注意 n 含有 $equiv/mole$ 的單位可得

$$\varepsilon^\circ=\frac{(8.314)(298.16)}{n\times96500}\ln K=\frac{0.0257}{n}\ln K \quad (16\text{-}16a)$$

或

$$\varepsilon^\circ=\frac{0.0591}{n}\log K \qquad\qquad (16\text{-}16b)$$

(16-16) 式可應用於任何反應，包括半電池反應與總電池反應。

〔**例16-2**〕求如下反應在 $25°C$ 之 ε°，ΔG°，及 K，

$$\frac{1}{2}Cu(s)+\frac{1}{2}Cl_2(g)=\frac{1}{2}Cu^{+2}+Cl^-$$

〔解〕因 Cu 在總反應式中被氧化，故含有銅電極的半電池為左半電池，其中氧化反應發生。此一總反應由下列二半電池反應合併而成：

左半電池：　$\frac{1}{2}Cu=\frac{1}{2}Cu^{+2}+e$　$-\varepsilon_L^\circ=-0.337\,volt$

右半電池：　$\frac{1}{2}Cl_2(g)+e=Cl^-$　$\varepsilon_R^\circ=1.3595\,volts$

兩半反應相加得總電池反應 $\frac{1}{2}Cu(s)+\frac{1}{2}Cl_2(g)=\frac{1}{2}Cu^{+2}+Cl^-$。

$$\varepsilon^\circ=\varepsilon_R^\circ-\varepsilon_L^\circ=1.3595-0.337=1.023\,volts$$

$$\Delta G=-n\mathfrak{F}\varepsilon^\circ=-n\varepsilon^\circ\times23.06kcal=-23.590\,kcal$$

$$\log K=\frac{n\varepsilon^\circ}{0.0591}=\frac{1.023}{0.0591}=17.3$$

$$K=\frac{a_{Cl^-}(a_{Cu^{+2}})^{1/2}}{(a_{Cl_2})^{1/2}}=2\times 10^{17}$$

因固體之活性定為 1，故 $a_{Cu}=1$。所使用的電池為

$$Cu|Cu^{+2}\;||Cl^-|Cl_2(g)|Pt$$

計算電池在任何情況下 的*emf*（非標準 *emf*）所用的公式與（16
-14）式類似，亦卽

$$\varepsilon\;(電池)=\varepsilon_R-\varepsilon_L \qquad\qquad (16\text{-}17)$$

ε_L 與 ε_R 分別為左右半電池反應的電極電位。依照慣例 ε（電池）必
須為正，否則應調換兩半電池在電池式中的位置。

16-9　離子活性與電池 *emf* (*Ionic Activities and Cell emf*)

當電池中某些物質的活性不為 1 時，電池的*emf*亦可由半電池的
標準電位及反應物質的活性求得。依（12-40）式，就一般電池反應

$$aA+bB=cC+dD$$

而論

$$\Delta G=\Delta G^\circ+RT\ln K \qquad\qquad (16\text{-}18)$$

$$=\Delta G^\circ+RT\ln\frac{a_C{}^c\,a_D{}^d}{a_A{}^a\,a_B{}^b}$$

將（16-6）與（16-13）兩式代入上式可得電池 *emf* 與涉及反應的物
質活性的關係式:

$$\varepsilon=\varepsilon^\circ-\frac{RT}{n\mathcal{F}}\ln\frac{a_C{}^c a_D{}^d}{a_A{}^a a_B{}^b} \qquad\qquad (16\text{-}19)$$

此式不僅適用於總電池反應，抑且適用於半電池反應。在 $25^\circ C$ 之下

$$\varepsilon=\varepsilon^\circ-\frac{(8.314)(298.16)}{n(96500)}\ln\frac{a_C{}^c a_D{}^d}{a_A{}^a a_B{}^b}$$

$$=\varepsilon^\circ-\frac{0.0257}{n}\ln\frac{a_C{}^c a_D{}^d}{a_A{}^a a_B{}^b} \qquad\qquad (16\text{-}19a)$$

$$= \varepsilon^{\circ} - \frac{0.0591}{n} \log \frac{ac^{c}a_{D}^{d}}{a_{A}^{a}a_{B}^{b}} \tag{16-19b}$$

雖然標準電池 *emf* ε° 可能爲正亦可能爲負，適當選擇各反應物的活性可使 ε 爲正。應注意當各物質的活性均爲 1 時，$\varepsilon = \varepsilon^{\circ}$；換言之，$\varepsilon^{\circ}$ 爲各物質均在其標準狀態下的電池 *emf*。ε° 之數值可應用表 16-1 之數據及 (16-14) 而算出。因此，若知參加反應各物質的活性則可依 (16-19) 式計算電池的電動勢。(16-19) 式稱爲**能斯脫方程式** (*Nernst equation*)。反之，若以電位計測得 ε，則可算出電池反應的熱力學平衡常數。如前所述我們應用標準氫半電池測量另一半電池的標準電極電位。測量半電池標準電極電位時常須應用 (16-19) 式。此外，此式亦常用以獲得電解質活性係數。茲舉一典型實例於次。

圖 16-4 所示電池由浸於 —H Cl 溶液的氫—鉑電極與銀—氯化銀電極所構成。其電池式爲

$$Pt \,|\, H_{2}(1atm) \,|\, HCl(m) \,|\, AgCl \,|\, Ag$$

其中 m 指示 HCl 的重量克分子濃度。兩電極反應爲

$$\frac{1}{2}H_{2} = H^{+} + e$$

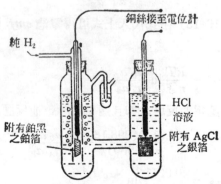

圖 16-4 氫-鉑電極與銀-氯化銀電極在測量標準 *emf* 時之裝置

$$AgCl+e=Ag+Cl^-$$

總電池反應為

$$AgCl+\frac{1}{2}H_2=H^++Cl^-+Ag$$

依 (16-19) 式

$$\varepsilon=\varepsilon^\circ-\frac{RT}{\mathfrak{F}}\ln\frac{a_{Ag}\,a_{H^+}a_{Cl^-}}{a_{AgCl}\,a_{H_2}^{1/2}}$$

因固相的活性為1，$a_{Ag}=1$，$a_{AgCl}=1$。又在一大氣壓下氫甚接近理想氣體，故 $a_{H_2}=1$。如此，上式簡化為

$$\varepsilon=\varepsilon^\circ-\frac{RT}{\mathfrak{F}}\ln a_{H^+}a_{Cl^-} \tag{16-20}$$

因 HCl 為強電解質，故完全解離而 $m_{H^+}=m$。又因 AgCl 的溶度積甚低，$m_{Cl^-}=m$。令 $a_\pm$ 與 $\gamma_\pm$ 分別代表 HCl 的平均活性與平均活性係數，則依 (15-6)，(15-9) 及 (15-10) 三式得

$$a_\pm=(a_{H^+}a_{Cl^-})^{1/2}=(\gamma_{H^+}\gamma_{Cl^-})^{1/2}(m_{H^+}m_{Cl^-})^{1/2}$$
$$=\gamma_\pm m$$

將此一關係代入 (16-20) 式得

$$\varepsilon=\varepsilon^\circ-\frac{RT}{\mathfrak{F}}\ln(\gamma_\pm m)^2=\varepsilon^\circ-\frac{2RT}{\mathfrak{F}}\ln\gamma_\pm m \tag{16-21}$$

重新安排上式得

$$\varepsilon+\frac{2RT}{\mathfrak{F}}\ln m=\varepsilon^\circ-\frac{2RT}{\mathfrak{F}}\ln\gamma_\pm \tag{16-22}$$

因在無限稀釋的情況下 $m=0$，$\gamma_\pm=1$，$\ln\gamma_\pm=0$，若以 $(\varepsilon+\frac{2RT}{\mathfrak{F}}\ln m)$ 對 m 作圖，並將 $(\varepsilon+\frac{2RT}{\mathfrak{F}}\ln m)$ 值外推至 $m=0$ 即可得 ε°。

欲獲得較準確的外推值可應用的拜-胡克爾理論，依的拜-胡克爾理論，在稀溶液的場合〔見 (15-23) 式〕

$$\ln\gamma_\pm=B\sqrt{m} \tag{16-23}$$

其中 B 爲一常數。在稀溶液的場合，(16-22) 式變爲

$$\varepsilon + \frac{2RT}{\mathcal{F}} \ln m = \varepsilon° - \frac{2RTB}{\mathcal{F}} \sqrt{m} \qquad (16\text{-}24)$$

將上式左端之數值對 $\sqrt{m}$ 作圖並外推至 $m=0$（見圖16-5）所得截距值卽爲 $\varepsilon°$。在 $25°C$ 之下，此電池之 $\varepsilon° = 0.2225\ volt$。因 $\varepsilon°$（氫半電池）爲零，故得 $Ag-AgCl$ 電極或半反應 $AgCl+e=Ag+Cl^-$ 的 $\varepsilon° = 0.2225\ volt$。

標準氫—鉑電極在實驗室的例行使用上頗爲不便，故實用上以銀—氯化銀電極代替氫—鉑電極以作爲第二參考電極。

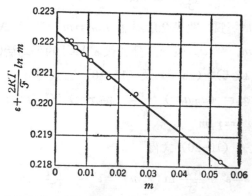

圖 16-5　以繪圖法決定標準 $Ag-AgCl$ 電極電位。數據得自 $25°C$ 下之 $Pt|H_2(1atm)|HCl(m)|AgCl|Ag$ 電池

$\varepsilon°$ 值一經決定卽可利用含有鹽酸的電池在各種濃度下的 emf 計算 HCl 在各種濃度下的平均活性係數或平均活性。其他電解質的活性係數亦可利用類似方法決定之。

〔例 16-3〕電池 $Pt|H_2\ (1\ atm)|\ HCl|AgCl|Ag$ 在 $25°C$ 及 $0.1\ m$ HCl 濃度下之 emf 爲 $\varepsilon = 0.3524\ volt$。試計算 HCl 在 $0.1\ m$ 濃度下的平均活性係數。

〔解〕在 $25°C$ 下，(16-22) 式變爲

$$\varepsilon + 0.0514 \ln m = \varepsilon^{\circ} - 0.0514 \ln \gamma_{\pm}$$

已知 $m=0.1$，$\varepsilon^{\circ}=0.2225$，$\varepsilon=0.3524$。代入上式得

$$\ln \gamma_{\pm} = (-0.3524 + 0.2224 - 0.0514 \ln 0.1)/0.0514$$

$$= -0.228$$

$$\gamma_{\pm} = 0.798$$

16-10　電極之分類 (*Classification of Electrodes*)

用於電化學研究的電極或半電池有多種。較重要者可分爲下列五類:

(a) 金屬─金屬離子電極

(b) 汞齊電極

(c) 氣體電極

(d) 金屬─不溶鹽電極

(e) 氧化─還原電極

茲簡略討論於次。

(1) 金屬─金屬離子電極 (*Metal-metal ion electrodes*)

此類電極涉及金屬及其離子溶液，兩者互相平衡。鋅、銅、銀、鎘等電極卽爲其例。其一般半電池反應爲

$$M^{+n} + ne = M \tag{16-25}$$

如此我們說電極與離子 M^{+n} 互相可逆 (*reversible to each other*)。依 (16-19) 式，電極電位爲

$$\varepsilon = \varepsilon^0 - \frac{RT}{n\mathcal{F}} \ln \frac{1}{a_{M^{+n}}} \tag{16-26}$$

寫出此式時將純固體及電子的活性視爲 **1**。

(2) 汞齊電極 (*Amalgam electrodes*)

實用上常以金屬溶於汞中所形成的溶液代替金屬—金屬離子電極中的純金屬。金屬的汞溶液稱爲**汞齊** (*amalgam*) 或汞合金。該金屬的活性須大於汞。金屬汞齊的作用大致與純金屬相同，惟一不同之處是金屬因被汞稀釋而活性降低。汞齊電極的優點是達成平衡較快且具有較佳可逆性。此外，金屬如鈉、鉀、或鈣等因過於活潑而不能直接使用。若將此等金屬製成汞齊可充分降低其活性以適用於水溶液中。汞齊電極尚有一優點。 小量的雜質常使純金屬的行爲反常， 但對汞齊電極的影響不大， 故汞齊電極行爲的**再現性** (*reproducibility*) 較高。

令 M 指示一金屬， 則可以 $M(\text{Hg})$ 表示其汞齊。將此一汞齊浸於金屬離子 M^{+n} 之溶液中得一半電池 $M(\text{Hg})|M^{+n}(a_M\ )$。其電極反應爲

$$M^{+n} + ne = M(\text{Hg}) \tag{16-27}$$

電極電位爲

$$\varepsilon = \varepsilon^\circ - \frac{RT}{n\mathcal{F}} \ln \frac{a_M}{a_{M^{+n}}} \tag{16-28}$$

上式中的 ε° 亦卽 (16-26) 式中純金屬—金屬離子電極的標準還原電位。因汞齊中的金屬 M 不是純金屬， 其活性 a_M 視其在汞齊中的濃度而定。

(3) **氣體電極** (*Gas electrodes*)

將一惰性金屬絲或金屬片浸入含有氣體離子的溶液， 並以此氣體之氣泡通過其週圍卽獲得一金屬電極。此金屬常爲塗有鉑黑 (*Platinum black*) 的鉑， 其作用在加速氣體與其離子間的平衡， 並作爲該電極之電接觸物。氫電極爲其一例。氫電極的電極反應爲

$$H^+ + e = \frac{1}{2}H_2$$

其電極電位爲

$$\varepsilon = \varepsilon^\circ - \frac{RT}{\mathcal{F}} \ln \frac{p_{H_2}^{1/2}}{a_{H^+}} \tag{16-29}$$

因氫在常壓下極接近理想氣體，故其活性等於其壓力 p_{H_2}。又因氫電極之標準電位爲零，若氣之壓力爲 $1atm$，上式可簡化爲

$$\varepsilon = \frac{RT}{\mathcal{F}} \ln a_{H^+} \tag{16-30}$$

如此，氫電極的電位僅視溶液中的氫離子活性或 pH 值而定。

(4) **金屬一不溶鹽電極**（*Metal-insoluble salt electrodes*）

此類電極極常見且極重要，由一金屬與其難溶鹽所構成，兩者互相接觸。在半電池中，此鹽與含有其共同離子的溶液接觸。例如銀一氯化銀半電池 $Ag|AgCl|Cl^-$。其電極反應爲

$$AgCl(s) + e = Ag(s) + Cl^-$$

其電極電位爲

$$\varepsilon = \varepsilon^\circ - \frac{RT}{\mathcal{F}} \ln a_{Cl^-}$$

另一重要實例爲鉛一硫酸鉛半電池 $Pb|PbSO_4|SO_4^{-2}$，其電極反應爲

$$PbSO_4(s) + 2e = Pb(s) + SO_4^{-2}$$

(5) **氧化一還原電極**（*Oxidation-reduction electrodes*）

將一惰性金屬浸入含有兩種不同氧化狀態的離子如 Fe^{+2} 與 Fe^{+3} 的溶液卽得一氧化一還原電極。半電池 $Pt|Fe^{+2}, Fe^{+3}$ 爲一實例。其電極反應爲

$$Fe^{+3}(a_{Fe^{+3}}) + e = Fe^{+2}(a_{Fe^{+2}})$$

其電極電位爲

$$\varepsilon = \varepsilon^\circ - \frac{RT}{\mathcal{F}} \ln \frac{a_{Fe^{+2}}}{a_{Fe^{+3}}}$$

16-11 電池之分類 (*Classification of Cells*)

連接二適當半電池卽得一電化學電池。連接二半電池的方法是令
此二半電池中的溶液互相接觸，使離子流通。若兩半電池的溶液相同，
則所構成的電池無液體接合 (*liquid junction*)，此種電池稱爲**無液體
接合之電池** (*cell without liquid junction*) 或**不涉及遷移數之電池**
(*cell without transference*)。若兩半電池的溶液不同，則離子遷移經
過液體境界將引起不可逆現象，所構成的電池稱爲**有液體接合之電池**
(*cell with liquid junction*) 或**涉及遷移數之電池** (*cell with trans-
ference*)。

電池電動勢可能得自化學反應或物理變化。藉化學變化而獲得電
動勢的電池稱爲**化學電池** (*chemical cells*)。藉濃度變化而獲得電動
勢的電池稱爲**濃差電池** (*concentration cells*)。濃度差異可能發生於
電解質或電極。例如汞齊或合金電極的溶質濃度差異和氣體電極的氣
壓差異均屬於後者。

對電化學電池可作如下分類：

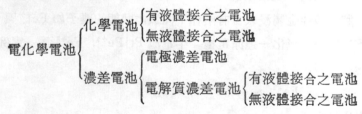

茲摘述數類電池於次。

(1) 無液體接合之化學電池 (*chemical cells without transfer-
ence*)

此類電池的兩電極及溶液必須適當選擇，使一電極與陰離子發生
可逆反應或「互相可逆」，另一電極與陽離子互相可逆。述於 16-9 節

的 Pt|H$_2$(1 *atm*)|H Cl|Ag Cl|Ag 電池爲一典型實例。其中氫電極與 H$^+$ 離子互相可逆，Ag－AgCl 電極與 Cl$^-$ 離子互相可逆。其電動勢如 (16-20) 式所示。

　　另一著名的實例爲魏斯頓標準電池 Cd|CdSO$_4$(a_{CdSO_4})|Hg$_2$SO$_4$(s)|Hg（見圖 16-3）。此電池由一汞一硫酸亞汞電極、一鎘電極及硫酸鎘飽和水溶液所構成。左電極 (Cd|Cd^{++}) 反應與左電極電位爲

$$Cd(s) = Cd^{+2} + 2e \qquad -\varepsilon^{\circ}{}_L = +0.403 \; volt \qquad (16\text{-}31)$$

$$(-\varepsilon_L) = (-\varepsilon_L{}^{\circ}) - \frac{RT}{2\mathfrak{F}} \ln a_{Cd^{+2}} \qquad (16\text{-}32)$$

右電極 (Hg|Hg$_2$SO$_4$|SO$_4$$^{--}$) 反應與右電極電位爲

$$Hg_2SO_4(s) + 2e = SO_4^{-2} + 2Hg(l) \quad \varepsilon_R^{\circ} = +0.6141 \quad (16\text{-}33)$$

$$\varepsilon_R = \varepsilon_R{}^{\circ} - \frac{RT}{2\mathfrak{F}} \ln a_{SO_4^{-2}} \qquad (16\text{-}34)$$

(16-33) 式加 (16-31) 式得總電池反應

$$Cd(s) + Hg_2SO_4(s) = 2Hg(l) + Cd^{+2} + SO_4^{-2}$$

或　　　　$$Cd(s) + Hg_2SO_4(s) = 2Hg(l) + CdSO_4(a_{CdSO_4}) \quad (16\text{-}35)$$

　　　　（因 CdSO$_4$ 爲一强電解質）

(16-34) 式加 (16-32) 式得電池電動勢

$$\varepsilon = \varepsilon_R - \varepsilon_L = (\varepsilon_R{}^{\circ} - \varepsilon_L{}^{\circ}) - \frac{RT}{2\mathfrak{F}} \ln a_{Cd^{+2}} a_{SO_4^{-2}}$$

$$\varepsilon = \varepsilon^{\circ} - \frac{RT}{2\mathfrak{F}} \ln a_{CdSO_4} \qquad (16\text{-}36)$$

在 25°C 下該電池之標準電動勢爲 $\varepsilon^{\circ} = \varepsilon_R{}^{\circ} - \varepsilon_L{}^{\circ} = 0.614 -$ (−0.403) $= 1.0171 \; volt$。將 (16-19) 式直接應用於反應(16-35)亦可獲得 (16-36) 式。由 (16-36) 式知魏斯頓標準電池的電動式僅受 CdSO$_4$ 活性或濃度的影響，但因 CdSO$_4$ 爲飽和溶液，在一定溫度下其濃度或活性爲一常數，故 ε 亦爲一常數。

(2) 有液體接合之化學電池 (*Chemical cells with liquid junction*)

我們在 (16-2) 節曾提及有液體接合的電化學電池，例如單尼爾電池 $Zn|Zn^{+2}|Cu^{+2}|Cu$ 中兩溶液 $ZuSO_4$ 與 $CuSO_4$ 藉一多孔壁互相接合，$Zn|Zn^{+2}||Cd^{+2}|Cd$ 電池中兩溶液藉一鹽橋互相接合。兩不同溶液（濃度不同或所含離子不同）互相接觸常導致**接合電位**(*junction Polential*)ε_J。 此一接合電位由於離子擴散越過兩溶液間的境界而發生。因境界兩邊離子濃度不同，離子有自濃度較高之一邊往另一邊擴散的趨勢。若一電解質之二種離子以相同速度遷移，則離子擴散並不引起複雜情形。然而通常並不如此，較快的離子在較慢的離子之前越過境界，因而導致電荷的分離。電荷分離所引起的接合電位與兩電極的電位差同時出現於測量電池所得的 *emf*。 因此電池的電壓不再是 $\varepsilon=\varepsilon_R-\varepsilon_L$，而是

$$\varepsilon=(\varepsilon_R-\varepsilon_L)+\varepsilon_J \tag{16-37}$$

消除接合電位的最簡單方法是使用一鹽橋。兩溶液以一管相連，管中含有 KCl 的 $1N$ 或飽和溶液。電池操作時，K^+ 離子往陰極方向越過鹽橋與一溶液的境界，而 Cl^- 離子往陽極方向越過鹽橋與另一溶液的境界。因 K^+ 與 Cl^- 的移動，速率非常接近，故兩離子在兩境界所引起的接合電位大小相同、方向相反因而互相抵消。雖然鹽橋是否能將接合電位減至可忽略不計的程度仍受懷疑，目前鹽橋的使用已極廣泛。

〔**例 16-4**〕$ZnCl_2$ 在 $0.5\ m$ 濃度下的活性係數爲 0.376，$CdSO_4$ 在 $0.1\ m$ 濃度下的活性係數爲 0.137。 假設離子與電解質的活性係數相同，試估計如下電池在 $25°C$ 之 *emf*。

$$Zn|ZnCl_2(m=0.5)\ ||CdSO_4(m=0.1)|Cd$$

〔**解**〕左半電池

$$Zn = Zn^{+2} + 2e \qquad -\varepsilon_L^\circ = +0.763 \; volt$$

右半電池

$$Cd^{+2} + 2e = Cd \qquad \varepsilon_R^\circ = -0.403 \; volt$$

兩半反應相加得總電池反應:

$$Cd^{+2} + Zn = Zn^{+2} + Cd$$

假設鹽橋完全消除接合電位。將（16-19b）應用於上式得

$$\varepsilon = \varepsilon^\circ - \frac{0.0591}{2} \log \frac{a_{Zn^{+2}}}{a_{Cd^{+2}}}$$

$\varepsilon^\circ = \varepsilon_R^\circ - \varepsilon_L^\circ = -0.403 + 0.763 = 0.36 \; volt \,; a_{Zn^{+2}} = m_{Zn^{+2}} \gamma_{Zn^{+2}} = 0.5 \times 0.376 \,;$
$a_{Cd^{+2}} = m_{Cd^{+2}} \gamma_{Cd^{+2}} = 0.1 \times 0.137$

$$\varepsilon = 0.36 - \frac{0.0591}{2} \log \frac{(0.5)(0.376)}{(0.1)(0.137)}$$

$$= 0.36 - 0.034 = 0.326 \; volt_\circ$$

(3) 濃差電池 (*Concentration cells*)

濃度電池的 *emf* 係因兩電極間的物質傳送而產生，而此物質傳送則由於此物質在兩極的濃度差所引起。下列三電池爲其實例。

$$Pt \,|\, H_2(p_{H_2} = p_1) \,|\, H^+ \,|\, H_2(p_{H_2} = p_2) \,|\, Pt \qquad (a)$$

$$Cd(Hg)(a_{Cd} = a_1) \,|\, Cd^{+2} \,|\, Cd(Hg)(a_{Cd} = a_2) \qquad (b)$$

$$Pt \,|\, H_2(1atm) \,|\, H^+(a_1) \,|\, H^+(a_2) \,|\, H_2(1atm) \,|\, Pt \qquad (c)$$

電池 (a) 與 (b) 屬於電極濃差電池。電池 (c) 屬於電解質濃差電池。

電池 (a) 的總電池反應爲

$$\frac{1}{2} H_2(p_1) = \frac{1}{2} H_2(p_2) \qquad (16\text{-}38a)$$

其 *emf* 爲

$$\varepsilon = 0 - \frac{RT}{\mathfrak{F}} \ln \frac{p_2^{1/2}}{p_1^{1/2}} = -\frac{RT}{2\mathfrak{F}} \ln \frac{p_2}{p_1} \qquad (16\text{-}38b)$$

(16-38a) 表示電池反應僅是在一電極壓力爲 p_1 的 0.5 莫爾氫轉變爲在另一電極壓力爲 p_2 的 0.5 莫爾氫。若 p_2 小於 p_1 則 ε 爲正；

換言之， 自然電池反應為氫自一壓力 p_1 膨脹至一較低的壓力 p_2。

(16-38b)指示電池的 emf 僅視氫的壓力比而定，但不受溶液中 H^+ 離子活性的影響。

電池 (b) 的總電池反應為

$$Cd(Hg)(a_1)=Cd(Hg)(a_2) \qquad (16\text{-}39a)$$

其 emf 為

$$\varepsilon=-\frac{RT}{2\mathcal{F}}\ln\frac{a_2}{a_1} \qquad (16\text{-}39b)$$

應注意 $\varepsilon°$ (電池)$=\varepsilon_R^° - \varepsilon_L^°=0$ 〔見 (16-28) 式之討論〕。因此可斷言濃差電池的 $\varepsilon°=0$ 且其 emf 方程式具有如下形式:

$$\varepsilon=-\frac{RT}{n\mathcal{F}}\ln\frac{a_2}{a_1} \qquad (16\text{-}40)$$

電池 (c) 的兩電極相同却含有 H^+ 活性不同的兩溶液，屬於有液體接合的濃差電池。電解質可能為濃度不同的 HCl 溶液，兩溶液之間設有一多孔壁。如此，電池式可寫成

$$Pt|H_2(g, 1atm)|HCl(a_1)|HCl(a_2)|H_2(g, 1atm)|Pt$$

左電極反應為

$$\frac{1}{2}H_2(g, 1atm)=H^+(a_1)+e$$

右電極反應為

$$H^+(a_2)+e=\frac{1}{2}H_2(g, 1atm)$$

總電池反應為

$$H^+(a_2)=H^+(a_1) \qquad (16\text{-}41a)$$

依書寫電池式的慣例，左電極為陰極 $(a_2>a_1)$。當外電路中的電子由左往右流時，電池內的電子必由右往左流；換言之，電子必須自右而左越過溶液境界。然而電池中的電子並不自行移動。電流由 Cl^- 與 H^+ 携帶。陰離子 Cl^- 自右往左移動，而陽離子 H^+ 自左往右移動。

設 t^- 爲 Cl^- 的遷移數，則就流經電池的每法拉第電量而論，有 t^- 當量 Cl^- 自活性爲 a_2 的溶液遷移至活性爲 a_1 的溶液；換言之

$$t^-Cl^-(a_2)=t^-Cl(a_1) \tag{16-41b}$$

而且 $t^+(=1-t^-)$ 當量 H^+ 將自活性爲 a_1 的溶液遷移至活性爲 a_2 的溶液；亦卽

$$(1-t^-)H^+(a_1)=(1-t^-)H^+(a_2) \tag{16-41c}$$

計算淨物質傳送 (*net transfer of material*) 須計及 (16-41a)，(16-41b)，及 (16-41c) 三式。如此可得電池的總程序:

$$H^+(a_2)+t^-Cl^-(a_2)+(1-t^-)H^+(a_2)$$
$$=H^+(a_1)+t^-Cl^-(a_1)+(1-t^-)H^+(a_2)$$

或　　　　　$$t^-H^+(a_2)+t^-Cl^-(a_2)=t^-H^+(a_1)+t^-Cl^-(a_1)$$

或　　　　　$$t^-HCl(a_2)=t^-HCl(a_1) \tag{16-42}$$

(16-42) 式顯示有液體接合的濃差電池中就每法拉第電量而論，有 t^- 當量 HCl 自活性爲 a_2 的溶液被傳送至活性爲 a_1 的溶液。然而在無液體接合的濃度電池中就每法拉第電量而論，有一整當量的電解質被傳送。

　　將 *emf* 方程式應用於 (16-42) 式得

$$\varepsilon = -\frac{RT}{\mathcal{F}}\ln\frac{a_1{}^{t^-}}{a_2{}^{t^-}} = \frac{t^-RT}{\mathcal{F}}\ln\frac{a_2}{a_1} \tag{16-43a}$$

代入重量克分子濃度與平均活性係數得

$$\varepsilon = \frac{t^-RT}{\mathcal{F}}\ln\frac{m_2^2\gamma_{\pm2}^2}{m_1^2\gamma_{\pm1}^2} = \frac{2t^-RT}{\mathcal{F}}\ln\frac{m_2\gamma_{\pm2}}{m_1\gamma_{\pm1}} \tag{16-43b}$$

因此，此一電池的 *emf* 可自離子 (而非電極) 的重量克離子濃度、活性係數及遷移數算出。

　　類似 (16-42)，(16-43a)，及 (16-43b) 的方程式適用於電極與陽離子互相可逆而且具有液體接合的濃差電池。若電極與陰離子互相可逆，如在電池

$$\text{Ag}\,|\,\text{AgCl}(s)\,|\,\text{HCl}(a_1)\,|\,\text{HCl}(a_2)\,|\,\text{AgCl}(s)\,|\,\text{Ag} \quad (16\text{-}44)$$

的場合。依類似推理方式可證明電池反應為

$$t^+\text{HCl}(a_1) = t^+\text{HCl}(a_2) \tag{16-45}$$

而 emf 為

$$\varepsilon = -\frac{RT}{\mathscr{F}}\ln\frac{a_2^{t^+}}{a_1^{t^+}} = \frac{t^+RT}{\mathscr{F}}\ln\frac{m_1^2\gamma_{\pm 1}^2}{m_2^2\gamma_{\pm 2}^2}$$

$$= \frac{2t^+RT}{\mathscr{F}}\ln\frac{m_1\gamma_{\pm 1}}{m_2\gamma_{\pm 2}} \tag{16-46}$$

在此場合 a_1 必需大於 a_2，電池反應才能自然發生。

(16-43b) 式所示電池 $\text{Pt}\,|\,\text{H}_2(g,1atm)\,|\,\text{HCl}(a_1)\,|\,\text{HCl}(a_2)\,|\,\text{H}_2(g,$ $1atm)\,|\,\text{Pt}$ 的 emf 為兩電極電位差與接合電位之和，亦卽 $\varepsilon = (\varepsilon_R - \varepsilon_L)$ $+\varepsilon_J$。依 (16-41a) 式，電池反應為 $\text{H}^+(a_2) = \text{H}^+(a_1)$，故兩電極電位差為

$$\varepsilon_R - \varepsilon_L = -\frac{RT}{\mathscr{F}}\ln\frac{(a_{\text{H}^+})_1}{(a_{\text{H}^+})_2}$$

$$= \frac{RT}{\mathscr{F}}\ln\frac{(m_{\text{H}^+}\gamma_{\text{H}^+})_2}{(m_{\text{H}^+}\gamma_{\text{H}^+})_1} \tag{16-47}$$

將 (16-34b) 式減以 (16-47) 式可得接合電位。

$$\varepsilon_J = \varepsilon - (\varepsilon_R - \varepsilon_L)$$

$$= \frac{2t^-RT}{\mathscr{F}}\ln\frac{m_2\gamma_{\pm 2}}{m_1\gamma_{\pm 1}} - \frac{RT}{\mathscr{F}}\ln\frac{(m_{\text{H}^+}\gamma_{\text{H}^+})_2}{(m_{\text{H}^+}\gamma_{\text{H}^+})_1} \tag{16-48}$$

16-12 溶度積與 *emf* (*Solubility and emf*)

一鹽 $B_xA_y(s)$ 與其在飽和溶液中的離子間的平衡可以下式表示之：

$$B_xA_y(s) = xB^{z^+} + yA^{z^-} \tag{16-49}$$

因純固體的活性係數為 1，其熱力學平衡常數為

$$K=a_{B^{z+}}^x \cdot a_{A^{z-}}^y=a_{B_x A_y} \text{（溶液）}$$

$$=(\gamma_+^x \gamma_-^y)(m_+^x m_-^y)=\gamma_\pm^\nu (xm)^x (ym)^y$$

$$=(x^x y^y)\gamma_\pm^\nu m^\nu \qquad\qquad (16\text{-}50)$$

〔見 (15-7) 至 (15-15) 式〕，其中 $\nu=x+y$，m 爲 $B_x A_y$ 之飽和濃度，$\gamma_\pm$ 爲 $B_x A_y$ 之平均活性係數。(16-50) 式之右端亦卽鹽 $B_x A_y$ 之熱力學溶度積 K_s。

$$K_s=(x^x y^y)\gamma_\pm^\nu m^\nu=K \qquad\qquad (16\text{-}51)$$

就微溶鹽而論，若無其他電解質出現，$\gamma_\pm$ 可視爲 1 。

　　茲以 AgBr 爲例展示藉電動勢決定微溶鹽溶度積的方法。AgBr 與其飽和溶液中 Ag^+ 及 Cl^- 之平衡如下式所示:

$$AgBr=Ag^+ + Br^-$$

檢視上式知合倂 $Ag|Ag^+$ 電極反應與 $Ag|AgBr|Br^-$ 電極反應可得此一反應。其電池裝置爲 $Ag|Ag^+\ ||Br^-|AgBr|Ag$

　　右半電池反應　$AgBr+e=Ag+Br^-$　　　$\varepsilon_R°=+0.0711\ volt$

＋）左半電池反應　　$Ag\ \ =Ag^+ + e$　　$-\varepsilon_L°=-0.7991\ volt$

$$AgBr\ \ =Ag^+ + Br^-\qquad \varepsilon°=-0.7280\ volt$$

在 $25°C$ 之下

$$\varepsilon°=\varepsilon_R°-\varepsilon_L°=0.0711-0.7991=-0.7280\ volt$$

應用 (16-16)

$$\varepsilon°=\frac{0.0591}{n}\log K_s \qquad\qquad (16\text{-}52)$$

得

$$\log K_s=\frac{n\varepsilon°}{0.0591}=-\frac{0.7280}{0.0591}$$

$$K_s=4.9\times10^{-13}=m^2\gamma_\pm^2$$

16-13 以電位法決定 pH 值

(*Potentiometric Determination of* pH)

emf 測定的最廣泛應用為溶液 pH 值的決定。我們已在 15-12 節討論過以指示劑決定 pH 值的原理。本節簡述以電化學法決定溶液 pH 值的手續。

茲考慮由二半電池構成之一電池,如下式所示:

$$Pt|H_2(1atm)|H^+(a)||H^+(a=1)|H_2(1atm)|Pt$$

由上式可見兩半電池只在 H^+ 離子的濃度上有所不同。左半電池中的溶液係待測 pH 值的溶液。依電池式的慣例左半電池反應為氧化反應,而右半電池為還原反應。

左半電池: $\quad \frac{1}{2}H_2 = H^+(a) + e$

右半電池: $\quad H^+(a=1) + e = \frac{1}{2}H_2$

總 反 應: $\quad H^+(a=1) = H^+(a)$

假設鹽橋所引起的接合電位可忽略,則在 $25°C$ 之下此電池之電位為:

$$\varepsilon = 0 - 0.0591 \log \frac{a_{H^+}}{1} = 0 - 0.0591 \log a_{H^+}$$

取 $pH = -\log a_{H^+}$ 得

$$pH = \frac{\varepsilon (電池) - 0}{0.0591}$$

此一電池以 H^+ 活性等於 1 的氫電極為參考電極。實際上使用甘汞電極(*calomel electrode*)或 $Ag|AgCl$ 電極為參考電極,甘汞電極 $Hg_2Cl_2|Hg$ 較之標準氫電極更便於使用。所使用的電池裝置如下:

$$Pt|H_2(p)|H^+(a_{H^+})||Cl^-(1N)|Hg_2Cl_2|Hg \qquad (16\text{-}53)$$

左半電池:

$$\frac{1}{2}H_2(p)=H^+(a)+e \qquad -\varepsilon_L{}^\circ=0$$

$$(-\varepsilon_L)=(-\varepsilon_L{}^\circ)-0.0591\log\frac{a_{H^+}}{(p_{H_2})^{1/2}}$$

右半電池:

$$\frac{1}{2}Hg_2Cl_2+e=Hg+Cl^- \qquad \varepsilon_R{}^\circ=+0.2676\ volt$$

$$\varepsilon_R=0.2676-0.0591\log a_{Cl^-}=0.2802\ volt$$

在 $25°C$ 之下，常用**甘汞參考電極** (*normal calomel electrode*) 的**電位為** $0.2802\ volt$。兩半反應相加得總電池反應:

$$\frac{1}{2}H_2(p)+\frac{1}{2}Hg_2Cl_2=H^++Cl^-+Hg$$

電池電動勢為

$$\varepsilon=\varepsilon_R-\varepsilon_L=0.2802+0.0591\log\frac{(p_{H_2})^{1/2}}{a_{H^+}}$$

$$pH=\frac{\varepsilon-0.2802}{0.0591}-\frac{1}{2}\log(p_{H_2}) \qquad (16\text{-}54)$$

若氫之分壓為 $1atm$ 則上式變為

$$pH=\frac{\varepsilon-0.2802}{0.0591} \qquad (16\text{-}55)$$

我們亦可以任何參考電極取代甘汞電極。如此，藉電化學決定 pH 值之一般方程式為

$$pH=\frac{\varepsilon(電池)-\varepsilon(參考電極)}{0.0591}-\frac{1}{2}\log p_H \qquad (16\text{-}56)$$

〔**例 16-5**〕在 $25°C$ 下以 (16-53) 式所示甘汞電池測定一溶液之 pH 值。當氣壓為 $754.1mmHg$ 時電池之 *emf* 為 $0.5164\ volt$，求此溶液之 pH 值。已知水在 $25°C$ 之蒸汽壓為 $p_{H_2O}=23.8\ mm\ Hg$。

〔**解**〕自液面冒出的氫氣泡為水蒸汽所飽和，故

$$p_{H_2} = 754.1 - 23.8 = 730.3 \ mm \ Hg = 0.961 \ atm$$

依 (16-54) 式

$$pH = \frac{\varepsilon - 0.2802}{0.0591} - \frac{1}{2} \log p_{H_2}$$

$$= \frac{0.5164 - 0.2802}{0.0591} - \frac{1}{2} \log 0.961$$

$$= 4$$

　　今日被廣泛使用的 pH 計 (pH *meter*) 以**玻璃電極**(*glass elect-rode*) 決定溶液之 pH 值。玻璃電極不受氧化劑或還原劑的影響且**不易被毒化**。其在生物化學上的應用尤屬重要。

　　常用於測量 pH 值的玻璃電極裝置如圖 16-6 所示。圖中 *A* 爲**玻璃電極**，*B* 爲待測溶液，*C* 爲甘汞電極，用以構成一完全電池。**玻璃**

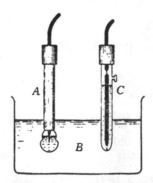

圖 16-6　用於測量 pH 值之玻璃電極裝置

電極直接浸入待測 pH 值的溶液，其主要部份爲一特製多孔性玻璃泡，其內部含有 pH 值已知的溶液 (例如 0.1 *N* HCl 溶液) 及一 Ag|AgCl 電極。整個玻璃電極可以下式表示之:

　　　　Ag|AgCl(*s*)|0.1*N* HCl|玻璃|溶液 (pH=*x*)

化學家已發現若以一玻璃膜隔離 pH 值不同的兩溶液，則玻璃膜兩邊之間有一電位差 ε_G 存在，此一電位差的大小決定於兩溶液的 pH 值差。

因玻璃泡內的溶液 pH 值固定，故由 ε_G 可推算玻璃球外溶液的 pH 值。甘汞電極作爲一參考電極以與玻璃電極構成一完全電池：

$$Ag|AgCl(s)|0.1N\ HCl|玻璃|溶液(pH=x)|甘汞電極$$

因甘汞電極之電位 ε_c 固定，由電池 *emf* 可算出溶液之 pH 值。玻璃膜具有高電阻，不能以普通電位計測量此電池之電壓，因此使用電子伏特計。pH 計須以 pH 值已知的緩衝溶液校正之。

16-14 電位滴定 (*Potentiometric Titrations*)

圖 16-7 示以鹼滴定酸的過程中 pH 值隨加入鹼之體積變化的情形。最初溶液的 pH 值緩慢增加，繼之增加更快，在**當量點** (*equivalence point*)達到時加入一極小量之鹼導致大量的 pH 值增加。超過當量點之後曲線斜率變小，顯示加入過量的鹼只引起小量的 pH 值增加。

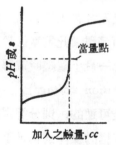

圖 16-7 電位滴定曲線

滴定過程中的 pH 值變化可以電位法跟踪之，在被滴定的溶液中浸入與氫離子互相可逆的電極並以一適當的參考電極構成一電池。當然亦可直接使用 pH 計。因參考電極電位不變，此電池的 *emf* 只隨溶液的 pH 值改變。在滴定的各階段測量 *emf* 並以此 *emf* 對加入之鹼體積作圖可由當量點決定滴定的終點。

16-15 電解池 (*Electrolysis Cells*)

如前所述，在一電池中氧化反應發生於陰極，電池的陰極 (*negative electrode*) 卽輸出電子的電極；還原反應在陽極發生，陽極 (*positive electrode*) 卽輸入電子的電極。若在一可逆電池的外電路施以一大於電池 *emf* 的逆電壓，則各電極反應的方向倒轉——原來陰極附近的反應變爲還原反應，原來陽極反應變爲氧化反應，而電池變爲電解池。電解池陰極與陽極的定義恰與電池相反。就**電解池而論，供應物質電子使之還原的電極稱爲陰極** (*cathode*)，**氧化反應在陽極** (*anode*) **發生**。操作時電解池的陰極接至外電池的陰極，電解池的陽極接至外電池的陽極 (參閱圖 16-8)。電解池兩電極反應的總和爲電解反應。在電池中我們藉化學反應獲得電能 (將化學能變爲電能)。在電解池中我們供應電能以使化學反應發生 (將電能變爲化學能)。

通常電解池的兩極浸入含有離子的同一溶液中，在兩極間施一直流電壓 (*d-c voltage*) 可發現當此電壓低於某一最小電壓時並無電解反應發生。當電壓大於此一最小電壓時電解反應發生。此一最小電壓稱爲**分解電壓** (*decomposition voltage*)。

假若電解槽的操作是可逆的，則分解電壓與電池的電動勢數值相等而正負號相反。然電解槽的操作通常是不可逆的。所需電壓必須大於電池的 *emf*。此一現象稱爲極化 (*polarization*)。過剩電壓 (等於實際所須電壓減理論上所需電壓) 稱爲**極化電壓** (*polarization valtage*)。電解池需要較高電壓係由於 (a) 電極附近的**濃度極化** (*concentration polarization*) 及 (b) **過電壓** (*overvoltage*)。在電解過程中，電極反應使電極附近的濃度發生變化，此一濃度變化 (依 16-19 式) 產生一與所施電壓 (*applied voltage*) 方向相反的電動勢,此現象稱爲

濃度極化。激烈攪拌溶液可解除濃度極化。除濃度極化電壓之外，**為獲得一定電流密度**（*current density*）（即安培/*cm²* 電極面積）對一電解池所施電壓超過可逆電動勢的其餘部份稱為過電壓。過電壓之**發生**顯示電極反應之不可逆性。

16-16　氫之過電壓與電鍍

(*Overvoltage of Hydrogen and Electroplating*)

　　過電壓可藉圖 16-8 所示裝置加以測量。將流過電極*M*表面的電流密度保持於所要值，此時以一電位計測量該電極與一甘汞電極間的

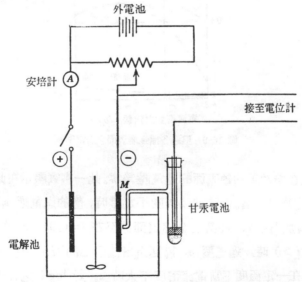

圖 16-8　測量過電壓之裝置。電解質溶液為 1*M*HCl

電位差，電極*M*與甘汞電極間的可逆電位差可在無電流通過電解池時加以測量。因電解池中設有攪拌器，可假設池內各處濃度均勻而無

濃度差，故無濃度極化之發生。如此上述兩次測量所得電位差卽過電壓。

氫形成於各種不同金屬表面所需過電壓示於圖16-9。當電流密度

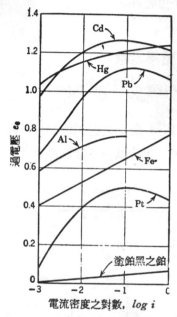

圖 16-9　氫過各種金屬表面之過電壓

爲 0 時，氫在塗鉑黑的鉑表面的過電壓爲零。此一事實顯示在此情況下氫電極反應爲可逆者。但當電流強度不爲零時，氫的過電壓 ε_0 隨電流強度 i 之增加而增加。在其他金屬表面甚至在 $i=0$ 時，ε_0 亦相當大。應注意當 $i>0$ 時，過電壓 ε_0 包括電解池內部的 IR 電位下降。由圖 16-9知在一定溫度下當電流密度不大時 ε_0 對 $\log i$ 之圖線接近直線，故得下式

$$\varepsilon_0 = a + b \log i \tag{16-57}$$

其中 a 與 b 爲常數。

　　氫的大過電壓常被應用於電鍍。假若無氫過電壓的存在，則許多金屬無法自水溶液中沉積於陰極上，而只有氫被電解出來。氫的高過電壓使此等金屬能自水溶液中電鍍出來。在 1 *atm* 下當 pH=7 時氫的可逆電極電位為

$$H^+(a=10^{-7})+e=\frac{1}{2}H_2(1\ atm)$$

$$\varepsilon=-0.0591\log(1/10^{-7})=-0.41\ volt$$

若無過電壓存在只有還原電位的正性大於$-0.41\ volt$ 的金屬才有可能被電鍍出來（其離子被還原）。假設鎘(Cd)在 pH=7的情況下其電極電位 ε_{Cd} 亦為$-0.41\ volt$，則可預期氫與鎘同時產生。但在 0.01 *amp/cm²* 的電流密度下因氫在鎘上的過電壓為 1.2 *volts*，故只有鎘自溶液中沉積於鎘電極上而無氫之產生。

　　電解沉積在化學分析及工業上電鍍方面均具重要性。金屬元素如 Cu, Ag, Ni 及 Cr 通常可自水溶液中電鍍出來。合金如黃銅亦可被電解沉積。黃銅可自氰化物 (*cyanide*) 溶液電鍍而獲得。在此溶液中鋅與銅均形成錯離子 $Zn(CN)_4^{-2}$ 及 $Cu(CN)_2^-$，其結果使自由 Zn^{+2} 及自由 Cu^{+2} 的濃度降低因而提高還原各離子所需的電壓。適當調節氰離子的濃度（加 NaCN）可將 Zn^{+2} 與 Cu^{+2} 的還原電位調至相同值，使兩元素同時沉積於陰極。

16-17　極譜分析 (*Polarography*)

　　在電解過程中，離子必須自溶液主體傳至電極，然後在電極發生化學反應。此兩步驟均非無限快速者，因此均能導致不可逆性。離子傳送過慢引起濃度極化，而反應過慢引起過電壓。濃度極化可應用於定性與定量分析，此種分析法稱為**極譜分析**(*polarography*)。

茲考慮離子 M^{+n} 之還原或金屬 M 之沉積於陰極。當電極附近的 M^{+n} 離子被移去時,電極附近一層厚度為 δ 溶液中的 M^{+n} 濃度減小。假設每單位時間內有 N 克離子量之 M^{+n} 自溶液主體傳至電極(亦即 N 莫耳金屬 M 沉積電極)。令 C_0 與 C 分別代表溶液主體中與電極表面的 M^{+n} 濃度,則依斐克擴散定律(*Fick's diffusion law*),M 的沉積速率為

$$\frac{dN}{dt} = -\mathcal{D}A\frac{dC}{dx} = -\mathcal{D}A\frac{C_0 - C_1}{\delta} \qquad (16\text{-}58)$$

其中 $\mathcal{D}$ 為離子 M^{+n} 的**擴散係數**(*diffusion coefficient*),A 為電極面積。假設 $\mathcal{D}$ 為一常數,則在平穩狀態下厚度為 δ 的液層中濃度梯度(*concentration gradient*)為線性(*linear*)者。

至陰極的電流 I_s 為

$$I_s = -n\,\mathcal{F}\frac{dN}{dt} = \frac{n\,\mathcal{F}\,\mathcal{D}A(C_0 - C)}{\delta} \qquad (16\text{-}59)$$

電極周圍液層兩邊 M^{+n} 的活性差別導致一電位差 ε_D,

$$\varepsilon_D = \frac{RT}{n\,\mathcal{F}}\ln\frac{a_1}{a_0} \qquad (16\text{-}60)$$

ε_D 稱為**濃度極化電位**(*concentration polarization*)。最近化學家常稱 ε_D 為**擴散過電壓**(*diffusion overpotential*)或**濃度過電壓**(*concentration overpotenial*)。應注意此與一般所謂「過電壓」不同。

在極限情況下電極表面的 M^{+n} 濃度為零,即 $C_1 = 0$。此時 I_s 具有最大值 I_{max},

$$I_{max} = \frac{n\,\mathcal{F}\,\mathcal{D}AC_0}{\delta} \qquad (16\text{-}61)$$

當 $C_1 \to 0$ 時,$a_1/a_0 \to 0$,亦即 $\varepsilon_D \to -\infty$。然而在此發生之前溶液中的其他離子開始被還原。

假設溶液中含有數種離子如 Cu^{+2},Tl^+,Zn^{+2} 等。每一離子皆有一可逆還原電位。此一電位視電極 $M^{+n}|M$ 的標準還原電位與溶液

中 M^{+n} 的濃度而定。依能斯特方程式，在 $25°C$ 下當 M^{+n} 被還原成 M 時，

$$\varepsilon = \varepsilon^0 - \frac{0.0591}{n} \log \frac{1}{a_{M^{+n}}}$$

　　若逐漸增加對電解池所施的電壓則還原電位正性最大（最容易還原）的離子 M^{+n} 首先被還原而金屬 M 沉積於陰極。若不攪拌溶液，隨電流之增加，陰極附近的 M^{+n} 濃度漸減，此卽濃度極化現象。最後 I_s 將達到一最大值〔約等於 (16-61) 所示者〕，並停留於此值。此時電流對電壓圖線幾乎爲一水平線。當所施電壓增至第二最易還原的離子開始被還原時，電流又繼續增加直至第二 I_s 之最大值達到爲止。所施電壓可繼續增加，上述程序可重複發生，此卽極譜分析的原理。

　　極譜分析儀所用的電極面積必須很小否則所要電壓可能極大。我們必須避免攪拌溶液以使電流受離子擴散所控制。此外電極表面必須保持清潔並具有再現性。使用**汞滴電極**(*dropping mercury electrode*)可滿足上述要求。

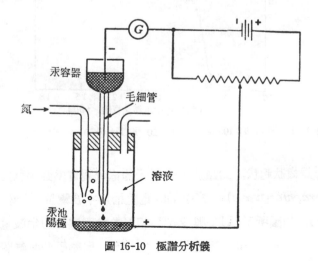

圖 16-10　極譜分析儀

　　圖 16-10 示一極譜分析儀。其陰極為一汞滴電極，汞滴不斷產生，不斷下降，使陰極表面不斷更新。位於電解池底部的汞池作為參攷電極及陽極，因其表面甚大，故無極化現象發生。因氧氣能在許多離子之前還原，故通氮氣或其他鈍氣以驅除溶液中的氧氣。極譜分析儀所記錄的電流對電壓圖線稱為極譜(*polarograph*)。圖 16-11 示含有 Tl⁺ 與 Zn⁺² 的溶液的極譜。因汞滴 (陰極) 的面積時大時小，

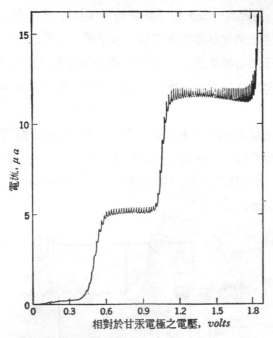

圖 16-11　含有 $9 \times 10^{-4} M$ Zn⁺²,$10 \times 10^{-4} M$ Tl⁺ 及 $0.2M$ KCl 之溶液之極譜

故圖線作鋸齒狀起伏。對應於每一離子的電流對電壓圖線稱為極譜波(*polarographic wave*)。波中點的電壓稱為半波電位 (*half-wave potential*)。如圖所示 Tl⁺ 與 Zn⁺² 相對於甘汞電極的半波電位分別為 0.53 與 1.06*volt*。半波電位為離子的特性，與離子濃度無關，儘管

它可能受 pH 值的影響。故半波電位可用以辨認離子。波最高點的電流稱爲**擴散電流**（*diffusion current*），如（16-61）式所示，與離子濃度及其擴散係數有關，可用以計算離子濃度。因此極譜分析可用於定性與定量分析。H^+ 在汞表面的大過電壓使許多平常較 H^+ 難還原的離子在 H^+ 之前還原，此點極有利於極譜分析。

16-18　商用電池 (*Commericial Cells*)

將同類電池（*cell*）串聯（一電池之陽極接至另一電池之陰極）可構成一電池組 （*battery*），其電壓等於各電池電壓的總和。鉛蓄電池 （*lead storage battery*） 與勒克蘭社乾電池 （*Leclanche dry cell*） 爲二廣用電池。平常使用的鉛蓄電池爲一電池組，乾電池可單獨使用或串聯成電池組。

鉛蓄電池由浸於硫酸溶液的鉛電極及二氧化鉛電極所構成。兩電極皆爲板狀，具有粗糙的大面積。電池反應爲

$$Pb(s)+HSO_4^-=PbSO_4(s)+H^++2e$$
$$PbO_2(s)+3H^++HSO_4^-+2e=PbSO_4(s)+2H_2O(l)$$

$$Pb(s)+PbO_2(s)+2H^++2HSO^-_4 \underset{充電}{\overset{放電}{\rightleftharpoons}} 2PbSO_4(s)+2H_2O(l)$$

此電池反應爲可逆反應。放電時反應方向爲由左至右，充電時反應方向爲由右至左。在充電過程中，海棉狀的鉛再沉積於鉛電極，二氧化鉛再沉積於二氧化鉛電極，而硫酸再生。此時溶液比重增加。依電池反應，在恆溫下，鉛蓄電池的電壓僅視硫酸濃度而定。在 $25°C$ 下，當硫酸佔溶液重量的 7.2%時電壓爲 1.90 *volt*，當硫酸佔 21.4%時電壓爲 2.00 *volts*，當硫酸佔 39.2%時電壓爲 2.14 *volts*。

勒克蘭社乾電池的外殼爲一罐狀鋅皮，其中心插一碳棒，碳棒周

圍為二氧化錳及含有氯化銨與氯化鋅的糊狀物 (作為電解質)。 電極反應為

$$Zn + 2NH_3 = Zn(NH_3)_2^{+2} + 2e$$

$$2MnO_2 + 2NH_4^+ + 2e = Mn_2O_3 + H_2O + 2NH_3$$

其中 $Zn(NH_3)_2^{+2}$ 代表含有不同數目氨分子的錯離子 (*complex ion*) 的平均混合物。勒克蘭社乾電池的最初電壓約為 1.5 伏特。隨着使用其電壓漸減，最後電池被廢棄。

16-19 燃料電池 (*Fuel Cells*)

燃料電池亦為電化電池的一種。此電池不斷供應可消耗的電極材料以產生電。今舉一例以說明燃料電池的優點。

假設我們藉如下反應以產生熱量

$$H_2(g) + \frac{1}{2}O_2(g) = H_2O(g)$$

我們可利用燃燒熱 ΔH (反應)產生蒸汽以推動一渦輪發電機 (*turbogenerator*)。或者我們可設計一氫氧燃料池:

$$C \text{ (石墨)} |H_2(g)|NaOH|O_2|C \text{ (石墨)}$$

其中氫氣泡通過一多孔性碳電極，而氧氣泡通過另一多孔性碳電極，此兩電極均浸於同一熔融的氫氧化鈉中。電極表面塗有鉑粉或銀粉以催化如下反應:

$$H_2 + 2OH^- = 2H_2O + 2e$$

$$\frac{1}{2}O_2 + H_2O + 2e = 2OH^-$$

$$\overline{\qquad\qquad\qquad\qquad\qquad}$$

$$H_2 + \frac{1}{2}O_2 = H_2O$$

利用熱力學可比較實現同一反應 $H_2 + \frac{1}{2}O_2 = H_2O$ 在理論上將化學能轉變爲電能的最大轉變率 (*conversion*)。假設該反應在恆溫恆壓下進行,依第一定律

$$q_P = \Delta E_P \text{ (反應)} + w \text{ (所有各種功)}$$
$$= \Delta E_P \text{ (反應)} + P_{res}\Delta V + w_{el}$$

此處 $P_{res}\Delta V$ 爲反應發生時物系直接對外界所作的任何膨脹功,而 w_{el} 爲物系所作的任何電功。若物系可逆地膨脹或壓縮,則

$$q_P = \Delta H_P \text{ (反應)} + w_{el}$$

假若氫燃燒,由此程序所能得到的有用功並非物系本身的 $P\Delta V$ 功,而是藉一熱機將 q_P 轉變爲機械功或電功時所作的功。此時氫的燃燒不作電功,$w_{el} = 0$,故 $\Delta H_P = q_P$。若熱在一較高溫度 T_1 被吸收而在一較低溫度 T_2 被放出,則基於第二定律,一可逆熱機的最大效率(理論的極限)將是 $(T_1 - T_2)/T_1$。實際上在一蒸汽渦輪式的動力廠中熱轉變爲電的最高總效率約爲 35-40%。

若在電化電池中進行此一反應,物系能近乎可逆地作電功,而

$$w_{el} = -\Delta G_{T,P} \text{ (反應)}$$

在 $298°K$ 之下,$\Delta H°_{298°} = -57.798 \; kcal$,$\Delta G°_{298°} = -54.636 \; kcal$。若利用燃燒法以熱機獲得電功,則每莫耳 H_2 反應約可得 $-0.4 \times \Delta H°_{298°} = 0.4 \times 57.798 = 23.12 \; kcal$。 利用燃料池的方法所能獲得的電能約爲可逆值的 75%,亦即每莫耳 H_2 反應約可得 $-0.75 \; \Delta G°_{298°} = 0.75 \times 54.636 = 40.98 \; kcal$。燃料電池的效率甚高,故其發展受到極大的鼓舞。

已有許多種氣體被用於燃料電池,包括甲烷及其他碳氫化物。空氣爲用來作爲氧化電極的最廉價原料。目前燃料電池的研究仍有許多困難,包括尋找適當的催化表面,減低電池的內電阻及移去反應生成

物等。

習 題

16-1 試寫出下列各電池之個別電極反應及總電池反應。

(a) $Pb|PbSO_4(s)|SO_4^{-2}||Cu^{+2}|Cu$

(b) $Cd|Cd^{+2}||H^+|H_2(g)$

(c) $Zn|Zn^{+2}||Fe^{+3}, Fe^{+2}|Pt$

16-2 求魏斯頓標準電池之電池反應在 25°C 之 (a) 自由能變化，(b) 焓變化及 (c) 熵變化。

16-3 電池 $Pb|PbSO_4|Na_2SO_4\cdot10H_2O$ （飽和溶液）$|Hg_2SO_4|Hg$ 在 25°C 之電動勢為 0.9647 *volt*。其溫度係數為 1.74×10^{-4} *volt*/°K。試計算反應 $Pb(s)+Hg_2SO_4(s)=PbSO_4(s)+2Hg(l)$ 之 (a) 焓變化，(b) 自由能變化及 (c) 熵變化。

〔答: (a) -42.1 *kcal*, (b) -44.5 *kcal*〕

16-4 假設習題 16-1 所述各電池中的所有物質均在其標準狀態，試計算各電池在 25°C 之 *emf* 及各電池反應之自由能變化。

16-5 $HCl(aq)$ 在 $0.01m$ 與 $0.05m$ 及 25°C 下的平均離子活性係數分別為 0.906 與 0.833。試計算當 (a) $m=0.01$ 及 (b) $m=0.05$ 時電池

$$Pt|H_2(1atm)|HCl(m)|Cl_2(1atm)|Pt$$

之 *emf*。

〔答: (a) 1.602 *volts*, (b) 1.5225 *volts*〕

16-6 一電池的電池式為

$$Pb|Pb^{+2}(a=1)||Ag^+(a=1)|Ag$$

(a) 計算 *emf*; (b) 寫出電池反應式; (c) 計算自由能變化。(d) 兩電極中何者為正極？何以見得？

〔答: (a) 0.925 *volt*,

(b) $\frac{1}{2}Pb(s)+Ag^+(a=1)=\frac{1}{2}Pb^{+2}(a=1)+Ag(s)$,

(c) -21.330 *kcol*, (d) 銀電極〕

16-7　已知一反應式如下式所示:

$$Fe^{+2}(a=1)+Ce^{+4}(a=1)=Fe^{+3}(a=1)+Ce^{+3}(a=1)$$

(a) 寫出對應於此反應的電池式。

(b) 計算 $\varepsilon°$。

(c) 計算 $\Delta G°$。

(d) 兩電極中何者為正極？何以見得？

16-8　(a) 試寫出電池

$$Zn(s)\,|ZnCl_2(aq)\,(a=0.5)\,|AgCl(s)\,|Ag(s)$$

之電池反應式。

(b) 計算 $\varepsilon°$。

(c) 計算該電池在 $25°C$ 之 ε。

(d) 計算 ΔG。

(e) 計算 $\Delta G°$。

〔答: (a) $Zn+2AgCl=2Ag+ZnCl_2(a=0.5)$,

(b) 0.985 $volt$,

(c) 0.994 $volt$,

(d) -45.860 $kcal$,

(e) -45.450 $kcal$〕

16-9　(a) 試計算電池

$$Zn\,|Zn^{+2}(a=0.0004)\,||Cd^{+2}(a=0.2)\,|Cd$$

在 $25°C$ 之 emf。

(b) 寫出電池反應式。

(c) 計算該反應之自由能變化。

〔答: (a) 0.4398 $volt$,

(b) $Zn(s)+Cd^{+2}(a=0.2)=Zn^{+2}(a=0.0004)+Cd(s)$,

(c) -20.287 $kcal$〕

16-10　(a) 寫出進行如下反應的電池。

$$H_2(g,1atm)+I_2(s)=2HI(aq,a=1)$$

(b) 計算 ε°。

(c) 計算 ΔG°。

(d) 計算 K。

(e) 若此反應式寫成

$$\frac{1}{2}H_2\,(g,\,1atm) + \frac{1}{2}I_2\,(s) = HI(aq,\,a=1)$$

(a)，(b) 及 (c) 項之結果有何不同？

〔答：(a) $Pt|H_2\,(g,\,1atm)\,|HI(aq,\,a=1)|I_2\,(s)\,|\mathbf{Pt_9}$

(b) 0.5355 *volt*，

(c) $-24.650\,kcal$，

(d) 1.17×10^{18}，

(e) a 與 b 不變；$\Delta G^\circ = -12.325\,kcal$；$K=1.08 \times 10^9$〕

16-11 (a) 計算反應

$$Fe^{+2}+Ag^+=Ag+Fe^{+3}$$

在 $25^\circ C$ 之平衡常數。

(b) 若將過剩的細銀粉加入 $0.05\,M$ 硝酸鐵溶液中，求平衡時之銀離子濃度。假設濃度等於活性。

〔答：(a) 3.0，(b) 0.0443 *mole/l*〕

16-12 有一電池的電池式為

$$Pt|X_2|X^-(a=0.1)|\,|X^-(a=0.001)|X_2|Pt$$

其中 X 為一未知鹵素 (*halogen*)。此電池操作於 $25^\circ C$ 之下。

(a) 寫出電池反應式。

(b) 左右兩電極之中何者為負極？

(c) 求電池之 *emf*。

(d) 此一反應是否為自然反應？

〔答：(a) $X^-(a=0.1)=X^-(a=0.001)$

(b) 左電極，

(c) 0.1182 *volt*，

(d) 是〕

16-13 在 $25°C$ 之下，電池 $H_2(1atm)|HCl(m)|AgCl|Ag$ 在各 HCl 濃度下的 *emf* 如下表所示：

$m\,(mol/kg)$	$\varepsilon\,(volt)$	m	ε
0.01002	0.46376	0.05005	0.38568
0.01010	0.46331	0.09642	0.35393
0.01031	0.46228	0.09834	0.35316
0.04986	0.38582	0.20300	0.31774

試基於 $\varepsilon = \varepsilon° - \dfrac{RT}{\mathfrak{F}}\ln a(HCl)$ 及的拜—胡克爾方程式 $\ln \gamma_{\pm} = -B\sqrt{m}$ 以繪圖法求 $\varepsilon°$。

16-14 AgBr 在 $25°C$ 之溶解度爲 $2.10\times10^{-6}M$。試設計一電池以進行反應 $2AgBr + H_2 = 2Ag + 2HBr\,(aq)$。求該電池在 $25°C$ 之 *emf*。

16-15 試由電池 $Ag|AgCl|Cl^-\,||Ag^+|Ag$ 之標準電動勢計算 AgCl 在 $25°C$ 之溶度積。

16-16 由於電極 $Pt|O_2(g)|OH^-$ 之不可逆性，其 $\varepsilon°$ 不能直接測量，試由下列諸反應之自由能變化求反應 $\frac{1}{4}O_2(g) + \frac{1}{2}H_2O + e = OH^-(a=1)$ 在 $25°C$ 之 $\varepsilon°$ 及 $\Delta G°$。

$$H_2(g) + \frac{1}{2}O_2(g) = H_2O\,(l)$$

$$H_2O\,(l) = H^+(a=1) + OH^-(a=1)$$

$$\frac{1}{2}H_2(g) = H^+(a=1) + e$$

16-17 一含有 4.93% Tl 的鉈汞齊 (*thallium amalgam*) 與含 10.02% Tl 的另一鉈汞齊分別置於一玻璃槽的兩腿中，其中充以硫酸鉈以構成一濃差電池。

(a) 兩電極之中何者爲陰極？

(b) 假設鉈汞齊爲一理想溶液，求該電池之 *emf*。

16-18 在 $25°C$ 下當一氫電極及一甘汞參攷電極同置於一溶液時可得 0.435 伏特之電動勢。

(a) 求溶液之 pH 值。　　(b) 求 a_{H^+} 值。

16-19 在 25°C 之下電池

$$Ag|AgI|KI(1M) \ ||AgNO_3(0.001M)|Ag$$

之 *emf* 爲0.72 *volt*。1*M* KI 之活性係數爲 0.65，0.001 *M*AgNO$_3$ 之活性係數爲 0.98。

(a) 求 AgI 之溶解度。

(b) 求 AgI 在純水中之溶解度。

16-20 一氫電極及一甘汞參攷電極用於測量一山上之一溶液。此山上之氣壓爲 500 *mm Hg*，溫度爲 25°C。令氫氣泡在此氣壓下通過氫電極。若 pH 值爲 5.00，則電池 *emf* 應爲若干 *volt*？

16-21 有一電池的電池式爲

$$Na(Hg)(0.206\%)|NaCl(m=1.022, \gamma=0.650)|Hg_2Cl_2|Hg$$

此電池在 25°C 下的 *emf* 爲 2.1582 *volts*，試寫出電池反應並求鈉電極之 $\varepsilon°$ 值。

16-22 一電池的情況可以下式表示之；

$$Cl_2(p=0.9 \ atm)|NaCl \ (溶液) \ |Cl_2(p=0.1 \ atm)$$

(a) 求此電池在 25°C 之 *emf*;

(b) 此一電池式的寫法是否合乎一般慣例？

〔答: (a) $\varepsilon = -0.0282 \ volt$〕

16-23 當氣壓爲 725 *mm Hg* 時，電池

$$H_2(g)|緩衝溶液 \ ||甘汞參攷電極$$

在 25°C 之 *emf* 爲 0.6885 *volt*，求此緩衝溶液之 pH 值。

第十七章　表面化學與膠體

　　固體、液體、及溶體的許多性質只能以其表面作用力加解釋。這些性質包括界面張力、吸附（adsorption）、及各種固體表面的觸媒活性等。我們已於第五章討論過純液體的表面張力並提及溶質對液體表面張力的影響，若干表面張力熱力學、溶液的表面張力及吸附作用將於本章加以討論。

　　我們在第二章將物質的聚集狀態（states of aggregation）分為固體、液體及氣體狀態。許多物理化學學者在以上三種狀態之外加上另一狀態，亦即膠體狀態（colloidal state）或膠態。普通溶液中溶質粒子的大小約介於 1 與 10A（或 0.1—1mμ）之間。大小介於 1mμ 至數微米（micron, μ）之間的粒子溶解或分散於某介質中所形成的物系稱為膠體（colloids）。大於數微米的粒子分散於某介質中所形成的物系稱為粗混合物（coarse mixtures）。膠體化學的原理在分析及工業上有極重要的應用，我們將在本章下半部加以討論。

17-1　表面能（Surface Energy）

　　依（8-52）式

$$dE = \delta q_{rev} - \delta w （各種功）$$

其中 w 包括各種可逆功。我們已提及 PV 功及電功。當一物系的表面作用力不可忽視時，δw 項包括**表面能**（surface energy）γdA。此處 γ 為表面張力，A 為面積。在恆溫恆壓下 $\delta w_{net} = -\gamma dA$，$w_{net}$ 為物系除 PV 功之外所能作的可逆功。依（8-54）式

$$dG = -\delta w_{net} = \gamma dA$$

或 $\qquad \left(\dfrac{\partial G}{\partial A}\right)_{T,P} = \gamma$ $\hfill$ (17-1)

由此可見，在恆溫恆壓下 γ 爲每單位面積的吉布斯自由能。因 γ 的單位爲 $dyne/cm$，其數值等於以 $ergs/cm^2$ 計的 $\left(\dfrac{\partial G}{\partial A}\right)_{T,P}$。若以 G' 代表每單位面積的吉布斯自由能，H' 代表每單位面積的**表面焓**，因 $H = G - T\left(\dfrac{\partial G'}{\partial T}\right)_P$ 在恆溫恆壓下，

$$H' = G' - T\left(\dfrac{\partial G'}{\partial T}\right) = \gamma - T\left(\dfrac{\partial \gamma}{\partial T}\right)_P \hfill (17-2)$$

就 $20°C$ 的水而論，$\gamma = 72.75\,ergs/cm^2$，$(\partial \gamma / \partial T)_P = -0.148$，故每單位面積的表面焓等於 $116.2\,ergs/cm^2$。(17-2) 式意謂：每破壞 $1cm^2$ 液體表面所引起的焓減小量爲 H'。

17-2 界面張力與液體之展開 (*Interfacial Tension and Spreading of Liquids*)

當不互溶或半互溶之二液體 A 與 B 互相接觸時，可發現兩液層界面有**界面張力** (*interfacial tension*) 的存在。此一界面張力 γ_{AB} 可藉類似決定純液體表面張力的方法加以測量。其值通常介於兩液體表面張力 γ_A 與 γ_B 之間，但有時小於兩者，如表 17-1 所示。

表 17-1　$20°C$ 下之液體界面張力 (*dynes/cn*)

液體 A	液體 B	γ_A	γ_B	γ_{AB}
水	苯	72.75	28.88	35.0
水	四氯化碳	72.75	26.8	45.0
水	正辛烷	72.75	21.8	50.8
水	正己烷	72.75	18.4	51.1
水	汞	72.75	470.0	375.0
水	正辛醇	72.75	27.5	8.5
水	乙醚	72.75	17.0	10.7

若截面積爲 $1cm^2$ 的純液柱依水平方向被拉開，則將有兩表面產生，各表面之面積均爲 $1cm^2$。將液體拉開所作之功爲

$$w_c = 2\gamma \tag{17-3}$$

此處 w_c 爲液體的**內聚功** (*work of cohesion*)。同理，假設一液柱由二不互溶或半互溶液體所組成，克服界面張力而分離此二液體所需之功爲

$$w_a = \gamma_A + \gamma_B - \gamma_{AB} \tag{17-4}$$

此處 w_a 爲**附着功** (*work of adhesion*)。此兩種功導至所謂**展開係數** (*spreading coefficient*) S_{AB}，如下式所示:

$$S_{AB} = w_a - w_{cB} \tag{17-5a}$$
$$= (\gamma_A + \gamma_B - \gamma_{AB}) - (2\gamma_B)$$
$$= \gamma_A - \gamma_B - \gamma_{AB} \tag{17-5b}$$

S_{AB} 爲液體 B 在液體 A 表面展開的係數，而 w_{cB} 爲液體 B 的內聚功。若 S_{AB} 爲正，則當小量液體 B 置於液體 A 的表面時，液體 B 將展開，如油在水的表面。反之若 S_{AB} 爲負，則液體 B 在液體 A 的表面並不展開，卻形成液滴。

17-3　溶液之表面張力 (*The Surface Tension of Solutions*)

圖 17-1 示溶質對溶劑表面張力的影響。在第一類溶液中，加入溶質可使表面張力增加，但增加量通常不大。強電解質與蔗糖在水中顯示此種現象。另一方面，將非電解質或弱電解質加入水中可使水的表面張力降低，此一現象如第二曲線所示。在此類溶液中,表面張力隨溶質濃度之增加而逐漸降低。肥皂、若干磺酸與磺酸鹽等的水溶液屬於第三類溶液。此類物質卽使濃度甚低亦能大量降低水的表面張力。能增加或減小溶劑表面張力的物質稱爲**表面活性劑** (*surface active*

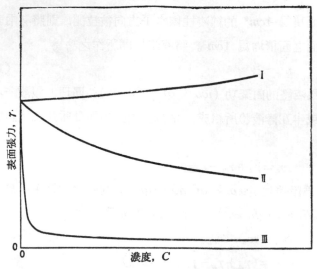

圖 17-1 溶質濃度對溶液表面張力之影響

agents)，惟一般所謂表面活性劑係指第三類溶液的溶質而言。

濃度增加使溶液表面張力降低的溶質顯示正表面活性；反之，濃度增加使溶液表面張力增加的溶質顯示負表面活性。

吉布斯（*J. Willard Gibbs*）於1878年證明溶質在溶液表面與溶液本體的不均勻分布導致表面活性。若每 cm^2 溶液表面所含溶質多於溶液本體 Γ 莫耳，吉布斯證明就平衡的稀溶液而論，表面過剩濃度（*excess surface concentration*）Γ 為

$$\Gamma = -\frac{C}{RT}\ \frac{d\gamma}{dC} \tag{17-6}$$

其中 C 為溶質濃度，$d\gamma/dC$ 為表面張力隨濃度的變化率。若 $d\gamma/dC$ 為正，或表面張力隨濃度增加，Γ 必為負，而溶液本身較諸表面更富於溶質，許多電解質溶液顯示此種現象。然而，若表面張力隨濃度之增加而減小，$\dfrac{d\gamma}{dC}$ 為負，Γ 為正，而表面的溶質濃度大於溶液本體，此即表面活性劑的情形。因此，正表面活性係因溶質自溶液吸附於溶液表面而產生，負表面活性則因溶質自表面被排斥而產生。（17-6）

式稱爲**吉布斯吸附方程式**（*Gibbs adsorption equation*）。

17-4 表面壓力 (*Surface Pressure*)

將脂肪酸（或其他不溶或難溶於水的液體）置於水的表面，脂肪酸展開而形成單分子厚的薄膜。此單分子膜所覆蓋表面的表面張力 γ 小於純水的表面張力 γ_0。兩者之差稱爲**表面壓力**(*surface pressure*)，以 π 表示之：

$$\pi = \gamma_0 - \gamma \qquad (17\text{-}7)$$

表面壓力 π 爲作用於單位長度膜上的力。

藍牟爾（*Langmuir*）於 1917 年設計一直接測量 π 的儀器。薄膜在水上的表面壓力 π 隨每分子所佔的面積 σ 而異。圖 16-2 示軟酯酸

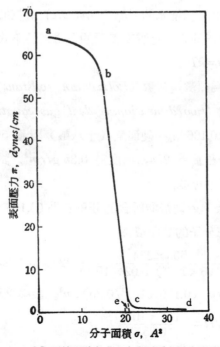

圖 17-2 16°C 下軟酯酸在水上之表面壓力對分子面積圖線

(十六酸) (*palmitic acid*) 在水上的單分子膜的 $\pi-\sigma$ 圖線。在 c 與 d 間分子面積大而表面壓力低。在 c 與 b 之間壓力隨分子之壓縮而急速上升。然後繼續壓縮分子，表面壓力增加不大，如線段 ba 所示。我們可解釋此一 $\pi-\sigma$ 關係於次：當面積介於 d 與 c 之間時，膜上分子充分分開，故可被壓縮而不大量增加其表面壓力，但到達 c 點時，膜上的分子已相當擁擠，欲減小面積需大量的壓力。因此壓力沿 cb 急速增加。在 b 與 a 之間，分子已極擁擠，欲再減小面積導致膜的皺褶。將線段 bc 延伸至 $\pi=0$，亦卽 e 點，所得面積爲每個密切接觸的軟脂酸分子在水表面所佔的面積。

此一面積爲 $21A^2$，相當於線型軟脂酸分子的截面積。可見密切接觸的軟酯酸分子垂直立於水面，其親水基 (*hydrophilic group*) —COOH 朝向水，而憎水的 (*hydrophobic*) 碳氫端朝上。

已發現低壓下的許多物質在表面的行爲遵循下式所示：

$$\pi\sigma = kT \tag{17-8}$$

其中 $k=R/N$ 爲頗滋曼常數 (*Boltzmann constant*)。上式稱爲**平面理想氣體方程式** (*two dimensional ideal gas equation*)。

〔例17-1〕0.106 mg 硬酯酸（十八酸）覆蓋 500 cm^2 的水面。已知硬酯酸的分子量爲 284，密度爲 0.85 g/cm^3。試估計硬酯酸分子的截面積 σ 及膜的厚度。

〔解〕0.106 mg 硬酯酸所含的分子數爲 $(0.106\times10^{-3}/284)(6.02\times10^{23})$。因此每分子的截面積爲

$$\sigma = \frac{500\times284}{(0.106\times10^{-3})(6.02\times10^{23})} = 22\times10^{-16}cm^2 = 22A^2$$

此硬酯酸的體積爲 $(0.106\times10^{-3}/0.85)$ cm^3。設膜之厚度爲 t 則

$$500\,t = \frac{0.106\times10^{-3}}{0.85}$$

$$t = 25\times10^{-8}cm = 25A$$

17-5　物質之吸附於固體 (*Adsorption by Solids*)

我們已知作用於液體表面的分子力不平衡或不飽和。同理，作用於固體表面的分子力亦不飽和。固體表面的分子只在某些方向與其他固體分子間有分子作用力的存在。因此固體與液體表面的分子有吸引氣體以滿足平衡分子力的趨勢。物質在固體或液體表面增加其濃度的現象稱爲**吸附** (*adsorption*)。 被吸至一表面的物質稱爲**吸附相** (*adsorbed phase*) 或被**吸附物** (*absorbate*)，而供給吸附表面的物質稱爲**吸附劑** (*adsorbent*)。

吸附 (*adsorption*) 與**吸收** (*absorption*) 不同。在吸附的場合，物質僅停留於表面；但在吸收的場合，不僅表面含有物質，物質並且透過表面而分布於固體或液體的本體。如此，我們可以說水被海棉吸收，但許多氣體被木炭吸附。吸附與吸收同稱爲**吸着** (*sorption*)。本節的討論着重於氣體之吸附於固體表面。

吸附可分爲**物理吸附** (*physical adsorption*) 與**化學吸附** (*chemisorption*) 兩種。 引起物理吸附的力與引起氣體凝結於液體表面的力同類，通常稱爲**凡德瓦爾力** (*van der Waals' force*)。物理吸附所放出的熱與氣體冷凝所放出的熱有同階的大小 (*same magnitude of order*)，且吸附之量可能相當於數分子層。降低氣體壓力或溶質濃度可顯著地減小吸附量。另一方面，化學吸附不易減輕，且僅涉及**單層吸附** (*monolayer absorption*)。此外，化學吸附所放出的熱遠大於物理吸附所放出者。我們可假設化學吸附涉及化學鍵 (或表面化合物) 之形成。

吸附的程度與固體及被吸附分子的性質有密切的關係，且爲壓力 (或濃度) 與溫度的函數。若被吸附氣體的溫度與壓力分別小於其臨

界溫度與壓力，習慣上以恆溫下每克吸附劑的吸附量對 p/P^0 作圖，此處 P^0 爲實驗溫度下被吸附物的蒸汽壓，p 爲該物質之分壓。此種曲線稱爲吸附等溫線 (*adsorption isotherms*)，如圖 17-3 所示。圖中縱

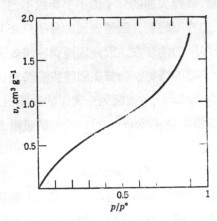

圖 17-3 氮在氯化鉀細粉上之 89.9°K 吸附等溫線

座標 v 代表吸附於每克固體的氣體體積。此吸附體積通常係基於 $0°C$ 及 $1atm$ 的體積。當 p/P^0 趨近於 1 時，吸附量急速增加。這是因爲當 $p/P^0=1$ 時，氣體開始冷凝成液體。若實驗溫度高於臨界溫度，則 p/P^0 無法計算，因此常以 v 對 p 作圖。若在高於臨界溫度的溫度下比較各種氣體的吸附量，通常可發現臨界溫度愈低吸附量愈小。

17-6 藍牟爾吸附理論 (*Langmuir Theory of Adsorption*)

最理想化的吸附理論爲藍牟爾吸附理論。藍牟爾假設固體表面具有分布均勻的無數**吸附點** (*adsorption sites*)，每個吸附點最多僅能吸附一氣體分子。又各吸附點與氣體分子的親和力相同，且一氣體分子之出現於一吸附點並不影響附近吸附點的性質。

設 θ 爲任何時候被氣體分子覆蓋的**表面分率** (*fraction of surface*)，則不被覆蓋而能吸附氣體分子的表面分率爲 $(1-\theta)$。依動力

論，分子撞擊一表面單位面積的速率與氣體壓力 P 成正比。因此氣體分子「凝結」於單位固體表面的速率等於 $k_1(1-\theta)P$，此處 k_1 為一常數。令 k_2 為當表面完全被覆蓋時分子自單位表面「蒸發」的速率，則當覆蓋率為 θ 時分子自單位表面蒸發的速率為 $k_2\theta$。當吸附平衡達成時，以上兩速率必須相等，亦即

$$k_1(1-\theta)P=k_2\theta$$

$$\theta=\frac{k_1P}{k_2+k_1P}=\frac{bP}{1+bP} \tag{17-9}$$

其中 $b=k_1/k_2$。因吸附於單位重量固體的氣體體積 v 與 θ 成正比，故

$$v=k\theta=\frac{kbP}{1+bP}=\frac{aP}{1+bP} \tag{17-10}$$

其中 $a=kb$。如此，在極低壓下當 $bP\ll1$ 時，v 與 P 成正比。v 隨 P 之增加而增加，最後趨近於一極限值 a/b。

(17-10) 式稱為**藍牟爾吸附方程式** (*Langmuir adsorption equation*)。此式可改寫成如下形式；

$$\frac{P}{v}=\frac{1}{a}+\left(\frac{b}{a}\right)P \tag{17-10}$$

若吸附為藍牟爾型，則以 P/v 對 P 作圖可得一直線，其截距為 $1/a$，斜率為 b/a。由此直線之截距與斜率可算出兩常數 a 與 b 之值。

藍牟爾吸附機構為一過份簡化的理論，其適用壓力範圍不大。

17-7 佛連德利奇吸附方程式 (*The Freundlich Equation of Adsorption*)

在許多場合，由經驗得來的**佛連德利奇吸附方程式** (*Freundlich equation of adsorption*) 常比藍牟爾方程式更滿意。佛連德利奇方程式為

$$v=kP^n \qquad (17\text{-}11)$$

其中 k 與 n 爲二常數。因

$$\ln v=\ln k+n\ln P$$

k 與 n 之值可藉一對數一對數圖線加以決定。設 x 爲被吸附氣體的質量，m 爲吸附劑的質量，C 爲氣相的濃度，則 (17-11) 式亦可寫成如下形式。

$$y=\frac{x}{m}=k_1 C^n \qquad (17\text{-}12)$$

依 (17-11) 式，吸附量可無限增加，因此 (17-11) 式不適用於高度吸附的情形。液體溶質之吸附於固體表面通常遵循 (17-12) 式。

17-8 BET 吸附理論 (BET Adsorption Theory)

藍牟爾假設單層吸附 (monolayer adsorption)，然而在物理吸附的場合，可能有**多層吸附** (multilayer adsorption) 的情形發生。布朗諾爾 (Brunauer)、埃梅特 (Emmett) 與鐵勒 (Teller) 三氏提供一適用於多層吸附的方程式。三氏與藍牟爾同樣假設表面具有均勻、不移動的吸附點，而且被佔的吸附點並不影響其他吸附點的性質。但他們假設氣體分子可能被吸附於第二，第三，……第 n 層。第一層的吸附能 E_1 爲一常數，其他各層的吸附能均等於該氣體的液化能 E_L。三氏所獲得的吸附方程式稱爲 BET 方程式：

$$\frac{P}{v(P^0-P)}=\frac{1}{v_m c}+\frac{(c-1)P}{v_m c P^0} \qquad (17\text{-}13)$$

此處 v_m 爲當整個表面完全被一層分子覆蓋時每克吸附劑所吸附氣體的體積。每克吸附劑所吸附氣體的體積以 v 表示之，而 c 在一定溫度下爲一常數。根據此式，若以 $P/[v(P^0-P)]$ 對 P/P^0 作圖可得一直線，其斜率爲 $(c-1)/(v_m c)$，截距爲 $1/(v_m c)$。

　　被吸附物之一分子在表面所佔面積可由液化的被吸附物的密度估計之。例如一氮分子在 $-195°C$ 所佔面積估計為 $16.2A^2$。因此由 v_m 的測量值可計算吸附劑的表面積。此法已被廣用以決定固態觸媒與吸附劑的表面積。

　　〔例17-2〕覆蓋一矽膠（*silica gel*）試樣所需單層氮分子的體積 v_m（基於 $760\,mm\,Hg$ 與 $0°C$）為 $129\,ml$ 每克矽膠。若每氮分子佔面積 $16.2A^2$，求每克矽膠所具表面積。

　　〔解〕

$$\frac{(0.129\ l/g)(6.02\times10^{23}/mole)(16.2A^2)(10^{-10}m/A)^2}{(22.41/mole)}$$

$$=560\ m^2/g$$

每克矽膠試樣具有 560 平方米的表面積。

17-9　吸附熱 (*Heat of Adsorption*)

　　吸附一莫耳氣體所需之熱視吸附量或表面覆蓋分率而定。這是因為某部份表面較強烈地吸附氣體分子。吸附熱可藉克拉普龍—克拉勞修斯方程式（見 213 頁）加以計算。在各種溫度下的吸附數據可用以繪製每克吸附劑吸附一定量氣體所需壓力對絕對溫度圖線。此種圖線類似蒸汽壓對溫度圖線。**等容吸附熱** (*isoteric heat of adsorption*) q 以下式定義之

$$\left(\frac{\partial \ln P}{\partial T}\right)_v = \frac{q}{RT^2} \qquad (17\text{-}14)$$

導數的下標 v 指示每克吸附劑所吸附氣體的體積保持不變。此即等容吸附熱一詞的由來。上式分離變數後加以積分得

$$\ln P = -\frac{q}{R}\left(\frac{1}{T}\right) + k \qquad (17\text{-}14a)$$

其中 k 爲一積分常數。若以 $\ln P$ 對 $1/T$ 作圖可得一直線,其斜率爲 $-q/R$。因此由 $\ln P$ 對 $1/T$ 圖線可決定 q。當吸附量大時, 被吸附物脫離固體表面所需之熱趨近被吸附物的汽化熱。

17-10　層析術 (*Chromatography*)

令一氣體混合物或溶液流過含有固體粒子的管柱 (*column*) 可分離氣體混合物或溶液的成分。此一分離方法稱爲層析術 (*Chromatography*)。層析術不僅用於分離, 而且已廣用於定量與定性分析。

崔特 (*Tswett*) 於1906年發現層析術, 他將染料置於含有適當吸附劑的玻璃管上,然後以一溶劑將染料冲下玻璃管。染料漸漸分散而呈現許多色帶。其所以如此是因爲染料各成分(具有不同顏色)被吸附的程度不同, 被吸附程度較大的成分逗留於一定量固體粒子表面的時間較長, 故流動速度較小。若繼續以溶劑冲洗, 可能使各色帶(各成分)完全分離。這是色層分析或層析術 (*Chromatography*) 一詞的由來。

層析術的應用極其廣泛,尤其是氣體層析術 (*gas chromatography*) 已成爲最重要的分析法 。 氣體層析術所用儀器的主要部份爲一試樣注入器 (*sample injector*)。 一層析柱 (*Chromatograpbic column*) 及一檢測器(*detector*)。層析柱中含有適當的吸附劑 (*adsorbent*) 或吸收劑 (*absorbent*)。通常吸收劑 (液體) 含蓄於惰性固體粒子中。此種惰性固體並不吸附氣體, 操作時令完全不被吸附或吸收的氣體〔稱爲擔載氣體 (*carry gas*)〕繼續通過層析柱。待分析的試樣爲氣體或容易汽化的液體 (分析前先行汽化)。 試樣由注入器進入分析儀。擔載氣體將試樣送入層析管。因試樣各成分的吸附或吸收程度不同, 其通過層析管所需時間各異。各成分自層析柱流出之後再經過檢測器, 使檢測器發出信號。檢測器信號通常記錄於紙帶式記錄器 (*strip chart recorder*) 上。 呈現於記錄器上的信號通常爲波峯形,

稱爲波峯（*peak*）。波峯出現的時間可用以辨認試樣成分，而波峯的面積與各對應成分的量成正比，可用以計算其量。因此層析術可用於定性與定量分析。

17-11　膠體種類 (*Classification of Colloids*)

前已提及，大小介於 $1m\mu$ 至數微米之間的粒子溶解或分散於一介質所形成的物系稱爲**膠體**（*colloid*）。膠體與普通溶液間及膠體與粗混合物（*coarse mixture*）間的界線不甚分明，因此三者的分類有幾分隨意。

膠體可分爲三類：(a) **膠態分散體**（*colloidal dispersions*），(b) **巨型分子之溶液**（*solutions of macromolecules*），及 (c) **締合膠體** (*association colloids*)。**分散體**（*dispersions*）由含有許多分子的不溶物質粒子懸浮於一介質而形成。例如金、As_2S_3 及油在水中的膠態分散體。巨型分子之溶液則爲眞正的溶液，但因溶質分子甚大而被列入膠體，例如蛋白質、聚乙烯醇（*polyvinyl alcohol*）的水溶液以及許多其他高聚合物在有機溶劑中所形成的溶液。締合膠體則係分子量較低的物質的溶液，在某種特殊濃度下溶質締合（*associate*）而形成膠體粒子大小的聚集物，肥皂溶液爲此類膠體的著名例子。

17-12　膠態分散體 (*Colloidal Dispersions*)

各種物質，無論其爲結晶物質或非結晶物質，電解質或非電解質，均可在不同種介質中形成分散體。分散體中粒子通常小到無法以普通顯微鏡觀察的程度，因此普通過濾器無法濾去分散體粒子。眞正溶液爲均勻的。但分散體則被視爲非均勻的，介質爲一相，而被分散的物

質另成一相。分散體的介質稱爲**分散介質** (*disperse medium*)，被分散的物質稱爲**分散相** (*disperse phase*)，而整個分散體包括分散介質及分散相稱爲**分散系** (*disperse system*)。分散體在熱力學上不穩定，除非採取特別措施， 靜置之後分散體粒子有凝結而沉澱的趨勢。 分散相一經沉澱卽無法自發地再分散；換言之，分散相的沉澱爲一不可逆程序。因分散相與分散介質均可能爲固體、液體、或氣體，基於兩者的物理狀態， 所形成的分散系可分爲九種， 如表 17-2 所示。實際上尚未發現過一氣體在另一氣體中所形成的分散系，因此分散系減爲八種。

觀察到的八種膠態分散體之中以**溶膠** (*sol*)、**乳濁液** (*emulsion*) 及**凝膠** (*gel*) 最爲重要。本章只考慮此三種分散體。

表 17-2 膠態分散系之種類

分散相	分散介質	名稱	實例
固體	氣體	氣溶膠 (*aerosol*)	煙
固體	液體	溶膠或懸溶膠	$AgCl$, Au, As_2S_3, 或 S 在水中所形成的分散體
固體	固體	——	金屬分散於玻璃中所形成的有色玻璃
液體	氣體	氣溶膠	霧、雲
液體	液體	乳濁液或乳溶膠	水在油中或油在水中所形成的分散體
液體	固體	凝膠	凍子，蛋白石
氣體	氣體	——	未知
氣體	液體	泡沫	攪打過的奶油
氣體	固體	——	浮石

17-13 溶膠或懸溶膠及其製備法 (*Sols or Suspensoids and Their Preparation*)

固體在液體中所形成的分散體可再細分爲**憎液溶膠** (*lyophobic*

sols) 與**親液溶膠** (*lyophilic sols*)。在憎液溶膠中，分散相與介質間的吸引力甚小。各種金屬與鹽類在水中所形成的分散體屬於憎液溶膠。另一方面，在親液溶膠中，分散相與介質之間顯示相當大的親和力，結果使膠體粒子發生相當程度的溶合 (*solvation*) (吸附介質分子)。若在憎液溶膠中加入明膠 (*gelatin*)、膠質(*glue*)或酪素 (*casein*)，則這些物質被分散相吸收使其具有親液性質,此等溶膠卽變爲親液溶膠。若分散介質爲水則分別以**親水** (*hydrophilic*) 與**憎水** (*hydrophobic*) 代替親液與憎液二詞。

因分散體粒子的大小介於眞正溶質粒子與粗粒子之間，可使眞正溶液中粒子凝結 (*condensation*) 成較大粒子或將粗混合物的粒子細分成較小粒子以製備分散體。這些製備法之中又可分爲化學方法與物理方法。化學方法可能涉及化學反應如交換、氧化及還原等。其他方法如改變溶劑、使用電弧、或使用膠體磨機 (以磨細固體粒子) 等屬於物理方法。

製備溶膠所獲得的產物除含有膠體粒子之外常含有相當量的電解質。欲得純膠體須除去電解質。其精製法有三: (a) **滲析** (*dialysis*)、(b) **電滲析** (*electrodialysis*)、及 (c) **超過濾** (*ultrafiltration*)。滲析法係令電解質擴散而滲透過多孔膜如羊皮紙、賽璐玢 (*cellophane*) 或珂璠琔 (*collodion*) 等，這些多孔膜容許溶劑與低分子量物質通過，而不容許膠體粒子通過。滲析法甚慢,常需數日才能完成,因此常以電滲析法加速之。在多孔膜兩邊施一電位差，在電場的影響之下，離子移動更快而更易於移去。超過濾與普通過濾類似，惟所使用多孔膜只容許分散介質與電解質通過，而不容許膠體粒子通過。可使用上述**多孔膜**或浸過珂璠琔的普通濾紙。常採用壓濾或吸濾以加速此程序。

17-14 溶膠之性質 (*Properties of Sol*)

最常考慮的溶膠性質計有（a）物理性質、（b）依數性質（*colligative property*）、（c）光學性質、（d）動力性質（*kinetic property*），及（e）電學性質（*electrical property*）。本節討論考慮其物理性質與依數性質，其他性質於次數節中加以討論。

溶膠的物理性質視其為憎液者或親液者而定。稀憎液溶膠的密度、表面張力、及黏度等與分散介質相差不多。這並不難想像。因分散相與介質的作用力小，分散相對介質的影響自然不大。另一方面，親液溶膠顯示懸浮物高度溶合，因此分散介質的性質受影響。尤其是黏度改變最大。溶膠的黏度遠大於介質。此外溶膠的表面張力常小於純介質。

溶膠亦顯示依數性質（*colligative properties*），但其效應遠小於普通溶液。實際上除滲透壓之外溶膠的其他依數性質幾乎小到可忽略的程度。其主要原因是每個溶膠粒子遠大於普通溶液的溶質分子。例如若 0.01 莫耳溶質溶於 1000 克溶劑中以形成真正溶液，則溶質的粒子數為 0.01N，N 為亞佛加厥數。然而若同量物質分散於同量介質而形成膠體，且每個膠體粒子含 1000 個分子，則此溶膠中的粒子數僅為真正溶液中溶質粒子數的 1/1000，因此溶膠的依數效應亦只為真正溶液的 1/1000。凝固點下降、沸點上升及蒸汽壓下降均隨粒子數之減小而減小，溶膠與純介質在這些性質方面並無可觀測的差別。但溶膠仍顯示滲透壓，儘管溶膠的滲透壓比同濃度的真正溶液小。

17-15 溶膠之光學性質 (*Optical Properties of Sols*)

膠態分散體具有散射光的能力。當光在含有粒子的介質中進行時，此等粒子干涉光的傳播，並使光的部份能朝各方向散射 (*scatter*)，此稱**丁泰爾效應** (*Tyndall effect*)。此種**光的散射** (*scattering of light*) 並不涉及波長的改變。各種物系，包括氣體、液體、溶體、或膠體均能產生此種效應。

在純氣體及純液體中光的散射量甚小。又在極稀溶液或液體分散體中，散射程度視溶質或膠體粒子的大小及折射率比 (*refractive index ratio*) $m = n/n_0$ 而定，此處 n 與 n_0 分別爲溶解粒子或懸浮粒子與介質的折射率。粒子愈大或 m 愈大散射愈顯著。普通溶液的溶質粒小甚小，散射較弱。然而膠態分散體含有大粒子，當光經過時其所顯示的丁泰爾效應易於觀察與測量。

假設膠體粒子爲均匀的球形粒子，又假設入射光在眞空中的波長爲 λ_0，入射光的最初強度 (*initial intensity*) 爲 I_0。若在與原光柱 (*primary beam*) 成一角度 θ 的方向的光強度爲 I_θ，則依散射理論，比值 I_θ/I_0 爲 θ，m，及參數 $\alpha = \pi D/\lambda_m$ 的函數，此處 D 爲粒子直徑，λ_m 爲此光在介質中的波長。兩波長 λ_m 與 λ_0 有如下關係：

$$\lambda_m = \frac{\lambda_0}{n_0} \tag{17-15}$$

如此，光的散射可用來決定膠體粒子的直徑 D。決定 D 的方法有多種，玆考慮二法於次：(a) 極小強度法及 (b) 透射法。

(1) 極小強度法 (*Minimum intensity method*)

若分散體粒子直徑大於 $1800 A$，以 I_θ 的垂直成分 (*vertical component*) $I_{\theta v}$ 對 θ 作圖可發現此圖線具有極小 (*minima*) 或極小與極大 (*maxima*)。若 m 介於 1.00 與 1.55 之間，則由理論與實驗發現**第一極小** (*first minimum*) 的角位置 θ_1 與 D, λ_m, 及 m 之間有如下關係：

$$\frac{D}{\lambda_m}\sin\frac{\theta_1}{2}=1.062-0.347m \tag{17-16}$$

因此，若已知 m, λ_m 及 θ_1，則可依上式計算 D。表17-3示由此法所獲得若干丁二烯—苯乙烯 (*butadiene-styrene*) ($m=1.17$) 與聚苯乙烯 (*polystyrene*) ($m=1.20$) 乳液 (*latex*) 的粒子直徑。

表 17-3　得自極小强度法之乳液粒子直徑

乳液號碼	m	$\lambda_m(A)$	θ_1	$D(A)$
580-G	1.20	3017	94.50	3630
		3253	108	2600
10713	1.17	3253	66	3920
		4094	85	3980
497	1.17	3253	43	5820
		4094	54	5810
197	1.17	3253	38	6550
		4094	48	6600
597	1.17	3253	31	10060
		4094	33	10010

(2) 透射法 (*Transmission method*)

此法係以射散光的總强度爲基礎。當波長爲 λ_0，强度爲 I_0 的光經過長度爲 l，含有一分散體的玻璃池時，透射光的强度因散射而減至 I。I 與 I_0 之間有如下關係：

$$\tau=\frac{1}{l}\ln\frac{I_0}{I} \tag{17-17}$$

此處 τ 爲該分散體的**渾濁度** (*turbidity*)。令 c 爲粒子以克每 cc 計的濃度，ρ 爲粒子密度，則依散射理論，

$$\left(\frac{2\rho\lambda_m}{3\pi}\right)\left(\frac{\tau}{c}\right)_0=\frac{K^*}{\alpha} \tag{17-18}$$

此處 K^* 稱爲此等粒子的**散射係數** (*scattering coefficient*)。τ/c 的下標零指示此一比值係將 $\tau/c-c$ 圖線外推至 $c=0$ 而獲得者。(17-18)

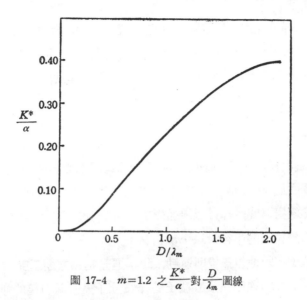

圖 17-4　$m=1.2$ 之 $\dfrac{K^*}{\alpha}$ 對 $\dfrac{D}{\lambda_m}$ 圖線

式左端各數量皆可由實驗決定，故可求得 K^*/α。又 K^*/α 爲 m 與 $\alpha(=\pi D/\lambda_m)$ 之函數，若 m 固定 K^*/α 與 $D\lambda_m$ 之間有一定關係，如圖 17-4 所示。因此一經實驗獲得 K^*/α 即可由適當 m 值的 K^*/α 對 D/λ_m 圖線求得 D/λ_m 及 D。

　　尚有其他方法可用以獲得分散體粒子的大小與形狀，例如使用電子顯微鏡 (*electron microscope*)。在此儀器中使用電子束而不使用普通光以觀察膠體粒子或獲得其相片。此種顯微照相術的放大倍數可高達一百萬。

17-16　溶膠之動力性質 (*Kinetic Properties of Sols*)

　　最常考慮的溶膠動力性質包括擴散 (*diffusion*)、　布朗運動 (*Brownian motion*)、及沉積 (*sedimentation*)。茲分別考慮於次。

　　(1) 溶膠之擴散與布朗運動 (*Diffusion and Brownian motion*)

膠體粒子的擴散遠較溶液中的溶質爲慢。 愛因斯坦 (*Albert Einstein*) 假設凡特霍甫滲透壓方程式適用於膠體， 膠體粒子爲球形且遠較介質分子爲大。由此導出如下擴散係數方程式:

$$\mathscr{D} = \frac{RT}{N}\left(\frac{1}{6\pi\eta r}\right) \tag{17-19}$$

其中 $\mathscr{D}$ 爲膠體粒子的擴散係數 (*diffusion coefficient*)，亦卽在每厘米/莫耳的濃度梯度之下每單位時間擴散經過單位面積的膠質粒子莫耳數，其單位爲 *cm²/sec*。R爲氣體常數， 等於 8.314×10^7 *ergs/°K-mole*; T爲絕對溫度; N爲亞佛加厥數; η 爲介質黏度，以泊 (*poise*) 計; r 爲膠體粒子的半徑，以 *cm* 計。

膠體粒子不斷地作無規則運動，此種運動稱爲**布朗運動** (*Brownian motion*)。布朗運動係分散粒子受介質分子撞擊而引起的運動。結果在平衡的情況下此等粒子所獲得的動能等於介質分子在同溫下的動能。因膠體粒子遠大於介質分子， 由此動能所引起的布朗運動遠比介質分子運動爲慢而可以顯微鏡觀察之。

愛因斯坦基於上述假設證明膠體粒子的擴散係數 $\mathscr{D}$ 與由其在時間 t 之內依 x 軸方向的**平均位移** (*average displacement*) (由布朗運動所引起者) Δ 有如下關係:

$$\mathscr{D} = \frac{\Delta^2}{2t} \tag{17-20}$$

由 (17-19) 與 (17-20) 兩式得

$$\Delta^2 = \frac{RT}{N}\left(\frac{t}{3\pi\eta r}\right) \tag{17-21}$$

此式曾被用於決定亞佛加厥數，結果相當滿意。

(2) **溶膠之沉積** (*Sedimentation of sols*)

雖然膠態分散體可能長期穩定 (有時長至數年)， 若令其靜置，**溶膠**粒子在重力的影響之下有緩慢沉澱的趨勢。因清澈介質與溶膠間

的界線通常相當分明，溶膠粒子的沉澱速率不難觀測。

　　圖 17-5 示玻璃管內膠體粒子在重力的影響之下沉積。分散相與介質的密度分別爲 ρ 與 ρ_m，介質黏度爲 η。若 ρ 大於 ρ_m，粒子將沉

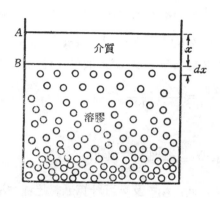

圖 17-5　膠體之沉積

澱；否則粒子將被排往上方。任何粒子在重力的影響下沉澱時將爲介質的摩擦力所反抗。我們已於第五章證明當作用於粒子上下兩方向的力達成平衡時，半徑爲 r 的球體將依照史脫克定律 (*Stokes's law*) 以一定速度 v 下降〔見 (5-15) 式〕。

$$v=\frac{dx}{dt}=\frac{2r^2g(\rho-\rho_m)}{9\eta} \qquad (17\text{-}22)$$

其中 g 爲重力加速度，x 爲液面至球體的垂直距離。設當 $t=t_1$ 時 $x=x_1$，當 $t=t_2$ 時 $x=x_2$，在此上限與下限之間積分上式得

$$(x_2-x_1)=\frac{2r^2g(\rho-\rho_m)(t_2-t_1)}{9\eta} \qquad (17\text{-}23)$$

若知在兩不同時間 t_1 與 t_2 的距離 x_1 與 x_2 則可求得粒子半徑 r。又因一粒子的質量爲 $m=4/3\ \pi r^3\rho$，由半徑可計算粒子質量。

　　在以上的討論中我們假設所有粒子的大小相同。假設一分散體中含有大小不同的粒子，則此種分散體稱爲**多分散體** (*polydisperse*)。

依 (17-22) 式較大的粒子下降速度較快, 故較早沉澱。

若粒子只靠重力而沉澱, 其速度甚慢。加速沉積的方法之一爲使用**超離心機** (*ultracentrifuge*)。超離心機爲具有極高速度的離心機, **在**其中離心力取代重力使粒子沉積。若粒子至旋轉軸的距離爲 x, 角速度 (*angular velocity*) 爲 ω, 以弧度每秒 (*radians per second*) 計, 則離心加速度爲 $\omega^2 x$。以 $\omega^2 x$ 取代 (17-22) 式中之 g 得

$$\frac{dx}{dt} = \frac{2r^2\omega^2 x(\rho - \rho_m)}{9\eta} \tag{17-24}$$

積分上式得

$$\ln\frac{x_2}{x_1} = \frac{2r^2\omega^2(\rho - \rho_m)}{9\eta}(t_2 - t_1) \tag{17-25}$$

由已知的 x_1, t_1, x_2, t_2, 及 ω 可計算 r。此種方法稱爲**沉積速度法** (*sedimentation velocity method*)。

17-17　溶膠之電學性質 (*Electrical Properties of Sols*)

膠態分散體能自溶液吸收離子與介質分子或兩者, 此與其電性有密切關係。憎液溶膠自製備此溶膠的溶液中吸收電解質離子。另一方面親液溶膠粒子吸引介質, 在粒子表面所形成的一層介質可能或可能不吸附離子, 視溶液情況而異。

若溶膠粒子吸附陽離子則介質帶陰電, 兩者所帶電量相等。反之若溶膠粒子吸附陰離子則介質帶陽電。因此若施以一電場, 則膠體粒子與介質依反方向移動。若實驗情況只允許膠體粒子移動而不允許介質移動, 所發生的現象稱爲**電泳** (*electrophoresis*)。若實驗情況避免膠體粒子移動而不避免介質移動, 則所發生的現象稱爲**電滲** (*electro-osmosis*)。茲考慮電泳於次, 但將不進一步討論電滲。

帶電膠體粒子在電場移動的現象稱爲電泳。圖17-6示一電泳實驗

裝置。此種儀器稱爲波頓管（*Burton tube*）。*U*形管下方設一活栓，其後方接一漏斗。先將一密度較低的適當電解質溶液置於管中，然後自漏斗導入溶膠。溶膠將電解質溶液排往上方而在兩支管中形成明顯的界面。然後再插入兩電極，並將電極接至電源如高壓蓄電池等。若膠

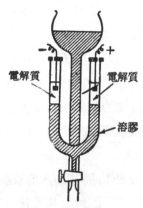

電解質　　　　　電解質

溶膠

圖 17-6　電泳實驗裝置

體粒帶負電，可見負極管內的溶膠高度漸漸下降，同時陽極管內的溶膠高度漸漸上升；換言之，溶膠粒子往陽極移動。反之，若粒子帶陽電，粒子往陰極移動，若令電泳繼續進行，當溶膠到達一電極時，溶膠粒子放電而沉澱。由膠體粒子在電場中的移動方向可決定膠體粒子帶正電或負電。

　　電泳亦可用以測量膠體粒子移動的速度。決定一膠溶在一電位差之下依導電方向移動一定距離所需時間可計算電其電泳遷移率（*electrophoretic mobility*）（亦即在每厘米/伏特的電位下降之下的移動速度，以 *cm/sec* 計）。膠體粒子的遷移率約介於10與 $60 \times 10^{-5} cm^2/sec\text{-}volt$ 之間，與離子遷移率相差不大。

　　因在一混合物中不同膠體物種的移動速率不同，電泳亦可用以分離此等膠體物種。因此電泳廣用於蛋白質、核酸（*nucleic acid*）及其他在生物學上具有重要性的物質。

17-18 溶膠之穩定性與沉澱 (*Stability and Precipitation of Sols*)

憎液膠體的電荷及親液膠體的電荷和溶合與溶膠的穩定性有關。欲使粒子沉澱須先使粒子碰撞而凝結成足夠大的粒子。憎液溶膠粒子的電荷（各粒子帶同種電荷）使粒子互相排斥，因而避凝結。在親液膠體中亦有同樣的靜電排斥。此外溶合使膠體粒子為一層溶劑所包圍，此一溶劑層可作為粒子接觸的障礙物。除去憎液膠體的電荷卽足以促使粒子凝結。然而除去親液膠體的電荷雖然可降低其穩定性却不一定足以使粒子沉澱。

親液膠體具有較大穩定性，將其加入憎液膠體中可增加其穩定性。加入的物質吸附於憎液粒子，因而使其具有親液性質。用以增加憎液膠體的親液膠體稱為保護性膠體 (*protective colloids*)。

使分散相沉澱的方法是移去憎液膠體粒子的電荷或移去親液膠粒子的電荷及其溶劑層。除去電荷的方法之一是加一電場如用於電泳者。最常用的沉澱法是加入適當的電解質。亦可應用沸騰與冷凍以沉澱膠體粒子。沸騰使吸附於溶膠的電解質減少，若充分減少電解質可使粒子凝結而沉澱。冷凍使部份介質冷凝而移去。繼續冷凍使膠體無足夠介質以維持懸浮粒子。

17-19 乳濁液與凝膠 (*Emusions and Gels*)

一液體分散於與其不互溶的另一液體所形成的膠體稱為**乳濁液** (*emulsion*) 或**乳膠體** (*emulsoid*)。劇烈攪拌兩液體的混物卽可製成乳濁液，但較佳方法是令此混合物通過一膠體磨機 (*colloid mill*)，

此種膠體磨機稱爲調勻器（*homogenizer*）。依 此種方法由兩純液體製成的乳濁液通常不穩定，靜置不久卽分成兩液層。爲避免分離起見可在製造過程中加入少量的**乳化劑**（*emulsifying agents* 或 *emulsifiers*）如各種肥皂、長鏈磺酸與硫酸鹽、或親液膠體等。

通常量較大的液體爲介質，量較小的液體爲分散相。乳濁液分散相的粒子通常大於溶膠粒子，其直徑自 0.1μ 至 1μ 不等。除此之外其性質與親液溶膠相差不大。乳濁液亦顯示丁泰爾效應及布朗運動。

破壞乳濁液使其變成成分液體的方法有多種，包括加熱、冷凍、劇烈震動、離心、加入適當電解質、或以化學方法破壞乳化劑等。離心法常用以自牛奶中分離奶油及自水中分離油。

若情況適當，憎液或親液溶膠粒子沉澱時可形成多少堅硬的塊狀物而將液體包涵於其中。此種產物稱爲**凝膠**（*gel*），形成凝膠的程序稱爲**膠凝**（*gelation*）。

凝膠的製造方法視其性質而異，通常採用如次三法：（a）冷卻、（b）化學方法、及（c）改變溶劑。最爲人所熟悉的洋菜（又稱寒天）凝膠（*agar gelatin*）的製造方法是將洋菜分散於熱水中，然後將其冷卻。

凝膠可分爲兩類：彈性凝膠（*elastic gels*）與非彈性凝膠（*non-elastic gels*）。彈性凝膠如洋菜凝膠等失水後可加水使之恢復原狀。非彈性凝膠如矽膠（*silica gel*）等一完全失去水分之後再加水亦無法使之膠凝。

17-20　巨型分子之溶液 （*Solutions of Macromolecules*）

利用聚合反應（*polymerization*）可將一大數目低分子量分子製成單一巨型分子。此種巨型分子稱爲**聚合體**（*polymers*）。一聚合體分

子可能由成千成萬的小分子結合而成一聚合體含有許多重複性單位，例如丁二烯$CH_2=CH-CH=CH_2$ (*butadiene*)（分子量為54）可結合成分子量高達五六百萬的聚丁二烯 $-CH_2-CH=CH-CH_2-(-CH_2-CH=CH-CH_2-)_n-CH_2-CH=CH-CH_2-$ (*polybutadiene*)，*n* 代表一整數。聚丁二烯的重複性單位為 $-CH_2-CH=CH-CH-$。

　　高分子物質如合成橡膠、聚乙烯 (*polyethylene*)、耐綸 (*nylon*) 等係以合成法 (*synthesis*) 製成。但有許多高分子物質如蛋白質、橡膠及各種樹脂 (*resins*) 等則係自然發生者。若干聚合體為結晶體，但大多物聚合體則為無定形體。若干聚合體易溶於溶劑中，其他聚合體則幾乎不溶。

　　聚合體猶如低分子量溶質可溶解而形成真正溶液。此種溶液自然形成且在熱力學上甚穩定。此外聚合體自一溶液沉澱之後可再溶解，分散體則否。然而由於其分子較大，其溶液的行為與膠體無異，因此被視為膠體的一種。

　　聚合體溶液在許多方面類似親液溶膠。其物理性質與溶劑大不相同，且聚合體分子與介質之間呈現相當大的作用力。最顯著的是聚合體溶液的較高黏度。此外此等溶液呈現**非牛頓型流動**(*non-Newtonian flow*)；亦即其黏度並非一常數，卻隨切變率 (*shear rate*) 而改變。

　　聚合體溶液的依數性質極類似溶膠。最常測量的性質為滲透壓。我們已在第十章討論過以滲透壓決定溶質分子量的方法。(10-60) 式亦可用以決定聚合體的分子量。惟聚合體的分子量大小不等（重複性結構單位的數目 *n* 不等），由 (10-60) 式所求得的分子量為**數目平均分子量** (*number average molecular weight*)，以 M_n 表示之：

$$M_n = \frac{\sum n_i M_i}{\sum n_i} = \sum f_i M_i \tag{17-26}$$

其中 n_i 為分子量等於 M_i 的分子數目，f_i 為分子量等於 M_i 的分

子所佔的數目分率。

聚合體溶液亦散射光及在超離心機中沉積。(17-23) 與 (17-25) 兩式亦可適用於聚合體溶液。因一分子形成一粒子，若假設分子為球體，則數目平均分子量

$$M_n = N \frac{\sum n_i m_i}{\sum n_i} \tag{17-27}$$

其中N為亞佛加厥數，m_i 為分子 i（半徑為 r_i）的質量，等於 4/3 $\pi r_i^3 \rho$。因此應用此二式可估計聚合體的平均分子量。

最後值得一提的是聚合體溶液的黏度亦可用來估計聚合體的平均分子量M。溶液的**相對黏度** (*relative viscosity*) η_r 定為

$$\eta_r = \eta/\eta_0 \tag{17-28}$$

其中 η 與 η_0 分別為溶液與純溶劑在同溫度下的黏度。又**比黏度** (*specific viscosify*) η_{sp} 定為

$$\eta_{sp} = \eta_r - 1 \tag{17-29}$$

相對黏度與比黏度可用來表示**本性黏度** (*intrinsic viscosity*) $[\eta]$:

$$[\eta] = \lim_{c \to 0} \left(\frac{\eta_{sp}}{c} \right) \tag{17-30}$$

$$[\eta] = \lim_{c \to 0} \left(\frac{\ln \eta_r}{c} \right) \tag{17-31}$$

此處 c 為濃度，以 $g/100\ cc$ 計。此兩式均導至同一 $[\eta]$ 值。本性黏度 $[\eta]$ 與平均分子量M有如下關係:

$$[\eta] = KM^a \tag{17-32}$$

其中K與 a 為常數，其值視聚合體與溶劑而定。因此若已知M與 a 則可由本性黏度計算平均分子量。

獲得 $[\eta]$ 的方法如次。測定一聚合體稀溶液在數種濃度下的黏度，並測定純溶劑的黏度 η_0。應用此等數據以 η_{sp}/c 或 $(\ln \eta_r)/c$ 對 c 作圖。將所得圖線外推至 $c=0$ 即得本性黏度 $[\eta]$。圖17-7示聚氯

化乙烯（*polyvinyl chloride*）的此種圖線。利用黏度法測定聚合體的分子量遠較其他方法簡便，故已被廣泛採用。

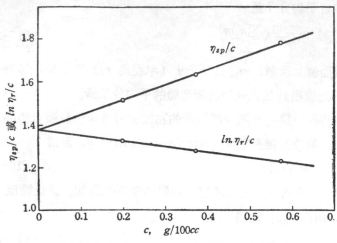

圖 17-7 聚氯化乙烯之 η_{sp}/c 與 $\ln \eta_r /c$ 對 c 圖線

17-21 締合膠體 (*Association Colloids*)

若將小量油酸鉀（*potassium oleate*）逐漸加入 $50°C$ 的水中，油酸鉀溶解而形成鉀離子與油酸根離子，且其表面張力漸減。但當達到 0.0035 莫耳濃度時，此溶液的表面張力對濃度曲線顯示一不連續點。此後表面張力趨近於一常數值 $30\,dynes/cm$。在此濃度的類似不連續現象亦可發現於此溶液滲透壓、電導、渾濁度、及比容。其所以如此是因為油酸根離子締合（*associate*）成一集團，此種集團稱為**膠粒**（*micelles*）。膠粒發生的最小濃度稱為**臨界膠粒化濃度**（*critical micellization concentration*）。當濃度小於臨界膠粒化濃度時，油酸根離

子個別存在。但當濃度大於臨界膠粒時，油酸根離子締合成膠體粒子。離子與膠粒間的轉變爲可逆程序，且藉稀釋溶液可破壞膠粒。

　　油酸鉀溶液爲締合膠體的典型實例。能形成締合膠體的物質包括肥皂、高烷基硫酸酯、磺酸酯、胺鹽、聚氧化乙烯及若干顏料等。若干此等物質如肥皂、硫酸酯與磺酸酯等產生能膠粒化的陰離子。其他種物質如胺鹽產生能膠粒化的陽離子。最後，物質如聚氧化乙烯爲非離子性者，在其溶液中整個分子進行膠粒化。此三類締合膠體分別稱**爲陰離子性、陽離子性及非離子性締合膠體** (*anionic, cationic, and nonionic association colloids*)。

　　締合膠體具有極大的實用價值。許多陰離子性、陽離子性及非離子性膠體爲優良乳化劑、清潔劑及分散體穩定劑。能膠粒化的物質可用以乳化聚合體。

習　題

17-1 在各溫度下水對 $1atm$ 空氣的表面張力如下所示：

$t, °C$	20	22	25	28	30
$\gamma, dyne/cm$	72.75	72.44	71.97	71.50	71.18

求 $25°C$ 下的表面焓，以 cal/cm^2 計。

〔答：$2.78 \times 10^{-6} cal/cm^2$〕

17-2 在 $20°C$ 下水與汞的表面張力分別爲 72.8 與 $483\,dynes/cm$，而此二液體的界面表面張力爲 $375\,dynes/cm$，求 (a)汞的內聚功，(b)附着功，(c)汞在水表面的展開係數。汞是否在水面展開？

17-3 利用習題 17-2 所述數據計算 (a) 水的內聚功及 (b) 水在汞上的展開係數。水是否在汞上展開？

17-4 丁酸 (*butyric acid*) 水溶液在 $19°C$ 下的表面張力可以下式表示之：

$$\gamma = \gamma_0 - a \ln(1+bC)$$

此處 γ_0 爲水的表面張力，a 與 b 爲常數。試寫出表面過剩濃度 Γ 的方

程式。

17-5　習題 17-4 所述丁酸水溶液表面張力方程式中的常數 $a=13.1$，$b=19.62$。
試計算 0.2 莫耳濃度下的 Γ 值。

〔答：$4.32\times10^{-10}\ mole/cm^2$〕

17-6　直鏈石臘屬烴 (*paraffin hydrocarbon*) 正十二烷 ($C_{12}H_{26}$) 在 $20°C$ 的
密度為 $0.751g/cc$。若其分子截面積為 $20.7A$，求 (a) 分子長度及 (b) 該
分子中兩碳間的平均距離。

17-7　在 $25°C$ 及 $0.10\ dyne/cm$ 的表面壓力下每桂酸 (*lauric acid*) 分子在水
面佔 $3100A^2$ 的面積。假設膜顯示平面理想氣體行為。求以 $ergs/mole$-$°
K$ 計的理想氣體常數 R，並與已被接受的 R 值作一比較。

17-8　在 $0°C$ 下 CO 在木炭表面的吸附數據如下所示：

$P(mm\ Hg)$	$v(cc)$	$P(mm\ Hg)$	$v(cc)$
73	7.5	540	38.1
180	16.5	882	52.3
309	25.1		

表中 v 為吸附於 2.964 g 木炭的 CO 體積（基於 $0°C$ 及 $1atm$ 而算出
者）。試以此等數據擬合藍牟爾方程式以獲得該方程式中的常數 a 與 b。

17-9　醋酸在 $18°C$ 下自水溶液中吸附於木炭的數據如下所示：

$x/m(millimole/g)$	$C(millimoles/liter)$
0.208	2.34
0.618	14.65
1.075	41.03
1.50	88.62
2.08	177.69
2.88	268.97

此等吸附數據適合佛連德利奇方程式〔(17-12) 式〕。求此方程式中常數
k_1 與 n 之值。

17-10　苯在石墨化碳黑 (*graphitized carbon black*) 表面的吸附數據如下所示：

覆蓋度 $v\,(cm^3/g,\ 25°C,\ 1atm)$	0.2	0.4	0.6
溫度 °C	壓力 （mmHg）		
0	0.1	0.2	0.3
35.0	0.6	1.3	2.2
49.45	1.3	2.9	5.3

求在各覆蓋度 (*degree of coverage*) 下的吸附熱 q。

17-11 一膠態分散體（$m=1.17$）的散射光強度垂直成分的第一極小出現於37°。若 $\lambda_m=4094A$，求膠體粒子的直徑。

17-12 有一溶液含有 0.2 *mg/liter* 的懸浮物質。此懸浮物質的密度為 2.2 *g/cc*。今以一超顯微鏡觀察此溶液。此超顯微鏡的視野直徑為 0.04 *mm*，視野深度為0.03 *mm*。在此視內所發現的平均粒子數為 8.5。假設粒子為球形，求粒子的平均直徑。

〔答：$9.2 \times 10^{-6} cm$〕

17-13 有一蛋白質的分子量為 44,000。若有一溶液每 100 *g* 水中含有 1*g* 此種蛋白質，試估計此溶液的凝固點及其在 27°C 下的滲透壓。

17-14 某膠體水溶液中所含膠體粒子的平均直徑為 42*A*。假設溶液的黏度與水相同。試計算粒子在 25°C 下的擴散係數。

〔答：$\mathfrak{D}=1.16 \times 10^{-6} cm^2/sec$〕

17-15 習題 17-14 所示粒子在 1 sec 內由布朗運動所產生沿 x 軸方向的平均位移為若干 A？

17-16 某溶膠粒子在 20°C 下經 1 *m* 高的水柱下降所需時間為 80 *min*。若此粒子的密度為 2.0 *g/cc*，求粒子半徑。 使用水的黏度。

〔答：$9.83 \times 10^{-4} cm$〕

17-17 今欲以沉積速度法在一超離心機中決定某分散於水中的膠體粒子。當離心機以 20,000 *rpm* 旋轉時，溶膠境界自 $x=10\,cm$ 移至 $x=16\,cm$ 所需時間為 30.0 *min*。若懸浮物子的密度為 1.25 *g/cc*，求粒子半徑。

〔答：$3.10 \times 10^{-6} cm$〕

17-18 在一電泳遷移率實驗中發現一膠體在60分之內向陰極移動 3.82 *cm*。所用

電位梯度（*potential gradient*）為 2.10 *volts/cm*。試計算此膠體的電泳遷移率。

17-19 某聚合體溶於 CCl_4 所得溶液在 20°C 之下的滲透壓數據如下：

$c(g/cc)$	0.00200	0.00400	0.00600	0.00800
CCl_4 液柱高差 (*cm* CCl_4)	0.40	1.00	1.80	2.80

CCl_4 在 20°C 之下的密度為 1.594 *g/cc*。求此聚合體的平均分子量。

〔答：$M = 1.04 \times 10^5$ *g/mole*〕

17-20 一聚合體的分子量分布（*molecular weight distribution*）如下：

f_i	0.10	0.30	0.40	0.10	0.10
$M(g/mole)$	1×10^5	2×10^5	3×10^5	4×10^5	6×10^5

其中 f_i 為數目分率，求此聚合體的數目平均分子量。

17-21 一聚合體溶液在 25°C 下的黏度數據如下所示：

$c(g/100\ cc)$	0.152	0.271	0.541
η_r	1.226	1.425	1.983

求此聚合體的本性黏度 $[\eta]$。

〔答：$[\eta] = 1.36$ *deciliters/g*〕

17-22 下式適用於 30°C 下聚異丁烯（*polyisobutylene*）溶於環己烷（*cyclohexane*）而形成的溶液：

$$[\eta] = 2.60 \times 10^{-4} M^{0.70}$$

若在此溫度下的本性黏度為 2.00 *deciliters/g*，求此聚合體的分子量。

17-23 在 25°C 下某聚合體溶於一有機溶液中得下列本性黏度數據：

$M(g/mole)$	34,000	61,000	130,000
$[\eta]$	1.02	1.60	2.75

試就此聚合體求 (17-32) 式中的 K 與 a。

〔答：$a = 0.73$; $K = 5.1 \times 10^{-4}$〕

第十八章　物理性質與分子構造

一物理性質如分子量等僅視分子中所含原子種類與數目而定者稱爲**加成性質** (*additive property*)。 一 物理性質如旋光性 (*optical rotation of light*) 取決於原子在分子中之特殊排列者稱爲**構造性質** (*constitutive property*)。 許多物理化學性質部份爲加成性質， 部份爲構造性質。 在理論上與實用上， 由已知構造推測物理性質極具價值。此等物理性質可用以辨認化學物質及決定其分子構造。

18-1　折射率與莫耳折射 (*Refractive Index and Molar Refraction*)

當一光束 (*light beam*) 自一介質 (*medium*) 進入另一介質時， 其方向改變， 此現象稱爲**光之折射** (*refraction of light*)。 入射線與兩介質界面法線 (*normal*) 所夾之角稱爲入射角 (圖 18-1 中之角 i)； 折射線與此一法線所夾之角稱爲折射角 (圖 18-1 中之角 r)。 **折射率** (*index of refration*) n 之定義如下：

$$n = \frac{\sin i}{\sin r} \tag{18-1}$$

折射率的大小與兩介質中分子的數目 (濃度) 與種類及分子中原子的安排方式有關。因此折射率之測量可用以決定物質濃度、辨認化合物的純度、或確定原子在分子中的排列方式。

折射率亦等於光在兩物質中的速度比。通常表列折射率係指光自一物質進入空氣中所測得之折射率。又折射率因所用光線之波長及物

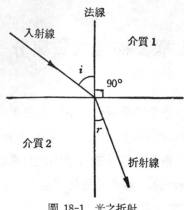

法線

入射線

介質 1

i

90°

介質 2

r

折射線

圖 18-1　光之折射

質之溫度而異。通常採用鈉之 D 線（波長爲 5893 A）、氫光譜之 α 線（波長爲 6563A）、β 線（波長爲 4861A）、及 γ 線（波長爲4341A）爲光源。記錄折射率值時常附上標與下標以分別表示所用光源與物質之溫度。例如 n_D^{20} 代表以鈉之 D 線爲光源在 20° C 下測得的折射率。表 18-1 示若干物質之折射率。

表 18-1　物質之折射率 n

化合物	分子式	n_D^{20}	n_α^{20}	n_β^{20}	n_γ^{20}
無水芒硝	Na_2SO_4	……	1.464	1.474	1.485
鱗石英	SiO_2	……	1.469	1.47	1.473
甲酸	CH_2O_2	1.37137	1.36927	1.37643	1.38041
溴乙烷	C_2H_5Br	1.42386	1.42113	1.43046	1.43595
苯	C_6H_6	1.50144	1.49663	1.51327	1.52361
苯胺	C_6H_7N	1.58629	1.57948	1.60434	1.62074
正丙醇	C_3H_8O	1.38543	1.38345	1.39008	1.39378
硝基苯	$C_6H_5NO_2$	1.55291	1.54593	1.57124	……

流體的折射率隨溫度及壓力（兩者影響位於光徑上之分子密度）而異。但羅倫滋 (*Lorenz*) 與羅倫徹 (*Lorentz*) 基於光之電磁理論 (*electromagnetic theory*) 證明流體的**比折射** (*specific refraction*)R,

相當不受上述諸因素的影響。R_s 的定義爲

$$R_s = \frac{1}{\rho} \frac{n^2-1}{n^2+2} \tag{18-2}$$

其中 n 爲折射率，ρ 爲密度。比折射 R_s 乘分子量 M 卽得莫耳折射 (*molar refraction*) R_m。

$$R_m = R_s M = \frac{M}{\rho} \frac{n^2-1}{n^2+2} \tag{18-3}$$

〔**例 18-1**〕丙烯醇（*allyl alcohol*）在 $20°C$ 之折射率 n_D 爲 1.41345，其在 $20°C$ 之密度爲 $0.8540 \ g/cm^3$，分子量爲 58.078。求丙烯醇之莫耳折射。

〔**解**〕 $R_m = \dfrac{M(n^2-1)}{\rho(n^2+2)} = \dfrac{58.078(1.41345^2-1)}{0.8540(1.41345^2+2)}$

$$= \frac{58.078 \times 0.99784}{0.8540 \times 3.99784} = 16.7$$

若干普通液體在 $20°C$ 之折射率 n_D^{20} 與莫耳折射 $R_{m\ D}^{\ 20}$ 列於表 18-2。

光之折射兼具加成性與構造性。已發現許多原子與原子群（基）在含有此等原子或原子群的各種化合物中具有同量的**原子折射**（*atomic refraction*）。若干原子與原子群的原子折射列表 18-3。若知一化合物之構造，可將諸組成原子之原子折射相加而求得該化合物之莫耳折射。

〔**例18-2**〕分析一物質的結果知其分子式爲 C_3H_6O。此物質可能爲丙酮或丙烯醇。其莫耳折射爲 $R_{m\ D} = 16.974$，試由此一事實決定此物質。丙酮與丙烯醇的構造式如下所示：

丙酮　　　　丙烯醇

表 18-2　莫耳折射

化合物	分子式	n_D^{20}	R_{sD}^{20}	R_{mD}^{20}
四氯化碳	CCl_4	1.4573	0.1724	26.51
丙酮	$(CH_3)_2CO$	1.3571	0.2782	16.15
苯	C_6H_6	1.4979	0.3354	26.18
乙醇	$C_2H_5CH_3$	1.3590	0.2775	12.78
甲苯	$C_6H_5CH_3$	1.4929	0.3350	30.92
氯仿	$CHCl_3$	1.4426	0.1780	21.25
醋酸	CH_3COOH	1.3698	0.2154	12.93
醋酸乙酯	$CH_3COOC_2H_5$	1.3701	0.2527	22.25
水	H_2O	1.3328	0.2083	3.75

表 18-3　原子折射

原子或基	R_{mD}	原子或基	R_{mD}
CH_2	4.618	Cl	5.967
H	1.100	Br	8.865
C	2.418	I	13.900
雙鍵（C=C）	1.733	N（初級胺）	2.322
參鍵（C≡C）	2.318	N（二級胺）	2.499
O(羰基)（=C=O）	2.211	N（三級胺）	2.840
O(羥基)（−O−H）	1.525	−C≡N	5.459
O(醚)（R−O−R）	1.643		

〔解〕　丙酮

3 碳	7.254	3 碳	7.254
6 氫	6.600	6 氫	6.600
1 羰基氧	2.211	1 雙鍵 ($C=C$)	1.733
	$R_{mD}=16.065$	1 羥基氧	1.525
			$R_{mD}=17.112$

18-2　偏振光之旋轉 (*Rotation of Polarized Light*)

普通光的光波振動於 各種角度的平面上。 但光可被 **平面偏振化** (*plane-polarized*)。光經過尼科耳稜鏡 (*Nicol prism*) 之後，光波之振動僅限於一平面，此一現象稱爲**光之振極化**。被偏極化了的光稱爲**偏振光** (*polarized Light*)。

將若干物質置於偏振光的途徑上可使偏振光的偏振平面 (*plane of polarization*) 向左或向右旋轉。此等物質稱爲**旋光性物質**或**光學活性物質** (*optically active substance*)。 能使偏振光左旋的物質稱爲**左旋物質** (*levorotatory substance*)； 能使偏振光右旋的物質稱爲**右旋物質** (*dextrorotatory substance*)。藉偏振計(*polarimeter*) 可測定偏振平面旋轉的角度。

支配旋光程度的因素計有物質的性質、光徑上物質的長度、物質的濃度（若旋光物質溶於溶劑中）、光之波長、 及溫度。 爲減少此等變數的數目起見， 特定義**旋光率** (*specific rotation*) 於次：

$$[\alpha]_\lambda^t = \frac{\alpha}{l\,c} \tag{18-4}$$

其中 l 爲旋光性物質在光徑上之長度，以公寸 (*decimeter* = 10 *cm*) 計； c 爲旋光性溶液的濃度，以 g/cm^3 計， 若所用旋光性液體爲純質，則 c 相當於密度 ρ ；α 爲光之旋轉角度，以度計。旋光率 $[\alpha]_\lambda^t$ 的上標 t 指示攝氏溫度，下標 λ 指示波長。通常以鈉 D 線（黃光）爲光源。旋光率在光學活性物質的分析方面極爲有用。茲舉一例於次。

〔**例 18-3**〕有一麥芽糖 (*maltose*) 水溶液每 100 *ml* 含麥芽糖 13.0g。在 25°*C* 之下藉一偏振計以鈉 D 線測得旋光角度爲 34°，此偏振計之容器長 20 *cm*。求麥芽糖之旋光率。另一麥芽糖溶液 10 *cm* 長之旋光角度爲 42.5°，求此溶液之濃度。

〔解〕 $[\alpha]_D^{25°} = \dfrac{34}{2 \times \dfrac{13}{100}} = 130.8°$

$$c = \dfrac{\alpha}{[\alpha]_D^{25°} l} = \dfrac{42.5}{130.8 \times 1} = 0.325 \ g/ml$$

$$= 325 \ g/liter$$

光學活性最常見於具有**不對稱碳原子** (*asymmetic carbon atom*) 的化合物。若一化合物中有四不同原子或基連至中心碳原子，則此碳原子稱為不對稱碳原子。最簡單的實例之一為乳酸 (*lactic acid*)，如圖 18-2 所示。

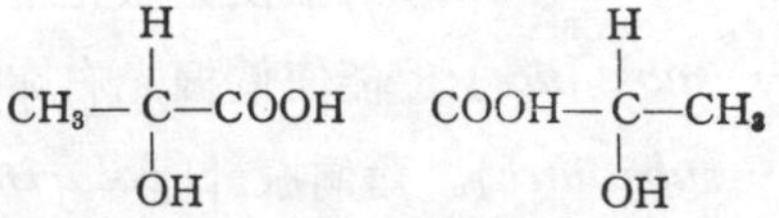

$$CH_3 - \overset{\displaystyle H}{\underset{\displaystyle OH}{C}} - COOH \qquad COOH - \overset{\displaystyle H}{\underset{\displaystyle OH}{C}} - CH_3$$

左旋型 　　　　　　右旋型

圖 18-2　左旋與右旋乳酸之構造

將旋光率乘分子量 M 即得**莫耳旋光** (*molar rotation*) $M[\alpha]_D^{t}$。蔗糖 (*sucrose*) 在稀水溶液中的莫耳旋光為 $M \times 66.43°$，右旋葡萄糖 (*d-glucose*) 的莫耳旋光為 $M \times 52.48°$。若一光學活性化合物的**左旋型** (*levo form* 或 *l form*) 與**右旋型** (*dextro form* 或 *d form*) 以同量發生於同一溶液中，則兩方向的旋光性互相抵消，因而觀測不到旋光性。此種混合物稱為**消旋混合物** (*racemic mixture*)。事實上在實驗室中製得的絕大多數旋光性物質為消旋者。同一化合物的左旋型與右旋型可藉物理、化學、或微生物法加以分離。

18-3　光之吸收 (*Absorption of Light*)

普通光 (*light*) 由波長不同的許多成分光所組成。具有單一波長

的光稱爲單色光(*monochromatic light*)。可見光 (*visible light*) 包括波長自 4000*A* (紫光) 至 7000*A* (紅光) 的成分光。波長小於紫光的區域稱爲紫外域 (*ultraviolet region*)；波長大於紅光的區域 稱爲紅外域 (*infrared region*)。若以一光柱衝擊一物質，則光可能部份被吸收，部份被反射 (或散射)，部份透射。光譜的可見域 (*visible region*) 與紫外域之吸收可導致分子內電子的位移；紅外域之吸收可導致原子的位移。

依量子論 (*quantum theory*)，光柱係由許多稱爲光子 (*photons*)。的射線單位 (*units of radiation*) 所構成。一 光子所具之能稱爲一量子 (*quantum*)，其大小視光之波長而定，波長愈小，量子愈大。

依量子論，分子內只有某幾種容許的電子或原子位移。若光柱中光子之能恰等於引起分子內某一容許的原子或電子位移所需之能，則光子被吸收。

當含有許多不同波長的白光或多色光(*polychromatic light*) 射入一物質時，若干成分光被吸收，其餘成分光透射或反射。藉一分光計 (*spectrometer*) 可測量透射光或反射光。

目前分光光度計 (*spectrophotometer*)已被廣用於光的吸收測量。其原理如圖 18-3 所示。令一光柱經過一細縫*A* 並投射於一光柵 (*optical grating*)*B*。被光柵反射的光經過試樣溶液池(*solution cell*)*C* 而達光電管 *E*。 光電管與一電流計 *F* 相接。藉電流強度可推測透射光的強度 (*intensity*) *I*。其次將純溶劑池 *D* 推入光程，依同法測定透射光的強度 I_0。比值 I/I_0 稱爲透射比 (*transmittancy*)。細縫與光柵的作用在於獲得單色光或波長範圍狹小的光。調節光柵可獲得各種不同波長的入射光。測得各種波長的透射比 I/I_0 之後可繪製吸收光譜 (*absorption spectrum*)。 吸收帶 (*absorption band*) 或吸收線 (*absorption line*) 的位置與強度用以辨認物質及測定純度 (*purity*)；

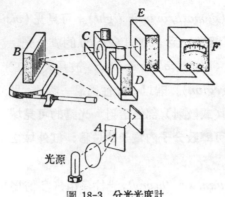

圖 18-3 分光光度計

透射比用以測定物質濃度。

18-4 朗伯—比耳定律 (*Lambert-Beer Law*)

若試樣厚度不大，光子被吸收的或然率與吸光物質的濃度及試樣厚度成正比。以數學式表示之得

$$\frac{dI}{I} = -kC\,dx \qquad (18\text{-}5)$$

此處 I 爲單色光 (具有某一特殊波長的光) 的強度；k 爲一常數；x 爲試樣的厚度 (以 cm 計)；C 爲吸光物質的濃度 (以莫耳每升計)；設入射光的強度爲 I_0，溶液的厚度爲 b (cm)，積分 (18-5) 式則獲得光柱經過溶液後的濃度 I 〔(18-7) 式〕。

$$\int_{I_0}^{I} \frac{dI}{I} = -kC \int_{0}^{b} dx \qquad (18\text{-}6)$$

$$\ln \frac{I}{I_0} = 2.303 \log \frac{I}{I_0} = -kCb \qquad (18\text{-}7)$$

(18-7) 式所示 I 與 I_0 的關係稱爲**朗伯-比耳定律** (*Lambert-Beer law*)。此定律常以普通對數表示之：

$$\log \frac{I_0}{I} = A_s = a_s bC \qquad (18\text{-}8)$$

其中 $a_s = k/2.303$, 稱爲**吸光指數** (*absorbancy index*) 或**消光係數** (*extinction coefficient*)。

$\log(I_0/I)$ 或 A_s 稱爲**吸光度** (*absorbancy*) 或**光學密度** (*optical density*)。吸光指數 a_s 因溶質而異, 且受入射光的波長、溶劑及溫度的影響。若 C 以 *mole/l* 計, b 以 *cm* 計, 則 a_s 變爲莫耳吸光指數 (*molar absorbancy index*), 特以 a_M 表示之。利用各種不同波長的單色光測定 a_s 可繪製吸收光譜。圖 18-4 示苯與對二甲苯 (*para-xylene*) 的吸收光譜。

若試樣含有數種吸光物質, 則吸光度爲

$$\log(I_0/I) = A_s = (a_{s1}C_1 + a_{s2}C_2 + \cdots)b \qquad (18\text{-}9)$$

此處 C_1 與 a_{s1}, C_2 與 a_{s2}, ⋯ 分別爲吸光物質 1, 2, ⋯ 之濃度與吸光指數。

〔**例 18-4**〕在 $25°C$ 下將濃度爲 $5 \times 10^{-4} mole/l$ 的反丁烯二酸二鈉 (*disodium fumarate*) 水溶液置於 $1\ cm$ 厚吸光池內, 測得其在波長 $250\ m\mu$ 之百分率透射比爲 19.2%。(a) 試計算吸光度 A_s 與莫耳吸光指數 a_M (b) 若濃度爲 $1.75 \times 10^{-5}\ mole/l$, 吸光池厚度爲 **10***cm*, 求百分率透射比。

〔**解**〕(a) $A_s = \log(I_0/I) = \log(100/19.2) = 0.716$

$$a_M = \frac{A_s}{bC} = \frac{0.716}{(1cm)(5 \times 10^{-4} mole/l)} = 1.43 \times 10^3\ l/mole\text{-}cm$$

(b) $\log(I_0/I) = a_M bC = (1.43 \times 10^3\ l/mole\text{-}cm)(10\ cm)$

$$(1.75 \times 10^{-5} mole/l) = 0.250$$

$$I_0/I = 1.778$$

$$I/I_0 = \frac{1}{1.778} = 0.562 = 56.2\%$$

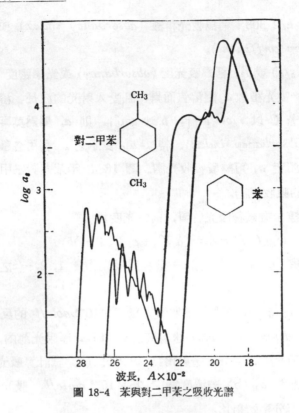

圖 18-4 苯與對二甲苯之吸收光譜

18-5 對容 (*The Parachor*)

如前所述，光之折射，旋轉及吸收極易測量，且可藉以決定分子構造問題。密度之測定對分子構造之決定亦有助益。沙格甸 (*Sugden*) 由實驗發現當表面張力相等時，不同液體之若干性質比 (*specific properties*) 的差異有消失的趨勢。麥李歐德 (*McLeod*) 指出許多液體的表面張力比例於液體與其蒸汽的密度差。基於上二觀測結果，沙格甸獲得如下關係式：

$$P = \frac{M}{\rho_l - \rho_v} \gamma^{1/4} \tag{18-10}$$

由其中 P 稱爲**莫耳對容**（*molar parachor*），M 爲分子量，γ 爲表面張力（見上册第 111 頁之定義），ρ_l 爲液體之密度，ρ_v 爲飽和蒸汽之密度。若蒸汽壓不高 ρ_v 可忽異不計。猶如莫耳折射之等於原子折射之總和，莫耳對容等於**原子對容**（*atomic parachor*）之總和。莫耳對容亦有助於分子構造之決定。若干原子對容與構造對容（*structural parachor*）列於表 18-4 中。

表 18-4　原子與構造對容

C	4.8	Br	68.0	雙鍵	23.2
H	17.1	I	91.0	參鍵	46.6
O	20.0	N	12.5	五員環	8.5
Cl	54.3	S	48.2	六員環	6.1

〔**例 18-5**〕對氯甲苯（*parachlorotoluene*）$ClC_6H_4CH_3$ 或

$$
\begin{array}{c}
\qquad\; H\;\; H \\
\qquad\; C = C \\
Cl - C \qquad\qquad C - C\overset{H}{\underset{H}{\,}}H \\
\qquad\; C - C \qquad\qquad H \\
\qquad\; H\;\; H
\end{array}
$$
在 $25°C$ 之表面張力爲 32.24

dynes/cm, 密度爲 $1.065\,g/cm^3$。(a) 試利用 (18-10) 式求對容值，忽略蒸汽之密度。(b) 試利用表 18-4 之數據求對容值。

〔**解**〕 (a) $P=\dfrac{M}{\rho_l-\rho_v}\gamma^{1/4}=\dfrac{126.5}{1.065}(32.24)^{1/4}=283$

　　(b) 此化合物具有 1Cl, 7C, 7H, 3 雙鍵及 1 六員環，故

$P=54.3+(7\times4.8)+(7\times17.1)+(3\times23.2)+(1\times6.1)$

$\quad=283.3$

18-6 偶極子矩 (*Dipole Moments*)

所有分子均由帶正電的原子核與帶負電的電子所構成。若干分子其正電中心與負電中心並不位於同一點，因而形成偶極子 (*dipole*)，其偶極子矩 (*dipole moment*) 等於正電荷（或負電荷）乘兩電荷中心間的距離。此種偶極子矩稱爲**永久偶極子矩** (*permanent dipole moment*)。具有永久偶極子矩的分子稱爲**極性分子** (*polar molecules*)，不具有永久偶極子矩的分子稱爲**非極性分子** (*nonpolar molecules*)。將非極性分子置於電場中亦能產生偶極子，此種偶極子稱爲**感應偶極子** (*induced dipole*)。

(1) 感應偶極子矩 (*Induced dipole moments*)

非極性分子之正電中心與負電中心互相吻合。若將一非極性分子置於兩電極板間的電場中，則分子的正電中心被吸往陰極板，而負電中心被吸往陽極板，如圖 18-5 (a) 所示。結果分子形成電偶極子 (*electric dipole*)，亦卽分子之一端帶正電而另一端帶負電，如圖

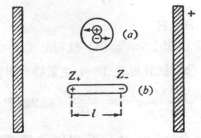

圖 18-5 分子在電場中極化: (a) 原來狀態;
(b) 極化後之狀態。

18-5(b) 所示，此種現象稱爲**分子之極化** (*polarization*)。電場一除去，分子卽恢復原狀。此種極化稱爲**感應極化** (*induced polarization*)，所產生的偶極子稱爲**感應偶極子** (*induced dipole*)。

感應偶極子中，正電中心與負電中心間的距離為 l。因分子整體呈電中性，位於一端的正電荷 z_+ 與位於另一端的負電荷 z_- 大小相等而符號相反。茲以 z 代表正電荷與負電荷的大小。感生偶極子 μ_i 之定義如下：

$$\mu_i = zl \tag{18-11}$$

μ_i 的大小可依下式決定之：

$$\mu_i = \alpha X \tag{18-12}$$

其中 α 稱為**分子的極化性**（*polarizability*），為一常數；X 為作用於該分子的**電場強度**（*electric field strength*）。依**電磁論**（*electromagnetic theory*），常數 α 與兩極板間介質（即該分子）的**介電常數**（*dielectric constant*）D 有如下關係：

$$\left(\frac{D-1}{D+2}\right)\frac{M}{\rho} = \frac{4}{3}\pi N\alpha = P_i \tag{18-13}$$

其中 M 與 ρ 分別為該分子的分子量與密度，N 為亞佛加厥數。因 N 與 α 為不受溫度影響的常數，P_i 亦為不受溫度影響的常數，其值僅視分子性質而定。P_i 稱應**莫耳感應極化**（*induced molar polarization*）。因 D 無單位，P_i 之單位與 M/ρ 同，以立方厘米每莫耳（*cm³/mole*）表示之。

介電常數 D 為介質（*medium*）之一性質。對真空而言，$D=1$。所有其他介質之 D 均大於 1。假設當一電容器（*condenser*）之兩極板（*plates*）間為真空時，其電容（*capacity*）為 C_0，而當同一電容器之兩極板間充以某一物質時其電容為 C，則該物質之介電常數為

$$D = \frac{C}{C_0} \tag{18-14}$$

已知一非極性物質在一指定溫度的介電常數與密度即可依（18-13）式計算莫耳極化。非極性物質如氧、二氧化碳、氮、及甲烷等之莫耳極化為一常數而不受溫度的影響。

（2）永久偶極子矩（*Permanent Dipole Moments*）

如前所述，極性分子卽使在電場之外其正電中心與負電中心之間亦有一距離 l，因此極性分子爲一**永久偶極子**（*permanent dipole*）。具有永久偶極子矩 μ，μ 之大小等於 zl。在電場之外，一群具有永久偶極子矩的不同分子由於**熱騷動**（*thermal agitation*），在空間取向較無規則。若將此等分子置於電場中將有二種效應發生。其一，電場有使永久偶極子轉動而依一定方向排列的趨勢；其二，電場有極化分子的趨勢。假若分子完全駐立（*stationary*），電場的轉向效應使偶極子的方向與電場方向相反，而與極板成 90° 的角度。但由於熱騷動，分子並不完全取向。圖 18-6(a) 示極性分子的最初位向，(b)示極性分子在電場中的位向。

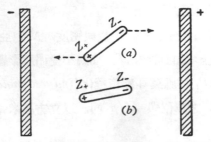

圖 18-6 極性分子在電場中極化：(a) 原來
狀態；(b) 極化及轉向後之位置。

若分子不具有永久偶極子矩，則依 18-13 式由測得的介電常數所算出的莫耳極化完全爲莫耳感應極化 P_i。若分子具有永久偶極子矩，則所算出的莫耳極化不僅包括莫耳感應極化 P_i，而且包括**轉向莫耳極化**（*molar orientation polarization*）P_0。故總**莫耳極化**（*total molar polarization*）P_t 爲

$$P_t = \left(\frac{D-1}{D+2}\right)\frac{M}{\rho} = P_i + P_0 \qquad (18\text{-}15)$$

其中莫耳感生極化 P_t 仍爲

$$P_t = \frac{4}{3}\pi N\alpha \tag{18-16}$$

的拜（Debye）證明莫耳轉向極化 P_0 爲

$$P_0 = \frac{4}{3}\pi N\left(\frac{\mu^2}{3kT}\right) \tag{18-17}$$

其中 μ 爲分子的永久偶極子矩，k 爲波滋曼常數（$=R/N$），T 爲絕對溫度（$°K$）。將（18-16）與（18-17）兩式代入（18-15）式得

$$P_t = \left(\frac{D-1}{D+2}\right)\frac{M}{\rho} = \frac{4}{3}\pi N\alpha + \frac{4}{3}\pi N\left(\frac{\mu^2}{3kT}\right) \tag{18-18}$$

上式右端第一項爲一常數，可以 A 表示之；第二項中所有數量除 T 之外均爲常數，故可以 B/T 表示之。因此

$$P_t = \left(\frac{D-1}{D+2}\right)\frac{M}{\rho} = A + \frac{B}{T} \tag{18-19}$$

此式表示具有永久偶極子矩的分子的總莫耳極化 P_t 應隨 $1/T$ 作線性變化（vary linearly）。P_t 對 $1/T$ 所繪得直線的斜率等於

$$B = \frac{4\pi N\mu^2}{9k} \tag{18-20}$$

因此永久偶極子矩 μ 爲

$$\mu = 0.0128\sqrt{B} \times 10^{-18} \tag{18-21}$$

圖 18-7 示 P_t 與 $1/T$ 之關係。氯化氫與氯甲烷的 P_t 隨 $1/T$ 作線性變化，故具有永久偶極子矩。然而甲烷與四氯化碳之 Pt 不受溫度的影響，故無偶極子矩，其所有極化均屬感應極化。

偶極子矩之單位爲電荷乘距離所得之單位。電荷之單位爲靜電單位（electrostatic unit，簡稱 esu），距離之單位爲 cm。$10^{-18}esu$-cm 稱爲 1 的拜單位（Debye unit）D。若干物質之（永久）偶極子矩示於表 18-5。

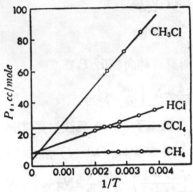

圖 18-7　極性與非極性化合物之總莫耳極
化與溫度之關係

表 18-5　分子之偶極子矩（的拜單位，D）

無機分子	μ	有機分子	μ
$H_2, Cl_2, Br_2, I_2, N_2$	0	$CH_4, C_2H_6, C_2H_4, C_3H_8$	0
$CO_2, CS_2, SnCl_4, SnI_4$	0	CCl_4, CBr_4	0
HCl	1.03	C_6H_6, 萘，聯苯	0
HBr	0.78	CH_3Cl	1.86
HI	0.38	CH_3Br	1.80
H_2O	1.84	C_2H_5Br	2.03
HCN	2.93	CH_3OH	1.70
NH_3	1.46	CH_3NH_2	1.24
SO_2	1.63	CH_3COOH	1.74
N_2O	0.17	對二氯苯	0
CO	0.12	間二氯苯	1.72
PH_3	0.55	鄰二氯苯	2.50
PCl_3	0.78	對氯硝基苯	2.83
$AsCl_3$	1.59	間氯硝基苯	3.73
$AgClO_4$	4.7	鄰氯硝基苯	4.64

（3）分子構造與偶極子矩（*Molecular structure and dipole moments*）

偶極子矩可用來推測分子結構。氫、氯及氮分子無偶極子矩，此一事實顯示鍵結二組成原子的電子對與此二原子等距，否則將有偶極子。在直線型分子（*linear molecules*）如二氧化碳和二硫化碳中，原子間之電子對並不與此二原子等距，但分子之一邊的電矩（*electric moment*）恰好抵消另一邊的電矩，因此淨偶極子矩等於零。假設芳香分子（*aromatic molecules*）如苯、萘（*naphthalene*）及聯苯（*diphenyl*）等為平面型可解釋此等分子無偶極子矩的事實。另一方面，鹵化氫及一氧化碳具有偶極子矩，此乃由於兩原子間電子對之分布並不與此兩原子等距。在鹵化氫中，電子對較靠近鹵素，而在一氧化碳中，電子對較靠近氧，因而產生偶極子矩。

水與二氧化硫具有相當大的偶極子矩，此一事實否定水與二氧化硫分子為直線型的可能性。實際上水分子中之二氫原子位於氧原子之同側，二氧化硫分子中之二氧原子位於硫原子之同側。此二分子同為角型，電矩並不互相抵消，故有淨偶極子矩出現。

在對二氯苯（*p-dichlorbenzene*）分子中，二氯原子位於苯環相對的兩端，偶極子矩為零，故呈電之對稱性。然而，若二氯原子取間（*meta*）或鄰（*ortho*）位，則電之對稱性破壞，而偶極子矩出現。不對稱性愈大，偶極子矩愈大。

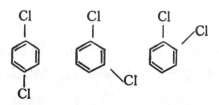

對二氯苯　　間二氯苯　　鄰二氯苯

習 題

18-1 在 17.1°C 之下乙醚 (*diethyl ether*) 的折射率 n_D 為 1.35424, 密度為 0.7183 *g/ml*。(a) 求乙醚之莫耳折射。(b) 乙醚的分子式為 $(C_2H_5)_2O$, 試由原子折射求乙醚之莫耳折射。

〔答: (a) 22.43, (b) 22.32〕

18-2 烷類烴同系物 (*homologous series*) 之中, 化學組成每增加一CH_2, 莫耳 折射值增加 4.618。己烷 C_6H_{14} 的莫耳折射為 29.908。試由此等數據求 氫之原子折射, 然後計算 C 的原子折射。

〔答: 1.100, 2.418〕

18-3 原子折射受鍵結情形 (*bonding*) 的支配。單鍵 (*single bond*) 無原子折射。 BrH_2C-CH_2Br 之莫耳折射為 26.966, $BrHC=CHBr$ 之莫耳折射為 26.499。已知 C 與 H 的原子折射分別為 1.100 與 2.418。試由以上數據求 碳間雙鍵 (*double bond*) 的原子折射。

〔答: 1.733〕

18-4 一化合物之分子式為 $C_{10}H_{18}O$, 由化學分析知其為一初級醇 (*primary alcohol*) (含一OH 基)。已知其莫耳折射為 48.71。試利用表 18-3 之數 據決定該化合物是否含有雙鍵或參鍵。

〔答: 含二雙鍵〕

18-5 在 17°C 下 *d*-乙氧基丁二酸 (*d-ethoxysuccinic acid*) 在水中之 α_D 為 33.02。一偏極計的溶液容器長 20 *cm*。在同溫下將 *d*-乙氧基丁二酸水溶 液置於此偏極計的溶液容器中, 測得旋光角度為 2.02°。試求此化合物以 克每升計之濃度。

〔答: 30.6 *g/l*〕

18-6 二溴化乙烯 (*ethylene dibromide*) $CH_2Br—CH_2Br$ 在 25°C 之密度為 2.170 *g/cm³*, 表面張力為 38.2 *dynes/cm*。試分別由以上試據及原子對容 求莫耳對容。

18-7 在 35°C 下, 十二酸丁酯 (*butyl laurate*) $(C_{11}H_{23}COOC_4H_9)$ 之表面張 力為 27.47 *dynes/cm*, 密度為 0.8490 *g/cm³*。假設蒸汽之密度可忽略, 試

計算此化合物之莫耳對容，並與得自原子對容者作一比較。

18-8　有一染料溶液每 100 *ml* 含染料 1 克。1 *cm* 厚此種溶液透射 80% 波長爲 4356*A* 的光。(a) 若染料溶液濃度爲每 100 *ml* 溶液含染料 2 克,問 1*cm* 厚溶液吸光若干%?(b) 若有一溶液 1*cm* 厚溶液吸收 50% 光,求溶液之濃度。

〔答:　(a)36.0%(b)3.10 *g*/100 *ml*〕

18-9　一溶液含二溶質。溶質 1 與溶質 2 之吸光指數如下:

A_s	波長	$a_{s1}\times10^{-3}(l/mole\text{-}cm)$	$a_{s2}\times10^{-3}(l/mole\text{-}cm)$
0.435	5000*A*	9.42	6.88
0.121	6300*A*	3.58	1.30

試應用 (18-9) 式求溶質 1 與溶質 2 之濃度。

18-10　在 1 *atm* 與 0°C 之下，$CH_4(g)$ 之介電常數爲 1.00094。假設甲烷爲一理想氣體，試計算此物質之 (a) 莫耳感應極化, (b) 極化性。

〔答:　(a) 7.02 *cc/mole*; (b)2.79×10⁻²⁴ *cc*〕

18-11　在 0°C 與 1 *atm* 之下，$SO_2(g)$ 之介電常數爲 1.00993。此氣體具有 1.63 *D* 之永久偶極子矩。假設 SO_2 爲一理想氣體，求(a) 總莫耳極化, (b) 莫耳轉向極化, 及 (c) 莫耳感應極化。

18-12　試由下列介電常數 *D* 之數據藉繪圖法決定 HCl(*g*) 之偶極子矩:

$t°C$	D
−75	1.0076
0	1.0046
100	1.0026
200	1.0016

在各場合壓力均爲 1 *atm*。可假設 HCl 爲一理想氣體。

〔答:　1.18 *D*〕

英漢對照索引

A

B

M

N

Y

yield　*335*　　產　率

Z

zero-order reaction　*346*　　零級反應

zinc-magnisium system　*281*　　鋅—鎂系

三民科學技術叢書（一）

書　　　　　名	著作人	任　　　職
統　　計　　學	王士華	成　功　大　學
微　　積　　分	何典恭	淡　水　學　院
圖　　　　　學	梁炳光	成　功　大　學
物　　　　　理	陳龍英	交　通　大　學
普　通　化　學	王澄霞　陳朝志　洪志明　賈明實通	師　範　大　學
普　通　化　學	王澄霞　魏明通	師　範　大　學
普　通　化　學　實　驗	魏明通	師　範　大　學
有　機　化　學（上）、（下）	王澄霞　陳朝志　洪志明　賈明實通	師　範　大　學
有　機　化　學	王澄霞　魏明通	師　範　大　學
有　機　化　學　實　驗	王魏明通	師　範　大　學
分　析　化　學	林洪志	成　功　大　學
分　析　化　學	鄭華生	清　華　大　學
環　　工　　化　　學	黃妃　吳伯俊　何尤　李守良　施世璋　黃蘇門	成功大學專局／大仁藥局／大崗山工／高雄縣環保
物　　理　　化　　學	何尤　李守良　施世璋　黃蘇門	成　功　大　學
物　　理　　化	杜逸虹	臺　灣　大　學
物　　理　　化　　學	李敏達	臺　灣　大　學
物　理　化　學　實　驗	李敏達	臺　灣　大　學
化　學　工　業　概　論	王振華	成　功　大　學
化　工　熱　力　學	鄧禮堂	大　同　工　學　院
化　工　熱　力　學	黃定加	成　功　大　學
化　工　材　料	陳陵援	成　功　大　學
化　工　材　料	朱宗正	成　功　大　學
化　工　計　算	陳志勇	成　功　大　學
實　驗　設　計　與　分　析	周澤川	成　功　大　學
聚合體學（高分子化學）	杜逸虹	臺　灣　大　學
塑　膠　配　料	李繼強	臺　北　技　術　學　院
塑　膠　概　論	李繼強	臺　北　技　術　學　院
機械概論（化工機械）	謝爾昌	成　功　大　學
工　業　分　析	吳振成	成　功　大　學
儀　器　分　析	陳陵援	成　功　大　學
工　業　儀　器	周澤川　徐展屏	成　功　大　學

大學專校教材，各種考試用書。

三民科學技術叢書 (二)

書　　　　　名	著作人	任　　　職
工　業　儀　錶	周澤川	成　功　大　學
反　應　工　程	徐念文	臺　灣　大　學
定　量　分　析	陳壽南	成　功　大　學
定　性　分　析	陳壽南	成　功　大　學
食　品　加　工	蘇茀第	前臺灣大學教授
質　能　結　算	呂銘坤	成　功　大　學
單　元　程　序	李敏達	臺　灣　大　學
單　元　操　作	陳振揚	臺北技術學院
單元操作題解	陳振揚	臺北技術學院
單元操作 (一)、(二)、(三)	葉和明	淡　江　大　學
單　元　操　作　演　習	葉和明	淡　江　大　學
程　序　控　制	周澤川	成　功　大　學
自　動　程　序　控　制	周澤川	成　功　大　學
半　導　體　元　件　物　理	李管雄平 李佩孫傑台	臺　灣　大　學
電　子　學	黃世杰	高　雄　工　學　院
電　子　學	李浩	
電　子　學	俞家聲	逢　甲　大　學
電　子　學	鄧知清 李晤庭	成　功　大　學 中　原　大　學
電　子　學	傅勝利 陳光福	高　雄　工　學　院 成　功　大　學
電　子　學	王永和	成　功　大　學
電　子　實　習	陳龍英	交　通　大　學
電　子　電　路	高正治	中　山　大　學
電　子　電　路　(一)	陳龍英	交　通　大　學
電　子　材　料	吳朗	成　功　大　學
電　子　製　圖	蔡健藏	臺北技術學院
組　合　邏　輯	姚靜波	成　功　大　學
序　向　邏　輯	姚靜波	成　功　大　學
數　位　邏　輯	鄭國順	成　功　大　學
邏　輯　設　計　實　習	朱惠勇 康峻源	成　功　大　學 省立新化高工
音　響　器　材	黃貴周	聲　寶　公　司
音　響　工　程	黃貴周	聲　寶　公　司
通　訊　系　統	楊明興	成　功　大　學
印　刷　電　路　製　作	張奇昌	中山科學研究院
電　子　計　算　機　概　論	歐文雄	臺北技術學院
電　子　計　算　機	黃本源	成　功　大　學

大學專校教材，各種考試用書。